- **1953** ワトソン(米)、クリック(英)、DNAの二重らせん構造を発見
- **1954** 《創刊40周年》後藤英一(日)、パラメトロンを開発
- **1955** ソニー、トランジスタ・ラジオを発売(日)
- **1956** 高橋茂と西野博ら、プログラム内蔵方式トランジスタ式コンピュータETL Ma...
- **1957** 人類初の人工衛星スプートニク...
- **1958** 人工衛星エクスプローラ1号打ち上げ(米)
- **1959** 月探査機ルナ1～3号を打ち上げ(ソ)
- **1960** メイマン(米)、レーザを発明
- **1961** 人類初の有人宇宙船ボストーク1号打ち上げ(ソ)
- **1962** ゲルマン(米)、クォークの概念を提唱
- **1963** 初の惑星探査機となる金星探査機マリナー2号打ち上げ(米)

- 発明
- 験に成功
- ホールの概念を提唱
- 変更》
- なカラーテレビを発明
- 米)、
- ルスの電子顕微鏡撮影に成功
- 本」へ改題》
- (独)、V1号を完成
- 米)、リレー式電子計算機MarkⅠを開発
- 創刊30周年》
- リー(米)、DNAが遺伝物質であることを証明
- **1945** ッペンハイマー(米)ら、原子爆弾を開発。島と長崎に投下される
- **1946** モークリーとエッカート(米)、真空管式ディジタル計算機ENIACを開発
- **1947** 国際標準化機構(ISO)設置
- **1948** ショックレー、ブラッテン、バーディーン(米)、トランジスタを発明
- **1949** 《電気雑誌「OHM」へ改題》ショックレー(米)、接合型トランジスタの概念を提唱
- **1950** ワイマー(米)、光導電形撮像管ビジコンを発明
- **1951** 岡崎文次(日)、真空管式コンピュータを開発。日本初の電子計算機
- **1952** 核融合爆弾(水爆)の実験が行われる

電気雑誌「OHM」100年史

―夢を追いかけた電気技術者の歴史―

山崎 靖夫 著
OHM編集部 編

Ohmsha

本書を発行するにあたって，内容に誤りのないようできる限りの注意を払いましたが，
本書の内容を適用した結果生じたこと，また，適用できなかった結果について，著者，
出版社とも一切の責任を負いませんのでご了承ください．

　本書は，「著作権法」によって，著作権等の権利が保護されている著作物です．本書の
複製権・翻訳権・上映権・譲渡権・公衆送信権（送信可能化権を含む）は著作権者が保
有しています．本書の全部または一部につき，無断で転載，複写複製，電子的装置への
入力等をされると，著作権等の権利侵害となる場合があります．また，代行業者等の第
三者によるスキャンやデジタル化は，たとえ個人や家庭内での利用であっても著作権法
上認められておりませんので，ご注意ください．

　本書の無断複写は，著作権法上の制限事項を除き，禁じられています．本書の複写複
製を希望される場合は，そのつど事前に下記へ連絡して許諾を得てください．

出版者著作権管理機構
（電話 03-5244-5088，FAX 03-5244-5089，e-mail: info@jcopy.or.jp）

JCOPY ＜出版者著作権管理機構 委託出版物＞

推薦のことば

本書は100年にわたる電気技術開発の歴史を、雑誌「OHM」の1914年11月創刊号から2014年11月の100周年記念号までに掲載された多彩なグラビアや表紙、記事とともにわかりやすく振り返ったものです。

著者の山崎靖夫氏は、永く電機メーカーにお勤めで、OHMに「温故知新：OHMと日本・世界の技術の変遷」と題して、2006年4月号から2014年9月号まで連載され、これをもとに本書をまとめられました。私は当時、毎号、この連載記事をとても楽しみにしていました。

私がOHMを購読し、時には記事を執筆させていただいたりするようになったのは大学に任官した30年以上前からで、ちょうど本書の第9章から、まさに平成の時代そのものでした。もっとも私の父もOHMを購読していた関係で、半世紀以上前から目にしていました。子供の頃は表紙やグラビアにしか関心はありませんでしたが、このことが私に電気技術への興味を抱かせたきっかけの一つとなったと思います。

オーム社の創業は、1914年にこの雑誌「OHM」の創刊とともに始まりました。この年は、福島県の猪苗代第1発電所から東京の田端変電所への送電を開始した年であります。山梨県の駒橋発電所から早稲田変電所への単独系統に次ぐ長距離の単独系統による送電開始というエポックメイキングな年であります。この2つの単独系統送電のことは、私は大学の講義で、電力系統の発達の初期段階として学生に説明しています。

それから100年。本書からは、電気技術が、電力、通信、電気鉄道、家電へと拡がっていき、そして戦後を迎えると、計算機、システム、原子力、航空・宇宙へとさらに拡がっているのがよくわかります。夢を追いかけた電気技術者の歴史でもあります。

次代を担う若い人も、本書に触れることによって、歴史を学び新たな電気技術世界の創造に取り組んでいってほしいと願っています。

東京大学　教授　横山　明彦

まえがき

　OHM は、2014 年 11 月で創刊 100 周年を迎えました。これに先立つ 10 年ほど前の 2005 年、当時、オーム社雑誌部で OHM の編集を携わっていた持田二郎氏から私に「電気の歴史記事を毎月 OHM に掲載したい」という旨の相談がありました。タイトルは『温故知新：OHM と日本・世界の技術の変遷』であって、OHM の創刊号から振り返りつつ電気の歴史を紐解く、というものです。面白そうな企画でもあり、連載記事の執筆を二つ返事で引き受けたものの、よくよく考えてみれば OHM 創刊から 90 年を過ぎたころでもあり、創刊の年の 1914（大正 3 年）から毎月毎号で 1 年分の記事を 90 年分掲載するとなると、執筆が終わるまで実に 7 年を超えるという壮大な計画であったことが後にわかり、愕然としました。

　そうはいってもお引き受けした以上、1 号たりとも欠かすことはできず、掲載を続けるうち、いつのまにか OHM 創刊 100 周年になる 2014 年が近づき、気がつけば 100 周年分を書き上げるに至りました。雑誌 OHM で実に千冊を軽く超えるほどの分量になっていました。

　連載記事を執筆するにあたっては、オーム社に合本の形で保存されている創刊号から現在までの OHM 全誌をオーム社に出向いて一冊、一冊と紐解きながら、また、当時の様子を関係資料とともに調べながら雑誌 OHM の毎号 4 ページの記事掲載になるようまとめました。

　連載記事を作成するため OHM のバックナンバーを読んでいると、当時の最新技術の紹介記事や広告、博覧会の記事、試験問題の解答・解説など興味をそそられる内容についつい読みふけってしまい、原稿作成に時間を要してしまうことが度々ありました。

　ところで私が OHM を手にするようになったのは、電気主任技術者試験（電験）の受験対策として購読を始めたことに端を発しています。電験には、難易度のレベルが 3 段階（一種、二種、三種）とわかれており、もっとも難しい電験一種になると、市販の参考書がほとんどなく、頼るものといえば、

試験の問題と解答・解説が掲載される OHM でした。電験受験の対策には、過去の問題をつぶさに研究し、これが解けるようになることが肝要です。そのため、OHM のバックナンバーを調べるために何度も国会図書館に出向いたことを思い出しました。

　その後、晴れて電験一種の免状を頂戴することになったとき、OHM 編集部の方から電験の解答・解説の執筆を依頼されるようになって、読者から執筆者へとその方向が変わって行きました。

　さて、OHM が 100 周年を迎えるまで、大正、昭和、平成と元号が変わっただけでなく、我が国は大きな世界大戦を二度も経験しました。特に第二次大戦のさなか、我が国では敵性言語として英語の使用が禁止されるという風潮があって、誌名「OHM」が「電氣日本」に改題されることがありました。また、第二次世界大戦の終戦頃、物資の供給がままならなかったのですが、OHM（電氣日本）は欠かすことなく発刊を続けました。当時のオーム社の方々の努力に頭が下がる思いを感じます。

　振り返って『温故知新』の意味を広辞苑で調べてみると「古きをたずねて新しきを知る。昔の物事を研究し吟味して、そこから新しい知識や見解を得ること」とあります。私は連載記事を執筆しながら 100 年にわたる電気技術の発展を目の当たりにすることができ、一言ではとても表現できないほどの技術の変遷、世の中の移り変わりを、OHM 誌をとおして経験することができました。10 年一昔とは言い古された表現ですが、技術の歴史、特に最近の技術の変遷は数年で一昔になるほどの急激な変化が見られることは皆様方がお感じのことと思います。

　本書の『電気雑誌「OHM」100 年史』は、OHM の連載をベースに一冊の書物にまとめたもので、読み進められますとオーム社の歴史だけでなく、まさに『温故知新』そのものをお感じいただけるのではないかと思っています。

　2019(令和元)年 7 月

著者しるす

電気雑誌「OHM」100年史
目　次

推薦のことば ………………………………………………………………………… iii

まえがき ……………………………………………………………………………… v

第1章 ● 創刊から関東大震災まで ………………… 1

1.1.1 電気雑誌「OHM」の創刊 ………………………………………… 2

1.1.2 我が国の電力系統の発達 ……………………………………… 6

1.2.1 アーク灯の発明 ……………………………………………… 10

1.2.2 電球の開発 …………………………………………………… 11

1.3.1 エジソン・システム ………………………………………… 15

1.3.2 交流システムの普及 ………………………………………… 16

1.3.3 我が国の電力事業の伸展 …………………………………… 17

1.4.1 欧米に追いつけ追い越せ …………………………………… 19

1.4.2 需要家の失敗 ………………………………………………… 20

1.4.3 故障と失策 …………………………………………………… 22

1.5.1 無線通信の歴史 ……………………………………………… 24

1.5.2 鳥潟右一博士と OHM ……………………………………… 27

1.6.1 電気は百千年の工業に君臨す ……………………………… 30

1.6.2 船艦電気推進の利益およびその将来 ……………………… 31

1.6.3 アインシュタインの一般相対性理論 ……………………… 32

1.6.4 日本最初の地下電気鉄道 …………………………………… 34

1.7.1 量子論の父 …………………………………………………… 35

1.7.2 電氣博覧会 …………………………………………………… 35

1.7.3 進む電気の応用 ……………………………………………… 37

1.8.1 第一次世界大戦が終結 ……………………………………… 40

1.8.2 電力不足問題 ………………………………………………… 40

1.8.3 箱根登山鉄道の開通 ………………………………………… 42

1.8.4 無線電話も実用化へ ………………………………………… 42

1.8.5 東京の地下鉄 ………………………………………………… 44

1.9.1 アメリカで定時ラジオ放送の営業開始 …………………… 46

1.9.2 紙上電気博覧会 ……………………………………………… 46

1.9.3 電力配給主任制の嚆矢 ……………………………………… 48

1.10.1 歌舞伎座で漏電火災 ………………………………………… 51

vii

1. 10. 2	メートル法の採用	51
1. 10. 3	戦艦長門の竣工	52
1. 10. 4	エネルギー競争	53
1. 10. 5	表紙いろいろ	54
1. 10. 6	電気事業主任技術者試験制度の変更	55
1. 11. 1	発明王エジソン	56
1. 11. 2	改正特許法	56
1. 11. 3	平和記念東京博覧会	58
1. 11. 4	火星無線通信説	59
1. 11. 5	路面電車の混雑対策	59
1. 11. 6	丸の内ビルヂングの完成	60
1. 12. 1	アメリカで220 kV超高圧送電開始	61
1. 12. 2	関東大震災	61
1. 12. 3	不帰のスタインメッツ博士	66
1. 12. 4	鳥潟右一博士逝く	67

第2章 ● 帝都復興から昭和初期 …… 69

2. 1. 1	1924(大正13)年、帝都東京の復興に向けて	70
2. 1. 2	無線電信の活躍	70
2. 2. 1	OHM創刊10周年	75
2. 2. 2	東京放送局が放送聴取申込募集	75
2. 2. 3	短波長放送の研究	79
2. 2. 4	大正天皇の崩御	80
2. 3. 1	大正から昭和へ	81
2. 3. 2	最新の電気鉄道	82
2. 3. 3	馬匹感電防止	83
2. 3. 4	実用化した長距離写真無線電送	85
2. 4. 1	1928(昭和3)年、放送事業が拡大	87
2. 4. 2	東京地下鐵道会社第一期線(自上野 至浅草)	89
2. 4. 3	全国に亘る大電力のラヂオ網	90
2. 4. 4	国産の精華 NE式写真電送装置	91
2. 4. 5	日本最初の6万6000 V H型電纜	91
2. 5. 1	1929(昭和4)年、特急列車「富士」「桜」	93
2. 5. 2	ラジオの次にはテレヴィジョンか	93
2. 5. 3	送電安定の秘策 ペテルゼン線輪	96
2. 6. 1	1930(昭和5)年、一般公衆写真電送が開始	98
2. 6. 2	世界最初の試み	98
2. 6. 3	時代の先端を行くライト・ダイアグラム	100
2. 6. 4	国産自動車完成す	101

2.7.1	1931（昭和6）年、エジソンが死去	102
2.7.2	オーム社創設の廣田精一氏逝去さる	103
2.7.3	中央線の電化	104
2.8.1	1932（昭和7）年、満州国建国を宣言	107
2.8.2	満洲號	107
2.8.3	工業界に嘱目せらる、新強磁石鋼	109
2.8.4	本邦の電視界に一新鋭加ふ	110
2.9.1	1933（昭和8）年、国際連盟を脱退	113
2.9.2	朝鮮海峡にわたる電話線の開通	113
2.9.3	水銀整流器	115
2.9.4	丹那隧道が遂に貫通す	117
2.10.1	1934（昭和9）年、OHM創刊20周年	119
2.10.2	東京宝塚劇場の舞台照明	120
2.10.3	関西風水害とその惨禍	122
2.11.1	1935（昭和10）年、有名企業各社が創立	125
2.11.2	送電線ができあがるまで	125
2.11.3	満州の電気	127
2.11.4	新京だより	129
2.11.5	西日本の水害	129
2.12.1	1936（昭和11）年、巨大飛行船「ヒンデンブルク」と 豪華客船「クイーン・メリー号」	131
2.12.2	オリンピック無線写真電送について	133
2.13.1	1937（昭和12）年、通信技術の進展	137
2.13.2	朝日新聞社「鵬号」と短波無線電信機	137
2.13.3	亜欧連絡記録大飛行の成功	140

第3章 ● 第二次世界大戦 143

3.1.1	1938（昭和13）年、オリンピック東京大会の中止	144
3.1.2	電氣雑誌OHM	145
3.1.3	新社屋の完成	147
3.1.4	国家による電力管理	148
3.2.1	1939（昭和14）年、零戦試作機が試験飛行	150
3.2.2	材料対策特集号	151
3.3.1	1940（昭和15）年、「電力警官」が配備される？	155
3.3.2	オーム奨学賞第1回贈呈式	157
3.3.3	テレビジョン実験放送	157
3.3.4	法隆寺の壁画照明と蛍光放電灯	158
3.4.1	1941（昭和16）年、大東亜戦争に突入	161
3.4.2	技術と国際関係	161

3.4.3	配電統制令の公布	163
3.4.4	征け皇軍、起て技術者	164
3.5.1	1942(昭和17)年、米国の暗号解読とマンハッタン計画	166
3.5.2	本誌の題号変更につき協力を求む	167
3.5.3	米国の工業戦時体制	170
3.6.1	1943(昭和18)年、学徒動員	172
3.6.2	社名の変更	172
3.6.3	電熱蒸気機関車	172
3.6.4	竹支線の実用化	174
3.6.5	電力不足下、水力余剰の状況	174
3.6.6	新東海道ケーブル	176
3.7.1	1944(昭和19)～1945(昭和20)年ころ、ポツダム宣言受諾	177
3.7.2	電力刈取機	178
3.7.3	高圧使用電気温水槽	179
3.7.4	書籍の通信販売中止	179
3.7.5	合併号	180
3.8.1	1946(昭和21)年、日本国憲法の公布	182
3.8.2	スーパーヘテロダイン受信機	182
3.8.3	超小型ラジオセット	185
3.8.4	動力が今日の米国をつくった	185

第4章 ● 戦後復興 … 187

4.1.1	1947(昭和22)年、電力制限を実施	188
4.1.2	社名の変更	188
4.1.3	誌上仲介サービスの開始	189
4.1.4	「新電気」の創刊	189
4.1.5	"感電"特集	190
4.2.1	1948(昭和23)年、新たな素子の登場	193
4.2.2	注目すべき新増幅管トランジスタ	193
4.2.3	無線通信士資格検定試験	195
4.2.4	新しい電気製品の紹介	196
4.3.1	1949(昭和24)年、湯川博士がノーベル賞受賞	198
4.3.2	創刊35周年「電氣日本」から「OHM」へ復題	199
4.3.3	日発中央司令所の大給電司令盤完成	200
4.4.1	1950(昭和25)年、電気事業再編令	202
4.4.2	新型計算機の登場	202
4.4.3	ジェーン台風による被害	203
4.4.4	国鉄のケーブル改修工事	205
4.5.1	1951(昭和26)年、発送配電一貫経営の9電力会社が設立	207

4.5.2	長岡半太郎博士の追憶	207
4.5.3	我が国初の交流計算盤	209
4.5.4	超高圧設計の金井 – 西東京送電線完成	211
4.6.1	1952(昭和27)年、カラーテレビジョンが一般公開	213
4.6.2	国鉄のマイクロウェーブ通信	213
4.6.3	新北陸幹線用鉄塔の強度試験	214
4.6.4	水力発電所事故	215
4.7.1	1953(昭和28)年、テレビ放送開始	218
4.7.2	競争するNTVとNHKのテレビジョン	218
4.7.3	TVの大型受像管	220
4.7.4	着々と進行する只見川の電源開発	222
4.8.1	1954(昭和29)年、ソ連で世界初の原子力発電による送電開始	223
4.8.2	佐久間発電所	223
4.8.3	トラジスタの原理とその応用	224
4.8.4	原子力電池と太陽電池	226

第5章 ● 高度経済成長 — 229

5.1.1	1955(昭和30)年、神武景気と家庭電化時代の到来	230
5.1.2	仙山線の交流50Hz電化	232
5.1.3	佐久間発電所の建設状況	233
5.2.1	1956(昭和31)年、「もはや戦後ではない」(経済白書)	236
5.2.2	佐久間ダムの完成	236
5.2.3	佐久間幹線の人工故障試験	237
5.2.4	東京駅まで延長した東京地下鉄	238
5.2.5	東海道本線の全線電化実現	238
5.2.6	無線操縦の玩具 ラジコン・バス	238
5.3.1	1957(昭和32)年、宇宙開発と原子力平和利用が進む	241
5.3.2	危険と困難を窮めた黒部第四の建設工事	242
5.3.3	小田急の超軽量連接・特急電車(デハ3000形)	243
5.3.4	国鉄の新鋭 モハ90形電車	244
5.3.5	国鉄のSE車による高速度試験	245
5.4.1	1958(昭和33)年、関門国道トンネルが開通	246
5.4.2	トランジスタ電子計算機	246
5.4.3	技術士法の施行	248
5.4.4	第1回技術士試験の実施	248
5.4.5	東京タワーの完成	250
5.5.1	1959(昭和34)年、南極観測隊と「タロとジロ」	251
5.5.2	我が国最大級の電源開発・南川越変電所	251
5.5.3	希望対談 井深 大氏	253

5.5.4	VTR に世界的新方式	254
5.6.1	1960(昭和35)年、カラーテレビ放送開始	256
5.6.2	新幹線のための連続網目架線試験	256
5.6.3	初の空間無線式列車電話	258
5.6.4	著しい電力需要増加への対処	259
5.7.1	1961(昭和36)年、ケネディ大統領とガガーリン少佐	262
5.7.2	座席予約用電子計算装置 MARS-1	262
5.7.3	世界初の気球延線に成功	264
5.8.1	1962(昭和37)年、米英間の衛星テレビ中継	267
5.8.2	純国産原子炉 JRR-3 の成功	267
5.8.3	新幹線試運転を開始	268
5.8.4	我が国最大の畑薙第一揚水発電所完成	270
5.9.1	1963(昭和38)年、黒部川第四発電所が完成	272
5.9.2	新幹線 256km/h を記録	273
5.9.3	原子炉による初の発電開始へ	274
5.9.4	電力、通信のオリンピック協力体制整う	275

第6章● 東京オリンピックから人類初の月面着陸まで ····· 277

6.1.1	1964(昭和39)年、東京オリンピック開催と 東海道新幹線開業	278
6.1.2	新潟地震の発生	278
6.1.3	我が国初の4導体送電線 東京電力・第2京南線	280
6.1.4	漏電責任者の有罪ついに決まる	281
6.2.1	1965(昭和40)年、新南極観測船「ふじ」と 世界一のタンカー「東京丸」	283
6.2.2	集積回路化時代を迎えた計算機	283
6.2.3	驚異！ マリナー4号の技術	284
6.2.4	姿勢制御の段階にきた我が国の宇宙開発	287
6.3.1	1966(昭和41)年、米ソは宇宙開発競争、中国は「文化大革命」	288
6.3.2	アメリカ航空宇宙局(NASA)	288
6.3.3	SENA 地下原子力発電所へ核燃料出荷	290
6.3.4	50万V送電 布石の年	292
6.4.1	1967(昭和42)年、米ソ宇宙開発中の悲劇	293
6.4.2	我が国初の超臨界圧火力発電所とガスタービン発電所	293
6.4.3	出揃った電力3社の電気自動車	295
6.4.4	電力のピーク夏に移る、渇水で電力供給ピンチ	297
6.5.1	1968(昭和43)年、日本初の超高層「霞が関ビルディング」	298
6.5.2	世界最高揚程の斜流水車が活躍する蔭平発電所	298
6.5.3	中部電力で電力系統安定対策として	

画期的な安定運用装置が完成 ……………………………… 299

6.5.4 種子島宇宙センターで初のロケット飛翔実験に成功 ……… 300

6.5.5 超高圧線を止めた公害調査気球 ………………………… 301

6.6.1 1969(昭和44)年、学生紛争の最中、急速に進む宇宙開発 … 303

6.6.2 人類初の月面着陸へ ……………………………………… 303

6.6.3 小形電子計算機の開発 …………………………………… 305

6.6.4 我が国最大の揚水発電所　安曇発電所 ………………… 305

6.6.5 山陽新幹線用試験電車が完成 …………………………… 306

第7章 ● 世界2位の国民総生産
～大阪万博／国内インフラ拡充／石油ショック～ …………… *309*

7.1.1 1970(昭和45)年、我が国のGNPが世界2位に ………… 311

7.1.2 万国博覧会「EXPO'70」の開催 ………………………… 311

7.1.3 モスクワ国民経済達成展覧会 …………………………… 313

7.1.4 電電公社で電話計算サービス開始 ……………………… 314

7.1.5 電気工事業法の施行 ……………………………………… 315

7.2.1 1971(昭和46)年、「マイクロプロセッサ4004」が完成……… 316

7.2.2 JNFが原子炉用核燃料を国産化 ………………………… 316

7.2.3 新幹線250km/hへの挑戦 ……………………………… 317

7.3.1 1972(昭和47)年、「日本列島改造論」がベストセラー … 321

7.3.2 電子レンジの設置許可が不要に ………………………… 321

7.3.3 初公開された国鉄の磁気浮上走行試験装置 ……………… 322

7.3.4 500kV送電の実用化進む ………………………………… 323

7.3.5 世界的規模の高電圧直流ケーブル開発研究試験設備 …… 325

7.4.1 1973(昭和48)年、第一次石油ショックが起きる ……… 326

7.4.2 我が国初の125kV油冷サイリスタ・バルブ連系
実用化試験を開始 ………………………………………… 326

7.4.3 大島電力が九州電力と合併 ……………………………… 327

7.5.1 1974(昭和49)年、コンビニエンスストアが初開店 …… 331

7.5.2 500kVガス絶縁開閉装置を全面的に導入 ……………… 331

7.5.3 中部電力が新送電線航空障害灯を開発 ………………… 332

7.5.4 試運転を開始した我が国初の自家用地熱発電所………… 334

7.5.5 世界初のリニア・モーターカーを使用した国鉄塩浜ヤード … 334

7.6.1 1975(昭和50)年、米ソのロケットが歴史的ドッキング…… 336

7.6.2 アメリカで発売された小形高性能電卓 ………………… 336

7.6.3 EXPO'75 海洋博 ………………………………………… 337

7.6.4 電源開発・鬼首地熱発電所いよいよ稼働へ …………… 339

7.6.5 我が国初の本格的環境調和送電線 ……………………… 339

7.7.1 1976(昭和51)年、超音速旅客機「コンコルド」 ……… 341

xiii

7.7.2	世界最大規模の直流連系	342
7.7.3	世界最大容量の斜流型ポンプ水車	343
7.7.4	首都高速湾岸線 東京湾海底トンネル	344
7.7.5	超高速地表輸送機関を開発	345
7.8.1	1977(昭和52)年、落雷による広域大停電が発生(米国)	346
7.8.2	高速増殖実験炉「常陽」臨界試験開始	346
7.8.3	連続運転世界記録を残した九州電力・玄海原子力発電所	348
7.8.4	国鉄が「省エネルギー電車」の試作に乗り出す	349
7.9.1	1978(昭和53)年、世界初の日本語ワードプロセッサー	351
7.9.2	変圧運転方式を採用した沖縄電力・石川火力発電所2号機	351
7.9.3	大規模地震対策特別措置法成立と宮城県沖地震	352
7.9.4	地震検知システムの試験	354
7.10.1	1979(昭和54)年、「PC-8001」と「ウォークマン」	356
7.10.2	南極・昭和基地からのテレビ生中継に成功	356
7.10.3	米国スリーマイルアイランド原子力発電所事故	357
7.10.4	20世紀我が国電力業界の悲願 北海道－本州間の直流連系成る	360
7.11.1	1980(昭和55)年、自動車生産1000万台を突破	361
7.11.2	世界初の超電導電磁推進船の走行実験に成功	361
7.11.3	太陽光発電プラントの集熱タワーが完成	362
7.11.4	3300Vの洗礼	363
7.12.1	1981(昭和56)年、「IBM PC」の発表	366
7.12.2	ニューヨーク市大停電事故	366
7.12.3	260km/hで営業運転を開始したフランスTGV	367
7.12.4	レーガン政権の対外原子力政策	369
7.13.1	1982(昭和57)年、音楽CDプレーヤーが発売	371
7.13.2	100万V級課電試験に着手	371
7.13.3	リニアモーターカー 有人浮上走行実験に成功	373
7.13.4	北海道初の森地熱発電所が完成	374
7.13.5	奥利根総合制御所が稼働	375
7.14.1	1983(昭和58)年、ファミリーコンピューターの大ヒット	376
7.14.2	南極地域観測砕氷艦「しらせ」	376
7.14.3	三宅島噴火	377
7.14.4	プルトニウムの再燃料化	380
7.15.1	1984(昭和59)年、「マッキントッシュ」を発表	381
7.15.2	我が国初の人工島に築かれた関西電力・御坊発電所	381
7.15.3	女川原子力発電所1号機が運開	382
7.15.4	川内原子力発電所1号機が運開	383

7.15.5	高浜発電所 4 号機が試験運転を開始	384
7.15.6	新都市交通システム用リニアモータ・カー	385
7.16.1	1985(昭和 60)年、世界最長の青函トンネル本坑が貫通	386
7.16.2	東北電力初の複合発電が運開	386
7.16.3	「科学万博 – つくば '85」が開催	387
7.16.4	福島第二原子力発電所 3 号機が運開	388
7.16.5	東京電力・富津火力発電所が運開	389
7.16.6	北海道電力初の海外炭火力が運開	389
7.16.7	九州電力 T字形基幹系統が運開	390

第8章 ● バブル景気 ··········391

8.1.1	1986(昭和 61)年、「チャレンジャー号」の事故	392
8.1.2	チェルノブイリ原子力発電所の事故	392
8.1.3	緊急炉心冷却装置の作動試験を初公開	394
8.1.4	新小野田発電所 1 号機が運開	394
8.1.5	敦賀 2 号機が燃料装荷を完了	395
8.2.1	1987(昭和 62)年、「バブル景気」謳歌	397
8.2.2	可変速揚水発電システムの長期運転試験を開始	397
8.2.3	首都圏大停電	398
8.2.4	OF ケーブルの布設工事開始	400
8.3.1	1988(昭和 63)年、青函トンネルが開業	402
8.3.2	電気学会創立 100 周年記念展示会	402
8.3.3	鋳鉄キャスクの極低温落下試験	404
8.3.4	九州地区で大規模停電事故発生	404
8.3.5	津軽海峡線・青函トンネル開業	406
8.4.1	1989(昭和 64,平成元)年、「昭和」から「平成」へ	408
8.4.2	OHM が創刊 75 周年	408
8.4.3	送電線事故箇所探査システムの開発	410
8.4.4	バイナリーサイクル発電の技術開発	411
8.4.5	原子力発電所の事故・故障等の評価基準	411
8.5.1	1990(平成 2)年、「花の万博」が開催	413
8.5.2	MCFC 発電プラントを試作	413
8.5.3	自動検針システムの実証試験開始	414
8.5.4	時間帯別電灯料金制度の実施	415

第9章 ● 20世紀最後の10年
～冷戦終結／阪神・淡路大震災／パソコン普及～ ··········417

9.1.1	1991(平成 3)年、湾岸戦争が勃発	418
9.1.2	自動化・ロボット化が進む 鉄道の保守機器	418

xv

9.1.3	竜飛ウインドパークの完成	419
9.1.4	送電技能訓練センターのオープン	420
9.1.5	自動検針の共同実施	421
9.2.1	1992(平成4)年、アメリカで特許侵害訴訟	423
9.2.2	東海道新幹線で営業運転を開始した新型車両「のぞみ」	423
9.2.3	六甲新エネルギー実験センター完成	423
9.2.4	OHM創刊1000号	425
9.2.5	落雷位置標定システムの実用化	426
9.3.1	1993(平成5)年、「Windows 3.1」日本語版が発売	428
9.3.2	北海道と本州を結ぶ北本連系設備	428
9.3.3	JR川崎発電所のリパワリング	429
9.3.4	PHSの実験開始	431
9.4.1	1994(平成6)年、英仏海峡トンネルが開通	432
9.4.2	H-2ロケットの打ち上げ成功	432
9.4.3	「もんじゅ」初臨界を達成	433
9.4.4	東北・上越新幹線に新登場「Max」	435
9.4.5	日本初の女性宇宙飛行士	435
9.5.1	1995(平成7)年、IBM-PC/AT互換機の市場拡大	437
9.5.2	阪神・淡路大震災	437
9.5.3	マイクロ波による電力送電実験	439
9.5.4	我が国最大の地熱発電所の運開	440
9.6.1	1996(平成8)年、日本人初のミッションスペシャリスト	442
9.6.2	100万V送電の実証試験を開始	443
9.6.3	スーパーカミオカンデの建設	444
9.6.4	高性能電気自動車の開発	445
9.7.1	1997(平成9)年、世界最高531km/hを記録	447
9.7.2	電気設備技術基準の改正	447
9.7.3	E3系新幹線デビュー	448
9.7.4	レドックスフロー電池を開発	450
9.8.1	1998(平成10)年、「おりひめ・ひこぼし」のドッキング成功	452
9.8.2	変圧器を使用しない発電機	452
9.8.3	ロープ駆動式懸垂型交通システム	454
9.8.4	FC潮流制御による電力広域融通の強化	455
9.9.1	1999(平成11)年、新幹線車両の世代交代	457
9.9.2	700系新幹線の登場	457
9.9.3	軌間可変電車の試験開始	458
9.9.4	超高圧送電線へCVケーブルを本格適用	460
9.10.1	2000(平成12)年、2000年問題と閏年問題	462

9.10.2	葛野川発電所1号機が運開	462
9.10.3	本四連系線が全面運転開始	463
9.10.4	紀伊水道直流連系設備の運開	464
9.10.5	千葉火力発電所1・2号系列完成	465
9.10.6	電線絶縁材のリサイクル技術開発	466

第10章 ● 21世紀を迎えて 467

10.1.1	2001（平成13）年、アメリカ同時多発テロ事件	468
10.1.2	ハロン分解処理システム	468
10.1.3	PCB一貫処理実証プラント	469
10.1.4	新型ドクターイエロー登場	470
10.1.5	世界最大級のPFBCが運開	470
10.1.6	新世代電気自動車の試作	472
10.2.1	2002（平成14）年、ノーベル物理学賞と化学賞をダブル受賞	473
10.2.2	21世紀最初の国内原子力発電所が運開	473
10.2.3	エネルギー政策基本法公布	474
10.2.4	国内最大の配電用海底電力ケーブル	475
10.2.5	日本人技術者がノーベル化学賞受賞	476
10.2.6	世界初 ガラス基板上に8ビットCPUを形成	477
10.3.1	2003（平成15）年、中国初の有人宇宙飛行	478
10.3.2	MCFC商用1号機が発電開始	478
10.3.3	北米で大規模停電発生	479
10.4.1	2004（平成16）年、ファイル共有ソフト「Winny」の諸問題が顕在化	483
10.4.2	世界初の1波長160Gbit/sデータ光送受信装置	484
10.4.3	商用回線による内視鏡外科手術用カメラの遠隔制御	484
10.5.1	2005（平成17）年、京都議定書が発効	486
10.5.2	日本国際博覧会の開催	486
10.5.3	世界初の液体窒素冷却超電導モータ	488
10.5.4	燃料電池二輪車の開発	490
10.6.1	2006（平成18）年、世界の人口が65億人を突破	491
10.6.2	燃料電池ハイブリッド鉄道車両の開発	491
10.6.3	バイオマス発電システムの試験成功	493
10.6.4	首都圏で広域停電発生	494
10.7.1	2007（平成19）年、各種電子カードが普及拡大	496
10.7.2	気候変動に関する報告書発表	496
10.7.3	PHV車の公道初走行	497
10.7.4	新幹線高速化へ 量産先行車の製作着手	498

10.7.5	アポロ以来の本格的月探査	499
10.8.1	2008（平成20）年、「リーマン・ショック」による世界経済の混乱	501
10.8.2	新系統の高温超伝導物質の発見	502
10.8.3	MRJ事業化の決定	503
10.8.4	国際航空宇宙展開催	504
10.9.1	2009（平成21）年、太陽光発電の余剰電力買取りが開始	506
10.9.2	太陽電池セルで世界最高変換効率を達成	507
10.9.3	SiCダイオードを適用した分散電源連系インバータ	508
10.9.4	国内初のプルサーマルを起動	509
10.10.1	2010（平成22）年、小惑星探査機「はやぶさ」が地球に帰還	510
10.10.2	東京電力初のプルサーマル発電	510
10.10.3	IEEEマイルストーン認定	511
10.10.4	多機能電力貯蔵装置を開発	512

第11章● 社会とともに歩んだ100年 ……515

11.1.1	2011（平成23）年、東日本大震災	516
11.1.2	原子力発電所の緊急安全対策	516
11.1.3	世界最高電圧の超電導ケーブルを開発	518
11.2.1	2012（平成24）年、東京スカイツリー（634m）が竣工	520
11.2.2	レアアース不使用の永久磁石同期モータを開発	520
11.2.3	再生可能エネルギーの固定価格買取制度が開始	522
11.2.4	スーパーコンピュータ「京」が完成	522
11.3.1	2013（平成25）年、特許制度の国際調和が加速	524
11.3.2	高い耐震性を備えた154kV変圧器開発	524
11.3.3	温室効果ガス濃度が過去最高に	526
11.3.4	電気学会創立125周年記念式典が開催	527
11.4.1	2014（平成26）年、創刊100年目を迎えて	528
11.4.2	第7回電気技術顕彰「でんきの礎」の発表	529
11.4.3	スマートメーターの設置・検証を開始	529
11.4.4	国内最大のソーラー発電所が竣工	530
11.4.5	改正電気事業法が成立	531

編集後記 …… 533

第1章

創刊から関東大震災まで

1.1.1 ● 電気雑誌「OHM」の創刊
1.1.2 ● 我が国の電力系統の発達
1.2.1 ● アーク灯の発明
1.2.2 ● 電球の開発
1.3.1 ● エジソン・システム
1.3.2 ● 交流システムの普及
1.3.3 ● 我が国の電力事業の伸展
1.4.1 ● 欧米に追いつけ追い越せ
1.4.2 ● 需要家の失敗
1.4.3 ● 故障と失策
1.5.1 ● 無線通信の歴史
1.5.2 ● 鳥潟右一博士と OHM
1.6.1 ● 電気は百千年の工業に君臨す
1.6.2 ● 船艦電気推進の利益およびその将来
1.6.3 ● アインシュタインの一般相対性理論
1.6.4 ● 日本最初の地下電気鉄道
1.7.1 ● 量子論の父
1.7.2 ● 電氣博覧会
1.7.3 ● 進む電気の応用
1.8.1 ● 第一次世界大戦が終結
1.8.2 ● 電力不足問題
1.8.3 ● 箱根登山鉄道の開通
1.8.4 ● 無線電話も実用化へ
1.8.5 ● 東京の地下鉄

1.9.1 ● アメリカで定時ラジオ放送の
　　　　営業開始
1.9.2 ● 紙上電気博覧会
1.9.3 ● 電力配給主任制の嚆矢
1.10.1 ● 歌舞伎座で漏電火災
1.10.2 ● メートル法の採用
1.10.3 ● 戦艦長門の竣工
1.10.4 ● エネルギー競争
1.10.5 ● 表紙いろいろ
1.10.6 ● 電気事業主任技術者試験制度の
　　　　変更
1.11.1 ● 発明王エジソン
1.11.2 ● 改正特許法
1.11.3 ● 平和記念東京博覧会
1.11.4 ● 火星無線通信説
1.11.5 ● 路面電車の混雑対策
1.11.6 ● 丸の内ビルヂングの完成
1.12.1 ● アメリカで 220kV 超高圧送電開始
1.12.2 ● 関東大震災
1.12.3 ● 不帰のスタインメッツ博士
1.12.4 ● 鳥潟右一博士逝く

1.1.1 ● 電気雑誌「OHM」の創刊

　理工学出版社のオーム社は、1914（大正3）年、廣田精一の電気雑誌「OHM」の創刊をもって創業とした。その前身は1907（明治40）年に扇本眞吉とともに創立した電機学校出版部に端を発する。1907年には電燈はすでにあったものの、主力はガス燈であり、動力には蒸気が用いられており、電気はまだ普及の途にあった。当時の我が国は明治新政府が樹立されて以来、西欧列国の植民地政策に圧迫されながらも独立を守るため、富国強兵・殖産興業のスローガンのもと世界に立ち遅れた日本の近代化を強力に推進しているさなかであった。

　そのような中、廣田精一と扇本眞吉は、電機工業が飛躍的に発展すると確信していたととともに、西洋文明の導入により優れた技術や最新の機械が次々と輸入されて来るにもかかわらず、これを駆使出来る技術者が我が国にわずかしかおらず、このような状態では将来の工業発展の大きな障害となりかねない、と考えていたのである。

　当時、国立の工業大学や高等工業学校はあるものの、広く門戸が開かれていた訳ではなく、限られたエリート集団の養成を目指すものでしかなかった。そこで両氏は、このような状況を打開すべく1907年9月に私立電機学校を創立した。電機学校は、現在の学校法人東京電機大学である。

　廣田精一（図1-2）と扇本眞吉は、東京帝国大学の同窓生であり、電機学校創立当時、廣田は36歳、扇本は32歳の互いに若き実業家として産業界で広く活躍していた。

　やがて廣田は電機学校だけでなく、広く全国の電気工学技術者向けの専門雑誌の発刊を考えるようになり、電気工学専門雑誌「OHM」を1914（大正3）年11月に創刊する（図1-1）。

　創刊号は、現在の左開き、横書きの体裁とは異なり、右開きの縦書きであった。詳しくは菊倍判六号活字縦四段組、表紙を入れて全32ページである。また、第一次世界大戦が開戦した年ということもあってか、發刊之辭には、『那翁以來正に百年。世界は大狂亂に陥り。我帝國も亦其餘波を

第1章　創刊から関東大震災まで

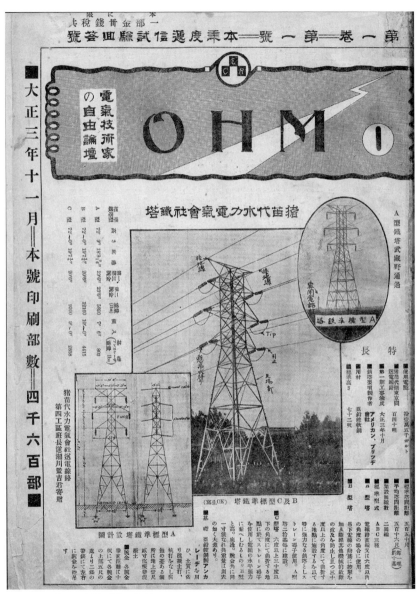

図1-1　「OHM」創刊号の表紙

脱する能はず。獨墺と國交斷絶せるの時。本誌茲に呱々の聲を擧ぐ。其標旗とする所知るべし。曰く學術の獨立！（後略）　オーム社同人』とある（**図1-3**）。すでに欧米諸国と肩を並べるまでになった日本において、「OHM」にあっては、学術のさらなる発展を誓っている。また、實行的目標として次の点を言及し、

『旗幟既に鮮明。即ち實行すべき方法を示すを要す。

一、本誌は學説欄に重きを置く

二、本誌の學説欄は研鑽討究の壇場たるを期するが故に如何なる論文も皆之に　批　評　を加ふ。其誤れるは之を匡し。其の足らざるは之を補ひ。吾人の知らざる所は知らずとして大方の高教を乞ひ。單獨に寄書のみを掲ぐることなし。嚴に追從的批判を忌む。但し次號に於て批評することあり。

三、學術の獨立を標旗とすと雖も。吾人は電氣技術家なるが故に單に電氣學術のみに就き研究す。

四、本誌は之を電氣技術家の自由論壇として提供す。殊に青年技術家を歡迎す。

五、本誌は欧米技術家の論文を紹介することあるべし。之れ他山の石なればなり。但し之を紹介する時も必ず之を我國状に照して批評し。單に原文のみを譯出することなし。

六、本誌は記事特に數字の正確を期するため慎重調査するが故に時好に投ずる底の迅速を期し難し。即ち巧遲を尊ぶ。

七、本誌は新しき發明に就て逸早く斷片的報導をなさず。寧ろ其發明が實用に供せられ所謂實用的價値を生ずるを待ち綜合的記述をなし。之を附録として發刊す。故に此附録を一括し置けば必ず時勢に後るとなきを期す。

之を以て目標とす。』

としている。

　創刊号は、論説、學説、逓試の問題解答、電機學校試験問題及答、雑報から構成されて、現在の電気主任技術者試験（電験）の前身である電気事業主任技術者資格検定試験（逓試）の問題と解答が掲載されている。逓試は、1911（明治44）年に作られた制度で、一級から六級まであった。この逓試

第1章 創刊から関東大震災まで

図 1-2　電気雑誌「OHM」を創刊した廣田精一
　　　　（写真提供：広田貞雄氏）

發刊之辭

那翁以來百年、世界は大狂亂に陷る。我帝國豈其餘波を殷する能はず。獨墺と國交斷絕せるの時、兵器を舉ぐ。其標旗を耳にするとき、近頃又工業の獨立の聲を聞く。而かも學術の獨立なくして工業の獨立なし。學術の獨立なくして兵器の獨立なし。近頃又工業の獨立の聲を聞く。而かも學術の獨立なくして工業の獨立なし。具體に云へば今日吾人が學術の獨立を叫ぶ所以。二三獨立ては父母を失ひたるの感あり。昨日竹馬の惡太郎が今日はユニホームに身を固めブルマンへ羽織袴に威儀正しき挨拶廻りのさまざまなさを見せて今日吾人の心中一般に心中に帝國の學術獨立する程の氣おいを覺えしむ。帝國の學術が獨立するには十年早きなり。而かも今日は遮二無二獨立ぞの外なきなり。留學者を厚遇され子弟を親しく敵國へ家畜和緣の挨拶廻りのさまなさを得ざるを得ず獨り親に離れし子の俤の世俤に成人と凡れし獨乙。特許品を賣り得し獨乙。今我敵國となれり。帝國の學術は獨立せずらんとすれば吾人の慶賀に堪えざる所。帝國學術の獨立が十年を俟つずして今俄かに促進せらるは吾人の寄ぶ所。學術の完全に獨立せんとするは當に其進路に横はる物三あり、曰く依賴崇拜。曰く情實虛禮。曰く優柔懶惰之為。

歐米の製品（精神的製品即ち學說をも含む）を究めずして直ちに其創作の他創作に供ならんとす。可なきなり。友人なるが故に其誤れりとも其非を實行するの勇をすて盲從するは學術獨立の一障害なり。二千五百七十四年桃源の夢に醉うたる吾人今吾今日は遽に其の惡睡を覺まされさんとす。其進路を遮る物一切をも非を十日に伸ばさんとす。其進路に雜なる者一切を非を十日に伸ばさんとす。其進路を遮る物一切を非と十日に伸ばさず。堂々論議し、後盤の名譽を顧みず蹈躇せず帝國學術の獨立の誤れりを云ひ今俄かに促進せらるは吾人の寄ぶ所。改むるに憚らず、學術之獨立に邁進せよ。情實より獨立せよ。優柔なるを排して實に此を外にしては獨立するのみの間にあらずずる者ならば正眞の友の眞情を挾みてかの既成を攻める者に於て私情を挾みて眞似る者に非ず。國音鷄鳴に通ずるも其既成を眞似るに非ず。

オーム社同人

大正三年十一月一日

實行的目標

旗幟飽に鮮明、即ち實行すべき方法を示すを要す。

一、本誌は學說欄に重きを置く

二、本誌の學說欄は研究の登場たるを期するが故に如何なる論文も吾人の見るべき之を辭するが故に如何なる論文も吾人の知らざる所とせんには之を辭するに吾人の知るざる所とせず。單獨に寄書のみを揭ぐべし。嚴しに退嬰に於て批判す。

三、學術の獨立を目的とすと雖ども、吾人は電氣技術家のみの研究に就て研究す。

四、本誌は之を電氣技術家の自由勘擔として提供す。殊に

五、青年技術家を歡迎す。

本誌は歐米技術家の論文を紹介することあるべし。之を飛園狀に照して批評し。但し之を紹介する時は必ず之を飛園狀に照しても、單に原文のみを譯出するに非ず。

六、本誌は記事特に數字の正確を期するため愼重調査を期し難し。即ち巧遲より投ずる底の迅速を期し難し。

七、本誌は新しき發明に就て逸早く斷片的報導をなさんとす。即ち尙ほ其發明が實用的實用的慣性を生ずるを俟ち綜合的記述を加へ之を附錄として發刊す。故に此附錄を一括して置けば必ず時勢に後るなきを期す。

図 1-3　發刊之辭

の全問題・解答を掲載したのは、「OHM」が初めてである。

　そもそも電気主任技術者制度が制定されたのは、1891（明治24）年の帝国議事堂の火災事故が漏電であると発表され、また民衆の感電事故が散見されるようになり、電気が危険であるという声が全国的に広まったことによる。これらの事故を教訓として知識および経験の豊かな技術者によって電気施設が建設され管理することが望まれるなか、我が国初の電気事業の監督法規として、また民衆保護の立場から警視庁が1891年12月に「電気営業取締規則」を制定した。この法律が電気主任技術者制度の発端である。その後、1911（明治44）年3月に「電気事業法」が制定され、この法律の付帯規則の一つに「電気事業主任技術者資格検定規則」が制定され、電気主任技術者資格制度が発足したのである。

1.1.2 ● 我が国の電力系統の発達

　我が国で、電気が初めて営業用として使われたのは、東京電燈（東京電力の前身）が当時の社交場である鹿鳴館に白熱電灯を点灯した時のことである。1887（明治20）年1月のことであった。東京電燈は、移動式の発電機によって臨時灯を供給することと、東京、京阪神、名古屋などの各地で自家用や電灯会社に対する発電機の設置工事の請負を主な業務としていた。当時は、もっぱら直流による電力供給が行われており、東京電燈は浅草に25kWの火力発電所を建設し、直流210Vの3線式で電灯負荷に電力を供給していた。

　直流方式はエジソンが交流方式に先行して事業化を進め、電球、ソケット、電力計などを生産し、1878年に「エジソン電気照明会社」を発足させた。現在でも白熱電球に用いられているソケットは、エジソンの発明である。**図1-4**は、エジソン式4号発電機である。この発電機は、1890（明治23）年から下野麻紡績で工場照明用電源として使われていたものと同じタイプである。

　ところで1880年代から1890年代にかけては、世界的に直流方式か交流方式かでそれぞれの方式の優位性を巡って2派に分かれて「交直論争」が繰

図1-4　エジソン式4号発電機
　　　（提供：東京電力HD（株）
　　　電気の史料館）

図1-5　創業当時の蹴上発電所の外観（写真提供：京都市
　　　上下水道局、田邉家資料）

図1-6　創業当時の蹴上発電所内部（写真提供：京都市上
　　　下水道局、田邉家資料）

り広げられていた。

　直流方式は変圧が困難であり、そのため負荷の電圧にあわせた低い電圧で発電してそのまま送電しなければならず、それゆえ送電損失が大きくなり長距離送電には向かないという欠点があった。すなわち送電電力は、送電電圧の2乗に比例して増加し、送電損失は送電電圧の2乗に逆比例するからである。

　一方、交流方式は、長距離送電の実験で直流に比べて有利な点が明白であったものの、1880年代前半には実用的な交流電動機が開発されていなかった。交流発電が優位になったのは、エジソン電灯会社で働いていたニコラ・テスラが1887年に回転界磁形二相発電機を発明してからである。

　大阪電燈の岩垂邦彦は、将来需要が増加して長距離送電が必要になったとき、交流方式の高電圧送電が有利であると判断し、1899（明治22）年の開業当初から単相交流125Hz、1155Vの交流送電方式を採用した。この年はまた琵琶湖の水を利用した初めての水力発電所として160kWの蹴上発電所（図1-5、1-6）が京都市で運開されている。

　直流方式は、前述したような欠点を有していたため小規模の火力発電や水力発電によって電灯のほか、市内電車や工場への電力供給が主であった。その後、広域な電力供給を行うべく交流発電、特別高圧による送電が導入されていった。我が国で最初に11kVの特別高圧によって送電が開始されたのは、1899（明治32）年であり、郡山絹糸紡績が出力300kWの沼上発電所から22km離れた郡山工場に送電している。また同年に広島水力電力が250kWの発電機3台を備える広第一発電所から26km離れた場所へ11kVの送電を行う。その後さらなる電力需要の増大に伴い、送電電圧が次第に上昇し、1907（明治40）年には山梨県の1万5000kWの駒橋発電所（図1-7）から早稲田変電所（図1-8）までの55kV、76kmの送電が行われた。さらに1914（大正3）年11月には、福島県猪苗代第一発電所（3万7500kW）から115kV、225kmの東京田端変電所の送電が成功し本格的な長距離送電の幕が開いたのである（図1-9）。この送電線の鉄塔は、「OHM」創刊号の表紙に誇らしく掲載されている。

第1章 創刊から関東大震災まで

図1-7
山梨の駒橋発電所（写真提供：東京電力HD（株）電気の史料館）

図1-8
早稲田発電所（写真提供：東京電力HD（株）電気の史料館）

図1-9
猪苗代〜田端（東京）間の送電線（写真提供：東京電力HD（株）電気の史料館）

1.2.1 ● アーク灯の発明

　電気が実用化されていく過程において、電灯の開発史を忘れることはできまい。これは、1800年にボルタ（伊）が電池を発明した後、程なくしてデーヴィ（英）がアーク灯を発明したことにも現れている。電灯による照明が行われる以前は、もっぱら灯油や鯨油を用いたランプ、ろうそく等を燃焼させた明かりが用いられていた。

　そんな中、18世紀末にイギリスで始まった産業革命によって、家内制手工業から工場での大量生産の時代へと転換点を迎える。そこで従来の照明方法よりさらに輝度が高い照明が要求されるようになり、ガスを燃料としたガス灯が用いられるようになった。

　しかし、ガス灯は工場の作業用照明としては、依然として輝度が不十分であったものの、当時は他の照明方法がなく、やむなく使われていたというのが現状であった。そこでガス灯に代わる新たな照明方法としてアーク灯が発明された。

　アーク灯はイギリス王立研究所のデーヴィが、ボルタ電池の両極から取り出した2本の電線の先に炭素片を取り付けて少し離したとき、強烈なせん光を発する現象を発見したことに端を発する。デーヴィは、その後、ボルタ電池を2000個接続してアーク灯を点灯させることに成功する。1815年のことである。しかし、アーク灯を点灯させるには大電力が必要であり、容量の少ない電池では、安定した照明を得るにはほど遠いのが実情であった。また、初期のアーク灯は電極が直接空気に触れる開放型であり、電極の寿命が短いという欠点があった。

　一方、我が国では1878年に東京・工部大学校で開催された電信中央祝賀会で日本最初のアーク灯を点灯させている。電気記念日（3月25日）は、このアーク灯の点灯を記念して設けられたものである。その後、1882（明治15）年には、設立準備中の東京電燈が銀座二丁目の仮事務所前で日本初の電灯（アーク灯）を一般公開した（**図1-10**）。そして東京電燈は、翌年の1883年に日本初の電気事業を始めた。

図1-10 東京銀座通電気燈建設之図(錦絵)（写真提供：東京電力HD（株）電気の史料館）

図1-11 トムソン密閉型アーク灯(提供：東京電力HD（株）電気の史料館)

　なお、同年には初めての官業点灯として横須賀造船所にアーク灯発電機が設置され、また藤岡市助がアーク灯用の国産発電機を完成させている。翌1884年には、大阪道頓堀の中座で劇場照明用のアーク灯を点灯させた。
　このようにアーク灯は、電力事業を創始する大きな役割を担っていたのである。またアーク灯は、明治時代から大正時代にかけて高い輝度を利用して集会所、公園、工場などの照明装置として広く用いられていた。また電極の寿命を長くするため、密閉したガラスの中でアーク放電を起こさせるようにした密閉型アーク灯が開発された。図1-11はトムソン形密閉アーク灯であって、電極の寿命が長いほか、清掃の手間が少なくて済むという利点があった。
　しかしながらアーク灯は、輝度が高すぎて室内照明には不向きであるため、やがて電球(白熱電球)の開発がなされるようになっていく。

1.2.2 ● 電球の開発
　デーヴィは、アーク灯の発明に先だつ1802年に金属線に電流を流すと白熱し、光を発する実験を行い、電球開発の糸口を見いだしている。しかし、空気中で金属線を白熱させたため、短時間で酸化して金属線が切れてしま

うという問題があった。そこでリーヴやグローブ（仏）が 1820 年に金属線をガラス管に封入するとともに、管内を真空にした電球を開発した。ただし、当時は十分な真空を得ることができず、長寿命化は困難であった。

　イギリスの科学者スワンは、管内を真空にする技術に問題があると考えていたことと、クルックス（英）がちょうど真空技術の開発を行っていることを知り、シュプリンゲルの水銀真空ポンプを用いて、管内を真空にした炭素フィラメント電球を 1878 年に開発した。その後、スワンはフィラメントの研究を続け、紙を炭化させたフィラメントのほか、木綿紙を苛性ソーダに浸して乾燥し、これを炭化したフィラメントを用いて電灯を作る。さらにフィラメントに含まれる気体を除去するなどして、点灯時間は 40 時間に達するようになる。当時としては画期的な長寿命の電灯であった。スワンはこのような白熱電球を開発したにもかかわらず、特許出願したのはかなり後のことであった。

　一方、アメリカのエジソンは、スワンが電球を発明した同じ頃の 1878 年に白金線を用いた白熱電球の特許を取得して白熱電球の発明者となったのである。また同年にエジソン電燈会社を設立する。

　エジソンはフィラメントの改良こそが電球の長寿命化のポイントであると考えて、木綿糸をフィラメント材に用いた、炭素フィラメント電球の特許を 1879 年に取得している。その後エジソンは、さらなる長寿命化の研究を進めた。具体的には 6 000 種にも及ぶ植物を用いて、この植物の繊維を炭化したフィラメント材で実験を行った。その結果、竹製の扇子に用いられている竹の繊維がフィラメントに好適であることを見いだした。その中でも、京都・八幡市の竹が最も長時間点灯することがわかった。そして 1881（明治 14）年に、この竹をフィラメントに用いた竹フィラメント電球をパリ電気博覧会に展示して、一大センセーションを浴びたのである。まさにエジソンの言葉である『天才とは 1 パーセントの閃きと 99 パーセントの汗である』ということを自ら実践していたのである。ちなみに京都・石清水八幡宮の神苑には、竹フィラメント電球を記念したエジソン記念碑が建立されている。

図1-12　東京電燈　第一電燈局
（写真提供：東京電力HD
（株）電気の史料館）

　エジソンは、翌1882年1月にロンドンで、同年9月にはニューヨークでそれぞれエジソン・システムによる電力システムの創業を開始する。創業開始時点で3 000灯であったが、同じ光量のガス灯と比べて電灯料金が約半額であったこともあり、電灯利用者が急速に増加していった。
　一方、我が国では1890（明治23）年に東京電燈がエジソン・システムによる電燈局を東京市内に5か所建設している。これは石炭を燃料に用いた往復蒸気機関で発電機を回転駆動した火力発電方式であった。図1-12は東京電燈第一電燈局である。当時の電気料金は一灯ごとの定額制であり、たとえば東京電燈の場合、白熱電灯かアーク灯の電灯種類と半夜・終夜・不定時あるいは臨時の時間帯区分によって6通りの契約がなされていた。
　その後、白熱電球はフィラメントの改良が進められて、より長寿命で効率が高くなっていった。
　ところで電球には五大発明と呼ばれるものがある。これは、
（1）1879（明治12）年：エジソンの長寿命炭素電球
（2）1910（明治43）年：クリージ（GE）の引線タングステン電球
（3）1913（大正2）年：ラングミュア（GE）のガス封入電球
（4）1921（大正10）年：三浦順一（東京電気）の二重コイル電球
（5）1925（大正14）年：不破橘三（東京電気）の内面艶消し電球
である。日本人2名が名を連ねていることは特筆すべき点であろう。

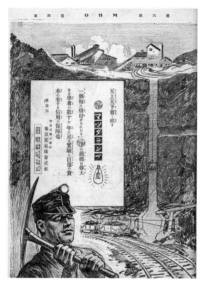

図1-13 マツダランプの広告（提供：
(株)東芝）（OHM 1917年6月
号）

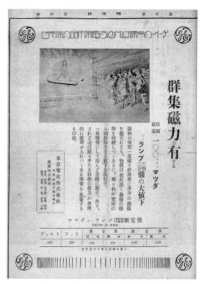

図1-14 マツダランプの広告（提供：
(株)東芝）（OHM 1917年5月
号）

　なお、東京電気は、マツダランプの製造元であり、後に芝浦製作所と合併して東芝（当時は東京芝浦電気）となる。当時のOHMに掲載された広告を見ると大正デモクラシーを彷彿とさせている。たとえば図1-13は、OHMの1917（大正6）年6月号に掲載されたマツダランプの広告である。その宣伝文には、
「天上天下普く照すマツダランプ　一個毎に烙付けられたるGEのマーク商標は偉大なる學者の數十年に亘る實驗と巨億の資本の有する信用の保證也」
とある。いかにも当時が振り返られる文言ではあるまいか。
　また、マツダランプは100ワット電球の公告も掲載している（図1-14）。100ワットの電球は、当時としては画期的であったのか、ランプの明るさに引きつけられる人々のことを「群衆磁力を有する」としている。
　このように電灯は、寿命や効率の改善がなされていくとともに、電気事業の進展と密接な関係があったのである。

1.3.1●エジソン・システム

　エジソンは発明王として知られているが、直流による電力供給システムであるエジソン・システムを構築し、事業として成り立たせるという事業家の一面も備えていた。

　エジソン・システムは、電圧を変圧することができない直流であるため、需要家で使用する電圧を発電所の発電機で直接発生させていた。一方、配電線路における線路抵抗は、配電線路長に比例して増加するので、配電線路の損失は電流の二乗に比例して増加するとともに、需要家の受電電圧は低下することになる。このためエジソン・システムは、長距離送電に向かないという欠点があった。

　長距離送電に不向きであるという欠点をエジソン・システムは有していたため、需要家の近くに発電所を設置しなければならず、それゆえ需要家の多い都市部などでは、発電所が乱立することになる。

　そのような中、エジソン社の技師であるニコラ・テスラが交流による電力供給システムを提唱する。交流は、直流と異なり変圧器によって電圧の上げ下げが自由にできるという大きな特徴を備える。そして同一電力を送電する場合、例えば電圧を2倍にすれば電流は1/2に減少する（電力は、電圧と電流の積で示される）。このため送電線路における電力損失は、1/2になった電流の2乗倍、つまり1/4に減少する。すなわち交流による電力供給システムは同一電力を供給する場合、電圧を上げるほど送電線路を流れる電流が減少し、送電損失を大幅に低下させることができるのである。

　また交流発電機は直流発電機が有する整流子が不要であり、大電力を取り出せ、保守が容易であるという利点もある。

　交流は、このような直流にはない優れた特性を有しているものの、エジソンは直流による電力供給システム、すなわちエジソン・システムの方が優れているとして交流を受け入れることはなかった。

1.3.2●交流システムの普及

　ニコラ・テスラは、直流による電力供給を主張するエジソンと対立し、交流を推進していたウェスティングハウス社に転職する。そしてニコラ・テスラは1887年に、回転界磁形二相発電機と二相誘導電動機を発明し、特許権を取得する。発電機の特許権はウェスティングハウス社に買い取られて、1896年に電圧5000V、出力3750Wの発電機12台がナイヤガラ発電所に設置されることとなる。

　当時は電力供給システムに交流を用いることを反対する勢力、いわゆる交流反対派が多数存在していた。この交流反対派として強力に台頭していたのは直流による電力供給システムを構築したエジソン社である。

　当時、アメリカでは死刑執行に電気を用いることが行われようとしていたが、エジソン社の技術顧問であるブラウンは、これに交流を使うことを提唱したのである。そして、1890年に電気による死刑執行がなされるやいなや、エジソンは交流が危険であると主張する。さらには、エジソン研究所において1000Vの交流発電機の出力をブリキ板に接続し、このブリキ板に犬猫を接触させては感電死させて交流は危険であると宣伝もしたのである。これらは、いずれも科学的な根拠を有していないことは明らかである。

　一方、日本においては東京電燈もエジソン・システムの導入を行っていたので、交流の導入について異議を唱える者もいた。

　このような交直論争が決着したのは、1891年にフランクフルトで行われた国際電気技術博覧会でのことである。この博覧会では直流と交流によって、それぞれ送電を行い、優劣を比較する比較試験が行われた。交流方式による試験は会場から約170km離れたネッカー川付近に三相交流発電機を据え付け、変圧器で8000Vに昇圧して送電する一方、会場には変圧器を介して降圧し、その電圧によって駆動される三相誘導電動機を用意した。この比較試験における交流の送電効率は70%程度であり、直流送電方式に比べて格段の差があり、交流による電力供給システムの優位性が決

定付けられたのである。以後、エジソン・システムは交流による電力供給システムの普及に伴い、急速にシェアを奪われていくことになる。

1.3.3 ● 我が国の電力事業の伸展

我が国でもエジソン・システムを導入していた東京電燈などは、街の中に小規模な発電所を多数配置しなければならなかったが、用地買収の困難なこと、発電所から出される煤煙に対する苦情が増加したこと等にかんがみて、1895（明治28）年に大規模な火力発電所を浅草に建設し、交流による電力供給システムが開始された。この発電所には、アルゲマイネ社（独）製造の50Hzの三相交流発電機が用いられた。

一方、大阪電燈は、将来需要が増加して長距離送電が必要になったとき、交流高電圧送電が有利であると判断し、1989（明治22）年の開業当初から単相交流125V、1155Vの交流送電方式を採用した。この発電機は、ゼネラル・エレクトリック社（米）製造の60Hzの三相交流発電機であった。

その後、関東以北（北海道、東北、東京、北陸の各電力会社）は50Hz、関東西方（中部、関西、中国、四国、九州、沖縄の各電力会社）は60Hzの交流を採用するようになり、一国で異なる周波数を用いるという珍しい構成となり、現在に至っている。

さて、OHMが創刊された1914（大正3）年には福島県猪苗代第一発電所（3500kW）から110kV、225kmの東京・田端変電所までの送電が行われている。

一方、世界に目を向けると、1914年6月28日にオーストリア・ハンガリー二重帝国の帝位継承者フランツ・フェルディナント大公夫妻が、セルビアの一青年によってサラエボで銃撃され死亡した、いわゆるサラエボ事件が起こっている。この事件をきっかけとしてオーストリアはセルビアに最後通牒を送り、1か月後に宣戦布告する。すなわち第一次世界大戦の引き金となったのである。

OHM創刊号（1914年11月）の翌月に発売された第1巻第2号の目次には『四千六百の讀者と共に畏くも御稜威に因り青島の速に陥落せるを祝し

図1-15 当時の国情を表す記事（目次の埋草）（OHM 第1巻第2号）

図1-16 電氣土瓶（OHM 第3巻第1号）

従軍將士の勇武を感謝す』と共に国旗が描かれている（図1-15）。1914年9月6日に、当時ドイツ軍の拠点であった青島攻略戦に水上機を用い（日本初の航空機実戦使用）、同年11月7日に青島を陥落させたことにちなんだものである。なお、当時は水力発電所の余剰電力があったようで、余剰電力の利用法についての記事も掲載されている。

　1916（大正5）年の第1号には、「電氣土瓶に就て」の発明記事が掲載されている（図1-16）。本文を読むと当時は、電氣湯沸かし器の発明が急務であったそうである。時代を感じさせる。

　ちなみに大正から昭和初期、都市の人々は西欧風のモダンな生活にあこがれを抱いた時期であり、洋装の普及や生活の便利さを求める風潮があった。前述したマツダランプの広告からも垣間見ることができる。また、扇風機、電氣炊飯器、電氣洗濯機、電氣ストーブなどの家電製品もこのころから登場し始めている。

1.4.1 ● 欧米に追いつけ追い越せ

　OHM 創刊の翌年にあたる 1915（大正 4）年は第一次世界大戦が広がり、5 月 7 日には日本が対華 21 箇条要求の最後通牒を発し、これを中華民国政府が受諾した。また、ドイツ潜水艦 U 22 がイギリス客船ルシタニア号を撃沈し、乗客 1 053 名が死亡（うち 144 名はアメリカ人）している。これは、アメリカの対独参戦の遠因にもなった。

　一方、科学・技術の面では、アインシュタインが一般相対性理論を完成している。

　また、6 月に落合無線局・ペトロパブロフスク局間に長波によりわが国最初の国際無線通信業務が開始され、11 月に無線電信法が施行された。

　OHM は、電機学校の機関誌的な色合いがまだ濃いこの時期、特許局審査官（当時は特許庁ではなかった）の保科貞氏が 1914（大正 3）年 10 月 18 日に「發明に就いて」という演題で電機学校卒業式において講演した内容を 1915 年 1 月号（**図 1-17**）に掲載した。それによると『科学的常識の度が日本人は低い－それ故に日本は貧乏国－過渡時代でやむを得なかった－この習慣を打破するのが骨だ－科学的常識の程度が低いため習慣打破も困難－発明と年齢－発明と職業－発明と電気－失敗は覚悟の前』などと過激な内容も含まれている。当時の世相が忍ばれて興味が尽きない。

　そして、この年の 8 月号から英語の論文が掲載されるようになる。たとえば、"人吉、吉松間蒸気鉄道の電化"（大西　辰）、"誘導電動機の速度調整"（大塚良治）、"交流機の並行運転"（工藤敏之）などである。当時の列強である欧米諸国に追いつけ、追い越せという意気込みからであろうか。

　ところで同号には、電流盗用豫防法は如何にするか、電流盗用豫防法、電流盗用實例なる記事が掲載されている。当時は、電流の盗用が問題となっていたようである。ちなみに電気の盗用（盗電）は、刑法第 245 条『この章の罪（第三十六章　窃盗及び強盗の罪）については、電気は、財物とみなす』とあるように、刑事罰が適用されることは承知のとおりである。当時の電気料金は現在のような従量制ではなく、定額制が主であった。

發 明 に 就 て

（大正三年十月十八日電機學校卒業式に於て講演）

特許局審査官　保　科　　貞

發明に就てお話する──科學的常識の 度が日本人は低い──夫れ故に日本は貧乏國──過渡時代で止むを得なかった──此習慣を打破するのが骨だ──科學的常識の程度が低いため習慣打破も困難──發明と年齢──發明と職業──發明と電氣──失敗は覺悟の前

發明に就て話す　今日圖らずも光榮ある卒業式に列しました所が、山川さんから、何か私が話すのが宜からうと云ふ御申出だらうで、校長から是非何か語れと云ふお話でございました。餘り突然であると、嘗つべ事の極く下手な方でするか、何をお話して宜いかと思つて實は寫眞を撮つてから以後に其のお話が出たので、今まで何を御話したら宜いかと思つて考べて居りましたが、別段に並べ立つて、光榮ある諸事を聽まて來る事の出來ねので、甚だ恐縮して居る次第であります。併し丁度私が特許局に居りますので、發明に關係した事を、何か話せと云ふ暗示であらうと思ひまして、唯平生氣の開いて居る所の希望を遠べて、さうして卒業生諸君に視賀を表する、式辭に代へやうと思ひます。從つて途切れ々々のお話をする樣になるかも知れませぬが其處は御許し を願ひます

科學的常識の深度が日本人は低い　常識或は專門識とか云ふ事を、能く世間で云ひますが、其の專門識なるものは、卒業生諸君が既に得られたのであります。併し世の中に、專門識ばかりでは中々渡れない、常識が無いと云ふと困る。尤も學者で研究に熱中して居る人に、或は常識が缺けて居る譯に參るのであります。又さう云ふ者は却つて、何てもかんでも、一から十まで常識で判斷しては迚も充分な研究は出來ないのでありますから、さう云ふ場合は別でありますが、或に角世の中に立つて活動して、さうして世の中の實際の仕事をなし

行かうと云ふ…詰り研究した學問を應用して行かうと云ふ場合には、どうしても專門識に伴ふのに、常識が無ければならね。で常識と云ふものにも標準があるだらうと思ふ。それは國民一般の進歩の程度に依つて、其の標準が違ふ。例へて見たならば、並て日本人の常識と、印度人の常識、支那人の常識、或に歐米常識と云ふものな、比較したらどうであるかと云ふに、並てどれが甲亡だ れが乙と云ふ事に云はんでも、一般の理想像の得ん事だらうと思ふて其の常識に高低のあると云ふのは、其の國民の科學的知識の普及して居るか、居らないかと云ふ事で、列斯が出來やうと思ふ。詰りそれが標準となつて、科學的知識の普及して居る所の國民は、常識の發達して居る國民であると云つて、私に宜からうと思ふ。で日本人の常識と云ふのに、自から各自に御想で充分に發達を遂げて居るかどうか。他の先進國と較べて、同等の科學的知識が普及して居るかと云ふのに、私の考べる所では、日本は並々四五十年の間に、歐米から文物を輸入して來る一方で、其の輸入した科學方面の知識と云ふものな、能く容込んで居らないのではないか。それは勿論專門識の無いで、隨分能く容込んだ者がありませうが一般として考へたならば、餘程程度が低いのではないか。人口の上では獨逸などに比べて、大葢細いには劣らず、獨逸の特許出願者は大體に多いけれども、日本の出願數は其七分の一しか細い、

云ふ事なし ても、一般の科學的知識の程度が、低くはないかと斷定される

夫れ故に日本は貧乏國である　我日本國は日淸戰爭並に日露戰爭に於て、戰勝國と云ふ名の許に一等關の庭に列した。けれども、何時でも外交關頭が起ると云ふと、仙國の干渉を恐れて、ビクビクしのでやつて居ると云ふ樣な、實に情けない有樣である。勿論、外交の後援には武備が伴はなければならねと並ふ事は、外交更の常に云ふ所であるが、日本の武備はどうであるか知らねけれども武力 ──更に角兵隊は強いと云ふ自信はあるか知らねが、武力に伴ふ金力が無いから、一時の戰爭には勝つても、金の底が懸かねと云ふ懸念があるから、蔑らか外交が後れを取るのかも知れぬ。又島國であるが故に、餘り外交に騷けんからして、それで下手なんであらねと知いが、並に角一等國になりはなつたけれども、商工業は愧しがら更に下手である。然らば戰爭の結果何を各國に示したかと云ふと、金の無い貧乏な國であると云ふ事を各國に暴露したに過ぎね。で金を捨へると云つた所が、材料が豐富にある譯でなし、極く小さな島國である。中々おいソレと云つて、金持には成れない。

過渡時代として止むを得なかった　それでは金を捨へるにはどうしたら宜いかと云ふと、時と勞力とを省いて、人間を便利にする發明なる事をしなければなるまいと思ふ。て日本の發明と云つて

図1-17　特許局審査官の講演録「發明に就いて」（OHM 第2巻第1号）

1.4.2 ● 需要家の失敗

そんな中、「需要家の失敗」というタイトルで「電流制限器の偉功」という読者投稿が掲載されている。その記事を紹介しよう。

『近来年の電灯供給会社は、不正商人が電灯用器具を高価に売り付くる手段として、巧妙に申し込み以上に点火する方法を需要家に教えるので、これが防止に苦心する。それは僅かのことのようであるが、なかなか軽視し得ないことと思う。

16燭光一灯の申し込みとしては、その点火の状態が実に疑わしい需要家があって、従来たびたびに検査に行っても常に入口で数刻待たされるの

で事実の有無をつきとめ兼ねて一方ならず苦心した。しかしあまり疑わしいので技師に相談した。

技師は詳細に事情を聞き取った上で、たとえ申し込み以上使用の事実を発見しても、先方に悪感を懐かさないようにくれぐれも注意せよとて、西川式電流制限器を渡されたから、絶縁抵抗測定の時に、これを需要家のコードの端にとりつけた。

今日こそはと待つと間もなく先方から、電灯が点滅して困ると申し出た。早速出張して詳細取り調べて他に故障なきを確かめ、特に新しい電球を挿入して、規定電球では異常なきことを示して帰った。それから二日目にまたまた故障の申し出があったので、今度は高燭光の電球を持参して、申し込みのものと交互に点灯して十分丁寧に説明して引き上げた。

その結果はついに、申し込み以上使用の事実を自認しその不心得を陳謝して、増灯の申し込みをなし極めて円満に解決し得た。

付記、本器は引き込み線にも応用しうるゆえ、定額需要家の申し込み以上の使用は十分に防ぎうる』
とある。そこで編集者は、この記事に刺激され、コメントとして、『盗用を防ぎ、収益を増加し、しかも需要者に電気的智識を与う極めて妙策、営業者の心得斯くこそありたけれ。惜しむらくは西川式電流制限器の説明と概要とを示されざりしことを』とした。

それを受けて早速、12月号に再び同投稿者からの電流制限器なるものが投稿され、掲載されている。この電流制限器は**図1-18**に示す装置であり、次のように動作するそうである。

『動作部分は、外部にコイルを捲きたる硝子管の上部に鉄針を下部に水銀を封入したるものにして、その二者間の接触により回路は作られ電流は通ず。しかして水銀面は常に円筒形鉄板にて高めらる。今、規定電流よりも大なる電流通ずれば硝子管に捲きたるコイルの起磁力によりて鉄円筒は吸い上げられ、したがって水銀面は降り鉄針水銀面との接触は断たるるを以て、コイルは起磁力を失い鉄円筒は落下し水銀面は常位置に復し回路は再び作らる。この動作は負荷が電灯なれば点滅となりて表わる。尚1アム

ペア以上用の本器は、前述のコイルの外に抵抗高き二個のコイルありて主コイルに並列に結ばれ、かつその二個は直列ともなりまた並列ともなり得べく一は主コイルとともに硝子管上に同方向に捲かれ電磁コイルとなる。しかして他は可撓片上に捲かれ主コイルの電磁力にて回路の開かれし時に電流通じヒータとして動作し可撓片を曲げその結果接点離れて分岐回路は直列回路となりて鉄円筒も持続的に吸い上げられて負荷電流を絶つなり。

価格、1アムペア以上用すなわち熱線輪を有する分は1個2円、1アムペア以下用すなわち熱線輪なき分は1個1円50銭なり。製造者は大阪市北区南森町四四、合同電気商会』

当時の電気供給者の苦労が忍ばれやしないだろうか。

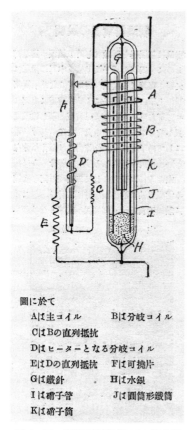

図に於て
Aは主コイル　　Bは分岐コイル
CはBの直列抵抗
Dはヒーターとなる分岐コイル
EはDの直列抵抗　Fは可撓片
Gは鐵針　　　　Hは水銀
Iは硝子管　　　Jは圓筒形鐵筒
Kは硝子筒

図1-18　電流制限器（OHM 第2巻第2号）

1.4.3● 故障と失策

またOHMには、「故障と失策」という読者投稿記事が掲載されており、興味を引く。なかには擬人法を織り込んだとてもユニークな記事があるのでその一部を紹介する。

『タイトル：逆電流で大狼狽

僕は田舎のある電鉄会社に勤めておったが、よく色々な故障で弱らせられたものだが。その会社は第一と第二の二変電所があって、第一変電所には、300「キロ」の誘導電動発電機が一台あって、市内全線と郡部線の一部分とに送電し、第二変電所は100「キロ」の同じ電動発電機が一台あって郡部線の大部分へ送電して居った。

その日僕が第二の方で「ブレーカー」の番をして居ったとき黄昏時突然異様な音響とともに室内の電灯が一時にぱっと消え同時に受電盤の「オイルスイッチ」も働いたらしい音がした。自分もびっくりし、いくらか大きな目をむいても闇では手も足もでない。しかし発電機先生そのことにはおかまいなく却面非常な音を出してどんどん偉い勢いで回り始めたように思われたので驚いたの驚かないのこりゃ大変ぐずぐずしてはおられない。手探りで手当たり次第交流側の「スイッチ」を全部切ってしまったが、発電機先生なかなか止まりそうな様子もなくやはり非常な勢いで回転を続けておる。自分もこうなってはいささか面食らって心細くなった。ずいぶん色々な故障にも遭遇したがこのような不思議なことは知らん。もしや発電機先生気でも違いやしないのかとふと戸外を見ると、また驚いた動かぬ筈の電車先生平気で動いて居る。なにがなんだか「さっぱり」訳が解らない。不思議な話だ。供給電力がないにも不拘発電機先生やはり回っている。しかもそれが非常な勢いである。ややあってロウソクをつけてみると、こは如何に発電機先生反対に目を回して居る。自分が目を回すのも無理はない。早速気がついたのが、き電線、急いでサーキットブレーカを切ったところが今の今まで偉い勢いで回っていた発電機先生漸し止まり始めた。しめたしめたと一安心、我にかえり胸なで下ろして考えてみると、これは第一変電所の方より逆電流が攻めてきたのであった。直様発電所に送電を乞い回してみたが逆電流を受けたために「アンメーター」も「ヴォルトメーター」も発電機に殉じて働いてくれない。兼ねて習って居った方法をもって漸く復旧させ送電することを得た。原因は保線工が何を戸惑ったのか六時半頃、線路中にある送電区域分割用の「スイッチ」を入れたためであることが知れた。「化け物の正体見たり枯れ尾花」で解ってみればなんのことだ、ばかばかしい。おかげで僕も年を取った』

なかなかユニークな投稿である。当時の、割とのどかな感じが読み取れておもしろい。

1.5.1 ● 無線通信の歴史

マクスウェルが電磁波（電波）の存在を予言したのは 1864 年のことである。マクスウェルは、四つの基本的な式から電界の波と磁界の波とが絡み合った**図1-19**に示すような電磁波を予言し、さらに光も電磁波の一種であるとした。その後、ヘルツの実験によって電磁波が実在することが確かめられた。マクスウェルの予言から、実に 24 年後の 1888 年のことである。

ヘルツの実験は、**図1-20**に示すようにインダクション・コイルによって生じた高電圧を電極間で放電させるとともに、この電極から離れた場所に置いたループ状のコイルに取り付けた電極間に火花放電が起こることで、電磁波の存在を確認したものである。

その後、イタリアの電気技術者マルコーニが、1895 年に 2.4 km の通信を成功させる。マルコーニが行った実験装置は、**図1-21**に示すように強力な電池を電源として誘導コイルに発生させた電波（火花）を送信アンテナから空間に放射する送信機と、コヒーラの一端に受信アンテナを接続するとともに、このコヒーラの他端をアースに接続した受信機を用いた。受信機が送信機から放射された電波を受け取ると、コヒーラと並列に接続したベルが鳴動し、電波を受信したことがわかるようになっている。そして、翌年 1896 年 6 月 2 日に無線通信装置の特許を申請した。この特許は、英国特許第 190007777 号として成立している（**図1-22**）。

一方、日本でも無線技術の取り組みは早く、1897（明治 30）年に逓信省の松代松之助によって東京湾の築地の海岸で実地試験を行っている。その後、逓信省で無線電信機の改良を進め、1903（明治 36）年に長崎と台湾間の約 1 200 km の遠距離通信に成功している。さらに海軍の木村駿吉と、逓信省から海軍に移籍した松代松之助とが協力して艦上搭載用の無線電信機の開発を進め、三六式無線電信機を完成させた。

我が国では、このように早くから無線技術の研究・開発を進めていた。そして、時あたかも日本海海戦が行われようとしていた 1905（明治 38）年 5 月 27 日、五島列島西方において哨戒中の「信濃丸」から「敵艦見ユ」の第

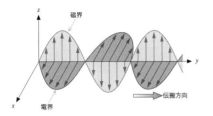

図1-19　電磁波（出典：「絵ときでわかる無線技術」、オーム社）

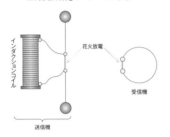

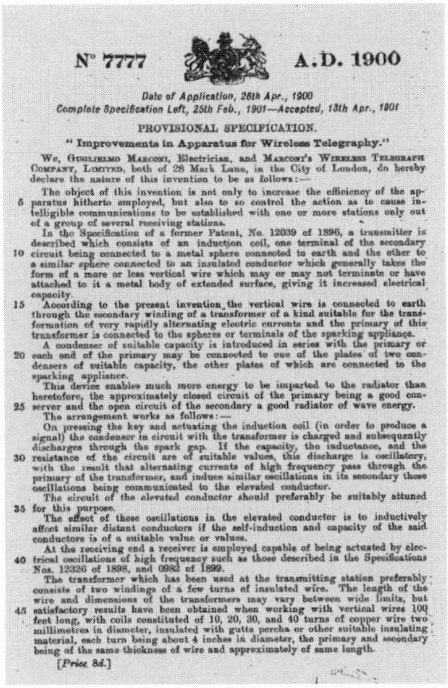

図1-20　ヘルツの実験（出典：「絵ときでわかる無線技術」、オーム社）

N° 7777　A.D. 1900

Date of Application, 26th Apr., 1900
Complete Specification Left, 25th Feb., 1901—Accepted, 13th Apr., 1901

PROVISIONAL SPECIFICATION.

" Improvements in Apparatus for Wireless Telegraphy."

We, Guglielmo Marconi, Electrician, and Marconi's Wireless Telegraph Company, Limited, both of 28 Mark Lane, in the City of London, do hereby declare the nature of this invention to be as follows:—

The object of this invention is not only to increase the efficiency of the apparatus hitherto employed, but also to so control the action as to cause intelligible communications to be established with one or more stations only out of a group of several receiving stations.

In the Specification of a former Patent, No. 12039 of 1896, a transmitter is described which consists of an induction coil, one terminal of the secondary circuit being connected to a metal sphere connected to earth and the other to a similar sphere connected to an insulated conductor which generally takes the form of a more or less vertical wire which may or may not terminate or have attached to it a metal body of extended surface, giving it increased electrical capacity.

According to the present invention the vertical wire is connected to earth through the secondary winding of a transformer of a kind suitable for the transformation of very rapidly alternating electric currents and the primary of this transformer is connected to the spheres or terminals of the sparking appliance.

A condenser of suitable capacity is introduced in series with the primary or each end of the primary may be connected to one of the plates of two condensers of suitable capacity, the other plates of which are connected to the sparking appliance.

This device enables much more energy to be imparted to the radiator than heretofore, the approximately closed circuit of the primary being a good conserver and the open circuit of the secondary a good radiator of wave energy.

The arrangement works as follows:—

On pressing the key and actuating the induction coil (in order to produce a signal) the condenser in circuit with the transformer is charged and subsequently discharges through the spark gap. If the capacity, the inductance, and the resistance of the circuit are of suitable values, this discharge is oscillatory, with the result that alternating currents of high frequency pass through the primary of the transformer, and induce similar oscillations in its secondary these oscillations being communicated to the elevated conductor.

The circuit of the elevated conductor should preferably be suitably attuned for this purpose.

The effect of these oscillations in the elevated conductor is to inductively affect similar distant conductors if the self-induction and capacity of the said conductors is of a suitable value or values.

At the receiving end a receiver is employed capable of being actuated by electrical oscillations of high frequency such as those described in the Specifications Nos. 12326 of 1898, and 0982 of 1899.

The transformer which has been used at the transmitting station preferably consists of two windings of a few turns of insulated wire. The length of the wire and dimensions of the transformers may vary between wide limits, but satisfactory results have been obtained when working with vertical wires 100 feet long, with coils constituted of 10, 20, 30, and 40 turns of copper wire two millimetres in diameter, insulated with gutta percha or other suitable insulating material, each turn being about 4 inches in diameter, the primary and secondary being of the same thickness of wire and approximately of same length.

[*Price* 8d.]

図1-22　英国特許第190007777号

図1-21　マルコーニの実験

一報が発信され、尾崎湾（対馬）にいた第三艦隊旗艦「厳島」を経由して、連合艦隊の旗艦である「三笠」の電信室で受信される。その後バルチック艦隊に触接した巡洋艦「和泉」からも敵艦隊の動静が「三笠」宛に刻々と送られてきた。東郷司令長官は、これらの無電を受けて、大本営宛に秋山真之中佐が「敵艦見ユトノ警報ニ接シ、聯合艦隊ハタダチニ出動コレヲ撃滅セントス。本日天気晴朗ナレドモ波高シ」の有名な出撃報告を発信したのである。

当時無敵を誇るロシアのバルチック艦隊と日本の連合艦隊とが戦った日

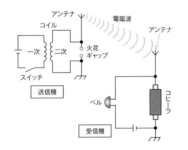

本海海戦において、この無線電信機によって「敵艦見ユ」の報がいち早く連合艦隊に届き、日本側に決定的な優位を与えることとなった。マルコーニの電信実験後のわずか10年後の海戦において世界に先駆け実用に耐えうる無線電信機を開発したのは日本人の木村駿吉が初めてである。

このように遠く離れた地点間で情報の伝達ができるのは無線ならではのことといえよう。その後、無線通信の国際的取り決めをすべく、1906（明治39）年に第一回国際無線電信会議が開催され、国際遭難信号として「SOS」（注：当初は「CQD」）が定められたのである。

この「CQD」（SOS）は1912年にタイタニック号によって初めて発せられることになる。しかし、当時は24時間、受信機のスイッチを入れておくことが義務づけられておらず、タイタニック号からわずか20kmほどの距離に停泊中の貨物船カリフォルニア号に受信されることがなく、およそ90km離れたところにいた客船カルパチア号が、この「CQD」に応答して救助へ急行した。しかし、多くの乗員乗客がタイタニック号から脱出できないまま、氷山に衝突してから2時間40分後の午前2時20分、轟音とともに船体が二つに大きく割れて海底に沈没したのである。

救助に向かったカルパチア号が現場に到着したのは、タイタニック号が沈没した後の午前4時であった。カルパチア号は、乗員乗客2200名以上のうち711名を救助した。

その後、この教訓を生かして1914年に海上安全条約において、船舶に無線機の装備および24時間受信の義務などが定められたのである。

一方、音声通信を行う無線電話は、無線電信に遅れることわずか5年後の1900年12月、アメリカのフェデッセンによって1.6km隔てた地点間の無線電話実験に世界で初めて成功している。

一方、日本では鳥潟右一（**図1-23**）、横山英太郎、北島政治郎の3名が1912（明治45）年にTYK式無線電話機を開発し、特許出願をしている。TYK式無線電話機の「TYK」は、発明者3名の頭文字をそれぞれ取って組み合わせたものである。

第1章　創刊から関東大震災まで

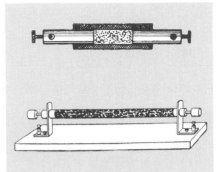

図1-24　コヒーラの構造（出典：「絵でみる電気の歴史」、オーム社）

図1-23　工学博士 鳥潟右一
　　　（写真提供：伊佐治多嘉子氏）
　　　（OHM 第2巻第10号）

1.5.2 ● 鳥潟右一博士とOHM

　鳥潟博士は、北秋田郡花岡村（現在大館市花岡町）で酒造業を営む鳥潟平治氏の長男として1883（明治16）年に生まれた。鳥潟博士は、最初「宇一」と命名されたものの、父親の平治氏が「何事も右の一番になれ」という願いを込めて「右一」と改名している。

　その後、鳥潟右一は、旧制第一高等学校を経て東京帝国大学電気工学科に入学し、1906（明治39）年に帝国大学大学院を首席で卒業する。卒業後は逓信省電気試験所に入所し、無線電信の研究に没頭する。入所後、鳥潟は逓信省電気試験所の初代所長である浅野応輔の下で検波器の研究を行う。

　無線通信の距離を伸ばすには、検波器の性能向上が重要な要素であるが、当時はコヒーラと呼ばれる検波器が用いられていた。コヒーラは図1-24に示すように、ガラス管の中にアルミやニッケルの小片を詰めて、その両

端から電極を引き出した構造をとったものである。コヒーラの電極間は直流に対して高抵抗を示しているが、高周波信号を受けるとアルミやニッケルの粉末が密着して導電性を示し、電流が流れるようになる。ちなみにコヒーラは密着（cohere）するという意味から名付けられた検波器である。このコヒーラは構造が簡単である反面、受信電波が弱いと動作せず、その動作も不安定であるという欠点を有していた。

そこで鳥潟博士は、ある種の鉱石の結晶面に別種の鉱石または金属針を接触させた鉱石検波器を発明する。そして、鉱石に紅亜鉛鉱、輝水鉛鉱、マンガン鉱などを用いると特に電波に感応することを発見し、これを用いた鉱石検波器を出願して特許を得た。

また鳥潟博士は、鉱石検波器の考案の功績が認められて 1911（明治 44）年 10 月 20 日に日本国政府から「鋭意無線電信ノ研究ニ従事シ、新タニ鉱石検波器ヲ考案シ、宜シク従来ニ数倍スル長距離通信ニ適スルニ至リ其功績顕著ナリトス。依リテ勲五等雙光旭日章ヲ授ケ給ウ」として叙勲の栄誉を受けている。鳥潟博士、若干 29 歳のことである。

このような輝かしい成果を残した鳥潟博士であるが、1923（大正 12）年 6 月 9 日、わずか 41 歳にしてこの世を去った。世界に通じる技術者のあまりにも若くしての逝去は、大変残念なことである。OHM 創刊の翌年の 1915（大正 4）年第 10 号〜 1916 年第 2 号には、電機学校の卒業式において「十二年後の無線電信電話」という演題で鳥潟博士が講演された内容が掲載されたが、十二年後の世界を見ずにして他界されたのである。

その中に、現在の携帯電話を用いた通信を予言した下りを見つけた。『他日無線電話の機械を各ポケットに入れて、そうして歩かれるようになる。そうして自分が仮に上野の公園を散歩しているとすればその機械をポケットから出して、「モシモシ、君はどこにいる」、「僕は今、芝の公園にいる」、「あ、そうか、君ドウだ。上野の公園へやってこないか」、「それじゃぁ行こうか」というふうに話が出来るような時代がくるであろう。もしその人間の返事が来ないならば、その人はどこぞに眠っているか、もう死んだものと思ってよいだろうと予言した人がありますが、それは甚だ遠い

28　電気雑誌「OHM」100 年史

第1章　創刊から関東大震災まで

時代であって、とても十二年やそこらではくるものではない。（中略）しかしながら十二年後には、沿岸航路を歩き回っている船が、すなわち百浬か二百浬の程度まで話ができればよろしいところの状態になっている無線電信の代わりに無線電話が使用され、誰でもキーをコツコツやらないでも、普通それぞれ誰でも船の無線電話にかかって、十分通話が出来うる時代がくるであろう』。

　この講演の十二年後である 1927（昭和 2）年には、ニューヨーク－ロンドン間の大西洋横断無線電話が開始されている。

　現在のように無線通信が発展した様子を鳥潟博士が見たらどのように思うであろうか。

1.6.1 ● 電気は百千年の工業に君臨す

この頃、長期化した第一次世界大戦は、国の生産力が戦局を左右する総力戦の様相を呈していた。

我が国の技術革新を見れば、1916（大正5）年に芝浦製作所（現東芝）で国産最初の同期調相機7 500 kVA および3 500 馬力の三相誘導電動機を製造している。また翌1917年には、国産タービン発電機の単機容量が10 000 kVA を超え、本多光太郎らがKS 磁石鋼（特許32234号）を発明している。

ちなみに1917年6月号におけるOHM の表紙には戦時下を反映してであろうか、大砲製造工場の様子が掲載されている（図1-25）。この写真とともに掲載されている説明文には、『電気学校規則を披くと直ぐ「戦時の武器は電気により、平和の工業もまた電気による。電気は百千年の工業に君臨す」と書いてある。我田引水ではないかなどなどケチを附ける人にこの写真を見せたい。図は英国工場動員により公私の工場が悉く砲を作り弾を製する所。見よ巨像の如き大なる砲身を。小さきモートルは自由自在に何十という巨大の砲身を回転しあるいはその中身をえぐりあるいはその外皮を剥ぐ。あたかも小さきインド人が自由自在に象の巨体を動かすよう』

とある。電気を用いた応用製品が増加してきた当時の様子が文面からよく伝わってくる。

図1-25　大砲製造工場の様子（OHM 第4巻第6号表紙）

1.6.2 ● 船艦電気推進の利益およびその将来

OHM 1917 年 7 月号に技術に関する英文の邦訳、並びにその評釈が掲載されている。この記事は 1 ページを 3 段組にして、左段に原文、中段にその訳文、右段にその評釈を掲載したものである。戦時下ということもあり、"Advantages and Future of Electric Ship Propulsion"（船艦電気推進の利益およびその将来）という表題の W.L.E.Emmet の記事である。

当時、船艦の動力といえば、もっぱら歯車付きタービン推進であったが、これを時代遅れとし、モータによる電気推進とすべきであると説いている。これは陸上発電所用のものと同様な最新型の高速度タービン発電機を据え付けるとともに、4 本の暗車軸にはそれぞれ二つの独立した誘導電動機を取り付け、推進力を得ようというものである。この方式によれば電動機の回転方向を迅速に切り替えることができるので、従来の歯車付きタービン推進に比べて構造も簡単になると説いている。

翻訳者である「かとうしづを」によれば、『歯車附タービンは、付属物が多いから故障に際しても厄介である一方、電気推進ならば、電動機の回転子の外何も軸に付かないから、故障の際の処置が大いに簡便である』とし、『全速度の能率は歯車附タービンの方が有利であるものの精々 2 ％程度であり、低速の場合は電気推進の方が勝っている』と述べている。

しかしながら、"かとう"によれば著者は、GE 会社のタービン専門家であり、もし歯車附タービンの有利なことを知っているならば、何を苦しんで電気推進を提唱しよう。この点、一考を要するとしている。

そういう経緯があるのかどうかは不明であるが OHM 1917 年 10 月号に、米国ウエスチングハウス社製の緩速装置の仕組みが掲載されている（図1-26）。これはタービン推進用の装置である。

現在ではディーゼルエンジンとプロペラを軸で直結させて推進力を得る船舶が主流であり、電気推進船はごく限られた用途にだけ適用されてきた。しかしながら、電気推進船は操船性に優れ、低振動、低騒音であるという特徴を備えているため、例えば乗り心地を重視する客船、前後進を繰返し

図1-26　ウエスチングハウス社製の緩速装置（OHM 第4巻第10号）

て進む砕氷船や超低速で調査航行する調査船のほか、ケーブル敷設などの用途に最適であった。特に、地球環境対策の一環として排ガス対策が容易な中速エンジンを発電機の駆動源とした電気推進船にいっそうの期待が高まり、今後は一般の商船や漁船などにも普及すると言われている。

1.6.3 ● アインシュタインの一般相対性理論

　戦時色が色濃い1916年3月20日に、アインシュタインは"一般相対性理論"を発表する。この発表に先立ちアインシュタインは、特許局に勤務している1905年に「光の生成と変換についての発見法的な観点について」および「物体の慣性はそのエネルギーに関係するか」という論文を発表する。いわゆる"特殊相対性理論"と呼ばれるものである。そして1921年にはノーベル物理学賞が授与された。

　特殊相対性理論は、時間と空間のすべての測定は二つの離れた所での出来事が同時刻に起こったかどうかの判断によって決まるという認識に基づいている。この理論から導かれる結論は、次のとおりである。

（1）時間と空間とが互いに関連し合って一つの四次元時空を作る

（2）同時刻は相対的で座標系、すなわち観測者ごとに異なる

（3）動いている物体の長さは、観測者に対して静止しているときより縮む

（4）動いている時計は、観測者に対して静止しているときより遅れる

（5）物体の質量はエネルギーの一種であること、すなわちエネルギー E は質量 m と真空中の光速度 c の関数 $E = mc^2$ と表すことができる

これらは、物理の法則はすべての慣性系で同じでなければならないという特殊相対性原理と、真空での光の速度はどのような系でも一定であるという光速度不変の原理とに基づいたものである。なおこの論文は当時の物理学では革新的な内容であり、すぐに理解できた人はいなかったと言われている。

その後、アインシュタインは特殊相対性理論をあらゆる座標系に拡張し、一般化できないかどうかの研究を進めていった。そして等価原理を明確にすることで重力場は慣性系の加速度に等しいという仮説を立てたのである（一般相対性理論）。

一般相対性理論によれば、それまで重力によって説明されてきた質量を持つ物体の相互作用を四次元時空で物体に与える作用として説明することができたのである。つまり一般相対性理論によれば、重力は質量を持った物体によって、その周辺に生みだされた空間のひずみによる物理的効果と解釈することができた。

この理論によれば、巨大な質量を持つ物体の近くを通過する光は、重力の影響によって曲げられるということが導かれる。そしてこの理論は1919年にロンドン王立協会による日食を利用した観測によって正しいことが検証されたのである。アインシュタインの名は、この検証によって世界中に知れ渡ることになる。

アインシュタインはその後、物理学の基礎となっている四つの力である、重力、電磁気力、弱い相互作用および強い相互作用を統一して理解しようとする統一場理論の研究に没頭したのであるが、未完成のままこの世を去った。

図1-27　日本最初の地下電気鉄道（OHM第4巻第5号）

1.6.4 ● 日本最初の地下電気鉄道

話は大きく変わるが、OHM1917年5月号に、日本最初の地下電気鉄道（図1-27）の記事が掲載されている。

この地下鉄は、東京駅前の中央郵便局と東京駅までの0.7kmの間に敷設されたもので、郵便物の運搬用である。東京電燈から3500Vの三相交流を受け誘導電動発電機を運転して変圧し、200Vの直流を得て地下電車を駆動するものである。電動力応用製品の拡大を示す一つの形であろう。

1.7.1●量子論の父

1918（大正7）年11月11日、ドイツ政府がコンピエーニュの森で連合国との休戦条約に調印し、第一次世界大戦が終結した。

我が国では第64・65代の内閣総理大臣になる田中角栄と、第71〜73代の内閣総理大臣になる中曽根康弘が生まれた年でもある。また当時は、富山県で起こった米騒動が全国に波及するという一面もあった。

この年、ドイツの物理学者マックス・プランク（Max Karl Ernst Ludwig Planck）がノーベル物理学賞を受賞している。プランクは、熱力学の分野を主な研究テーマとして取り組み、黒体（放射の完全な吸収体または放出体）放射を研究し、光の波動説からずれがあることに気づいていた。つまり熱力学のシュテファン・ボルツマンの法則によるところの黒体の表面から単位面積、単位時間当たりに放出される電磁波のエネルギーは、その黒体の熱力学温度の4乗に比例するという物理法則や、黒体からの輻射されるピークの波長が温度に反比例するというウィーンの変位則から導かれる予測と、実験的に求められたレイリー・ジーンズの法則との間に矛盾があったのである。

そこでプランクは、光のエネルギーが、とびとびのエネルギー単位で放出されると結論づけた。これがプランクの法則である。プランクはこの法則から得られる光の最小単位に関する定数をプランク定数と名づけた。プランク定数は、物理学の基本定数の一つになっている。

その後、プランクの理論を裏づける実験が多くなされて、光や物質についての物理学の概念が根本的に塗り変えられていくことになる。プランクの理論は、アインシュタインやボーアなどによって量子力学が発展する礎になったのである。このためプランクは、「量子論の父」と呼ばれている。

1.7.2●電氣博覧会

OHM第5巻第1号から表紙がカラーになった（**図1-28**）。この表紙は、この年に行われる予定の「電氣博覧会の想像図」を掲載したものである。写

図1-28　電氣博覧会の想像図（OHM　　図1-29　電氣博覧会の展示内容掲載号
　　　　第5巻第1号表紙）　　　　　　　　　　　（OHM第5巻第4号表紙）

　真の上方には、『今年の花時の上野公園を飾る電氣博覧會の豫想　見逃す勿れ此壯觀！　今から時間と旅費を用意して。若し自分が來る暇がなければ、付近の小中學校生の團體來觀を觀誘せよ。未來の國民に電氣思想を吹き込むは永遠富國の長計』とある。これはまさに創刊号の実行的目標を如実に表しているものではないだろうか。もちろん電氣博覧会の内容は4月号に写真・解説付きで掲載されている（図1-29）。ここでは、その代表的な展示内容を紹介しよう。
　図1-30は東京田中商会である。写真には『明治6年　田中久重氏父子相携えて上京し政府の命に応じ電信機械を製造し、好成績を得たり。これわが国における実用的電気機械の初めにして、芝浦製作所と東京田中商会とは共にこの時代においてその萌芽を発生せるものなり』との解説が付けられている。田中久重は、からくり儀右衛門と呼ばれ、からくり人形「弓曳童子」や和時計「万年時計」などを開発したことで知られている。ちなみに芝浦製作所は、現在の株式会社東芝の前身である。
　図1-31は東京電気株式会社の出品である。水力発電所大模型の前面に特設館を設け、中央壇上に生人形を作り電気仕掛けで運動すると同時にさ

図1-30　東京田中商会の展示物（OHM 第5巻第4号）　　図1-31　東京電気の展示物（OHM 第5巻第4号）

まざまな変わった電球が現れる仕掛けになっているそうである。生人形とはどのような人間であろうか。まさかパントマイムでは、ないと思うが…。

図1-32は廣安商会の廣安式休燈用プラグである。需要は電燈会社にて必要になるもので、需要家で休燈する場合、今までは大抵安全器またはシーリングのフューズを外すか電燈装置全部を天井から外してしまうそうだが、この手間と不便を省くため『単に電球を取り付けたるソケットにこのプラグを挿入し封印紙を貼り置くのみにて目的が達成される』とある。従量制の電気料金体系を取っていなかった当時ならではの発明品であろう。ちなみに復燈する場合は、『特殊鍵をもってプラグを取り去る仕掛け』だそうである。

図1-33はセンサなどで有名な山武商会（現、アズビル株式会社）の展示である。関取が持っている小形望遠鏡の如きものは放射高温度計と称し、『米国の製造にして、その説明にサーモカップルを使用せず高温度を有する物体の反射熱により生ずるミリヴォルトを用いてミリヴォルトメータを働かし、極高温度を測定する装置にして華氏3600度までを測定し得る』とある。なにゆえ関取が登場しているのか理解できないが、当時の世相を顧みることができるようでユニークである。

1.7.3 ● 進む電気の応用

電氣博覧会で展示もなされていたが、電気応用製品もその種類が増えて

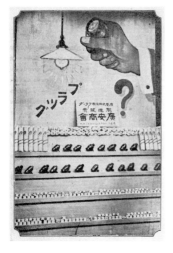

図1-33　山武商会の展示物（OHM第5巻第4号）

図1-32　廣安商会の展示物（OHM第5巻第4号）

いった。図1-34は、アッカウスチコンなる装置で声が聞こえる器械だそうである。この器械は当時の米国で開発されたもので、『聾者でなくても議場・劇場・寄席、協会などの遠き音声を明瞭に聞くことができ、送話器、受話器、電池、導線等により構成された新発明』とある。おそらく電話機のようなものであろうと想像される。

　また1月号に、電機学校第18回卒業式において東京帝国大学工科大学の廣田理太郎講師による「驚くべき電気の応用二三」という題目の挨拶が掲載されている。これは廣田講師が米国に視察した際、電機のことで珍しく感じたことを話されたものである。それによると米国では水力発電所が著しく増え、大馬力の発電所ができているものの、戦争のために非常に警戒が厳重であり、各所要な発電所には兵隊が警備しており、普通の人はもちろんのこと特別に縦覧を希望してもなかなか許されないとのことである。

　一方、鉄道幹線の電気化は進み、『ロッキー山中の三百六十哩間に運転される電機機関車は、勾配のきつい急な所を越えている』とのこと。さらには、『山を登るときに電気を使うものの、頂上を越えて下り坂になると、そのモートルがダイナモに変じて電気をまた原へ返している。それは、聞くところに依ると発電所もしくは中間のためにちゃんとそれを登録する所

図1-34　アッカウスチコン
　　　（OHM 第5巻第4号）

のレコーディングメートルがありまして、機関車が登るときにはそのくらい電力を使った、また下り坂の時にはどのくらい返して来たかというように、ちゃんとメートルによってそれが現れることになっている。それによって差引勘定上、鉄道会社から電力会社に電気代を払う組織になっている』とのこと。

　現在、我が国では一般家庭でも太陽電池発電システムを用いた買電が行われているが、当時の米国で特殊な例ではあるものの、早くも電力回生システムと買電が行われていたのである。

　また同号には銅鉱山に適用された電気捲揚機が紹介されている。それによると『アリゾナ州の三鉱山で、一つの鉱山の産出量は日本全体の産出量を超え、500尺の深さから捲き揚げる量は、一日に1万8千トン～2万トンを巻き上げる機械を備えており、また、この捲揚機は、すべて電気装置を応用して全自動であるとのこと。どのぐらい自動かというと全く自動であって案内者に付いて機械室を見ると、我々と案内者のみがいるだけで捲上げは機械的に働き誰一人番をしているものがいない。そして捲き揚げた鉱石を積み込むのも鉱石運搬者が捲上機の下の溜まで運んでくる。そうするとその運ばれた溜から電気モートルの作用で、自動的に車が稼働して鉱石を一定の箱の中に落とす。その箱に入った鉱石が13トン～15トンの一定量に達すると車の運転が止まり、もう箱の中に入ってこない。そうして目方がそれまでに達するとその重量の作用によってその箱が自動的にひっくり返ってロートの中に落ち、それが今申した捲き上げる所のスキップへと与える箱の中へ入る。そうすると直ぐにそのスキップが上に昇って、代わりのスキップが降りてくる、などなど。完全に自動化しているので驚いて見物してしまった』とある。

1.8.1●第一次世界大戦が終結

1918（大正7）年に本格的政党内閣として原敬内閣が成立し、翌年の1919年になると普選運動が全国的に拡大し選挙法が改正公布される。また、第一次世界大戦が終結してベルサイユ条約が成立する。

そのような中、民族自決の国際世論は東アジアにも波及して、当時日本の植民地であった朝鮮では、3月1日に京城（ソウル）のパゴダ公園で独立宣言が発表されるやいなや、人々は独立万歳を叫んでデモ行進を始めた。いわゆる三・一（サンミル）独立運動である。この運動は朝鮮全土に波及したが、日本の軍隊および警察によって鎮圧された。

一方、パリ講和会議で日本が山東半島のドイツ権益を継承すると、三・一独立運動に続いて中国でも独立と解放を勝ち取ろうとする気運が高まり、5月4日、北京で約3000人の学生が「パリ講和条約調印反対・二十一ケ条の要求破棄」をスローガンに立ち上がった五・四運動を機に抗日運動が中国全土へと拡大していく。

このころのOHM 8月号には、長かった大戦が終結し、平和を祝う挿し絵が掲載されている（**図1-35**）。

1.8.2●電力不足問題

1915年〜1919年の第一次世界大戦中における大戦景気で、わが国の工業生産額は3.4〜5倍の伸びを示し特に重化学工業の発展は著しく、鉄鋼の生産は激増した。このため電力需要も急増していくものの、当時の発電所は水力発電が主であり、火力発電の発電電力量は水力発電のそれに及ばなかった。いわゆる水主火従である。したがって、雨不足は即電力不足につながったのである。OHM第6巻第1号の雑報には「東電も電力問題で苦しむ」の表題で次のような記事が掲載されている。

『東京においても近時、工業会の旺盛に伴い電力の需要おびただしく増進したるがため、東電その他においても電力の余裕ほとんど存ぜざるに至れり、しかるに渇水のため猪苗代より東電への送電量俄然減退せるため、

図 1-35　第一次世界大戦が終結し平和を祝う挿絵（OHM 第 6 巻第 8 号）

図 1-36　電気ポンチ絵（OHM 第 6 巻第 3 号）

東電も大狼狽にて火力発電によるもわずかに需要の一部を需たすに足らざるの在様なれば、東電より供給を受くる目的にてその施設を整えたる各工場は、いずれも操業不能の苦境に陥れり、電力の不足は東京大阪両大電燈会社の問題たるに止まらず今や全国を通じての大問題たらんとするの傾向を生ぜり』と。

　大阪電燈会社では、安治川、春日出の両発電所において送電機能に故障を生じ、ついに電力の大不足を来たし、大阪各方面における工業界に甚大な影響を来しつつあったのである。

　図 1-36 は、1919 年 3 月号に掲載されていた電気ポンチ絵である。電力不足を反映したものではないと思うが、半間接照明とは微笑ましい絵である。

1.8.3●箱根登山鉄道の開通

OHM 第 6 巻第 1 号の雑報には、箱根登山鉄道が 1920 年 1 月から開通すると掲載されている。

『これは相州小田原電鉄会社が 300 万円を投じ、大正 4 年 11 月から工事に着手した箱根強羅間の登山鉄道は、来春 1 月にはいよいよ国府津から宮ノ下まで電車で直行ができるはずである。これは日本最初の急勾配登山鉄道でうっそうたる森林帯、おびただしき隧道は、120 フィートの高所に架れる早川激流の鉄橋を突破して大平台停車場に到着する。ここは海抜 1 000 フィートに近く、電車の窓から相模灘が一望にあつまり、遠くは三浦半島まで流れることができる。1 月開通しようというのは、すなわちここまでで、是から前方の強羅終点までは、第二工区に属し、遅くも同年の避暑季節までに竣工する見込みだ』とある。

箱根登山鉄道のホームページによると登山鉄道線の敷設工事着手は 1912（大正元）年 11 月 8 日、箱根湯本と強羅の全線間で営業運転を開始したのは 1919 年 6 月 1 日とのこと。若干のずれがあるようである。この年の OHM 7 月号に登山鉄道開始の記事として写真と路線図が掲載されている（**図 1-37**）。

1.8.4●無線電話も実用化へ

4 月号に北白川宮成久王殿下が無線電話をご聴取遊ばされている記事が掲載されている。殿下は北白川宮能久親王の第 3 王子として 1887（明治 20）年に誕生、1908（明治 41）年に陸軍士官学校　陸軍大学校を卒業し、陸軍砲兵大佐にまで至っている。殿下は、無線電信電話に対して非常にご興味を感じておられたようで、午前 9 時～午後 1 時を過ぎるくらいまで、全国の電信に関する種々の説明を聞き召され、現業室、試験室などをご覧になられたそうである。

佐伯美津留は 1907（明治 40）年に磁石鉄粉検波器を発明、翌年 1908 年に逓信省式無線電信方式を発明している。これは逓信省工務課で佐伯氏を中

図1-37 箱根登山鉄道開業記事と路線図（OHM第6巻第7号）

図1-38 飛行機用無線電信機（OHM第6巻第3号表紙）

心に真空管の研究を進め、アメリカから輸入したオージオンバルブを使用して、銚子無線電信局とハワイ間の通信試験を行ったものである。さらに1909年に佐伯氏はエックス検波器を発明、その後1913年に逓信省式瞬滅火花間隙を開発している。

このように、無線電信電話機の開発・応用が進んでいる様子をOHMの表紙からうかがうことができる。例えば、図1-38の3月号の表紙には飛行機用無線電信機が、5月号の表紙には米国カリフォルニア州で行われた総数212機の上空の飛行機とともに真空管を用いた無線電話機の使用風景が掲載されている（図1-39）。この表紙には、「この絵を見てなお惰眠に耽る日本人ありや！」としてハッパを掛けているが、いかにもOHMらしい。

当時のOHMは、諸外国における技術進展とその応用について掲載するとともに何らかの意思表示がなされている。例えば、6月号には南アフリカ・ヨハネスブルグの市街を示す写真が掲載され（図1-40）、路面電車を見ることができる。この路面電車は二階建てで、70マイルの軌道長で135

43

図1-39 米国カリフォルニア州での無線電話機の使用風景(OHM第6巻第5号表紙)

図1-40 南アフリカ・ヨハネスバーグの路面電車(OHM第6巻第6号)

台の電車を有し、1年間の乗降客が3 000万人（これは当時の東京市の1か月分に相当する）でありながら、英国人は複々線を設けているとのことである。

オーム社近くの神田神保町〜小川町間には、運転系統中6系統までが重なり合っているので複々線を設けてはどうかとしている。つまり、電車を新造して増やしたとしても牛歩の如く遅々として行列されたのでは乗客が承知すまいとの提言がなされている。

1.8.5 ● 東京の地下鉄

東京の地下鉄は、1920（大正20）年に東京地下鉄道株式会社が創立されることによって始まるが、当時は高速鉄道問題として地下鉄か地上鉄道にするかで東京市の市区改正委員会で問題になっていたようであり、この記事がOHM 6月号に掲載されている。それによると鉄道許否の決定権を有する鉄道院の調査によれば、市内高速鉄道の件は7線にして山の手は地下

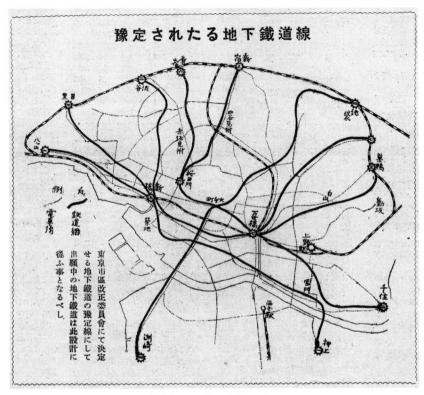

図 1-41　予定された地下鉄道線（OHM 第 6 巻第 6 号）

線（地下鉄）、下町は主として架空線（地上鉄道）を基礎とし地下線は一定の地下の深さを限定し、かつ、公有の際には買収を拒む能はざるを許可条件とするとしているが、賛成派・反対派の利害が錯綜して調整が困難であったことが紹介されている。

　6 月号には、東京市区改正委員会にて決定された予定線が掲載されている（図 1-41）。これは現在の地下鉄とほぼ同じであるが、現在は無い万世橋駅、動坂駅、八ツ山駅、洲崎駅などが掲載されていて興味深い。

1.9.1 ● アメリカで定時ラジオ放送の営業開始

1920（大正 9 ）年 1 月には、終結した第一次世界大戦のヴェルサイユ条約が締結され、国際連盟が成立する。そして 11 月にはジュネーブで第 1 回の国際連盟総会が開かれている。

技術的な面に目を向ければ、アメリカでは 11 月 2 日から世界初の本格的な定時ラジオ放送の営業が開始された年である。

一方、この年には我が国初の国勢調査が実施されている。ちなみにサザエさんで有名な長谷川町子さん、女優・歌手として、また参議院議員でもあった李香蘭こと山口淑子さん、巨人軍の選手でもあり監督でもあった川上哲治氏、漫才師・女優のミヤコ蝶々さんもこの年に誕生している。

1.9.2 ● 紙上電気博覧会

1920 年 1 月号に、オーム社の創業者でもある社長（当時）の廣田精一の巻頭言が掲載されている。この巻頭言の内容から当時のオーム社の状況や、我が国の技術者がおかれていた立場・見識などが読み取れておもしろい。そこで少し、巻頭言の内容を紹介しよう。

『オームの読者、すなわち一般電気家は最新の知識を具えたいと希望して居らるるに決まっている。そこで年頭に於いてまず昨年中の進歩を知り up to date に自己の知識を保ちたいと思って居らるるに決まっている。

それには海外の進歩は外国雑誌やまたその抄譯を掲げたオーム二月号でわかるが、灯台もと暗しで日本の進歩はかえって分からない傾がある。発電力の増す状態は逓信省の月報で、また民間各種電気会社の新設、拡張等はオーム毎号の登記事項欄の整然たる月報で明らかだが、各種機械の進歩、材料の発明改良等は一寸分かり兼ねる。少数の人には知られていても案外一般に知れぬ恐れがある。

友人の名を掲げては失礼かも知れぬが、発電所にかけては斯界の第一人者といいはる宮口竹雄君すら、昨年筆者を訪れての話の序に「田熊式汽罐とは実にえらいものだ。大発明だ。あんなえらい物とは今の今までしら

なんだ」といわれた。

筆者は、田熊君は大正六年春親しく遇ったこともある。またその出品を大正七年の農展でも見た。併し、田熊君に読まれては面目ないが、実は高が憔夫の思いつき、大したこともあるまい位に考えて居た。

そこで宮口君より諄々と罐水循環の講義を聴き、初めてそんなえらい発明が日本にあったのか、それではガーベ式汽罐やケトナー汽罐を生徒に教ゆる前に、まずタクマを教ゆるのであったと大いに赤面した。

芝浦のトラック型配電盤だの、日立の水循環式密閉型モートルだの、それスタール・タービン、それキングスペリー軸受、それミネライト絶縁体と知っている人の中には能く知れているが、案外当然知れて居るべき物が知れぬこと、ボイラー学者の宮口君に於けるタクマの類がある。

こんな不都合はなぜ生じるか。それは第一、オーム始め雑誌業者が職務に今一層忠実でないため、すなわち報道に機敏と熱心が今一息足りないため、第二、製作者や販売者の品物の紹介が充分でないため、第三、電気家が多忙で観覧や読書の暇がないためである。

これに対する救済法、第一として、雑誌業者は斯種の報道のため特に紙面を提供し、第二、工場商店は進んでその製品の労を取り、第三、大体挿絵で一目で分かる様にし、また要領を簡潔に説明し、忙しい読者でも一寸覗き得る様にしたならば宜かろう。こんな見地で此紙上電気博を企てた。

此理由が充分に明らかでないために、出品を拒絶されたり、普通公告取りと一様に扱われたりしたのは、吾人の不注意とは申しながら残念であった。

此企は毎年又は隔年に行う筈だから、御互の協力で日本電気家全体に最新知識を与えることがすなわち帝国の電気界を向上せしめ、此世界改造の機運に際しても名実ともに日本を一等国たらしむる手段に外ならぬことを了解されて、此次には此目的を一層完全に達する様にしていただきたい。オームは仲介者となり、紙面を喜んで提供します』と。

明治維新以来、我が国では外国技術に目が向いていた当時の状況が理解できるともに、国内でも優秀な技術開発がなされていたことが、この巻頭言から読み取れる。

図1-42　紙上電気博覧会特集の扉　　図1-43　ペンシルベニア鉄道の電気機
　　　（OHM第7巻第1号）　　　　　　　　関車（OHM第7巻第1号）

　一方、現在でも技術者は、開発・改良などに追われて多忙を極めているというのが事実であろう。特に最近は、よりいっそうの業務効率向上を要求され、また、成果主義の導入なども行われているのであるからなおさらのことである。
　さて、廣田の言うように、1920年のOHM 1月号には紙上電気博覧会として55社が掲載されている（図1-42 ～ 44）。
　図1-43はアメリカGE社製の電気機関車である。動輪を見ると蒸気機関車と同じロッドで各動輪が連結されていることがわかる。当時はこのロッドによって動輪に駆動力を与えていたのであろうか。

1.9.3 ● 電力配給主任制の嚆矢

　当時、電力需給状態が芳しくない中、電力会社において電力配給主任制が開始される。これは、ロードディスパッチャーまたはシステムオペレータといわれるものであり、次の3点を目的としている。
（1）電力の経済的配給
（2）故障停電の敏活なる復旧
（3）従業員の安全

図1-44　電業社（提供：(株)東芝）
（OHM 第7巻第1号）

図1-45　配給盤（OHM 第7巻第3号表紙）

　まず、「電力の経済的配給」であるが、当時は多数の発電所、変電所における運転従業員が各自思うがままに給電を行っていた。このため電力の経済的配給は、到底できるものではないのが実情であった。つまり各所に無駄が生じていたのである。これは発変電所の数が多ければ多いほど損失額が増加することを意味している。そのため少数の首脳者が全系統の電力配電を一手にまとめて、統括的に時々刻々指揮することが必要である。

　次に「故障停電の敏活なる復旧」であるが、これも深く説明を要せずして明らかである。従来の方法では、見込み違い、二度手間、打合せ不完全などに座して、とにかく故障や停電の復旧が遷延しがちである。その仕事に最も良く通暁した人が中央にあって、全系統大局の上から最も機宜に適した指揮を下すと、復旧が敏活に行われることになる。

　また「従業員の安全」であるが、給電の系統が複雑になるにつれて、従業員の負傷や死傷事故が増えるという懸念がある。これは、要するに送電してはならない区域に送電したり、工事してはならない場合に工事をするよ

49

図1-46　配給室の風景
（OHM 第7巻第3号）

うなことに基づくものである。結局のところ、指揮命令が徹底していないことから起こる場合が多いのである。そこで配給主任を定め、送電禁止権を挙げてこれに委任しておけば、もって従業員の安全を図ることができるのである。

　例えば、当時の東京電燈の事業規模、複雑さの程度は、諸外国に引けを取らないものであった。諸外国ではすでに電力配給の施設が完備しているため東京電燈も5万円（当時のOHMが50銭であるからその10万倍！）を投じて設備改良を行っている。

　なお、図1-45は配給盤であり、図1-46は配給室内の光景であり、配給主任が配給係に指示をしているところである。配給主任および配給係は三交替制であって、主任は各変電所の負荷、発電所の水量の変化を子細に考察しながら、さらには天候などによる毎日の所要電力量を予想して配給盤の電圧変動を見て電圧調整するほか、力率の調整も行っていた。また、工事区間の停電・復電の指示、障害に対する応急操作などもするという超人的な対応が要求されていたのである。したがって、主任には鋭敏な頭脳と強靱な体力が要求されたとのこと。当時の東京電燈には、その要求を満たす人が3人おり、この3人が三交替で電力供給に当たったという。まさに頭が下がる思いである。

1.10.1 ● 歌舞伎座で漏電火災

　1921(大正 10)年 7 月 29 日のドイツでは、ナチスの臨時党大会でヒトラーが党の独裁者となった。ベルサイユ条約締結からわずか 2 年後のことである。我が国では原敬首相が東京駅で刺殺され、高橋是清内閣が成立した。また歌舞伎座は経営が軌道に乗ってきたころであったが、漏電による火災が発生、焼失した。このため歌舞伎座は新劇場の建設を進めていたが、1923(大正 12)年 9 月 1 日に関東大震災に遭遇し、建設が一時中断している。

　その一方、この年に発明された新技術としてはアメリカの Albert W.Hull がマグネトロンを、J.B.Johnson は熱陰極ブラウン管をそれぞれ発明している。マグネトロンはマイクロ波を発生させることができる熱電子管の一種であり、現在では電子レンジに応用されて、熱陰極ブラウン管はテレビやパソコンのモニタに使われた。

　3 月に、我が国では磐城無線電信局原町送信所の電弧式および発電機式長波長持続電波送信設備が完成している。OHM 8 月号表紙には、原ノ町無線電信局のアンテナが掲載されている（**図 1-47**）。

1.10.2 ● メートル法の採用

　1921 年は度量衡法が改正された年であり、3 年後にメートル法が採用されることになった。「編集室より」というページには、『吾人は社会の木鐸を以て任じ、社会を教育する任務を有するから、先んじて読者の注意を促さなければならぬ。そこでメートル、曲尺、時の比較図を掲げた』とある（**図 1-48**）。なお、法改正に伴って、学校の教科書は 3 年以内にメートルに直すことを求めているほか、法令などは 5 年以内に大工場（50 馬力以上の）なども、一般は 10 年以内にメートルにし、10 年後はメートル系外の度量衡の使用を禁ずる政府の方針とある。

　我が国は早くからメートル法を用いていたものの、アメリカでは、いまだにヤード・ポンド法が広く使われている。このため、アメリカの強い影響下にある航空・宇宙分野などは、ヤード・ポンド法を用いることが法的

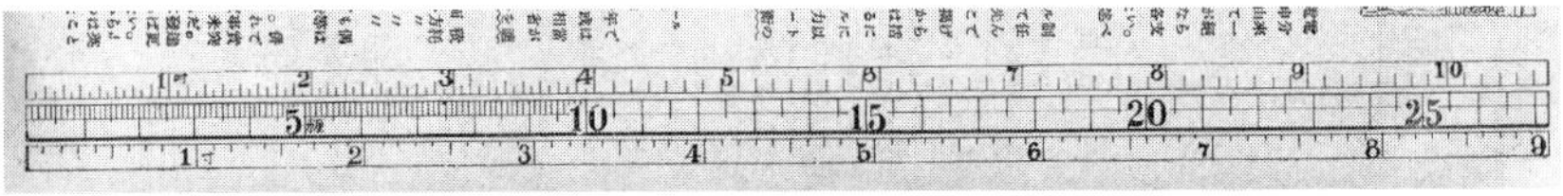

図1-48 メートル、曲尺、吋の比較図（OHM 第8巻第5号）

図1-47 原ノ町無線電信局のアンテナ（OHM 第8巻第8号表紙）

図1-49 戦艦長門（OHM 第8巻第3号）

図1-50 大阪電燈の宣伝ビラ（OHM 第8巻第12号）第10号表紙）

に認められていると聞く。アメリカこそ世界の中心であるという考えが見え隠れする。

1.10.3 ● 戦艦長門の竣工

3月号には、竣工した戦艦長門が掲載されている（図1-49）。長門は竣工当時世界最大の連装45口径41cm砲4基、50口径14cm砲20基、40口径7.6cm単装高角砲4基、53cm魚雷発射管8基、速力11里/時という高速な機動力を有する戦艦であった。真珠湾攻撃をテーマとした映画「ト

ラ・トラ・トラ」に最初に出てくる戦艦でもあり、大東亜戦争（太平洋戦争）開戦の1941（昭和16）年には、連合艦隊の旗艦として連合艦隊司令長官山本五十六が搭乗しており、その12月2日に「ニイタカヤマノボレ1208」の暗号無電（真珠湾攻撃指令）を打電している。

OHMによれば戦艦長門は発電機6台で1075kWの発電を行い、艦内点灯のほか、通風機（ボイラ用）、揚錨機、揚炭機、昇降機、製氷機、冷却機などに電力を供給しているとのこと。ちなみに電燈数は、艦内用約2450燈、電飾用約1330燈もあったそうである。また、無線電信は、日本全国はもちろん、外国にも通じることができ、無線電話の設備も搭載されている。それから艦内の電話は約490個もあり、そのための電話交換所が2か所設けられていたということで、ちょっとしたビルの様相である。

戦艦長門は戦後にアメリカ軍に接収され、1946（昭和21）年にマーシャル諸島のビキニ環礁に移動、原子爆弾の能力検証のため海上に配置される。そして1回目の核実験（空中爆発）に堪え、さらに2回目の核実験（水中爆発）を受けるものの海上に浮かび続け、4日後の深夜、誰にも見られることなく静かに海底にその身を沈めている。

長門は1921年に竣工したにもかかわらず、原子爆弾にも堪えたということからも裏づけられるように、当時の日本の造船技術力が高かったことが理解できる。

1.10.4 ● エネルギー競争

大阪電燈株式会社が家庭を電化するべく、盛んに宣伝ビラを撒いている（**図1-50**）。これを受けて、OHMには『今や萬有の電化は一歩一歩、その実現に近づきつつあるではないか。この際、電気家一斉に奮わなくては』とある。

当時の熱源といえば、一部の大都市では都市ガスの供給が始まっていたが、主流は「炭」であり、練炭や豆炭であった。このビラによれば電気は、いやな臭気や毒ガスが発生しないから衛生で安全である点、電気料は安く経済的である点、手軽に操作ができる点などが強調されている。

図1-51　電柱建設作業の絵画　　　図1-52　「須田町の夜」（OHM
　　　（OHM第8巻第1号表紙）　　　　　　第8巻第10号表紙）

1.10.5 ● 表紙いろいろ

　1921年の表紙は、いろいろと変化に富んでいておもしろい。1月号（図1-51）と10月号（図1-52）には、絵画が掲載されている。1月号は、早稲田大学講師の岸畑久吉画伯が電柱を立てる作業の様子を描いたものである。添え書きとして『見よ、彼等の如何に真剣なるかを。人生、何者にも換へ難きは此の意気』、『電柱（はしら）一本仇には立たぬ、段取、気合、腕っ節』とある。何事も真剣に取り組めという戒めであろう。

　一方、10月号表紙には、OHM創刊7周年を記念するため「須田町の夜」と題して、帝展に入選した河井清一画伯の力作が掲載されている。この絵には夜の東京市の市電が描かれている。これは井上東京市電気局長の市電10周年の辞にある、『電気は文明的活動、文化的生活の中枢神経たる大切な役割を引き受けている』の意を表したものである。

　また、原ノ町のアンテナが8月号に掲載されているが、7月号の表紙にはアメリカ・ニュージャージー州ローゼルパークにあるマルコーニ無線電信機製作所とその実験に供するアンテナ用の鉄塔が掲載されている（図1-53）。

第1章　創刊から関東大震災まで

図 1-54　逓信試験(OHM 第 8 巻第 6 号)

図 1-53　マルコーニ無線電信機製作所(OHM 第 8 巻第 7 号)

　ちなみに、我が国内初の私設無線電話(アマチュア無線局)が5月30日に逓信省から許可されている。これもイタリアのアマチュア無線研究家であるマルコーニが無線通信の発展に貢献したおかげである。

　なお、この年の OHM の誌代は 50 銭であるが、1 月号だけは発電所特集号ということで 70 銭となっている。大正 10 年の 1 万円は、平成 10 年で 530 万円にもなるそうだから、OHM 誌代 1 冊 50 銭を現在の価格に換算すると 265 円になる。現在の OHM よりもかなり安い？

1.10.6 ● 電気事業主任技術者試験制度の変更

　1921 年は、現在の電気主任技術者の前身である電気事業主任技術者の試験制度が変更された年でもあった。それまでは 1～5 級までの 5 区分の資格制度であったが、この年から現在と同じ 1～3 種の 3 区分となった。試験は一次試験、二次試験の 2 段階選抜方式で、一次試験が 7 月 13 日に、二次試験は 8 月の上旬に開催されている(図 1-54)。

　現在の試験は一次試験が 9 月初め、二次試験が 11 月下旬(1、2 種のみ)であり、一次試験と二次試験との間に時間的なゆとりが少しあるが、当時はあまりなかったようである。

55

1.11.1 ● 発明王エジソン

　1922 年はエジソン（Thomas Alva Edison）が 75 歳になった年である。OHM 3 月号の表紙には、「輝く星の国の発明王エヂソン」が掲載されている（図 1-55）。発明王であるエジソンは 1000 余の発明をし、多くの特許を取得したことで知られている。後述するが、この年の我が国では特許法をはじめとした知的財産権関連の法律が改正されている。

　また、この年にはエジソンと同じ年齢であり、電話を発明したアメリカの発明家のグラハム・ベル（Alexander Graham Bell）がカナダのノバスコシア州バデックで亡くなっている。

　ちなみに 1922 年の主な出来事を俯瞰すると、アメリカではレークサイド火力発電所で微粉炭燃焼方式が実用化され、ドイツのコルン（Arthur Korn）が無線による欧米間の写真電送に成功している（図 1-56）。

　一方、我が国では四阪島−別子間に 10 kV、世界最長のこう長 21 km の三心入り海底電線（ソリッドケーブル）が布設され、また京都電灯嵯峨野変電所では初めて 300 kW 水銀蒸気整流器が使用されている。

　また、11 月 17 日にはアインシュタインが来日し、相対性理論ブームになったころでもある。

1.11.2 ● 改正特許法

　OHM 1922 年 2 月号に、鴬淵説男弁理士による改正特許法の解説記事が掲載されている。それによると同年 1 月 11 日から特許、実用新案、意匠、商標、弁理士に関する法規が全部改正されて、施行されることになったとのことである。改正された新法は、すべて先願主義を採用し、最先の出願者に権利を付与するとしている。これは現在の特許法にも継続されている方式である。

　新法が施行される以前の特許法は同一内容の発明を数人が完成したとき、これらの人がそれぞれ出願した場合には、発明の前後を主眼として最先に発明した人に特許権を与えたのである（先発明主義）。しかし、発明な

第1章　創刊から関東大震災まで

図1-56　実験中のコルン（OHM第10巻第4号）

図1-55　発明王エジソン（OHM第9巻第3号表紙）

どは実際の要求に迫られて生じることが多く、まったく別個の人が互いに関係なく同一の発明を成すことが少なくない。そして、そのたびごとに発明の前後に争いを生じ、せっかくの発明も権利不確定の状態に置かれることがあった。そこで新法では、一刀両断的に何でも先願者に権利を与えることにして争議を一掃し、発明を一日も早く世に発表するようにしたのである。したがって、出願が遅れると他人に権利を奪われることになるので、このことは出願者が大いに留意をしなければならない点になった。

　1922年に特許法が改正される以前は、役人または会社・工場などに勤務するいわゆる被雇用者がその職務上または契約上発明・考案をした場合には、特許を受ける権利または実用新案を登録する権利は、法律上当然雇い主または職務を執行するものに属することになっていた。そのため、勤め人がせっかく心血を絞り苦心・研究の結果、発明・考案をしても、それは皆、雇い主のものとなり、多くの場合に発明者・考案者に報いることが、きわめて軽少であった。これに反して会社・工場などの財産目録には、これらの発明・考案が積もり積もって特許権、実用新案権が数十万円として評価されているなどの奇現象も少なからず見受けられたのである。

57

したがって、被雇用者が発明・考案を成すのは馬鹿らしいという考えを懐くのは当然のことで、これらが人々の発明・考案を抑止する傾向があったのである。また優秀な発明を成した人はこれを秘密にして、その会社・工場を退いた後に発明・考案を出願して、同一事業に関し、前職場である会社・工場などと競争しだすという事実も往々にしてあったようである。これらは制度の罪というべきで、被雇用者にはもちろんのこと、雇い主にも結局不利益である。このような不都合があったので、新法では、いかなる場合においても発明者に特許権・実用新案権を付与するように改正されたのである。

1.11.3 ● 平和記念東京博覧会

1922 年は、第一次世界大戦後の列強海軍の軍縮を決議した年でもある（ワシントン海軍軍縮会議）。この会議によって潜水艦の戦闘と毒ガスの使用が禁止されている。我が国では、ワシントン軍縮条約に基づいて戦艦「土佐」など 9 隻に海軍が建造中止命令を出している。また、ヒトラーがミュンヘンの監獄に収容されてもいる。一方、英国のエドワード皇太子が来日するなど平和な時代でもあった。

OHM 6 月号の表紙には、皇太子のお召電車が掲載されている（**図 1-57**）。この電車は、大軌電車（大阪電気軌道：現在の近畿日本鉄道（株））が数万円を投じて製作したものである。窓掛は、金茶色の絹ビロードで中央の机はクリーム色の白楓である。殿下は、この電車で奈良から大阪へおなり遊ばされた。

そのような中、我が国では各地で挙行されていた種々の展覧会を一堂に会した平和記念東京博覧会が、3 月 10 日～7 月 31 日に上野の不忍池で開催された。

この博覧会は敷地総面積：11 万 6 600 坪、建物総面積：1 万 7 300 坪、建築費概算：4 百万円、出品総数：20 万 8 345 点、出品人総数：7 万 4 775 人、であった。これを見てもわかるように大規模な博覧会であることが理解できる。

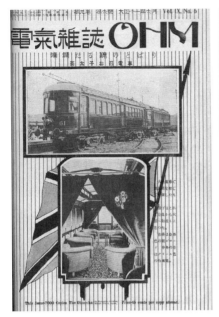 

図 1-57　英国皇太子お召し列車　　　　図 1-58　ELECTRA 号のマルコーニ
　　　（OHM 第 9 巻第 6 号表紙）　　　　　　　（OHM 第 9 巻第 9 号表紙）

1.11.4 ● 火星無線通信説

　無線通信を実用化したマルコーニが火星無線通信説を確かめるため、自船エレクトラ号に搭載した最も無電に完備を尽くした無線設備を用いて、洋上で長期遠征をしたときの写真が掲載されている（**図 1-58**）。それによると観測の結果、火星からの電波を確実に受信したとある。

　1976（昭和 56）年、NASA による火星探査機バイキングの着陸に始まり、1997（平成 9）年のマーズ・パスファインダ軟着陸による火星探査によって得られた結果から、火星が不毛の地であることが確かめられたのではあるが、最も地球に近く、生命体の存在が期待されていた当時の火星への思いを感じさせるエピソードである。

1.11.5 ● 路面電車の混雑対策

　東京府の路面電車数が増加し、さらに自動車などの交通量が増加する

図1-59 地下鉄工事の紹介（OHM 第9巻第1号表紙）

図1-60 建設中の丸ビル（写真提供：三菱地所（株））（OHM 第9巻第4号表紙）

と、当然ながら交通渋滞が発生する。この対策として東京市は、この年から地下鉄道の工事に着手する。OHM 1月号の表紙（図1-59）には、ボストン市における地下鉄道の入口およびベルリン市地下鉄道の工事状況を掲載し、東京市の地下鉄はこのようになると紹介している。

1.11.6 ● 丸の内ビルヂングの完成

　丸ビルで知られている丸の内ビルヂングであるが、1923（大正12）年2月に竣工した。4月号の表紙には丸の内ビルヂングの工事進捗状況が掲載されている（図1-60）。このビルは三菱合資会社地所部（現：三菱地所（株））の経営で、工事は George A. Fuller 会社が担当した。

1.12.1 ● アメリカで 220 kV 超高圧送電開始

1923 年は、わが国で未曾有の被害をもたらした関東大震災が起こった。また、この年は電気界の巨星スタインメッツ博士、わが国の通信技術の第一人者である鳥潟右一博士が亡くなった年でもある。

しかしながら技術は進歩を続け、この年アメリカでは世界最初の 220 kV の超高圧送電が開始された。一方、我が国では京濱電力の長野竜島発電所が落成し、神奈川県戸塚変電所までの 310 km にわたって、154 kV の送電が初めて開始されている。図 1-61 は、この 154 kV 送電系統の諸要素を写真として掲載した表紙である。

一方、理論の面では、鳳秀太郎博士が鳳氏円線図法を発表するとともに、これと前後して鳳 – テブナンの定理、勢力不滅の法則などが発表されている。

1.12.2 ● 関東大震災

1923（大正 12）年 9 月 1 日 11 時 58 分 40 秒、相模湾北部を震源とする直下型地震が帝都東京を襲った。折しも昼食やその準備の時間帯と重なり、地震直後に火災が発生し、被害を拡大させた。この地震による死者・行方不明者は 14 万 2000 人余（別説では、10 万 5000 人余とも言われている）に達し、家屋の全半壊は 25 万 4000 棟余、消失は 44 万 7000 棟余に及び、日本史上、最悪の災害となった。

東京では、下町を中心として百

図 1-61　京濱電力の長野竜島発電所（OHM 第 10 巻第 5 号表紙）

図 1-62　関東大震災特別号（OHM 第 10 巻第 10 号表紙）

図1-63　有楽町方面の猛火（OHM第10巻第10号）　　図1-64　消失した東京市電車（OHM第10巻第10号）

　数十か所から火の手があがり、その半分も消火することができなかったのである。最も人的被害が大きかったのは、本所区（現在の墨田区）の陸軍被服廠跡地の空き地に逃げ込んだ約3万8000人余の人々が猛火に巻かれて焼死したことである。

　10月号は特別大震災号とし、まずその表紙に「震災過ぎて三つのすがた」として震災後の様子を掲載している。三つのすがたとは、耐震耐火の例、震災だけの例、および震火災の例である。図1-62の上段に写る建物写真は、耐震耐火の例として鉄筋コンクリート4階建て、300坪の電機学校新館である。電機学校は、新館以外に1000坪の木造4階建ての校舎があるが、こちらは、地震に耐えたものの火災の被害を受けた。オーム社は、震災後もここで営業を続けたのである。

　中段の写真は、震災だけを受けた煉瓦作りの東京電燈六郷変電所である。ここでは、数名が殉職している。下段の写真は、東京市内の変電所の中で最も惨状をきわめた東電京橋変電所である。多数並んだ発電電動機を見ることができる。

　図1-63は有楽町方面にあがった猛火の写真で、左岸は省線（鉄道省：現在はJR東日本）高架線、右岸は避難者であふれる道路である。図1-64は猛火によって消失した東京市電車、図1-65は日比谷交差点、図1-66は横浜住吉町における架線の惨状である。これらの写真を見ても、大規模な震災であったことがわかる。

図1-65 震火災時の日比谷交差点付近
（OHM第10巻第11号）

図1-66 横浜住吉町における架線の惨状（OHM第10巻第11号）

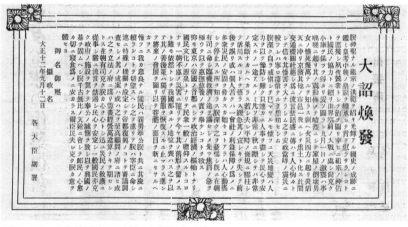
図1-67 大詔煥発（OHM第10巻第11号）

　編集者のメッセージが毎月掲載される「編集室より」には、『オームを捨てず』として、『大震災、大火災－世界のかつて経験しなかった、今度の災害は、ささやかな弊社の建物をも見逃さなかった。しかし社員に一名のけが人もなく、ご愛読各位の芳名録をはじめ重要書類だけは消失の厄を免れた。天いまだオームを捨てず、弊社同人はこの感激を核子としてオーム復興の難局に懸命の努力を捧げることをお互いに誓った。ここに誌上をもってご愛読各位の前にこの誓約を再びする。本号は印刷体裁、発行期日等遺憾な点も多かろうが、漸をおって着々改良を期する。どうか倍舊の御庇護を仰ぐ』とある。

図1-68　陸軍工兵隊による電車の取り壊し（OHM第10巻第11号）

図1-69　海軍電信隊の活動風景（虎ノ門）
　　　　（OHM第10巻第11号）

　いかなるときも月刊誌を滞ることなく出版し続けるのだという編集者の使命感が感じられる。

　他方では、大規模な震災であったため、遷都論が出るなど民衆にも動揺が見られた。そのため9月12日に当時の摂政宮（後の昭和天皇）は、大詔を煥発あらせられ（図1-67）、焼け跡を御巡視なされたのである。また陸海軍も復興に参加し、その様子が掲載されている（図1-68、69）。

　震災のニュースは世界中に報道されて、イギリス、フランス、アメリカ、中国など40か国以上から救援物資や義援金などが届き、復興に役立ったのである。

　現在、関東大震災が発生した9月1日は、「防災の日」となり、全国各地で大地震などに対する防災訓練が行われている。

1.12.3 ● 不帰のスタインメッツ博士

10月26日にスタインメッツ(Steinmetz, Charles Proteus)博士が亡くなっている。スタインメッツは、1865年にドイツで生まれ、ブレスラウ大学で数学と自然科学を学んでいたが、エジソンやテスラの研究に刺激されて電気工学の研究を志した。当時、社会革命運動にも参加していたスタインメッツは、政府の弾圧を受け、1888年スイスに亡命し翌年の1889年に渡米する。

スタインメッツは米国で磁性体のヒステリシス現象の研究を行い、1892年にアメリカ電気学会で、「鉄や鋼のヒステリシス損は、最大密度の1.6乗に比例する」という現象を発表した。また、交流計算に複素数を用いた代数記号法を考案し、G.E社に招聘されて顧問技師として活躍する1893年に、その理論と応用を万国会議で講演している。スタインメッツはこれらの研究活動が学界で認められ、1901年にアメリカ電気学会の会長に就

図1-70 思索中のスタインメッツ博士(OHM 第10巻第11号)

任する。

　図1-70はボート上のスタインメッツ博士である。博士は、よく船を浮かべては思索に耽られたそうである。11月号の表紙には、「電界の巨星永遠に去る　不帰のスタインメッツ博士」と書かれ、59歳で永眠された博士を惜しんでいる。

1.12.4 ● 鳥潟右一博士逝く

　6月9日に、わが国で通信技術の第一人者であり、数十件の特許を取得した鳥潟右一博士が亡くなっている。鳥潟右一博士は、わずか41歳にしてこの世を去ったのである。図1-71は、博士自らがペンを取られた実用新案申請の書類である。

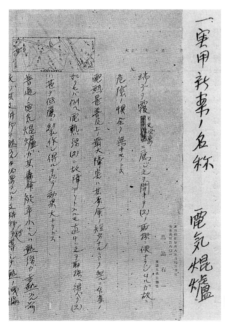

図1-71　鳥潟博士による実用新案権
　　　　申請書（OHM 第10巻第7号）

第2章

帝都復興から昭和初期

2.1.1 ● 1924(大正 13)年、帝都東京の復興
に向けて

2.1.2 ● 無線電信の活躍

2.2.1 ● OHM 創刊 10 周年

2.2.2 ● 東京放送局が放送聴取申込募集

2.2.3 ● 短波長放送の研究

2.2.4 ● 大正天皇の崩御

2.3.1 ● 大正から昭和へ

2.3.2 ● 最新の電気鉄道

2.3.3 ● 馬匹感電防止

2.3.4 ● 実用化した長距離写真無線電送

2.4.1 ● 1928(昭和 3)年、放送事業が拡大

2.4.2 ● 東京地下鐵道会社第一期線(自上野
至浅草)

2.4.3 ● 全国に亘る大電力のラヂオ網

2.4.4 ● 国産の精華 NE 式写真電送装置

2.4.5 ● 日本最初の 6 万 6 000 V H 型電纜

2.5.1 ● 1929(昭和 4)年、特急列車「富士」
「桜」

2.5.2 ● ラジオの次にはテレヴィジョンか

2.5.3 ● 送電安定の秘策　ペテルゼン線輪

2.6.1 ● 1930(昭和 5)年、一般公衆写真電送
が開始

2.6.2 ● 世界最初の試み

2.6.3 ● 時代の先端を行くライト・ダイアグラム

2.6.4 ● 国産自動車完成す

2.7.1 ● 1931(昭和 6)年、エジソンが死去

2.7.2 ● オーム社創設の廣田精一氏逝去さる

2.7.3 ● 中央線の電化

2.8.1 ● 1932(昭和 7)年、満州国建国を宣言

2.8.2 ● 満洲號

2.8.3 ● 工業界に嘱目せらるる新強磁石鋼

2.8.4 ● 本邦の電視界に一新鋭加ふ

2.9.1 ● 1933(昭和 8)年、国際連盟を脱退

2.9.2 ● 朝鮮海峡にわたる電話線の開通

2.9.3 ● 水銀整流器

2.9.4 ● 丹那隧道が遂に貫通す

2.10.1 ● 1934(昭和 9)年、OHM 創刊 20 周年

2.10.2 ● 東京宝塚劇場の舞台照明

2.10.3 ● 関西風水害とその惨禍

2.11.1 ● 1935(昭和 10)年、有名企業各社が
創立

2.11.2 ● 送電線ができあがるまで

2.11.3 ● 満州の電気

2.11.4 ● 新京だより

2.11.5 ● 西日本の水害

2.12.1 ● 1936(昭和 11)年、巨大飛行船「ヒ
ンデンブルク」と豪華客船「クイー
ン・メリー号」

2.12.2 ● オリンピック無線写真電送

2.13.1 ● 1937(昭和 12)年、通信技術の進展

2.13.2 ● 朝日新聞社「鵬号」と短波無線電信
機

2.13.3 ● 亜欧連絡記録大飛行の成功

2.1.1 ● 1924（大正 13）年、帝都東京の復興に向けて

1923（大正 12）年に関東大震災の影響を受けた帝都東京は、翌年の 1924 年には早くも復興の兆しが見えてきた。関東大震災の後、帝都東京の人々は一丸となって復興のために尽力した。OHM にも復興の様子がたくさん紹介されている。

図 2-1 は装いを復しつつある日本橋、図 2-2 は有楽橋で電車の残骸を片づける様子を捉えている。また震災直後は倒壊した家屋のために図 2-3 のようなバラックやテント村があちこちに見られたが、1 月 9 日には宮城前にできたテント村が解散している。この写真は新春の陽に反映する日本橋方面のバラック建である。

2.1.2 ● 無線電信の活躍

1923 年 9 月 1 日に発生した関東大震災は大規模なもので、電話はまったくといってよいくらい使えない状態であった。図 2-4 は復興中の中央電話局であり、震災の影響を大きく受けていることがわかる。

そのような中、大活躍したのが船舶に搭載されていた無線電信局である。横浜港の 4 号岸壁に停泊していたコレア丸（図 2-5）は地震の影響を受けて岸壁が崩潰し、船体の下が埋め尽くされて座礁してしまった。そして湾内も強風のため猛火のあおりを受け、危機眼前に迫った中、午後 0 時 30 分（震災後の約 30 分後）には千葉県の銚子無線電信局に宛てて横浜の大震災大火災の様子を送信している。そして午後 1 時 10 分に、かろうじて岸壁を離れることができ、午後 2 時 10 分には湾外に出て投錨、事なきを得た。

しかしながら、銚子との通信は外国船からの強力な電波による混信を受け、困難を来していたが、ようやく午後 2 時 40 分に銚子からの発信を受けることができた。それによると千葉までの陸線の通信は異常ないが、東京方面は全部不通であるということがわかり、被害が広範囲に及んでいることを知る。そして午後 6 時になると、神奈川県の警察部、港務部などがコレア丸に避難し、午後 8 時、救済に関する重要電報を送るべく、潮岬無

図2-1 復興帝都所見 日本橋（OHM 第11巻第1号）

図2-2 復興帝都所見 有楽橋近辺（OHM 第11巻第1号）

図2-3 復興帝都所見 バラックやテント村（OHM 第11巻第1号）

図2-4 復興中の中央電話局（OHM 第11巻第1号）

線電信局との通信のため、機器の調整に入っている。潮岬は和歌山県南部、串本町にある本州最南端の岬である。

　コレア丸は、蜂の巣をつついたような混信の中、ようやく午後9時20分に波長を800m（周波数375kHz）に変更して救済に関する重要通信に限り潮岬と直接通信ができるに至った。このときコレア丸から発せられた無電は、潮岬を経て大阪への第一報となり、また銚子、磐城（福島県）を経て、

図2-5 東洋汽艦コレア丸の勇姿
（OHM 第11巻第3号）

図2-6 富岡無線局設立当時の受信室の
米村氏（OHM 第11巻第3号）

その日の午後8時には、太平洋の彼方に到達したのである。

当時の通信機は火花放電による長波帯の電波であり、使用できる周波数も少なく、また受信機の性能も悪かったため、混信の影響をかなり受けた中での通信であった。

一方、銚子無線局にはコレア丸のほか、横浜港停泊中のロンドン丸、巴里丸から横浜の大惨害、船舶の衝突、座礁、火災の延焼、岸壁の崩潰などの報知が次々と伝えられてきた。このため銚子無線電信局も未曾有の混信状態に陥っていた。

そのような中、コレア丸に乗船した神奈川県警察部長から大阪府知事、兵庫県、千葉県と茨城県の各知事、大阪朝日新聞社と大阪毎日新聞社宛に「横浜大震火災、死傷者無数、交通・通信全部杜絶食料なし後援を乞う」という旨の電報を発信、9時25分に銚子で受信され、これを9時36分に潮岬に転送、10時には大阪に到着する。この電報は、まさに大阪に到着した第一報であり、これによって大阪では早速、救援の措置を執るに至ったのである。

また福島県の磐城無線局は、9月1日から数日間ほとんど不眠不休で、刻々と寄せくる無電を内地はもちろん英語に翻訳していち早くサンフランシスコ無線会社に報道し、危惧と不安とに後報を待焦れている内外人に災変の真相を伝え、ひいては全米国民を動かしている。このとき活躍したのが米村嘉一郎氏である（図2-6）。

当時の逓信局報やその他の記録を総合して考えると、米村氏の偉大な功

績として2点をあげることができよう。

第一に仙台逓信局に宛てた第一報である。東京・横浜の電信電話線が見る影もなく切断され、まったく外部との連絡を絶った9月1日の午後、富岡地方にもかなりの強震があって、東京方面の有線電信が不通になる。米村氏は何となく大事変の予感を覚え、とりあえず数個の各種波長に対する無線電信受信機を同時に動かして各所の通信を傍受しようと努める一方、呼び出しを始めた。米村氏は銚子無線局に当時実験用として設備されていた波長600m（周波数500kHz）の受信機により連絡を開始しようとして応答に注意しているそのとき、午後7時に横浜港に停泊中のコレア丸から発せられた凶報を大阪中央電信局長に送るべく、潮岬と下津井（岡山県）全局に送信しようとして、しきりに連呼しているのを傍受したのである。そこで米村氏は、すかさず臨時に接続した富岡-仙台間の陸線を利用して仙台逓信局に急報し、これによって仙台は直ちに自動車と人を東京へ急派するに至ったのである。ちなみに、このときの電文は次のとおりである。

『午後7時傍受セル銚子無線発潮岬経由大阪中電宛局報ニ依レハ横浜港内ニ碇泊汽船ノ報ニ曰ク横浜地震ノタメ全市建築物全滅同時ニ海嘯起リ家屋流失各所ニ火災起ル東京ノ被害不明ナルモ略々同様ト信セラル、銚子無線東京間電信汽車共不通差向通信ノ途ナシ』

次に、米村氏の第二の功績としてあげられるのは、サンフランシスコへの送信である。9月1日午後8時10分、ハワイ　ホノルルとサンフランシスコとの両無線局へ宛てて、次のような第1信を発している。

"Conflagration subsequent to severe earthquake at Yokohama at noon today whole city practically ablaze with numerous casualties all traffic stopped"

この電報はサンフランシスコ無線会社から各新聞社に配布されたため、各新聞社は9月1日（アメリカ日付）に夕刊号外をもって報道した。この時間は、奇しくもちょうど大阪市がコレア丸から第一報を受けた時刻とほとんど同じであった。

この報道が全米に伝わるやいなや、翌2日は日曜日にもかかわらずクー

リッジ大統領を総裁とする米国赤十字社が急遽ワシントンで幹部会を開き、とりあえず救済金 500 万ドルの募集に着手し、無線電話をもって全米各州へ演説を行った。シカゴ、サンフランシスコその他では、たちまちにして予定倍額の 1 000 万ドルを突破するという盛況を呈し、欧州大戦バルカン戦争以上の同情を一時に喚起し、ひいては日米親善を促進する機縁ともなったのである。

米村氏が一週間にわたる夜を日につないでの活躍は、もちろん、われわれが深く感謝しなければならぬゆえんであるが、この二つの功績は特に重大の意味があって、あの際の一時一刻には、数百万の人名の安危がつながっていたのである。

このような偉大な功績のある米村氏および全局員に対し、サンフランシスコ無線会社はとりあえず感謝状に添えて金子 500 ドルを届け、また、サンフランシスコ国際無線、連合無線および合同無線の三大通信社、フランス無線電信協会、スペイン無線通信手連合会などから感謝状が届けられている。さらにサンフランシスコ無線会社は、米村氏に対して金メダルおよび金子 500 ドルを贈呈している。

もちろん、オーム社もその功績を称えるべく、功績と略歴を誌上に掲載するとともに表彰を行っている。その際、取材したオーム社の記者に次のようなことを語っている。

『特に自分の功績などと取り立てて云うことはありません。私としては当然なすべき処置をとったのみで、代わりに他の人がいたら誰でもすることです。私の名が米国に宣伝されたのは、Radio Corporation のウーイーパクスター氏の計らいです』と。

米村氏の日頃技術に関する精励、特にほとんど独学に等しき英語研究の努力と蘊蓄および資性の沈着とがなかったら、変災に処してどうしてあれだけの機敏、適切な処置がとれただろうか。「功の成るは成るの日に成るにあらず」（蘇洵「蘇老泉」より）を深く感じざるをえないのである。

このように無線による通信が震災の中でも大いに役に立ったのである。そして、翌年 1925 年には、わが国でラジオの本放送が開始されるのである。

2.2.1 ● OHM 創刊 10 周年

1924 年 11 月に、OHM は創刊 10 周年を迎えた。関東大震災の影響を受けながらも出版を続けていたのである。12 月号の表紙(**図 2-7**)には、「奮闘十年いしづゑ漸く成る」として編集室や印刷工場の様子が掲載されている。中央の写真における手前側の 2 階建てはオーム社の新築本社であり、奥に見える 4 階建ては電機学校(現在の東京電機大学)である。この写真をよく見ると、前掛けを羽織った女性の髪型は銀杏返しであろうか。何か懐かしさを感じる。

翌 1925 年には作家の三島由紀夫、またエサキダイオードを発明し日本人として 3 番目のノーベル物理学賞を受賞する江崎玲於奈、電子工学の権威で通産省電気試験所、ソニー中央研究所長を経て東海大教授になる菊池誠が誕生している。

その一方で、イタリア首相のムッソリーニが下院議会で独裁宣言を行い、またドイツではヒトラーがナチス党を再建し、再建集会をミュンヘンで開いたほか、ヒトラーの「わが闘争(Mein Kampf)」が刊行され、早くも第二次世界大戦への道が開きつつあった頃でもある。

2.2.2 ● 東京放送局が放送聴取申込募集

1925 年 4 月号の OHM に東京放送局(現在の NHK)の放送申込募集についての記事が掲載されている。これは東京放送局がこの年の 2 月 16 日から始めた受信加入の申込みに関する記事である。なお、3 月、5 月、6 月にはそれぞれ東京、大阪、名古屋の各放送局でラジオ試験放送が開始され、引き続き仮放送～本放送が行われている。当時は、**図 2-8** のような受話器を付けて放送を楽しんだのであろうか。放送申込募集の記事は次のように紹介されている。

① 放送とは

『無線電話の学理を応用して放送局から毎日天気予報、警報、時刻報、官庁公署の告知、取引市場報告、日々の新しき出来事、名士学者の講演、

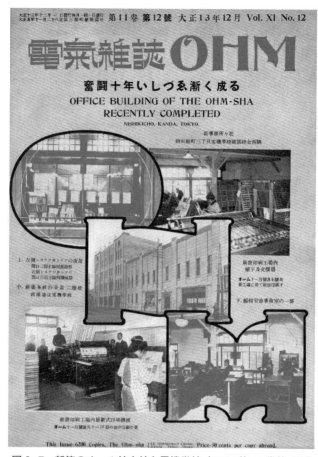

図2-7　新築のオーム社本社と電機学校（OHM 第11巻第12号表紙）

図2-8　ラジオ放送受話器の広告（OHM 第13巻第3号）

和洋音楽声楽等を発信しますと、これが空中に放送されて東京から百里四方にある幾万幾十万の受信機に肉声音律そのままで聞こえてくるのであります。その番組と時刻は予め発表します。実にこのラヂオこそは近代文明の傑作と称えられ経済、社交、教育、慰安等の機関として実用と興味とを兼備するものであります。会社、工場、銀行、商店はもちろん各家庭においても御早く御申込になるよう御勧め致します』

② 放送を聴取するには

『第一に受信機を御求めになる必要があります。受信機は逓信省電気試験所の型式証明を受けたものか、差もなければ逓信大臣の認可を経た機械で無ければ使用できないことになって居ります。第二に放送局へ聴取申込をしてその承諾書を受け取り、これを添えて逓信局長に申請をしますと、これに対して許可証と検定証書とを交付せられます』

③ 申込と申請の手続きは

『放送局に用紙が印刷してありますから御申込次第差し上げます。逓信局へ御出しになる申請書も放送局へ御持ちになれば承諾書を添付して逓信局の方へ便宜取り次ぎ致します（放送局の承諾書を添えて直接逓信局へ御出しになるも勿論支障ありません）。尚、当局聴取規約や参考法規の抜粋も御申込次第差し上げます』

④ 放送聴取の料金は

『逓信局に対しては毎年度2円の特許料を納めます。これは逓信局より納入告知書が参ります。放送局に対しては毎年24円の聴取料（月額2円3ヶ月分まで取り纏め集金す）を支払うことになります』

⑤ 機械の購入と取り付け及び維持

『これは放送局では一切取り扱いはないことになっていますから御随意の会社、商店に御相談になり正式の機械を御求めの上、御都合によりその取り付け装置や維持もその会社か商店へ御委せになれば便利です。尚、取り付けや維持を請け負う店も相当にあることと思われます』

⑥ 法規違反にならぬ様

『前に述べたごとく逓信省の型式証明を受けない機械か又は逓信大臣の

短波長通信に就て

短波長とは何ぞ──短波長の出現──短波長通信の現狀──短波長の特長──短波長の將來

逓信技師 工學士 中 上 豐 吉

短波長とは何ぞ

短波長と云ふのは普通 100 メートル以下の電波を云ふので、之迄あまり實用せられて居なかつた。實驗は既に十數年前から行はれて居つたが、昨年初めから急激に其研究が各國で行はれ、實用通信にも使用せらるゝ様になつた。100 メートル以下で電波長を有する電波を發生するには 3,000 キヤサイクル以上の振動電流を發生せねばならぬ。短波長に對し中波長と云ふのは 100 万至 8,000 メートル、長波長は 8,500 万至 25,000 メートルである。

短波長が最近實用せらるゝに至る迄は大體次表の如く電波長が使用されて居つた。

用途	電波長（メートル）	周波数（キロサイクル）
小電力無線電信短距離用	100－200	3,000－1,500
放送無線電話	200－500	1,500－600
船舶通信用(D.W)	300, 450, 600, 800	1,000, 666, 500, 375,
同 上(C.W)	2,000－3,000	150－100
距離 1,000kM 前後固定通信用	1,000－3,000	300－100
2,000kM 前後固定通信用	3,000－8,000	100－37.5
5,000kM 以上大電力長距離固定通信用	8,000－25,000	37.5－12.0

短波長の出現

ヘルツ氏が電波の存在を實證し、又其性質を研究するに使用した電波は數十センチメートルの減幅電波であつた。波長は振動回路のインダクタンスLと電氣容量Cの積の平方根 ($\sqrt{LC}$) に比例するから、室内實驗に用ふた小さい簡單なヘルツ振動器(第1圖參照)から發射される電波は勢ひ短波長であつた。之れは火花式で回路の抵抗が可なり大きい篤

第 1 圖

め、減衰率の大きい減幅電波であつたから、火花が飛んでゐる瞬間が起り、又其の火花の飛ぶ迄は、振動の發生してゐる時間に比べると數千倍至數萬倍、例へば波長 10 メートル對數減衰率 0.5 火花噴波數 100 とせば、一度火花の飛んでから振動が起り、之が無くなる迄の振動囘數は $\frac{4.6 + .5}{.5} \doteqdot 10$ で時間にすれば $10 \times \frac{1}{3 \times 10^7} = \frac{1}{3 \times 10^6}$ 秒で、振動のな

い時間は $\frac{1}{100} - \frac{1}{3 \times 10^6} = \frac{3 \times 10^6 - 1}{3 \times 10^6}$
∴ $\frac{3 \times 10^6}{3 \times 10^6} \times \frac{1}{1} = 3 \times 10^6 \doteqdot 30,000$ 倍である

且つ使用電力も小さかつたから單に室内實驗に止まり、通信に利用されなかつた。然るにマルコニー氏はヘルツ振動器の一方を空中に高く揚げ、他方を地氣に（第2圖參照）電力も多く用ゐ、波長も自然長に近いものを用ゐて、強い電波を發射し數キロメートルの通信に成功し、順次數十キロメートルの通信も可能となり、無線電信は艦船通信用に利用され、電波長としては數百メートルが濫等として用ゐられた。其後無線電信發達の發達につれ、大電力、長波長を用ふる固定地點間の通信に使用される樣になつた。短距離通信に大電力、長波長の用ゐらるゝに至つた理由を列擧すれば次の通りである。

第 2 圖

(1) 送信能力は送信管中線の實効高と空中線電流の積に比例するから、空中線を高くし大電力を使用する必要がある。前者は空中線固有長大となり、後者は空中線電氣容量大となり、共に長波長使用のことゝなる。

(2) 實際に於ける電波の吸收作用は長波長程少ないから、長距離通信には長波長を有利とする。

(3) 持續電波式は減幅電波式より送信能率よく、且つ混信緩減上有効なることは申す迄もないことで長距離通信には專ら、持續電波が用ゐられて居る。然るに持續電波發生法たる電弧式及發電機式に就ては短波長の發生は絶對に可能でなく、長波長發生し易い。眞空管式にしても眞空管が發振作用を持つて居ることが確認された當時は、數千メートル以上の電波發生が容易であつたが、數年以前から眞空管式送信裝置によつて容易に短波長が發生せられることが判り、次の二大理由によつて、短波長は再興するに至つた。

(1) マルコニー氏は短波長はパラボラ反射體を用ゐて反射作用を行ひ、一方向にのみ平行線として電波を發射し得ることに着眼し、短波長短絡電波（30－20メートル）を發生し、之を反射鏡でビームの形として發射し、ビーム式無線電信を完成し、之を宣傳した。（第3圖參照）

(2) 米國に於ては放送無線電話が數年前か

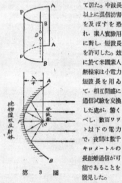

第 3 圖

ら流行し、所謂レヂオ・フアンが盛んに無線を研究したが、最近は受信裝置の實驗で滿足して居た。然るに最近に至つては送信裝置の實驗に迄進んで來たが、米國政府公衆及軍用通信に邪魔になつて居た。中波長以上に混信妨害及ぼすを恐れ、素人實驗用に對し、短波長を許可した。茲に於て米國素人無線家は小電力短波長を用ゐて、相互間通信試驗を交換した處、意外なるべし、數百ワット以下の電力で、彼加にも數千キロメートルの長距離通信が可能であることを見した。

斯くの如く短波長は小電力で長距離通信が出來ることが發表されたので、各國に於ても之が研究を行ひ、今や無線界に於て、重要なる位置を占むると共に、これ迄の電波傳播に關する學説に一大變化を來したのである。

短波長通信の現狀

英國

英國マルコニー會社はボルドユウ局で短波長小電力を使用し、或る一方向にのみ強勢なる電波を發射する所謂ビーム式を實驗して之を完成し、英國郵政廳も其の有効なるを認めて昨年7月28日下記の如き契約を會社と締結し、英國植民地無線連絡計畫と併行して、先づビーム式による無線連絡を取る事となり既に其の施設に着手した。

ビーム式無線電信局建設に關する郵政廳とマルコニー會社との契約拔萃(1924年7月28日)

對手國 カナダ、南阿、印度、濠洲
敷 地 政府同意を得ること
　　 マルコニー會社の同意を得ぬ決定
ビーム式無線 同時送受可能なるべきこと（二重通信）
送信電力 20 キロワット以上
單一方向性を有し其の發射電波は 30 度以外に出でざること
受信裝置もビーム式空中線を用ゐること
ロンドン中央電信局より送受信局ともコント

許可なしに色々の機械を御使用になりますと法規違反になることがあります。また正式の機械を買っても逓信省の許可を得ずして無断で放送を聴取する場合も法規違反で「一年以下の懲役または千円以下の罰金」という罰則ですから御注意を希います』

⑦ 放送聴取の区域は

『東京府陸上全部及大島、新島、利島、埼玉県、千葉県、神奈川県、茨城県、群馬県、栃木県、山梨県の全部、長野県のうち上田市、南佐久郡、北佐久郡、小縣郡、静岡県のうち静岡市、沼津市、清水市、賀茂郡、田方郡、駿東郡、富士郡、庵原郡、安部郡、志太郡、東京市を中心としたる百哩の海上』

⑧ 放送開始は何日から

『本放送は7月1日開始の筈でありますが、それ迄の間に仮設備を用いて放送を始める予定で目下、手続き進行中であります。仮設備の間は電力の関係で遠距離には通達せぬ場合があります。これらは決定次第公表致します』

　　東京市麹町有楽町2の1（有楽町駅前）

　　社団法人 東京放送局

このように当時は、ラジオ放送を受信するにも受信契約が必要であり、また認定を受けた受信機以外で放送を受信すると刑罰に処せられたとある。

2.2.3 ● 短波長放送の研究

OHM 第13巻第1号には、「短波長通信について」という題目で逓信技師　中上豊吉工学士の記事が掲載されている（**図2-9**）。それによると「短波長とは、波長100m以下の電波をいう」とある。波長が100mといえば、周波数は3MHzである。現在、短波長といえば主として海外向け放送が行われている3～30MHzの電波であり、これは波長に直せば100～10m程度の電波を指すので隔世の感がある。

電波が通信に使われはじめたころは、現在の中波放送（535kHz～1605kHz）よりも波長が長い長波帯が主として用いられていた。長波帯の電波は地表面や海面上を這うように伝搬するため、通信距離を伸ばすには

必然的に送信電力を大きくする必要があった。

その後、マルコーニによって、より波長の短い波長の電波が電離層によって反射され、遠距離通信ができることが確かめられると、更に波長の短い電波を用いて通信を行う研究が進められていったのである。では、中上技師の記事に戻ろう。

『業務用の通信のほか、いわゆるアマチュア無線家による通信も行われていたが、真空管を用いた通信装置の実験に至るようになると、アメリカ政府は、公衆および軍用通信に現用された長波帯での混信をおそれ、アマチュア無線家に短波帯の通信を許可したのである。アマチュア無線家は、短波帯の小電力の電波を用いた通信実験を行っていたが、驚くことに数百ワット以下の電力で夜間は、数千 km もの長距離通信が可能であることが発見されたのである』

中上の記事から当時の無線の状況を垣間見ることができる。すなわち、当時は、もっぱら周波数の低い長波帯の電波が主として用いられていたことが理解できる。これも高い周波数の電波を安定して発振させるのが難しかったことによるものであろう。

2.2.4 ● 大正天皇の崩御

1925（大正 14）年は、聖上陛下　國母陛下の御成婚満 25 年の銀婚の大典のときである。

しかしながら大正天皇は療養の甲斐なく、葉山御用邸で 1926 年 12 月 25 日に崩御なされてしまったのである。

大正天皇の崩御によって時代は、激動の昭和へと移ってゆく。

2.3.1 ● 大正から昭和へ

　5年にわたって療養中の大正天皇が1926（大正15）年12月25日、葉山御用邸で崩御なされ、摂政宮の裕仁皇太子が天皇に即位し、時代は激動の昭和に移る。

　元号の「昭和」は、『書経』堯典の「百姓昭明、協和万邦」によるもので、世界平和・君民一致を意味している。つまり、明るく平和な世の中を望むという意味が込められている。

　しかし、昭和が始まって間もない昭和2年3月に第一次若槻礼次内閣の片岡直温蔵相が破綻していない銀行が破綻したと失言したのをきっかけとして、預金が引き出せなくなるのを恐れた多数の市民が銀行に殺到し、金庫内の預金が零になり破綻する銀行が相次いだ。いわゆる昭和恐慌が起こったのである。

　若槻内閣は昭和恐慌の責任をとる形で退陣し、代わって成立した田中義一内閣の高橋是清蔵相が数日の間、銀行を休業させるとともに、急遽、片面だけ印刷した紙幣を銀行の窓口に積み上げさせて開業させ、危機を収拾したのである。まさに激動の昭和の幕明けであった。この昭和恐慌は、後の世界恐慌、第二次世界大戦を予感させていた出来事ともいえよう。

　技術面で1927年は、アメリカ電話電信会社AT&Tが大西洋を横断するニューヨーク-ロンドン間の公衆無線電話を開始する一方、わが国では岡部金治郎が分割陽極電管（マグネトロン）を発明し、波長3cm程度のマイクロ波（約10GHz）を世界に先駆けて発生させたほか、東京横浜電鉄の渋谷-神奈川間（東横線）が全線開通、年末には我が国初の地下鉄が上野-浅草間に開通している。

　また5月21日、チャールズ・リンドバーグがパリに着陸し、初めての大西洋単独横断飛行に成功する。これをテーマにした映画「翼よ、あれがパリの灯だ！」をご覧になった方も少なくないのではあるまいか。

　なお、この年の2月には、芥川龍之介が小説「蜃気楼」を脱稿したが、同年の7月24日には、睡眠薬を飲み自殺を図り36歳の短い生涯を閉じている。

2.3.2 ● 最新の電気鉄道

1927(昭和2)年に東京で地下鉄が開業した。このころは、電気鉄道の発達が急ピッチでもあった。この年の OHM 4月号(図2-10)に「ケーブル・カーにて高尾山登山」の投稿記事が紹介されている。高尾山は東京の西方、八王子市の明治の森　高尾国定公園にそびえ立つ標高 599 m の山である。

図2-10　ケーブル・カーにて高尾山登山
　　　　(OHM 第14巻第4号表紙)

図2-11　南武鉄道(現JR南武線)登戸駅(OHM 第14巻第7号)

図2-12　矢之川旅客索道の客車
　　　　(OHM 第14巻第8号)

図2-13　阪神国道電軌会社のセミスチールカー
　　　　「併用線1形」(写真提供：阪神電気鉄道(株))

高尾山に敷設されたケーブル・カーは大正 14 年 1 月工事に着工し、昭和 2 年 1 月初旬に工事終了、13 日から 6 日間の官省監査成績も無事良好に済み、1 月 24 日から営業を開始した。高尾山は東京近郊でもあり、遊覧地としての地の利を占めているためか当初の予想である年最高 30 万人、春秋の 1 日平均 2 000 人をたちまちに突破して、毎日 7 000 人～ 10 000 人を数えるまでの盛況であった。

このケーブル・カーは、開業から高尾登山鉄道株式会社が運営をしている。ちなみに最大傾斜は 31 度 18 分で、ケーブル・カーの線路としては日本一の急勾配とのことである。加えて開業時からケーブル・カーが下る際、頂上から 1/3 まで降りるまでの間、電力回生を行っていたとのこと。当時としては、すばらしい技術である。

そのほか、昭和 2 年の OHM 7 月号に「東京郊外新電車巡り」（図 2-11）、8 月号に我が国最初の旅客ロープウェイ「矢之川旅客索道の開通」（図 2-12）、阪神間に新電車開通「阪神国道電軌道運転開始」（図 2-13）、「富士見延鉄道の電化」などのほか、電気絵ものがたりとして 2 月号に「小田原急行鉄道画報」（図 2-14）、また、7 月号には日立製作所の電気機関車が広告として掲載されている（図 2-15）。

このように鉄道関係の記事が多いのも当時は鉄道の黄金時代の始まりであったことが伺える。ちなみに 3 年後の昭和 5 年 10 月には、超特急「燕」（つばめ）が東京 - 大阪を 8 時間 20 分で結んでいる。

2.3.3 ● 馬匹感電防止

OHM は 1926（大正 15）年 1 月号に 1 000 円の賞金を懸け、馬の感電を防止する妙策を募集したところ、その締め切りである大正 15 年 6 月 30 日に特許局に出願・受理されたものが 11 件あり、そのうち 1 件が特許になり、また審査中 6 件、拒絶確定 3 件、オーム社の規定に合致しないもの 1 件があったそうである。

馬の感電防止とは、おもしろい内容であるが、「特許第 70483 号　馬の感電防止装置として発明者　吉野芳衞氏（茨城県）」が特許を受けている

図 2-14　4月1日開通した小田原急行鉄道（提供：小田急電鉄（株））（OHM 第 14 巻第 4 号）

図 2-15　電気機関車の広告（提供：（株）日立製作所）（OHM 第 14 巻第 7 号）

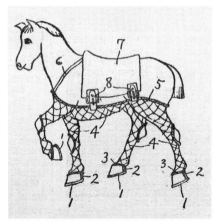

図 2-16　馬の感電防止装置（OHM 第 14 巻第 4 号）

84　電気雑誌「OHM」100 年史

（**図2-16**）。そもそもなぜ馬が感電するのを防止しなければならなかったかというと、電気鉄道などにおいて軌道の接地が不完全であると大地と軌道との間に若干の電位差を生じ、これが馬の蹄鉄をとおして馬が感電するからである。

　単純に導電性の蹄鉄を絶縁材料からなる蹄靴などによって覆うことが考えられる。しかしこの場合、蹄靴などはゴム質のものであり、実際上、馬の能力を低下させ、また、耐久性についても効果が認められにくい。このため吉野氏は、堅固なる普通の蹄鉄のままで完全な感電防止を行おうとする発明を思い付くに至ったのである。

　特許請求の範囲には、「可撓導線を附し、該可撓導線を馬脚及び馬体に添って支持せしむるごとく構成した馬の感電防止装置」とある。

　本発明の主眼点は、馬の前後両脚の蹄鉄を導線にて短絡したところにある。具体的には、図2-16に示されるように可撓導線（4）を網袴状として、これを四脚に穿ち、その下端は導紐（3）に結び、該紐（3）に更に導片（2）により蹄鉄（1）に電絡させ、そして該袴（4）の上部は導紐（5）に結び、かつ該紐（5）をバンド（6）及び吊布（7）の金具（8）に結び、これを保持したものとして構成している。このように構成することによって馬脚が電位差を有する軌道に触ることがあっても電流は馬体とは無干渉に導線（2）（3）（4）（5）を通じて接地されるため馬は電撃を受けることなくきわめて安全に歩行できるとある。

　当時は馬車などが普通の公共輸送機関として用いられていたのである。そして、動物の中でも特に敏感な馬が軌道に触れて感電し、ひっくり返って死んでしまうという問題が起きていたのである。

2.3.4 ● 実用化した長距離写真無線電送

　これはガラス円筒に巻き付けたフィルムの画像を無線にて伝送する装置である（**図2-17**）。フィルムを巻き付けたガラス円筒は所定の速度で回転し、フィルムに光源からの光を当て、透過した光を光電池で検出して画像の濃淡を電気信号に変換する。変換された電気信号は、無線電話機の変調

図 2-17 写真無線電送装置（OHM 第 14 巻第 10 号）

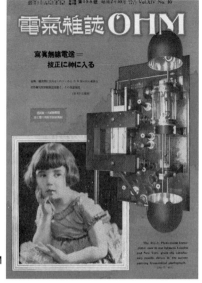

図 2-18 電送画像例（OHM 第 14 巻第 10 号表紙）

信号として使われる。一方、受信側では、無線にて送られた変調信号を復調し、濃淡に応じた熱を発生させてガラス円筒に巻き付けた感熱紙を変色させて画像を得るように構成されている。

　ガラス円筒の回転を速くすれば画像を高速で伝送することができる反面、無線電話機の伝送速度の上限を超えてしまう。このため 1 平方インチにつき約 2 分間の電送時間を要していたそうである。

　かなりの電送時間を要していたものの、図 2-18 の女の子の写真に示されるように電送画像の質は、驚異に値する。Radio Corporation of America の偉業といえよう。

2. 4. 1 ● 1928（昭和3）年、放送事業が拡大

　この年になると放送事業が一層拡大していった。早くもアメリカでは、1月からNBCによって全米48州を繋ぐラジオ放送が開始されている。

　一方、我が国では、この年の1月からラジオによる大相撲の実況放送が始まった。その後、日本放送協会（NHK）が放送局の出力を従来の1kWから10kWに増力し、全国を網羅している（図2-19）。

　また、この年は浜松高等工業学校教授の高柳健次郎が世界で初めてブラウン管を用いたテレビ実験に成功している。若干29歳のときである。

　そのような中、すでにアメリカではテレビの実験放送が開始され、5月11日、ゼネラル・エレクトリック社（GE）が定時放送を始めている。

　ところで、昭和3年のOHMには、鉄道関係の表紙が多く見受けられた。これは2月25日に熱海線の電化が完成し、東京-熱海間が3時間余りで結ばれたこと、4月4日に新型旅客用蒸気機関車C53型が完成したこと、11月6日に陸上輸送の監督権が逓信省から鉄道省に移管されたことなど、鉄道が大量輸送の要であったことなどに象徴される（図2-20、21）。

　しかしながら鉄道を舞台とした事件もこの年に起きている。6月4日の張作霖爆殺事件である。午後5時半頃、奉天に引きあげる途中の張作霖を乗せた特別列車が関東軍高級参謀の河本大作大佐らによって爆破されたものである。

　他方、昭和3年の明るい出来事としては、オランダ・アムステルダムで開催された第9回オリンピックにおける日本勢の活躍があげられる。織田幹雄が三段跳びで日本人初の金メダル授与を始めとして、競泳男子200m平泳ぎで鶴田義行が金、陸上女子800mで人見絹枝が銀、競泳男子800m自由形リレーで米山弘・佐田徳平・新井信男・高石勝男が同じく銀、競泳男子100m自由形で高石勝男が銅メダルを取っている。

　また、文化・芸能面に目を向けると嵐寛寿郎主演の「鞍馬天狗」が封切りされる一方、ニューヨーク・コロニー劇場では、ウォルト・ディズニーによる世界初のトーキーアニメ「蒸気船ウィリー」が封切られ、ミッキーマウ

図 2-19　全国に亘る大電力のラヂオ網
（OHM 第 15 巻第 3 号表紙）

図 2-20　電氣の威力（OHM 第 15 巻第 2 号表紙）

図 2-21　ディーゼル電氣機関車（OHM 第 15 巻第 9 号表紙）

スがデビューしている。

2.4.2 ● 東京地下鐵道会社第一期線（自上野 至浅草）

　OHM 2月号には、国分武胤　電機学校教務部長の元旦地下鉄試乗記が載っている。それによると、『午前6時から発車とあるのにも不關見物人で一杯だ（**図2-22**）、物知り顔の人がターンスタイル（**図2-23**）を逆にガラガラ廻して説明している。甚しいのはパッシメーターのハンドルに手を触れて動かした者があった。係員が飛んで来てあなたは何回まわしました。メーターの記録と受け取った回数券の数が合わなければ大変ですと油をしぼられた。わきの開いて居った口から盛装した二人の娘さんが飛び込むと、駅員にどなられ逃げ出したのは如何にも珍しい開通気分』とある。新しもの好きな人々と、半ば野次馬根性丸出しの感じが如何にも江戸っ子の初も

図2-22　地下鉄道上野停車場前に乗車を待つ人の列（OHM 第15巻第2号）

図2-24　行幸道路の電気篝火（OHM 第15巻第9号表紙）

図2-23　地下鉄道入り口（OHM 第15巻第2号）

の食いに通じる気がする。

2.4.3 ● 全国に亘る大電力のラヂオ網

OHM 3月号の表紙には「全国に亘る大電力のラヂオ網」というサブタイトルで、東京・新郷の東京中央放送局と大阪・千里の放送室が掲載されている（図2-19）。この放送局は、英国マルコニー会社製で10kWのアンテナ入力を誇る。東京と大阪のほか、熊本、広島、仙台、札幌が10kWに増力されたとのことである。これらは中継線で連絡されて、必要に応じて同時放送が行われるようになったとのこと。なお、広島、仙台、札幌の三局が米国ウエスターン会社製、熊本が英国マルコニー会社製である。

東京中央放送局は、埼玉県北足立郡新郷村（現在の埼玉県川口市）に設置されている。ここは、わが国初のラジオ放送が行われた愛宕山放送所の北方18kmのところにある。アンテナは、約90mの間隔に建てられた高さ55mの鉄塔二基に支持されるT型形状をなしている。周波数は870kHzであった。この東京中央放送局は、愛宕山の送信所から連絡線を介して伝送された信号を送信する。

ちなみにこの年は、第124代天皇（昭和天皇）迪宮裕仁親王の即位の礼が京都御所で行われている。それにちなみ11月1日から大礼記念行事としてラジオ体操の放送が開始されるとともに、11月5日にはNHKの全国放送網が完成している。これは、翌日からの天皇即位礼の中継放送に間に合わせるためであったといわれている。

OHM 11月号は御大禮記念 京都号として行幸道路に施された電気篝火の様子を表紙に掲載している（図2-24）。これは昭和天皇の即位の礼にちなみ行われたものである。その表紙には『京都は一千余年の古都であると同時に水力電気、電気鉄道、電線製造など多くの電気事業は此の地に発祥した。然も京都の電気界は今日も尚ほ其の進取的態度に依って家庭電化、工業電熱等の各方面に尊き開発者となって居る』とある。ノーベル化学賞を授与された田中耕一氏で有名な（株）島津製作所は、京都市中京区にある。

そういえば我が国でノーベル賞を授与された方々は、湯川秀樹、朝永振

第2章　帝都復興から昭和初期

一郎、福井謙一、利根川進、野依良治など京都大学の出身者が多い。京都は、現在でも尊き開発者を輩出しているが、一千余年前の平安京の頃から脈々と引き継がれてきた歴史の賜であろうか。

2.4.4 ● 国産の精華 NE 式写真電送装置

日本電気会社の技術部長で工学博士の丹羽保次郎氏と同社技師の小林正次氏の両氏が有線通信による写真電送装置を開発した(図2-25)。

この装置は三つの主要装置からなっており、第一は送信装置で写真の全面を極めて多くの並行線の集合に分け、この各線の濃淡を電流の大きさに変える装置、第二は受信装置で電流の大きさとなって送られて来た写真の明暗を、再び光の濃淡に変えてフィルムに感光させる装置、第三は同期装置で送信所においては写真フィルムを、受信所においては生のフィルムをそれぞれ円筒に巻き付けて同時に回転させながら、少し横に移動させる装置である。

この装置は有線通信だけでなく、無線通信にも適用可能とのことである。またこれらの装置は、その製作において全部国産品をもってすることができ、近く商品化して軍事上、通信上そのほか各方面にその精華を誇る日も決して遠くあるまいとしている。

2.4.5 ● 日本最初の 6 万 6 000 V H 型電纜

この年の4月号の表紙には、OHM誌の発行部数の累計が100万部を超えたと表記されている（図2-26）。また表紙には、熱海の急坂に高圧地中線の新記録のサブタイトルとともに、その写真が掲載されている。

当時、ケーブルの最高許容電圧は3万3000Vであったが、より高耐圧の要求から東京電燈(株)の熱海変電所の裏山、亘長450mの間に二回線を敷設したものである（図2-27）。このケーブルは、絶縁油を浸潤させたウッドパルプ紙を絶縁体としている。急傾斜地へこのようなケーブルを敷設すると、重力によって絶縁油が上方から下方に向けて流れ落ちようとする。するとケーブルの下部末端の油圧は非常に高くなる。このためケーブルに

91

図 2-25　NE 式写真電送装置（OHM 第 15 巻第 7 号表紙）

図 2-26　累計 100 万部突破（OHM 第 15 巻第 4 号表紙）

図 2-27　電纜設置光景（まさに人海戦術）（OHM 第 15 巻第 4 号）

は、この圧力に耐えうる構造を取る必要がある。また、絶縁油が切れて空隙ができると危険なため、電線に絶縁油を供給するタンクを設けるなど新たな技術がたくさん使われていた。

　その結果、工場において 10 万 V 5 分の耐圧試験に合格し、さらにケーブルが破壊される電圧を確かめるため電圧を上昇させたところ 23 万～ 28 万 V にならないと破壊しなかったという。まさに、すばらしい技術である。

2.5.1 ● 1929（昭和4）年、特急列車「富士」「桜」

　田中義一首相は前年の1928（昭和3）年の張作霖爆殺事件に関して衆議院で追及を受ける一方、その処理について天皇に違約を正されて辞意を表明、7月2日に総辞職した。田中首相の退陣に伴い、浜口雄幸内閣が成立するものの、田中首相は辞任後3か月も経たないうちに急逝している。

　一方、中華民国では3月に中国国民党第三次全国代表大会で蒋介石の指導権が確立するが、10月17日にソ連軍が満州里を占領している。

　また、1929年は鉄道の発展も目ざましく、6月には中央線が立川までの電化を完成し、また、富士山麓電鉄（後の富士急行）の開通式も行われた。そして9月には東京－下関間の特急列車の愛称が一般から募集され、「富士」、「桜」と命名されている。これが列車に付けられた愛称の起源である。

2.5.2 ● ラヂオの次にはテレヴィジョンか

　テレビジョンは1926年1月27日、電気技師ジョン・ベアードがテレビ放送の公開実験を世界に先駆けてを初めて成功させたのを機に、1927年には早くもニューヨークで初のテレビ公開実験を行った。そして昭和3年には毎日一定のプログラムにしたがって放送が開始されている。

　このときのテレビジョン放送の波長は326m（920kHz：中波放送帯、いわゆるAMラジオの周波数）、波長30.91m（9.7MHz：短波帯）の電波を用いて行われ、ニューヨーク市で約2000人の視聴者がいたとのことである。

　テレビジョン放送は、動画像を扱うため広い周波数帯幅が必要である。しかし、アメリカで放送が開始されたテレビジョン放送は、普通のラジオを受信機とする極めて簡単なものであり、とても現在のテレビジョンとは比較にならないものである。

　昭和4年1月号のOHMに東京高等工業学校教授 山本勇理学博士の「ラヂオの次にはテレヴィジョンか」の記事にその構成が掲載されているので紹介する。

◆受信部の構造◆

『その方法は極めて簡単であって普通のラヂオ低周波用抵抗増幅器の出力端子にネオンランプを結び、その外に一枚の透視図板とこれを回転する小型電動機とその電動機の回転速度を調整するレオスタットが備えられているだけである。透視図板は直径24インチ(61cm)のアルミニューム板でその周囲に沿って48個の円形または正方形の小孔が作ってある(小孔の直径は3/64インチ(1.2mm)位:**図2-28**)。電動機は1/8馬力以下のもので、一分間に450回転のもの。直流電動機ならば直列抵抗のみで速度の調整をするが、交流同期電動機ならば適当な減速比のギヤを使用する。

ネオンランプは、その軸心と透視図板の半径線とを一致せしめて、それよりの光が透視小孔スパイラルの最初と最後とを通過する如く取り付け、これら(即ち電動機と透視図板とネオンランプとを)を31インチ(79cm)辺の正方形、12インチ(約30cm)の深さを有する密閉暗箱内に収める。暗箱の一側面にネオンランプと反対側に13/8インチ(約4.2cm)角の正方形孔(ネオンランプのプレートと同形)を作り受信像を観るようにする』

◆送信部の構造◆

『大体次の四部分より成立する。第一は光源としてのアーク燈、第二は透視図板、第三は三個の光電池、第四は光電池電流の増幅器である。三個の光電池は三角形木枠の角頂の位置に置かれ、その三角形枠の中心部に6インチ(15.2cm)角の正方形孔が開かれてある。送画せらるべき像はこれら光電池群に面して置かれるのである。光電池は側方からの光を遮るためにその周囲は遮蔽せられ、前方の開かれたる部分は静電感応作用を防ぐために銅網を以って覆うてある。アーク燈よりの光は24インチ(61cm)直径のアルミニューム平円板の透視孔を通過して上記三角形枠の中心孔を通じて目的物を照らすようになり、この透視円板には48個の小孔がその周囲にスパイラル形に一定間隔を以って配置せられ一分間450回転する。かくの如き透視円板の作用は今更説明する必要もないかも知れぬが、極めて大体を説明すると次の如くである。

透視円板の透視孔相互間の間隔とアーク燈よりの投光窓の幅とが相等し

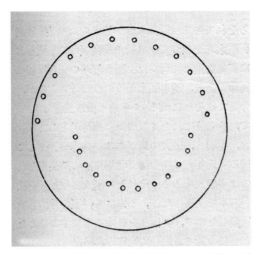

図2-28　透視円板の原理図（OHM第16巻第1号）

くこの場合には13/5インチ（約4.2cm）になっているから、送画像を照らす光は一時に透視板の一個の小孔を通過するのみで、第一の透視小孔を通過した光が通り過ぎると第二の透視小孔が入れ代わることになり、第一第二第三の小孔は中心からの距離が一定間隔ずつ小になっているから、円版が一回転するごとに48本の水平線によって目標物を照らすことになる。かくすれば目標物より反射せられたる光線は光電池に感じてその回路の電流に変化を与えるから、これを増幅して普通のラヂオのマイクロフォン電流によって無線周波電流をモヂレートするように、この光電池電流によって無線周波電流をモヂレートするものである』

　当時のテレビジョン放送がイメージできたであろうか。このテレビジョンは、ドイツの発明家ニプコーが1884年に特許を取得したニプコー円板を用いた機械的走査方法を利用したものである。ラジオ放送の設備に簡単な装置を付加することで動画像を送画できるというアイディアは画期的である。しかし、画像の分解度がわずか48本の走査線であり、1秒間に7.5枚の画像しか送れないのであるから、その解像度の低さを想像することは難しくない。事実、このテレビジョンは、ラジオで講演や演奏を放送開始するに当たって、その放送者の顔を聴取者に見せる程度であったとの

こと。それにしても送画側の透視円板の回転速度と、受信側の透視円板の回転速度を同期させるには、少々のコツが必要だったに違いない。

　一方、我が国では、上述した方式とは異なりブラウン管を用いたテレビジョンの研究が浜松高等工業学校教授の高柳健次郎によって行われ、昭和3年3月10日、世界で始めてブラウン管を用いたテレビ実験に成功する。高柳、若干29歳のときである。そして、昭和3年11月28日には、高柳が浜松高等工業学校でブラウン管方式によるテレビジョンの公開実験を行っている。このとき高柳は、撮像にニプコー円板を用いたものの、撮像と受像の両方を電子で行う全電子式テレビジョンを目指していたのである。

2.5.3 ● 送電安定の秘策　ペテルゼン線輪

　昭和4年のOHM 7月号は、ペテルゼン線輪號という特集号であり、その表紙には日本最初のペテルゼン線輪が掲載されている（図2-29）。

　ペテルゼン（Petersen）は発明者であるドイツ人の名前であり、線輪とはコイルのことである（図2-30）。通常、ペターゼンコイル、または消弧リアクトルと呼ばれている。この原理は、三相変圧器の中性点と大地の間に消弧リアクトルを挿入し、そのリアクタンスを系統の対地静電容量と並列共振させることによって1線地絡時のインピーダンスを無限大にし、地絡故障電流を流さないようにするものである。この消弧リアクトルを変圧器の中性点に設けると、送電線に生じるもっとも多い1線地絡事故が生じたとしても送電を継続することができるという優れものである。

　消弧リアクトルは1917（大正6）年、ドイツの10kV送電網で最初に実験され、その効果が確かめられて以後、異常なほどの発達を遂げ、ドイツにおけるすべての100kV送電網に採用されたほどである。

　ちなみにチェコスロバキア（22kV送電網）から受けた報告書がその効果を端的に示している。

　『…我々はこの利益の全能を発揮せしめた。一相が大地に対して故障のまま、数時間、一回の如きは14時間の間、繰り返し連続送電を行うことができた』と。

図2-29 ペテルゼン線輪特集号（OHM 第16巻第7号表紙）

図2-30 消弧リアクトルの外観（OHM 第16巻第7号）

　また、ドイツにおける最大100kV長距離電力供給事業の一社は、1928年に次の如く書いている。
　『…接地故障はそれが長く継続する点について特に興味がある。継続時間90分、地電流総計529A、故障線（2回線）で100kVの需要者に供給した。大地に対し故障の発生したときはただ一回線のみ働いていて他の回線は休止してあった。ゆえに故障線のみで需要者に供給しなければならなかった。かくして第2線が接続される迄、故障のまま送電を継続し、もって供給の中絶から免れることができた』と、その効果を絶賛している。

2.6.1 ● 1930（昭和5）年、一般公衆写真電送が開始

　1930年8月21日、逓信省は東京－大阪間でNE式写真電送機による一般公衆写真電送の取り扱いを開始する。今でいうFAXサービスのはしりである。アメリカのミネソタ州では、リチャード・ドルーがセロファン透明テープの特許を取得したのもこの年である。そして、今では太陽系の惑星からはずされてしまった冥王星が発見されたのも昭和5年のことである。冥王星は、アメリカのアリゾナ州のクライド・トンボー（24歳）が撮影した天体写真を精査して発見したものである。

　大量輸送の要である鉄道に関してみれば、この年の10月1日に東京－神戸間を結ぶ特急「燕」が運転を始めている。燕は時速66kmであり、東京－大阪間の所要時間は8時間20分であった。また、1月29日に大阪市営地下鉄第1期線の起工式が行われる一方、東京駅などでは、すでに自動販売機により切符の販売が開始されている。そして、アメリカでは9月に発明王のエジソンが実験用電気機関車を製作したのである。

　ところで社会情勢を見ると、金輸出解禁が実施され、金本位制が復活するとともに、聖徳太子の肖像の新百円札が発行されたのも昭和5年のできごとである。また、1月21日にロンドンで軍縮会議が開催され、4月22日に海軍軍縮条約が調印されている。ドイツでは超国家、反ユダヤ、反賠償、反ベルサイユ条約を掲げたナチス党のアドルフ・ヒトラーが党綱領を発表し、総選挙の結果、社会民主党が第1党、ナチスが107議席で第2党になっている。またアメリカでは、11月20日にダグラス・マッカーサーが陸軍総参謀長に就任している。

2.6.2 ● 世界最初の試み

　昭和5年のOHM 7月号表紙（図2-31）には、世界初の試みとして可変速度誘導発電機を用いた水力発電所が掲載された。この水力発電所は、金沢市電の吉野第二発電所であり、低落差の水力を合理的に利用するためプロペラ水車を採用している。ちなみにプロペラ水車を含め、発電機もすべ

図2-31　金沢市電の吉野第二発電所　　　図2-32　スイスの変電所制御装置
　　　（OHM 第17巻第7号表紙）　　　　　　　（OHM 第17巻第8号表紙）

て純国産である。当時のプロペラ水車は、もっぱら外国製であり、高価な特許料や多額の関税を支払わなければならなかったが、日立製作所と電業社原動機製造所が実験・研究を重ね、国産化を成し遂げたものである。

　OHM 7月号に掲載された金沢市電気局技師長の広瀬先一氏の記事によれば、外国では大小多くのプロペラ水車が採用されていたが、わが国では数例を見るに過ぎなかったとのこと。そして広瀬は、『吉野第二発電所は有効落差が13.091m、発電機1台の最大使用水量は11.131 m^3 であり、これを仮にわが国で一般的に用いられているフランシス水車を適用することを考えると、回転速度200 min^{-1}、発電機の直径は約3.8mとなる。発電機を2台に分けるとしても発電機の直径は3m位になる。普通の場所であれば竪軸発電機として手頃な大きさであるが、吉野第二発電所は両岸の高さ25mほど切り立った断崖であり、その間をわずかばかりの足止まりのあるところを利用して既設の取水構造物があり、それを避けて水槽や余

水吐や水門の場所をとった上で、発電機を据え付ける場所を定めなければならないからである。発電所の基礎工事費を概算してみると、発電機の直径が1m増すごとに約2万円余計な金がかかるような勘定であった（この発電所の新設費総額50万円、うち発電所基礎工事費4万円）。こんな事情からプロペラ水車の採用を思い立ち、発電機の直径2m内外（2台）に収めることができた』と記している。

また、『プロペラ水車の効率を左右する最大の要因は、回転速度と負荷であるから可変速度誘導発電機（非同期交流機）を採用した』とある。この発電機は芝浦製作所製で、その定格は、6 600 V、750 kV·A、60 Hz、480〜550 min^{-1}であった。またこの発電所は低落差でユニットが小さく、しかも2台であること、発電機が可変速度であることから、プロペラ水車を可動翼プロペラとしている点が特徴的である。

2.6.3 ● 時代の先端を行くライト・ダイアグラム

水力発電所に先端技術が採用されている一方、変電所の制御室も新技術の適用が進んでいる。図2-32 はスイスの変電所の制御装置である。この制御装置について表紙に次のように記載がなされている。

『BBCの新監督制御装置は色彩ライト・ダイアグラムと協働し全系統の連繋、運転状態を映画的に示す誤れる制御防止、試験的制御可能なる点等特徴多し。計器はすべて光学応用の陰影多重指示計器なり。制御の絶対的信頼および徹底的合理化は斯くして実現せられたり』

ライト・ダイアグラムは、垂直なパネルの表面にプラントの接続をダイアグラム的に表現し、その配線および開閉器具のシンボルを照明により色彩をもって表明したものである。そして、生きている線は例えば白、死んだ線は例えば緑色に照明し、配線中の開閉器（油入および区分）のシンボルは、それが生きた線中にあるときは、その線と同じ色、例えば白、死んだ線中にあるときは緑色というように表示されるそうである。写真を見てもわかるように、現在使われている制御盤と遜色ないことに驚きを隠せない。

2.6.4 ● 国産自動車完成す

当時、名古屋における乗合自動車用ガソリン消費額は、月額15万円（現在の貨幣価値に直すと約1億2 000万円）に上り（一般車を含めると40万円（同約3億2 000万円）、東京では180万円（同約14億2 000万円））、その大部分がアメリカから輸入に頼っている。そこで、東邦電力、湯浅蓄電池および中島製作所の三社協同出資の下に、初めて純国産の電気自動車を完成させ、9月26日に名古屋において試運転が行われたのである（図2-33）。この電気自動車は、全部国産品で完成するに至ったとのことであり、試運転の結果は極めて優秀な成績を収めたそうである。

昨今、地球温暖化、石油資源の枯渇化などの観点から電気自動車が見直されてきているが、これも温故知新であろうか。

また、昭和5年のOHM1月号には、三菱電機会社製の3 710 kW、530 V、300 min^{-1}、60 Hzの回転変流機が掲載されている（図2-34）。当時、有数の大容量機が国産化されていたことがわかる。

図2-33 純国産電気自動車（OHM第17巻第11号表紙）

図2-34 回転変流機（提供：三菱電機（株））（OHM第17巻第1号表紙）

2.7.1 ● 1931（昭和6）年、エジソンが死去

1931年1月にロンドン銀塊相場が暴落して史上最安値を記録する一方、アメリカでは失業者が800万人を超し、「飢餓大行進」が行われ、ホワイトハウスに失業者が押し掛けた。我が国の不景気も例外ではなく、官吏の俸給を1割減らす俸給令が5月に改正公布された。そして、7月には金融恐慌がイギリスなど全ヨーロッパに波及している。

我が国はロシアから得た関東州と満鉄などの権益を中心に、中国東北地方の奉天、吉林、黒竜江および満州に強い勢力を保持していたものの、日本商品排斥運動と大恐慌の影響で満鉄の経営が悪化し、さらに中国国民党政府が鉄道を建設したことで満鉄線の貨物輸送率が激減したのである。

この事態に軍部と右翼、野党政友会の一部は、「満蒙の危機」として喧伝し、マスコミを通じて国民に対して排外主義を煽るとともに、政府に強い対応を迫った。

関東軍高級参謀の板垣征四郎大佐と同作戦主任参謀の石原莞爾中佐らは、こうした国内情勢に力を得て、かねてから豊富な石炭・鉄などの資源の確保、ソ連と戦う際の前線基地としての必要性、朝鮮統治の安定、昭和恐慌下のインフレや失業問題の解決などのために満蒙の重要性を説き、満蒙領有計画を立案した。

そして、機会を狙っていた板垣、石原らは9月16日に関東軍の奉天駐屯部隊を非常召集し、18日夜、独立守備歩兵隊の河本末守中尉に奉天（現在の瀋陽）郊外の柳条湖村で満鉄線路を爆破、これを国民党政権に合流した軍閥張学良軍の犯行と見せかけ、その軍宿舎であった北大営を急襲した。いわゆる満州事変の勃発である。そして、早くも19日には奉天を占領する。これに対し中国国民党政府は、同月21日柳条湖事件を国際連盟に提訴したのである。

我が国政府は、同月24日に満州事変に関して不拡大方針の第1次声明を発表するものの、10月8日には石原中佐が関東軍の航空隊12機を指揮して錦州の張学良軍の兵舎を爆撃している。そこで、政府は10月26日に

第 2 章　帝都復興から昭和初期

図 2-35　廣田精一（写真提供：広田貞雄氏）（OHM 第 18 巻第 3 号）

撤兵条件など満州事変に関する第 2 次声明を発表するが、関東軍はこれを無視して戦線を拡大し続けた。軍部に押し切られた格好となった政府は、11 月 17 日にやむなくチチハル攻撃を容認し、ここに不拡大方針が崩壊する。こうして第二次世界大戦への道を歩むことになったのである。

なお、この年の 10 月 18 日、アメリカの発明王エジソンが死去している。84 歳であった。

2.7.2 ● オーム社創設の廣田精一氏逝去さる

大正 3 年 11 月に創刊された OHM 誌は、昭和 6 年 4 月号で 200 号を迎えた（図 2-36）。創刊以来の累計発行部数は、実に 126 万 6 千余部に達していた。このときオーム社では、OHM 以外の出版数が 62 種におよび、その印刷部数は 26 万 6 千部にも達していたのである。これも廣田の提案や多大な私財を提供してこそなされたものである。

その廣田(図 2-35)は、薬石効なく昭和 6 年 1 月 25 日に逝去した。

廣田は、明治 4 年 10 月 20 日広島県福山市に生まれ、明治 26 年 7 月第一高等中学校を卒業、明治 29 年 7 月に東京帝国大学工科大学電気工学科

103

を卒業後、直ちに高田商会に入社する。そして同年8月にはドイツ シーメンス・ハルスケ電気会社電力部に所属し、その傍らでイギリス、フランス、スイス、アメリカなどの諸国を視察している。明治31年7月に帰国すると高田商会電気部長に就任するものの明治42年、病のため退職する。

ちなみに明治40年9月に廣田は、扇本眞吉とともに電機学校(現在の東京電機大学)を創立し、大正3年11月に電気雑誌オームを創刊するに至った。そして、大正10年12月神戸高等工業学校の校長に就任し、大正12年5月には神戸工業高等専修学校の校長を兼任、同年10月には兵庫県教育会会頭に就任する。さらに電気学会関西支部長、国際連盟神戸支部理事、農事電化協会理事および兵庫工業会顧問、家庭電気普及会神戸支部長、日伯協会顧問などに就任し、電気工学の発展に大いに寄与したのである。

その後、昭和2年1月従四位に叙せられ、文部省からは同年4月ハワイのホノルルで開催された第1回汎太平洋会議に、我が国の教育代表としての出席が要請される。廣田は会議終了後、アメリカ本土に渡り各地を視察し、同年9月に帰国する。このとき廣田は、すでに病に侵されていた。

そして昭和4年4月、神戸高等工業学校と神戸工業高等専修学校を依願退職し、東京 田園調布の自宅にて静養に努める。それまで実に23年間にわたり教育事業に携わっていたのである。その功績が認められ昭和5年11月29日に勲三等瑞宝章を授けられている。

しかし廣田は、死期が近いことを自覚し、電機学校に茅ヶ崎にある1万1千坪の土地と、電機学友会に金1千円(当時)を寄付し、昭和6年1月25日に逝去した。

廣田は、『葬儀万端すべてを質素を旨とすべきと遺命し、墓はこれを作らず、遺骨は大本山總持寺(曹洞宗)に収めること』を希望したのである。

2.7.3●中央線の電化

図2-36に掲載されている電気機関車は三菱製で、昭和6年4月に電化された中央線に配置されたものである。中央線は、東京から西に延びる鉄道路線であり、山梨県甲府を経て愛知県名古屋に通じている。OHM 4月

第 2 章　帝都復興から昭和初期

図 2-36　中央線の電化（OHM 第 18 巻第 4 号表紙）

図 2-38　回転変流機（提供：（株）日立製作所）（OHM 第 18 巻第 1 号表紙）

図 2-37　中央線 線路略図（OHM 第 18 巻第 4 号）

号の表紙には、電気列車の運転状況と隧道内の作業状況の写真が掲載されている。また、この表紙には「爽やかなる甲斐路の車窓」として『鉄道省では幾多の困難を征服して、隧道連亘する中央線飯田町（現在の飯田橋）甲府間約133kmの電化を完成し、愈4月1日から順次旅客列車の電気運転を開始する。斯くて旅客は完全に煤煙地獄から救われるに至った。木柱の電車線支持柱、簡素なる変電所、その他すべて合理的単純化を旨とした電化工事は、以って範とするに足り、機器並みに材料の殆ど全部が純国産であることも特筆に値する』と賞賛している。

　中央線は、山岳地方を通過するだけに隧道、勾配、曲線などがすこぶる多かったのである。特に乗客は隧道を通過するときに蒸気機関車から吐き出される煤煙に悩まされていた。また、電気機関車に比べて非力な蒸気機関車は、勾配、曲線が多い中央線で速度をあげることが困難であったため、電化が望まれていたのである。

　電化の結果、乗客は煤煙の苦を避けることができ、運転時間が4、5時間短縮されたことのみならず、石炭の運搬費が不要になるという利点も得られたのである。さらに中央線の電化工事を敢行するに当たって、失業対策の救済ができたほか、銅線そのほかの電気機器の需要を喚起することもできた。しかもその救済は、消極的不急の事業でなく、すぐに収益を伴い、かつ沿線土地の開発に資する利益をも得ることができたのである。一方、電力会社にとっても水力発電の余剰電力を大口需要家である鉄道に回すことができるという新たな利点をも生み出している。

　図2-37は中央線電化の線路略図である。電車は架線から供給される直流を受けて、車載した直流電動機によって駆動される。このため電力会社から供給される交流を直流に変換しなければならない。電気鉄道用ではないが、昭和6年のOHM 1月号の表紙には交流を直流に変換する回転変流機が掲載されている（図2-38）。これは、6 000kW、10 000A、600Vの定格を誇る我が国最大の回転変流機であり、日立製作所によって製作されたものである。もちろん、10 000A、600Vという大電流・高電圧を出力する回転変流機は、当時、世界においても屈指のものといえる。

2.8.1 ● 1932（昭和7）年、満州国建国を宣言

　この年は日本と中国との関係が、さらに悪化した。1月1日に蒋介石の南京政府と汪兆銘の広東政府が妥協し、新国民政府が南京に樹立され、林森が主席に就任する。

　関東軍は1月3日に錦州を占拠、2月5日には一挙に北進しハルピンを占領する一方、2月15日に日本陸軍が上海への上陸を完了した。そして3月1日には溥儀を執政とする満州国建国が宣言された。満州国建国によって、我が国では早速5月2日に満州行を希望する者のための満蒙学校が開校されている。

　そして5月15日には、海軍青年将校と陸軍士官候補生9人が首相官邸を襲撃し、「問答無用」と犬養毅首相（78歳）を射殺する。いわゆる5.15事件である。翌日には内閣が総辞職し、政党政治に終止符が打たれたのである。

　ところで技術に目を向けると、4月4日に日本アルミニウム製造所が世界初のアルマイト製品の生産を開始し、同月29日にはダイヤル式の公衆電話機が設置されている。そして11月19日には、逓信省の曾根式テレヴィジョンの公開実験が成功する。

　ちなみに田河水泡の「のらくろ上等兵」が刊行されたのも昭和7年の出来事である。

2.8.2 ● 満洲號

　4月号は満州の特集号であった（**図2-39**）。表紙の副題には『朗かにあけゆく新満洲 電氣を先達として産業と文化との理想境を出現せしめよ』とあり、満鉄鉄道工場の全景、大連電気遊園温室や大連郵便局、天の川発電所に据え付けられた1万2500kWの蒸気タービン発電機などのほか、ハルピンの日本総領事館や北大本営歩兵舎の焼け跡の写真が掲載され、大規模な事変があったことが伺える（**図2-40**）。

図2-39 滿洲號(OHM 第19巻第4号 表紙)

図2-40 滿洲往来(OHM 第19巻第4号)

2.8.3 ● 工業界に嘱目せらるゝ新強磁石鋼

　1932(昭和7)年には、我が国が世界に誇れる永久磁石のMK鋼が東京帝国大学の三島徳七によって発明された。MK鋼は、1917年に本多光太郎により発明されたKS鋼をしのぐ画期的な永久磁石であり、ニッケル鋼に適量のアルミニウムを加えて生成される。MK鋼の保持力はKS鋼の倍になった。

　三島徳七は淡路島の農家、喜住甚平の五男として生まれた。苦学して上京して東京帝国大学理科大学へ進学、1920(大正9)年に東京帝国大学工学部冶金学科を卒業している。卒業の年には、東京日比谷の開業医である三島通良の娘、二三子と結婚し三島姓を名乗る。MK鋼は三島家の頭文字のMと、生家の喜住の頭文字のKを取って名付けたのである。

図2-41　MK鋼(OHM第19巻第7号表紙)

OHM 7月号の表紙（**図2-41**）には、『東京帝國大學、三島博士によって完成された、MK鋼は、磁石鋼としての特性卓越し、電氣精密器械等の方面にも、これによって新生面がひらかれるもの少くあるまい。上圖は最近天覧に供せられたMK鋼の模型製品、下圖は同鋼の特性曲線である。模型は直径約7粍、長さ約6.5糎、磁石の如何に強力なるかを示すもので、反撥磁石によって鋼自體の重量を空中に支へてゐるところである』と掲載され、また、巻頭言にも次のようにMK鋼の優秀さを称えている。

『東北帝大の本多博士によって完成されたKS鋼が世界的に聲名あるは周知の通りであるが今回、東京帝大三島博士の発明にかかるMK鋼によりて本邦の冶金技術は更に一層の重きをなすに至った。MK鋼は、磁氣的特性の卓絶せること及び安価なる点に於て全く画時代的のものであり、その工業的用途は廣汎なるものあるべく、電氣精密機械等の製作設計に対しても革新的の変革を来さしむるべきと思われる』と。

ところで、KS鋼を発明した本多光太郎についても少し触れておこう。本多は、我が国における冶金学と磁性物理学の開拓者である。東京帝国大学物理学科の大学院で長岡半太郎の指導を受けた。その後、ヨーロッパに留学し、金属、合金の磁性の研究を行った。1911年に帰国すると、新設された東北帝国大学教授に就任する。そして1917年には、高木弘とともに当時最強の永久磁石としてKS磁石鋼を発明したのである。

その後、本多は1931年から3期（9年間）東北帝国大学総長を務めている。

本多は1937年、長岡半太郎、天文学者木村栄らとともに第1回の文化勲章を受章するなど、内外で多くの賞を受けていることが裏付けるように、我が国における産業技術の自立と重工業の発展へ多大な貢献をしたのである。

2.8.4 ● 本邦の電視界に一新鋭を加ふ

OHM 9月号表紙（**図2-42**）には、『今回遞信省電氣試験所の曾根有氏によって完成されたテレヴィジョン装置は、自然照明にて送影しえる點、簡

図2-43 曾根有氏（提供：曾根悟氏）（OHM第19巻第9号）

図2-42 新型テレヴィジョン装置（OHM第19巻第9号表紙）

易軽量なる點、その他幾多の特色を有し、今後の實際應用は刮目すべきものがある』と記載され、新しいテレヴィジョンの完成が紹介されている。

我が国のテレヴィジョンの研究は、早稲田大学方式と浜松高工方式が相前後して研究の途につき、1928〜1929年のころから機会あるたびに公開発表されていた。前者は大型の受像が得られることを特徴とし、1929年において、1.5 m^2 以上の大型受画像を公開している。一方、後者はブラウン管を用いて受影機（受像機）を小型化しており、家庭向けに適していた。これらのテレヴィジョンは、いずれも送影（撮影）には強力な弧光燈を必要としていた。

しかし今回、逓信省電気試験所の曾根氏（図2-43）によって新たに完成された方式は、走査装置として二重螺旋に並んだ孔を有する円板とドラム・シャッターとを組み合わせ、もって光学的能率を改善した結果、自然照明のみで送影ができるようになったのである。

図 2-44　送影機（OHM 第 19 巻第 9 号）

　このテレヴィジョンにおいて、回転する円板に取り付けられたシャッターにより撮像された画像は、送影機の円板と同期して回転する円板によって復元される。したがって両機の円板が同期して回転する必要がある。
　曾根氏のテレヴィジョンは、それぞれがまったく独立に一定速度で回転するように工夫されていた。具体的には、音叉の振動と円板の回転とを一定関係に維持する真空管回路から構成された同期回路を備えていたのである。この同期回路を設けることによって、同期のための電路が不要となり、また無線伝送におけるフェージングなどの電波伝搬の影響を受けることもなくなったとのこと。
　ちなみに方式は異なるが、この種の同期回路はテレヴィジョンだけでなく、今では有線伝送方式や無線伝送方式、例えば携帯電話機などに当たり前のように組み込まれている。
　送影機（カメラ）は、小型の箪笥くらいの大きさで軽量、しかも電源の大部分は内蔵されているので室内はもちろん、戸外への移動も自由にできた（図 2-44）。一方、受影機は家庭化を目標にしたため、価格も他方式に較べて著しく低廉で当時の価格で約 200 円に過ぎない。

2.9.1 ● 1933(昭和 8)年、国際連盟を脱退

　この年、我が国の陸軍省は、満州事変に対する中国国民党政府の提訴に応じて国際連盟が派遣したリットン調査団の報告を不服とし、 1 月 22 日に国際連盟の脱退も辞さないとの見解を表明する。また中国での戦線も拡大しており、 1 月 3 日に山海関（河北省の北東部、万里の長城の東端に位置する町）を占領し、 2 月 23 日には熱河省（河北省の北東部）への侵攻が始まっている。そんな中、国際連盟は 2 月 24 日に対日満州撤退勧告案を可決する。このとき日本代表として会議に出席していた松岡洋右は、国際連盟からの決別を述べて退場している。そして我が国は 3 月 27 日に国際連盟を正式に脱退する。一方、ドイツでは 1 月 30 日にヒトラーが首相に就任、ナチス党が政権を獲得している。

　他方、技術の面では 5 月に大阪で初めての地下鉄、梅田−心斎橋間が開業し、 6 月 19 日には東海道本線の丹那トンネルが貫通する。また 9 月には、私設無線局資格認定試験（アマチュア無線技士）に女性で初の合格者が出た。無線技術について見れば、アメリカでは 12 月に無線技術者のエドウィン・アームストロングが FM 通信方式の特許を取得している。

2.9.2 ● 朝鮮海峡をわたる電話線の開通

　国際連盟を脱退した状況下、当時我が国に属していた朝鮮半島との通信は重要であった。そこで 1933 年の OHM 2 月号には、逓信省工務局電話課の松前重義による「朝鮮海峡用音声周波搬送式多重電信について」の記事が掲載された（**図 2-45**）。これは、距離にして 200km 余りの朝鮮海峡を横断する既設の海底電信ケーブルを利用した電話の開通記事である。この電話施設は世界的な記録であると同時に、全装置がことごとく我が国技術者の設計、製作によるという世界に誇れる装置であった。

　記事によると当時、我が国と朝鮮との通信は、もっぱら朝鮮海峡を横断する電信ケーブルによる電信であったとのこと。電信よりも意思疎通が容易な電話通信の必要性に迫られてはいたものの、新たに海底通信ケーブル

図2-45　朝鮮海峡用音声周波搬送式多重電信（OHM 第20巻第2号表紙）

を布設するには多大な経費がかかり、その実現は困難であった。そこで、海底電信ケーブルを電話と共用しようと考えられたのである。

　ちなみに朝鮮海峡に布設された海底電信ケーブルは、単心ケーブルであり、その距離は200km余で高圧直流電信法が用いられていた。このケーブルに電信の信号と電話の信号とを共用させ、しかも互いの通信に影響を与えないようにするため、音声周波多重電信法（搬送式電信法）の適用が考えられた。しかしながら直流用の単心海底電信ケーブルは、音声周波数のような高い周波数の交流を伝送すると伝送損失が著しく大きいため減衰が激しく、しかも高圧直流電信法が行われている同一ケーブル内に音声信号を重畳させるため、技術的に多大な困難を克服しなければならなかったのである。もちろん諸外国においても、このような長距離の単心電信ケーブルに対する搬送式電信法は、ほとんど例がなかった。

　そのような中、松前は、たまたま東北大学 抜山教授の考案に関わる増

幅濾波器が有効な選択増幅特性を有していることを知る。そして、逓信省工務局において研究した結果、これを検波器として用いて増幅濾波検波器とすれば、すこぶる著大な増幅度を有し、かつ有効な濾波作用とともに、適当なグリッドバイアスを加えると検波作用をも兼備することを見出したのである。松前はこれを応用すれば海底電信ケーブルを用いた電話が可能であろうという想像のもと、梶井電話課長の命により、搬送式電信法の試験を両地の陸揚げ室間にて行ったのである。

その実験の結果は、電話通信が十分実現可能であることが確かめられ、ここに海底電信ケーブルを用いた電話通信の実用化の道が開かれたのである。

2.9.3 ● 水銀整流器

当時の電気鉄道は直流 1 500 V を架線から電車または機関車に供給し、これらに搭載された直流電動機を駆動するものであった。一方、電力会社から供給される電力は交流である。このため鉄道には、交流を直流に変換する変電所(変換所)が必須であった。当時は、現在のような半導体素子を用いたパワーエレクトロニクス技術が皆無であり、回転変流機や水銀整流器と呼ばれる整流装置を用いて交流を直流に変換していた。なお、水銀整流器は、その形から「ネギボウズ」とも呼ばれていた。

1933 年の OHM 5 月号には、出力 2 000 kW の水銀整流器が掲載されている (図 2-46、47)。この水銀整流器は出力において当時、我が国最大のものであった。水銀整流器は 1882 年にジュマン (Mm. Jemin) とムヌヴリエ (G. Meneuvrier) の両氏が、真空中における炭素と水銀との両電極間における水銀弧光の特性に関する研究を発表し、この現象において電流が一定方向だけに流れることが提唱されたことに端を発している。次いで 1890 年にアロンス (L. Arons) は、水銀弧光の媒介によって交流を直流に整流することができるという整流作用の基礎観念を発表する。そして 1901 年、ピーター・クーパー・ヒューイット (Peter Cooper Hewitt) は、水銀弧光の弁作用を応用したガラス製水銀整流器 (図 2-48) の製作に初め

図 2-46　水銀整流器（OHM 第 20 巻第 5 号表紙）

図 2-47　水銀整流器（OHM 第 20 巻第 5 号）

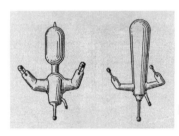

図 2-48　ガラス製水銀整流器（OHM 第 20 巻第 5 号）

て成功する。この整流器はガラス製水銀整流器の原型となったばかりでなく、大容量の鉄製水銀整流器の発達を誘引することになる画期的な発明であった。

　その後、ガラス製水銀整流器はアメリカの GE 社およびウエスティングハウス社の両社で製作されることになり、約 5 〜 30 アンペアの容量のものが製作された。これらの整流器は、主に蓄電池の充電に使用されていた。

　水銀整流器が発明されて以後の 10 年間は、40 A を超えるガラス製水銀整流器を製作することは困難であり、電圧も 500 V 以下であった。

　その後、電極材料の改良や容器を金属製にすることによって電気鉄道の

図2-49　丹那隧道(OHM 第20巻第11号表紙)

使用にも耐える大電流・大容量の水銀整流器が得られるようになり、遂に2 000kWの出力を得られる水銀整流器が製作されるに至ったのである。

2.9.4 ● 丹那隧道が遂に貫通す

　1918（大正7）年に起工以来、世界稀有の難工事を経た鉄道省熱海線の丹那隧道（丹那トンネル）の本導坑が1933年8月25日に貫通する（図2-49）。このトンネルは伊豆半島主骨火山脈の地下数100mを貫くものであり、その上部には大断層帯、およびこれに伴う大水食作用によって形成された直径1kmにわたる円形の丹那盆地の存在があって、地質学的な複雑性とともに難工事になることが予想された。そして予想どおり、隧道の完成までに15年余の歳月を要し、世界的に稀有な難工事となった。

この難工事には、多くの電気設備が活躍している。工事に着手した1918年は我が国でも欧州における第一次世界大戦の影響を被り、工業界は異常なほどの発展を遂げることになる。そのため民間事業者における電力の需要は極度に達し、電気料金は異常なほど高騰し、民間事業者へと奪われていったのである。一方、電力会社もまた、全力をあげてその需要に応じていたため、勢い諸種の事故の憂いも多かった。

　このようなことから隧道工事のために予約した電力量といえども、その供給は困難になるだろうと予測された。しかも大戦がいつ終息するかも分からなかったため、民間電力会社だけに頼って、多年にわたる安定した電力供給を期待すること自体に大きな不安があったのである。このような諸事情を考慮し、審議を重ねた結果、隧道工事用の自営発電所を設け、これによって当初計画の電気設備の所要電力を賄うこととした。この発電所は、丹那隧道の西口付近の冷川沿岸に設けられた火力発電所であり、大竹発電所と呼ばれた。

　大竹発電所は、400馬力のタクマ式水管式の汽車製造会社製汽罐4罐（同式汽罐の容量として当時最大）、パーソン反動式横置型のアリスチャルマー製4000馬力タービン1基、3000kVAのアリスチャルマー製交流発電機1基などが備えられていた。ちなみに、タクマ式ボイラは、輸入に頼っていたボイラの国産化に成功した田熊常吉によるものである。

　田熊は明治・大正期における「日本十大発明家」の一人といわれ、タクマ式ボイラは、当時の外国製ボイラの性能を凌駕するものであり、その名声が世界的なものとなったのである。

2.10.1 ● 1934（昭和9）年、OHM 創刊 20 周年

1934（昭和9）年の年明けと共に東京宝塚劇場が開場する。この劇場は、東京での宝塚歌劇の拠点としての役割を担うことになる。

一方、雲行きがあやしくなってきた満州国であるが、3月1日に帝国となり、溥儀が皇帝として即位する。

満州国では、この年の12月に大連－新京（現在の長春）の701kmを所要時間8時間30分、最高速度130km/h、平均時速82.5kmの高速蒸気機関車でけん引する国際特急「あじあ号」が、南満州鉄道株式会社によって運行を開始する。「あじあ号」は、当時のわが国における最速の特急列車「燕」をはるかに凌ぐ高速鉄道であった。

また、このころドイツでは、8月にナチスのヒトラーが国民投票によって支持され、大統領兼務の総統に就任して経済、メディア、その他のあらゆる文化活動をナチス党の管理下においた。いわゆる独裁制の完成である。

なお、9月に山本五十六がロンドン軍縮交渉のため出発しているが、12月に我が国はワシントン条約、ロンドン条約の軍縮協定を一方的に破棄することになる。

話は変わるが、昭和9年の11月に大阪大学教授の湯川秀樹博士が中間子仮説を発表している。それまで原子核は陽子と中性子で構成されると考えられていたが、それらの粒子間に働く核力が、なぜ存在するのかが説明できなかったのである。湯川博士は後に中間子と呼ばれるボーズ粒子の場を仮定し、これが媒体となって核力が生じるとした。中間子は戦後、実際に発見され、湯川博士はノーベル賞を受賞することになる。

この年は、OHM が創刊されてから20年目に当たる（**図2-50**）。この年の OHM は1月号が「発電号」、2月号が「特殊照明号」、というように毎月特集記事を掲載したことが特徴的である。しかもいわゆる強電分野だけでなく、5月号に「無線号」、7月号に「医療電気号」（**図2-51**）というように幅広い技術分野についての特集を組んでいる。

図 2-50　創刊 20 周年記念号（OHM 第 21 巻第 11 号表紙）

図 2-51　医療電気号（OHM 第 21 巻第 7 号表紙）

2.10.2 ● 東京宝塚劇場の舞台照明

　時代が大正から昭和に変わるころの照明といえば、もっぱら白熱電球が主流であった。この白熱電球は 1934 年ごろになると、その技術的進歩が極致に達し、わが国でも 1 〜 1.5 kW のものが普通に商品として販売されていたほか、アメリカにおいては 50 kW の白熱電球も製作されていた。この種の大型白熱電球は、活発化した活動写真撮影に必要であったからである。

　しかし白熱電球の発光原理は、電球に封じたコイルの発熱、すなわち温度放射によるものであり、その効率は極めて低かった。そこで温度放射によらない光源が探求され、真空放電の原理を応用した照明が出現するようになったのである。しかし真空放電を利用したランプは、当時、発光させるための付属回路による損失や、熱（熱陰極）エネルギーの消費が多く、それほどの効率向上は望めなかったようである。

図2-52 特殊照明号（提供：東宝（株））
（OHM第21巻第2号表紙）

図2-53 東京宝塚劇場の照明設備（提供：東宝（株））（OHM第21巻第2号）

このような状況下、前述したように1月に東京宝塚劇場が開場されたこともあってか、OHM 2月号には、その取材記事が掲載されている（図2-52、53）。

それによると、電源は東京電燈から異系統の2回線によって受電し、構内変電所は電灯用として100 kVAの変圧器3台、動力用として200 kVAの変圧器3台を擁していたそうである。さらに停電の際の非常電源として、30分500 Aの出力の蓄電池を備えていた。

一方、舞台照明は東京宝塚劇場の電気主任技術者の井上正雄氏の設計によるもので、パラボラ面反射鏡を用いた3列構成のユニットのボーダーライトであった。各ユニットは電気的にも機械的にも分けられ、それぞれ別々に上下動可能なように構成されていたとのことである。ちなみに、1列目のユニットは3 kW×10個のカラクリ照明で、配電盤から細い鉄紐で引っ張って色を変えることができ、2列目のユニットは1 kW×60個が6色に分かれ、3列目のユニットはブルー系の1 kW×30個の照明装置であった。

また、舞台照明であるため調光装置は必須である。これはドイツ AEG 製の Trafo 型の単巻変圧器を用い、丸茂製作所で製作した 40 kVA のユニットが 9 台用いられた。そして単巻変圧器の電圧調整用の操作軸は、すべて連結されて操作用の電動機に接続され、配電盤からリモート操作できるようになっていた。そのほかの照明機器もすべて配電盤からリモート操作できるようになっており、従来の我が国において、どこの劇場でも採用していない最新技術が東京宝塚劇場に投入されたのである。

2.10.3 ● 関西風水害とその惨禍

1934 年 9 月 21 日、近畿地方を中心に中国、四国、北陸に猛威を振るった台風は、各地に大きな爪痕を残して去っていった（図 2-54）。飴細工のようにぐにゃりと折れ曲がった大同電力の送電鉄塔、倒れてきた鉄塔に押されるようにして横倒しにされた大阪電鉄の電車などの写真を見ると、台風の猛威を想像することは難しくない。ちなみに、この台風は風速が 60 m/s もあり、高潮の来襲によって西大阪工業地帯を完膚なき状態にまで荒らしまくったとのことである。特に送電線の倒壊と変電所の浸水は近代文化の原動力ともいえる電力の供給を絶ち、交通機関はもとより水道ガスを奪い、都市を暗黒化させ、またラジオ放送を不能にした。さらに台風は通信連絡の道を断ち、あらゆる文明の利器、都市生活の要素、産業の原動力などを一瞬のうちに吹き飛ばして奪い去ったのである。

大阪市電気局は広汎な区域に電鉄、電灯電力を供給していただけに、その被害は甚大であった。本局が地下室の天井まで浸水したほか、九條安治川の発電所、鶴橋外 3 か所の変電所および築港春日出電車庫も浸水し、電車は運転不能状態に陥った。

しかし、局員を総動員し、必死の努力によって同日の夜 8 時には中央電信局、各電話局、新聞社などの非常時通信用の建物を点灯させ、翌 22 日には、もっとも水害が甚大であった浸水した発電所の供給区域を除き、大同電力からの受電と九條安治川の発電所の一部復旧とによって、送電をほぼ復旧させるまでに至ったのである。図 2-55 は風水害後、いち早く復旧

図 2-54　関西風水害の状況（OHM 第 21 巻第 11 号）

して送電を開始した火力発電所群（大同電力（株）毛馬発電所、春日出第一発電所、今津発電（株）今津発電所、神戸電気局湊川発電所）などである。

逓信省が電気工作物に対する被害額を集計したところによれば、当時の価格で大阪市電が 300 万円、日本電力が 10 万円、大同電力が 10 万円、京都電燈が 8 万円、宇治電燈が 30 万円、東邦電力が 15 万円であった。そばが一杯 10 銭で食べられた当時の貨幣価値を考えると、相当の被害額であったことが伺える。

このような大きな被害をもたらした台風であったが、偉勲を立てたものの一つにディーゼル発電設備があげられる（図 2-56）。この写真は大阪朝日新聞社の自家発電設備（ディーゼル機関 300 馬力）である。大阪朝日新聞社はこのディーゼル機関（新潟鐵工所製）によって駆動される発電機（芝浦製作所製）を 2 組備え、全市が暗黒にある中、早速これを運転し号外を始めとして夕刊を発行し、惨状を遺憾なく読者に報道し新聞の使命を全うしたのである。

図2-55 いちはやく復旧した発電所 (OHM 第21巻第12号)　　図2-56 関西風水害特集号(OHM 第21巻第12号表紙)

　その一方で放送局（JOBK：NHK大阪）の千里山放送所は電力断絶のため蓄電池を利用し、1時間ごとに風水害ニュース、官庁通知事項だけを報道していた。しかしながら聴取者は電力会社からの供給が絶たれていたので、この放送を受信できたのは大きなアンテナを張ることができた田舎の鉱石受信機(電源不要)の聴取者だけであったという。

　ちなみに当時は自家発電が禁止同様になっていて、この風水害により逓信当局や各電力会社が、その後の方針に頭を悩ますことになったそうである。

　ところで、このような大規模な被害のお見舞いとして、大阪電気局は全需要家にロウソク2本、総計70万本を贈ったとのことである。また阪神電鉄は定期券乗客に停電1日につき同区間の乗車券2枚を配り、京阪電鉄は電燈需要家に定額料金より停電日数のほか、さらに1日分の割り引きをしたそうである。当時はこれが精一杯だったのかもしれない。

2.11.1 ● 1935(昭和10)年、有名企業各社が創立

　1935(昭和10)年は、現在でも有名な会社の設立が目立った年である。例えば、5月1日には、(株)早川金属工業研究所(現：シャープ(株))が、6月20日には富士通信機製造(株)(現：富士通(株))が、翌日の6月21日には三井・三菱・古河・安田・大倉の共同出資で日本アルミニウム(株)が、そして12月15日には、松下電器産業(株)(現、パナソニック(株))がそれぞれ設立されている。

　またこの年の学術面では、2月2日に大阪帝国大学の湯川秀樹(28歳)が「素粒子の相互作用について」という論文を発表し、9月20には仁科芳雄、朝永振一郎、小林稔が「電子対発生の研究」についての論文を発表している。

　無線技術も着々と進歩を重ね、この年の3月12日には日本とイギリス・ドイツ間に無線電話が開通している。また4月15日には学校向けのラジオ放送が開始され、8月1日から警視庁は無線自動車の利用を開始している。そして11月13日になると浜松高工教授の高柳健次郎が、完成させたアイコノスコープ式のテレビの送受信機による公開実験を行い、外景の撮影に初めて成功している。

2.11.2 ● 送電線ができあがるまで

　この年のOHMには送電線建設の様子が紹介されている(図2-57)。当時は現在のような大型機械、ヘリコプターがなかったころであり、送電線の建設といえば、やはり多くの作業員が建設に携わる必要があった。OHM 3月号には、"「電気絵ものがたり」送電線路が出来上る迄"というタイトルで鉄道技師の佐竹元輔氏の記事が掲載されている。

　基礎工事は図2-58のように、あらかじめ設計されている鉄塔および基礎に順応して穴掘りにかかり、水場(湧水のある場所)では堰板を使用して根掘をする。そして穴を掘りあげると鉄塔脚部を組み立て、コンクリートの基礎を施す。鉄塔はすべて組上法で下部から上部へだんだんと組み立てていく(図2-59)。鉄材等の重量物の運搬は牛馬を使用する場合があるが、

図2-57 送電線建設の様子（OHM第22巻第3号表紙）

図2-58 基礎工事（OHM第22巻第3号）

図2-59 鉄塔の組み立て（OHM第22巻第3号）

図2-60 電線の運搬（OHM第22巻第3号）

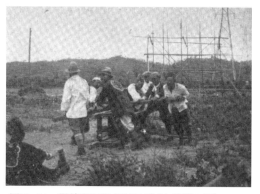

図2-61 電線の布設（OHM第22巻第3号）

結局は人の力に頼っていた。電線のような長いものは、山の中で道路のないところでは少しずつ把にして人の肩で運搬していた(図2-60)。そして、電線を鉄塔、鉄塔間に引き延ばす。これは、一方の鉄塔に引き留めて、他方の鉄塔から引っ張る作業であり、ガソリンエンジンを使用した動力による方法もあったのだが、普通はカグラサンと称する道具が使用されていたそうである(図2-61)。まさに人海戦術の様相である。

2.11.3 ● 満州の電気

満州の電気事業界は、昭和9年において一大急旋回を遂げた。南満州電気、栄口水道電気、奉天電気廠、哈爾浜電業局その他、主要日本側ならびに満州国側電気事業は、1934年の12月1日をもって合併し、満州電業公司が設立されたのである。この会社は満州国法人であるが、関東州を含む全満にわたって電気事業を経営する使命を有し、幾多の傍系小電力会社を包含していた。おそらく世界においても、斯くのごとく一国の電力事業を独占する会社は他にはなかったであろう。

当時の新聞に発表された、満州電業公司の第1回定時株主総会における吉田社長の演説によれば、『満州における我が社の電気事業統制の現状を大観すると、全満の発電設備は総容量約29万2000kWで、このうち我が社直営の分が約13万9700kW、関係会社の分が約5300kWで、直営傍系を合算して総容量の約50%の比率になる。これは統制圏外の事業が巨大である事実を示すようであるが、内容は特殊地域における自家設備の関係であって撫順炭砿の9万2000kWをはじめ本渓湖煤鉄公司や昭和製鋼等がその主因をなしている。我が社統制圏内にある事業の現勢を地域別にすると、満州国各省のうち、当社の手が未だに伸びていないのはただ今のところ、黒河省、興安東省および興安西省の三省のみであって、その他の地方の電気は概ね直営または傍系として我が社の統制経営に入っているのである、云々』とあるのを見ても、満州電気事業の統制上一大躍進であったことが窺われる。

次に施設としては、周波数の統一(50Hz)に伴い、撫順、鞍山間に15万

図2-63 東京駅丸の内側から撮影した訪日の様子(OHM 第22巻第5号)

図2-62 愛新覚羅溥儀
(OHM 第22巻第5号)

V級の送電線300kmが創設された。これ自体は特記すべきことではないが、在来各地に火力発電を設置し、地方的需要に応じつつあった幼稚な満州の電力界が、いよいよ電力連係時代に進出し始めた曙光と見ると大きな意義が認められる。しかも、これによりさらに南は4、5年のうちに大連に連なる予定であるが、やがて北も新京、哈爾浜にまで連絡される時代の到来が予感された、とある。そして将来、満州中央の一大電力幹線を形成し、火水各種の電力はこれに集中し、各種の大消費もこの沿線に集まるものと期待されたのである。その他、大連・甘井子5万kW発電所新設等もあって、昭和9年の満州電気事業界は、相当の発展を示していた。

そして昭和10年になると哈爾浜の1万kW増設、15万V撫鞍送電線の残りの一回線工事を第一とし、チチハル、西安、拉丹江、桂木斯、新京その他の移設拡張等があり、社宅新設等が行われていた。

そのような中、4月6日に満州国皇帝の愛新覚羅溥儀が天皇に拝謁するため訪日する(図2-62、63)。横浜港に着いた溥儀は、「満州国」皇帝即位の昭和9年6月、天皇の代理として満州国を親善訪問していた秩父宮雍仁

親王の出迎えを受けた。溥儀は、天皇と兄弟のちぎりを結び、満州国の首都である新京に日本の神道による建国大廟を建設したのである。

2.11.4 ● 新京だより

　満州国は建国してから3年が経ち、また王道楽土と称され、多くの日本人開拓団が入植していった。そのようなこともあってか、OHMには満州国関連の記事が多く掲載されている。「新京だより」は、OHMに連載された記事の一つである。その書き出しは、『新京花だよ満州の都　咲いて匂ふて何所迄も　ポプラ並木をマーチョ（馬車）が走りや　肩に散り来る桃の花』である。

　新京は、以前は南満州鉄道の最北端駅として訪れる人も希な閑散たる長春の街であった。そしてアジアに起こった風雲の裡に、一躍世界の視聴集まる新興国の首都「新京」と変わり、広漠7万5千方里の核心、文武百官群がり集まる政治の中心地へと変身を遂げたのである。

　ちなみに上記の詩は、ビクター蓄音機会社が懸賞で応募した新京小歌の一節である。

　長春城市は、新京に変わる70年ほど前、周囲約2里半、高さ1丈5尺の城廓を築いて作られた、大変微々たる一小村に過ぎなかった。そして、ロシアの東方政策によって東支鉄道の施設を見るに至り、その沿道の一駅となり、次第に発達していく。城壁は次第に破壊されてなくなり、城壁の一部を残すだけとなっていった（**図 2-64**）。

2.11.5 ● 西日本の水害

　昭和10年の6月末に再び西日本が水害に襲われた。まず九州地方、特に久留米付近では6月27日夜、連日の豪雨のため、また、京阪神地方の特に京都付近で6月28日の豪雨による希有の洪水があり、その他、西日本一帯にわたって水禍に見まわれた。発送電事業にはさしたる被害はなかったが、電鉄関係等は相当の被害を受けた（**図 2-65**）

図 2-64　長春城市（OHM 第 22 巻第 5 号）

図 2-65　西日本水害（OHM 第 22 巻第 8 号）

2.12.1 ● 1936（昭和11）年、巨大飛行船「ヒンデンブルク」と 豪華客船「クイーン・メリー号」

1936（昭和11）年4月、ドイツで第4回冬季オリンピックが開幕された。500mスピードスケートで石原省三が日本新で4位に入賞、8月には200m平泳ぎで前畑秀子が日本人女性として初めてオリンピックで金メダルを獲得している。NHKの河西三省アナウンサーが絶叫した『前畑ガンバレ、前畑ガンバレ、ガンバレ、ガンバレ！…、勝った、勝った！勝った!!』のアナウンスは、あまりにも有名である（**図2-66**）。この写真は、ベルリンから東京に向けて送信された電送写真である。

また、この年の2月5日に、7チームからなる日本職業野球連盟が結成されている。9月25日には、澤村榮治がノーヒットノーランを達成する。澤村は、翌昭和12年に日本野球連盟初の最高殊勲選手となる。

ちなみにこの年、OHMは発行部数が1万部を突破し、その記念として11月号を特大号とし（**図2-67**）、電気式置時計を300名に限り特価（12円）で提供している（**図2-68**）。この時計は電源周波数に同期する亜同期電動機によって駆動されるもので、当時としては画期的なものであった。

1936年は、このような華やかな年でもあったが、暗い世相をも反映していた。2月23日、東京地方に54年ぶりの大雪が降り、積雪は35.5cmにも達していた。その3日後の2月26日、陸軍皇道派将校が約1400名の兵を率いて首相・陸相官邸、内大臣私邸、警視庁、朝日新聞社などを襲撃し、斎藤実内大臣、高橋是清蔵相らを殺害する。いわゆる、2.26事件が勃発する。

この事件の翌27日には東京全市に戒厳令が敷かれ、28日に「反乱軍は軍隊に帰れ」という天皇による直接命令である「奉勅命令」を反乱将校たちに出すものの反乱軍には届かなかった。そして29日に戒厳指令部がラジオで原隊復帰命令の「兵に告ぐ」を放送し、アドバルーンに「勅命下ル軍旗ニ手向フナ」の文字が掲げられる。反乱軍はクーデターが失敗したと悟り、2.26事件の蹶起趣意書を書いた野中四郎が拳銃で自殺、首相官邸の中橋

図2-66 ベルリンからの無線電送写真
（OHM 第23巻第9号）

図2-67 1万部突破特大号
（OHM 第23巻第11号表紙）

図2-68 記念して発売された電気式置時計（OHM 第23巻第12号）

基明隊および陸相官邸の清原少尉が帰順、幸楽から山王ホテルに入った安藤隊の安藤大尉が自決する。そしてこの事件を裁くべく開設された東京陸軍軍法会議は、7月5日に17名の死刑判決を出している。

欧州に目を向けるとドイツでは、2月29日に巨大飛行船「ヒンデンブルク」（全長249m、最大径41m）が公開され、5月9日に大西洋横断定期飛行の第1便としてニュージャージー州のレークハースト空港に着陸している。

一方、イギリスは5月27日に豪華客船「クイーン・メリー号」（総排水量8万1235トン、巡航速度29ノット）が処女航海に出航し、6月1日にニューヨークに到着する。これは、フランスの「ノルマンディー号」に対抗して建造されたものである。

当時は、大西洋横断に要する時間短縮が望まれ、時間短縮競争が行われていたが、7月2日に飛行船「ヒンデンブルク号」がドイツからニューヨークまで50時間で飛行し、大西洋横断新記録を樹立している。

2.12.2 ● オリンピック無線写真電送について

写真電送の研究は古くから行われており、実用化されたのは1925（大正14）年に、アメリカのATT式によってニューヨーク、シカゴ、サンフランシスコ間で行われたのが最初である。

我が国においては、1928（昭和3）年に日本電気(株)の丹羽保次郎氏、小林正次氏の研究による写真電送の一方式が発表され、同年秋の御大典には京都－東京間の写真電送に活躍し、引き続き逓信省にも採用されていた。

有線写真電送の成功と共に、無線による写真電送も各国において研究が続けられていたが、無線は有線と異なり、常にフェージング（受信電界強度が時間の経過と共に弱まったり強まったりする現象）および空電の妨害を受け、これが受信画を著しく劣化させるため、当時は充分な成果を得ることができなかった。

我が国では1931年に東京－大阪間で無線写真電送の基礎的実験を行い、これを基にして1934年から東京－台北間において実験を重ねた結果、無線に適合する種々の有益な資料と考案を得るに至ったのである。そして、

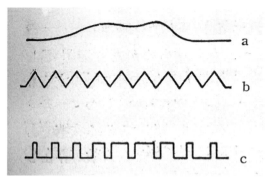

図 2-69　同期変調法の信号波形（OHM 第 23 巻第 9 号）

　この結果に基づいて、7 月の初旬から東京－ベルリン間（距離約 9 000 km）の実験を開始し、短期間で世界初となる長距離無線写真電送に成功した。これによりオリンピック期間中に、我が国選手の活躍状況を数時間以内に国民の眼前に供給することができたのである。

　では、どのようにして無線写真電送における技術的課題を解決したかについて説明しておこう。まず、無線による写真電送には、写真の濃淡に応じて電波の振幅を変化させる振幅変調法（AM）と、振幅の代わりに周波数または位相を変える周波数変調法（FM）および位相変調法（PM）、その他電波の発射時間の長短によって写真の明暗を送り出す時間変調がある。AM 方式は最も簡単な方法である反面、受信電流のわずかな変化もただちに写真画像に影響を与えるため、当時の欧米諸国では、これを写真電送に用いることができないとされていたのである。しかしながら AM 方式は、最も良質な受信画を得ることができ、かつ伝送速度が速いという特長がある。このため、我が国の逓信省では、多年にわたり研究を続け、低周波増幅器の自励振幅制御方法や、側波帯を分離して受信する等の独自の考案をなし、電波の性質があまりに不良でない限り、実用に供し得る程度の改善ができるまでに至ったのである。

　一方、時間変調法には、写真の濃淡に応じて電波の発射密度を加減するドット密度法と電波の発射時間を加減する定周波数可変ドット法の 2 種類

図2-70　振幅変調法による無線電送写真（OHM 第23巻第9号）　　図2-71　時間変調法による無線電送写真（OHM 第23巻第9号）

があったが、当時は、後者が主流であった。この方法は図2-69に示すように、写真の濃淡に応じて変化する写真電流（a）と、ドット周波数の三角波（b）（または正弦波）とを合成して、cのような長短各種のドットからなる時間変調電流を作り、これによって送信機を制御する。このとき最も短いドット周波数は1 000 Hzにも達するため、無線送信機は、このような高速度のスイッチングに充分耐え得る性能と、充分な調整が必要であった。

　我が国において使用された無線写真電送用の送信機は、円筒の周囲が20 cm、線密度は50/cm、回転数は2/秒であった。したがって写真電流の最大周波数は、1 000 Hzにも達し、到底時間変調法を行うことができない。このため時間変調を行う場合は、線密度を30/cm、回転数を1/3/秒に低下させて、180 Hzのドット周波数を使用することにした。

　図2-70は振幅変調法による電送写真、図2-71は時間変調法による電送写真を示したものである。

　逓信省においては昭和9年度の東京－台北間における無線写真電送の実験を行い、激しいフェージングの中であっても、その影響を軽減する方法

を完成させた。

　そして、ベルリンオリンピックが開催されるに当たり、ロサンゼルスオリンピック写真の入手に多大の努力と経費が必要だったこともあり、我が国の各新聞社からベルリン－東京間における写真電送の必要性が叫ばれていたのである。逓信省は、東京－台北間の実験に成功していたこともあり、オリンピックを好機と捕らえ、ドイツに実験をしたい旨の提案をしたところ快諾を得ることができた。ドイツは自国のテレフンケン式を電送機としたいとする提案があったが、万全を期するため日本電気式と併用することで同意を得た。しかし、実際のところ当時のドイツでは電送機が完成していなかったようであり、本番前の実験も延期されていた。

　そして、実験が開始されるとテレフンケン式の電送機は、ドット周波数が低く画像が粗悪であることが分った。そこで我が国からドット周波数を上げるよう指導をし、これを受け入れてからは良好な受信画を得ることができたのである。

2.13.1 ● 1937（昭和 12）年、通信技術の進展

　1937（昭和 12）年は、通信技術の進展が見られた年であった。イギリスではテレビジョン放送が開始され、アメリカでは撮像管であるイメージ・アイコノスコープが発表された。一方、わが国では国産 K 形印刷電信機（**図 2-72**）が完成し、それまでのモールス通信に代わって印刷通信時代の幕開けとなった。また、NHK 技術研究所では、昭和 15 年に開催予定の東京オリンピックにあわせたテレビジョン放送に備え、当時第一線の研究機関であった浜松高工のテレビジョン技術陣を迎えて本格的な研究を開始する。**図 2-73** はベルリンオリンピックで活躍するテレビ局、ラジオ局の様子である。

　しかし、残念なことにイタリアの無線電信の発明者であるマルコーニは、この年の 4 月 25 日に 63 歳で亡くなっている。現在のような無線通信の発展をどのように夢見ていたであろうか。

　また、4 月 6 日には朝日新聞社の飛行機がヨーロッパへ向けて出発、新記録を樹立している。後述するが、この記事が OHM に掲載されている。

　このような中、昭和 12 年は、軍靴の音がかすかに聞こえて始めてきたのである。7 月 1 日、東京 - 神戸間に特急「かもめ」の運行が開始された束の間の同月 7 日、北京郊外の蘆溝橋附近で数発の銃声がとどろいた。いわゆる盧溝橋事件が勃発する。翌 8 日、この事件に端を発し、日中両軍が衝突したが、早くも 11 日にはこの事件に関し、現地停戦が成立した。しかし、燻っていた火の粉は、7 月 28 日に中国駐屯軍の総攻撃によって早くも燃え上がることになる。我が国の中国駐屯軍は 30 日に天津を、8 月 8 日には北平を占領、その後、8 月 13 日の第 2 次上海事件、10 月 26 日の日本軍による金門島占領、そして 12 月 10 日には、南京総攻撃を開始する南京事件と数々の事件が連続して起こった。

2.13.2 ● 朝日新聞社「鵬号」と短波無線電信機

　2 月号の表紙（**図 2-74**）には、シャム（1939 年以降のタイ王国）訪問飛行

図 2-72　国産 K 形印刷電信機（OHM 第 24 巻第 2 号）

図 2-74　純国産飛行機「鵬号」（提供：朝日新聞社）と無電機（OHM 第 24 巻第 2 号）

図 2-73　ベルリンオリンピックの様子（OHM 第 24 巻第 2 号）

表 2-1 鵬号に搭載された無電機の概要

符号	呼出符号	おほとり
	機体符号	J-BAAE
送信機	出力	50W
	発射周波数	5 660および6 590kHz
	電波形式	A_1およびA_2
	電鍵操作	緩衝増幅器における陽極キーイング
受信機	形式	七球式スーパーヘテロダイン
	受信周波数帯	4 000〜8 000kHz
アンテナ	全長	11m
	形式	逆L型
その他	通信可能距離	3 000km
	機器重量	45kg

の国産「鵬号」と搭載された無線装置が掲載されている。当時、朝日新聞社が所有する新鋭国産「鵬号」は、シャムへ訪問飛行を行い、東洋の盟邦君主国との親善をはかると共に、航空日本の威力を内外に宣揚したのである。鵬程 4 900 km に及ぶこの大飛行をつつがなく成功させたのは、優秀な国産飛行機によることはもちろんであるが、また、この陰に最近の無線界の寵児たる機上搭載の短波無線電信機の大なる力のあることを忘れてはならない。

　この飛行については、台北の無線電信局が終始相手局として鵬号との連絡にあたっていた。

　ちなみに今回の飛行に先立ち、「鵬号」は鵬程 2 000 km にわたる立川－新京間の無着陸日満親善飛行を行い、日満の空を一日で結んでいたのである。

　この鵬号は、三菱製の機体に中島製の空冷式 550 馬力のエンジン二基を装備するものであった。また「鵬号」に搭載された無線電信機は、日本無線電信電話（株）が多年の研究と経験に基づいて作成した NA 二号型短波無線電信機である。送信機は、水晶制御式で出力は 50 W、受信機は 7 球スーパーヘテロダイン、電源は直流コンバータ方式が採用された（表 2-1）。

　日本無線電信電話の横川武和は、OHM 2 月号の「朝日新聞社鵬号設備短波無線電信機について」という記事の中で、『今や世は正に航空時代とな

り国力の消長は航空機の発達と至大の関係があり、無線は航空機の感覚神経として恰も人間の五感の如き作用をなす、その使命はきわめて重大である。我が鵬号が民間航空の第一線に立って活躍していることは真に心強い間を与える。しかし航空無線は、独り電信電話機に止まらず方位測定器、写真電送機、航空計器等その応用範囲は広く前途に幾多の研究を要する難問題が我々をまっているのである』と締めくくっている。

2.13.3 ● 亜欧連絡記録大飛行の成功

横川は OHM 6 月号でも、「朝日新聞社"神風"号設備無線電信機について」の記事を投稿しているので紹介する。

『「我が神風の往くところ常に天佑神助あり…」と世界に響けよと許り歌う亜欧連絡記録大飛行応援歌に送られて、4 月 6 日、立川飛行場の暁闇を衝いて出発した朝日新聞社の神風号の記事である。神風号（図 2-75）は、その名に背かず飛翔の如く世界人士の瞠若たる中を、輝かしき世界記録を以て前人未翔の東京－ロンドン間鵬程 15 357 km の南方コースを征服し、天晴れ国民の興望に応えたのであった。その飛行時間正に 94 時間 17 分 56 秒！

ロンドン安着を報ぜられたときのあの喜びと感激…人と旗の渦、君が代と応援歌の大合唱…何人も忘れ得ないであろう。フランスの優秀なる飛行家が幾度か試みては失敗に終わったこの世界の難コースを我が神風が征服したことは全く夢のような現実である。

亜欧連絡記録大飛行の成功は、独りこれを企てた朝日新聞社の名誉に止まらず全日本の誇りであって我が神風は、今や世界の神風となった。この空の覇業の完成は航空日本の威力を世界に宣揚すると共に日英親善に寄与し、また各国との交友を深めた文化的大意義がある。

今回の大飛行完成にあたり、特筆すべきは飛行機もエンジンも無電機も共に純国産で固められたことであって、すなわち我が神風は我が日本の智力と科学の結晶である。

しかし、この画期的成功を成したものは優秀なる飛行士の技量と、精巧

図 2-75　朝日新聞社「神風号」（提供：朝日新聞社）と NA 三号型短波無線電信機（OHM 第 24 巻第 6 号）

表 2-2　神風号に搭載された無電機の概要

符号	呼出符号	J-BAAI	
送信機	出力	20W(A_1)、15W(A_2)	
	発射周波数	5 660kHz、6 590kHz（水晶制御式）	
	電波形式	A_1およびA_2	
	電鍵操作	陽極キーイング	
受信機	形式	四球式	
	受信周波数帯	2 000〜20 000kHz（短波）	
		300〜2 500kHz（中波、中短波）	
アンテナ	全長	7m	
	形式	逆L型	
その他	通達距離	2 000km	
	機器重量	26kg	

なる飛行機によることはもちろんであるが、この陰に神風の鋭敏なる感覚神経として南シナ海、安南山脈、インドの砂漠等の魔の難所をつつがなく空破せしめた機上無電機の偉大なる力のあったことを忘れてはならない。

　眼前に立ちふさがる厚い雲の壁、咫尺を弁ぜぬ濃霧、激しい雷雨の中に

も相手無電局の送る気象通報、航路指示によって行く手の危険を未然に避け、また手に取るが如く飛行状況も地上に知れ、彼我共に不安を感じせしめないのである』

　横川はこのように記している。

　神風号は複座式の高速機で、機体は三菱重工製、エンジンは中島製の550馬力空冷、最高時速500km、航続距離2500kmであり、前述した鵬号と似ている。神風号に搭載された無電機は、日本無線電信電話が作成した出力20W、NA三号型短波無線電信機である（図2-75の右下円内、**表2-2**）。

　さて、このような大飛行記録を樹立した神風号の飛行記録について略述しておこう。神風号は、4月6日午前2時12分4秒、立川飛行場の暁闇を衝いて出発し、銚子および台北の両無電局に見守られつつ沖縄の濃霧を切り抜けて無事台北に到着。ここで給油後、直ちに難コース「ハノイ」に向かう。しかし、海南島附近で猛烈な雷雨に見舞われ、雲に包まれながらも台北およびハノイ無電局の援護の下に海上すれすれに飛行を続け、ハノイに到着した。次いで息もつかせず安南山脈の嶮を飛び越えて、ラングーンに向かったが、日没のためヴィエンチャンに一泊し、斯く1日目の難工程を翔破したのである。

　2日目は過酷な熱帯飛行であった。早朝ヴィエンチャンを出発した神風号は、ラングーン、カルカッタ、ジョドプールを経て、一挙にカラチに長翔することに成功した。

　ここで機翼を休め、3日目は沙漠の灼くがごとき熱沙の上空を飛翔して、バスラ、バクダッドを経てアテネに達し、欧州入りの第一歩を印したのであった。

　そして4日目は、いよいよローマ、パリと熱烈な歓迎を受けつつ、遂にゴールのロンドンに安着、この大飛行を完成させた。時正に10日午前零時30分。この日は無電網の完備した欧州の地でもあり、神風号と各国との交信連絡は頻繁を極め、寸暇無き程で無電機は外交的使命を果たしたのである。

第3章

第二次世界大戦

3.1.1 ● 1938(昭和 13)年、オリンピック
　　　 東京大会の中止

3.1.2 ● 電氣雑誌 OHM

3.1.3 ● 新社屋の完成

3.1.4 ● 国家による電力管理

3.2.1 ● 1939(昭和 14)年、零戦試作機が
　　　 試験飛行

3.2.2 ● 材料対策特集号

3.3.1 ● 1940(昭和 15)年、「電力警官」が
　　　 配備される？

3.3.2 ● オーム奨学賞第 1 回贈呈式

3.3.3 ● テレビジョン実験放送

3.3.4 ● 法隆寺の壁画照明と蛍光放電灯

3.4.1 ● 1941(昭和 16)年、大東亜戦争に
　　　 突入

3.4.2 ● 技術と国際関係

3.4.3 ● 配電統制令の公布

3.4.4 ● 征け皇軍、起て技術者

3.5.1 ● 1942(昭和 17)年、米国の暗号解読
　　　 とマンハッタン計画

3.5.2 ● 本誌の題号変更につき協力を求む

3.5.3 ● 米国の工業戦時体制

3.6.1 ● 1943(昭和 18)年、学徒動員

3.6.2 ● 社名の変更

3.6.3 ● 電熱蒸気機関車

3.6.4 ● 竹支線の実用化

3.6.5 ● 電力不足下、水力余剰の状況

3.6.6 ● 新東海道ケーブル

3.7.1 ● 1944(昭和 19)～ 1945(昭和 20)年頃、
　　　 ポツダム宣言受諾

3.7.2 ● 電力刈取機

3.7.3 ● 高圧使用電気温水槽

3.7.4 ● 書籍の通信販売中止

3.7.5 ● 合併号

3.8.1 ● 1946(昭和 21)年、日本国憲法の
　　　 公布

3.8.2 ● スーパーヘロダイン受信機

3.8.3 ● 超小型ラジオセット

3.8.4 ● 動力が今日の米国をつくった

3.1.1 ● 1938（昭和13）年、オリンピック東京大会の中止

　1938（昭和13）年は、前年の盧溝橋事件に端を発した日華事変が拡大し、日本軍は5月19日に徐州を占領、6月15日に行われた御前会議で武漢作戦および広東作戦の実施を決定し、10月27日には武漢三鎮を占領する。

　このような情勢下、OHMには戦果を紹介する記事や写真の掲載が多くなっていった（図3-1、3-2）。

　中国における戦争が長期化の様相を呈する反面、我が国の景気はすこぶる良かった。これは戦争特需によるものである。この好景気に支えられ、国民生活にはゆとりが生まれ旅行や娯楽活動も活気に満ちていた。エノケンで知られる榎本健一が率いるエノケン一座が日劇に初出演したのも昭和13年である。

　しかし、この年4月には国家総動員法が公布され、その一部が施行される。また5月には東京月島で開催予定の万国博覧会の地鎮祭が行われたものの、7月にはその延期が閣議決定され、同時に第12回オリンピック東京大会の中止も決定されている。テレビジョン放送はオリンピックの中継に向けて技術開発が行われ、同年1月号のOHM表紙も飾っているが（図3-3）、晴れ舞台を失った技術者の思いはどのようなものか想像することは難しくない。

　一方、この年の4月1日、アメリカのゼネラル・エレクトリック社は蛍光放電灯の製作に成功し、販売することを発表している。そして7月16日に世界初の核実験（プルトニウム型）がアメリカのニューメキシコで行われ、12月に原子物理学者のオットー・ハーンとフリッツ・シュトラスマンがウランの核分裂の仮説を発表している。7年後に原子爆弾となって広島、長崎に投下されることを、このとき誰が想像したであろうか。

　ところでこの年、アメリカで珍事件が起きていた。それは10月30日の出来事である。ラジオドラマで「火星人の襲来」を放送した際、これをニュースと間違えた聴取者がパニックになり、大騒動を引き起こしたのである。

図3-1　皇軍の大業写真ニュース
（OHM 第25巻第1号）

図3-2　中支戦線通信班の活躍（OHM 第25巻第12号）

3.1.2 ● 電氣雜誌 OHM

　図3-3のOHM表紙を見て気づかれたであろうか。これまでの表紙と違い、「電氣雜誌」の文字が「OHM」よりも一段と大きくなっている。これは昭和12年12月13日に南京が陥落したことに端を発している。

　その理由として、OHMの編集者が雑誌の巻末に掲載する"編集室より"に次のように書いている。
『・国民精神総動員は今後にあり
　南京は陥落しました。然し抗日の命脈は未だ完全に断ち得たとは申さ

図3-3　日本放送協会技術研究所のテレビジョン放送自動車
（OHM 第25巻第1号）

145

れません。況んや国情の特異なる支那のことでありますから、その背後にうごめく種々の策謀は大いに警戒を要するところで今後に於いてこそ真に国民精神総動員が発揚されねばならぬと思われます。(中略)技術者は技術者として外国の智能的支配をしりぞけねばなりません。その為には研究の拡充強化も勿論必要でありますし、日本の技術を生かす為に技術立国等の政策的考究及びその実行に当たることも亦大いに必要であります(中略)。

• 学術の独立、「電氣雑誌」の使命

「兵器の独立を耳にすること十年。近頃又工業の独立の声を聞く。而かも学術の独立なくして工業の独立なし。工業の独立なくして兵器の独立なし。之れ吾人が学術の独立を叫ぶ所以」

これは本誌創刊号即ち大正3年11月号に掲げられた発刊の辞の一節でありまして、そのまま今日の言として再びここに掲げて誤りありません。然し当時と今日とではその言の持つ意味にかなりの相違があります。当時は欧州大戦が勃発して英国と同盟の誼みを以て技術の先進国たる独逸と国交を断絶した際でありました為に、日本は独逸の学術から独立するのは余儀なき事態に直面していたのであります。(中略)然るに今日の国際情勢は如何でありましょうか。日本の国力が充実するに従って漸く技術鎖国政策は日本に向かって加えられております。(中略)。

今日叫ばんとする「学術の独立」は、国家存立の自覚から発する真の独立であります。日本的学術の独立であります。(中略)ここに先ず大陸発展等を期して雑誌の第一印象を新たにするため従来の「OHM」の三字を主としていました題名を、日本的に「電氣雑誌」を主として表すこととし、本号の表紙に見る通りの面目を一新しました』

とある。

この変更について、読者から『「OHM」は「電氣雑誌」に改題したのか』という問い合わせが多く寄せられたようである。そのため翌2月号の"編集室より"には、『日本の東洋に於ける地位の向上に鑑み、OHMという字を主とすることは甚だ時勢に沿わないからである』との説明が掲載されていた。

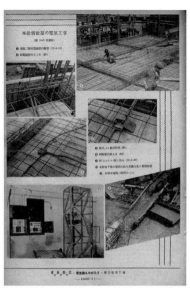

図3-4 オーム社の新社屋（OHM 第25巻第11号）

図3-5 本社新社屋の電気工事（OHM 第25巻第11号）

3.1.3 ● 新社屋の完成

　昭和13年8月にオーム社の新社屋が完成し、9月1日に移転が完了した（図3-4、3-5）。OHM が創刊された当時における我が国の電気技術は、外国技術の模倣時代であった。しかし、第一次世界大戦の勃発によりドイツと国交断絶からドイツの技術導入が断たれ、我が国に技術独立の一大覚醒を促す気運が到来し、これにより学術の独立を標榜して OHM が創刊されたのである。しかし当時は技術者数が少なく、OHM の読者も3千に満たず、発行所も電機学校(現在の東京電機大学)の校舎の一部を借用し、編集に携わる人間も数人に過ぎなかった。

　その後、我が国の電気界は躍進的に発展し、それとともに OHM の読者数も年々増加、遂に1万部を超える発行部数となり、印刷工場の新設、出版機構の強化等によりオーム社は、80名を超える人員を擁していた。そこで天下の公器たる電気雑誌本来の使命を遂行するため、内容外観ともに独自の立場を持して活動する必要から新社屋が計画されたのである。

図 3-6 皇軍大捷 徐州陥落・廈門占拠（OHM 第 25 巻第 8 号）

　新社屋は現在のオーム社がある神田錦町3丁目1番地に鉄筋コンクリート地上3階、地下1階の本館と木造2階建ての別館からなっていた。本館屋上からの眺望は四隅が開けているため、近くに緑濃い大内山（皇居のこと）を拝し、南北に丸の内一帯のビジネスセンターを形作る高層ビル群を一望に収め、北は駿河台、御茶ノ水付近の学校街、湯島高台、ニコライ堂を望み、西は遥かに富士の霊峰を仰ぎ、真に清涼の気に満ちていたとのことである。

3.1.4 ● 国家による電力管理

　国家総動員法が成立した第73回帝国会議では、さらに電力管理法ならびに関連法案に加えて、北支那開発株式会社法および中支那振興株式会社法その他の重要案件が通過し、いよいよ非常時局に応じる体制が整えられていった。

　電力管理法は電気の価格を低廉にし、その量を豊富にし、これを円滑に普及させるため政府が発電と送電を管理することを目的としたものである。

　そのためかOHM表紙には、毎号「国家精神総動員」の文字、巻頭言には「技術報國」の文字が掲載されている（図3-6左下、図3-7）。

電氣雑誌

昭和13年8月　第25巻　第9號

技術報國

聖戰一周年に際して

去る6月23日の臨時閣議の結果、政府は次の聲明を發表した。

『支那事變は徐州陷落に因り戰局の一大進展を見たるも、その前途は尚遙遠なり。第三國の支援を恃み長期抵抗を標榜する國民政府の徹底的壞滅の爲、兵力は逐次增强せられ、今や我國有史以來の大擧は陸海空に戰機を重ねつゝあり。此の秋に當り、銃後施設善く作戰行動を支障なからしめ以て帝國所期の目的を達成し、東亞永遠の平和を確立する爲には國家凡百の施策を戰爭目的の貫徹に集中し、官民一體皇國持久の戰時體制を確立し以て時局に對處せざる可らず。爲めに當面の急務は物資の統制運用を最も有效適切ならしむるに在り。卽ち萬難を排して輸出の振興、生産の增加、配給消費の統制に關する政策の徹底强化を圖るの要緊々切たり。茲に於て政府新事態に卽應し軍需品及輸出用原料先見を優先とする物資需給の計畫を樹て、之が遂行上緊要と認むる下記の諸方策の徹底的實行を以て國防の安固、國民經濟の維持を圖ることに決せり。

1. 軍需資材の供給確保、輸出の振興及國民生活維持、買控持場の堅持の爲、現在以上の物價騰貴を抑制するに必要なる措置を講ずると共に、基準價格又は公定價格の設定等の外消費節約及配給統制を併せ强化し物價の引下を行ふこと。
2. 一般物資に附極力消費節約を圖ること、特に輸入物資に付ては必要に應じ使用制限乃至禁止、代用品使用獎勵等の方法に依り購入不急用途に對する物資の消費節約を徹底强化すること。
3. 輸出增進の爲綜合計畫の下に之が一般的促進策を强化する外、(イ)製品の輸出と其の原料の輸入とをリンクせしむる等の方法に依り輸出用原材料の輸入を確保すること、(ロ)輸入原材料に付之を國內消費用と輸出用とに區別し輸出用原料材料の國內消費轉用を徹底的に防止すること。
4. 主要物資に付輸入及配給の適正圓滑を圖る爲組合制度其他機構の完備を圖ること。
5. 貯蓄の普及徹底を圖ること。
6. 官民一體簡素なる非常時國民生活樣式の確立に努むること。
7. 主要物資の增産殊に鐵鑛の增加に付徹底的措置を講ずること。
8. 軍需工業能力增進の爲交代制の採用及勞務者の急速充足に付必要なる措置を講ずること。
9. 廢品回收の爲從來の業者の外各種團體の協力を求め其の組織化を圖ること。
10. 轉業及之に伴ふ失業者の救濟の爲必要なる對策を講ずること。』

斯くて、擧國一致の努力が益々必要なことなり、銃前銃後愈々精神を一にして、國策遂行に邁進すべき時となつた。上記10項目に亘る方策は互ひに相關聯して多分の彈性を含むのであるが、不急消費の防止、簡素なる生活樣式、貯蓄の普及徹底の如きは一億の同胞が擧つて眞劍に實行すれば、勤儉貯蓄の美風を長養し、且つ國家に奉公すると共に一家を潤すの結果ともなるのである。代用品の使用や、主要物資の增產を圖ることは、技術家の努力によつて向上の途を拓き得べく、これ亦專門技術家が期すべき絕好の機會と思ふ。

地質學者の說によれば、歷史に徵して地上に大破壞が起つた後には、次に大繁榮が來るとのことである。今や我國は人類平和の爲め、一般多生、絕大の犧牲を拂つて活人劍を揮つてゐる。思ふに如き大理想の下に皇軍將兵士は幾多の驅命缺乏に堪へて赫々たる戰果をあげつゝある時、銃後の國民も亦、全力をあげて國策に履進すべきは當然の事である。たゞ忘るべからざる事は、戰時體制が長期に亘れば亘る程、また支那の背後には老獪なる諸大國あるを想ふに、我々は何事にも事の大理想を忘れず、働くまでも大國民の心構を把持せねばならぬことである。おのれの眼の梁木を忘れて、他の塵を掃はんとする態度など、官民協力の强調されてゐる際、最も愼まねばならぬ。その他、小兒病的の興奮や感情に驅られて、徒らに身心を消耗せしむるが如きことは、非常時には特に禁物である。一死報國は、事に當りて大和民族の一人として有しない者はある意。要は國家の必要に應じ、各自その職場々々に在りて、己の本分を守り最善の力を盡す外に道はない。銃後の技術家が技術報國に專念して奮鬪するは、盤をとつて戰場にのぞむのと些の相違もなく、又これ畢竟職死者の靈を慰め戰線男士の勞苦に對する所以でもある。刻下の急務たる輸出貿易の振興も、大陸に於ける長期建設の地圖も、其他技術家の雙肩にかゝつてゐる任務は頗る重大である。世界大戰の時、戰爭の巷より遙ざかつてゐた米國でさへ、一度參戰を決するや擧國總動員未に科學及工業に熱烈なる努力を拂つたことを回顧し、吾人の直面せる事態に對し今後一層決意を强くせねばならぬことを思ふのである。以上、事變の一周年にあたり、本欄にて三度繰りかへし、吾人の覺悟を披露する次第である。

図3-7　巻頭言 聖戦一周年に際して（OHM 第25巻第9号）

3.2.1 ● 1939(昭和14)年、零戦試作機が試験飛行

　1939(昭和14)年4月30日、アメリカのニューヨークで万国博覧会が開催された。そして8月26日には、大リーグの初テレビジョン中継が行われている。ちなみにこの年は、ニューヨーク・ヤンキースがワールドシリーズ4連覇を達成した。

　一方、我が国では御前会議で攻撃が決定された広東省南西の海南島に上陸を開始する。また4月1日には、岐阜県各務原飛行場で「海軍十二試艦上戦闘機」の試作第1号機の試験飛行が行われた。これは後の「零式艦上戦闘機(零戦)」の原型となる試作機である。そして5月1日、満州国とモンゴル人民共和国の国境ノモンハンで満州国軍と外蒙軍が衝突(ノモンハン事件の発端)、その後、複数回の戦闘が繰り返されて関東軍は壊滅的な打撃を受ける。

　そのような中、9月1日にドイツの陸・海・空軍がポーランド進撃を開始する。これに対しイギリス、フランスがドイツに宣戦布告し、第二次世界大戦が始まった。アメリカと我が国は、この開戦早々、欧州戦争には不介入の声明を出している。なお、11月27日に戦争の開始に伴い、ノーベル賞審査委員会が平和賞授賞を中止する。

　そして早くも戦争の準備であろうか、4月14日に政府が給料天引きによる強制貯蓄の開始を決定し、7月8日には国民徴兵令が公布される。

　また9月25日には、日本放送協会が電力節約のため番組の一部休止を始める一方、逓信省が10月24日にラジオ商に受信機販売先の報告を義務付けた。ラジオが国内外の情報収集手段として、また諜報手段としても利用されることを懸念したのであろうか。そして早くも、産めや増やせやと12月5日に厚生省が5人以上の多子家庭に大臣賞を贈ることを決めている。

　ちなみに12月8日に行われた閣議で昭和15年度予算の概算が決定し、軍事費は64％にも上ることになる。

3.2.2 ● 材料対策特集号

昭和14年1月号（図3-8）は、鉱業資源に乏しいわが国を省みて「材料対策特集号」としている。

そして「材料を節約せる電気機器」という表題で、安川電機社長の安川第五郎氏、明電舎の石山龍雄氏、芝浦製作所技師（兼東京帝国大学講師）廣瀬敬一氏が、また、「金属節約と代用品について」という表題で東京電気の十合晋次氏が、それぞれ執筆した記事が掲載されている。

安川氏は、その記事の中で次のように述べている。

『凡そ材料を節約すると云う事は、時期の如何を問わず、また洋の東西を論ぜず、技術者たるものの、イの一番に心がけねばならぬ要目である。天然資源に極めて豊富なる米国においてすら、材料は徹底的に節約する事を技術者の本務としている』

図3-8　材料対策特集号（OHM第26巻第1号表紙）

天然資源に乏しい我が国が材料の節約に勤しむのは理解できるが、アメリカにおいてすでに技術者の本務として材料の節約を教え込まれていたのは意外であった。しかし安川氏は、さらにアメリカについて『ただ比較的工賃が高いため、余りに材料を切りつめた結果として、その反面加工賃を高め、その結果において、全生産費を却って高騰せしむる事を警戒している点が、他の材料に不自由を感ずる国における技術者の考え方と半分の差異があるに過ぎないのである』と続けている。どうやら材料を節約した分が人件費等に回ってしまったようである。

　では、ドイツと比べて当時の我が国はどうであったかというと、安川氏は次のように述べている。

　『ドイツ人の如きは、日常生活においてさえ物の無駄使いを罪悪視しているのである。我国人は自国に余り豊富な物資を持っておらぬ癖に、物の使い方が粗末であるとは世の有識者から訓戒せられているのである。電気機器の設計にしても一般にこの傾向が満更見えないでもない。最近大容量の発電機や変圧器等がともすれば価格の低廉なるのゆえをもって、高い運賃と関税とを払うごときドイツ品に圧され気味であるのは、あながち本国の輸出推奨だとか、捨売政策の結果だとかにかこつけて、高枕ですて置けない理由が発見せられるのである。勿論気候を異にし、国状を異にするドイツの設計が一から十まで日本国内の需要に満足を与えるとは云えないが、彼らの材料に対する考え方については一応も二応も検討する必要があると思われる。

　今や我が国は長期交戦の体制を構えなければならぬ。物資の輸入は期待出来ぬ。国内産出の諸物資は何を措いても先づ直接の軍事に向けなければならぬ。材料の節約位では追いつかぬのである』

　また、廣瀬氏は「材料を節約せる電気機器」というタイトルの記事の中に戦時規格について次のように書いている。

　『かく需要益々多く、現在製作に掣肘を受けている電気機器の対策として現在いかなる方策が考案されていると云えば、その一つの現れとも称すべきものが日本電気工芸委員会発表の「電気機器の温度に関する暫定標準

規程」である。即ち電気機器の設計製作に当たって能率、力率、電圧及び速度変動率等の特性が問題となる事は勿論であるが、先ず第一に考慮されなければならないものはその機器の温度上昇である。それはその機器の寿命に直接関係するからである。

　機器の寿命を長くするには出来得る限りそれらの絶縁物の曝される温度を低く保つ事が肝要であるが、それは一方において不必要に機器の重量を増し価格を高めることになるから種々考究の結果、周囲温度40℃以内の場所に使用さるる機器はA種絶縁の場合は温度上昇値50℃と規定され広く使用されていった次第である。しかるに今回の暫定規程においてはその数値の再検討を行い、その結果本邦においては周囲温度が40℃に達するのは極めて特殊な使用場所（船舶内、汽罐室内等）だけであって、その他の場所にあっては40℃に達することがあってもそれは一日の中の僅か数時間に止まることであるから常規使用状態を35℃に引き下げた訳である。

　尚許容最高温度を105℃から110℃に引き上げたがこれは、これだけ温度上昇値を上げてもそのために著しく機器の寿命を低下せしめることのない見込みであって結論として周囲温度35℃の場合、温度上昇限度は60℃となった。

　したがってこの事を設計製作の方面より見ればこれまで温度上昇値が50℃であったものが60℃に設計する事になるから温度上昇値、即ち発熱量において約2割多くする事を得るから銅体の節約は換算して2割、それに伴い所要鉄量のかなりの節約とを得る事が出来る。したがって、これまで5台の電動機を作る銅材料にて、6台の同容量の電動機が出来る勘定となるから、銅使用量の節約は相当なものにて、かくして国策の線に副うことが出来る』

　これを見ると、戦時体制にあってそれまでの規程を甘くしたような感じが否めない。

　しかし、材料の節約に関連して戦時体制の下に代用品が研究され、例えば銅に対するアルミニウムの登場、木綿の代用として紙あるいはステーブルファイバーの登場、アスベストの代用としてグラスウール等を生み出し

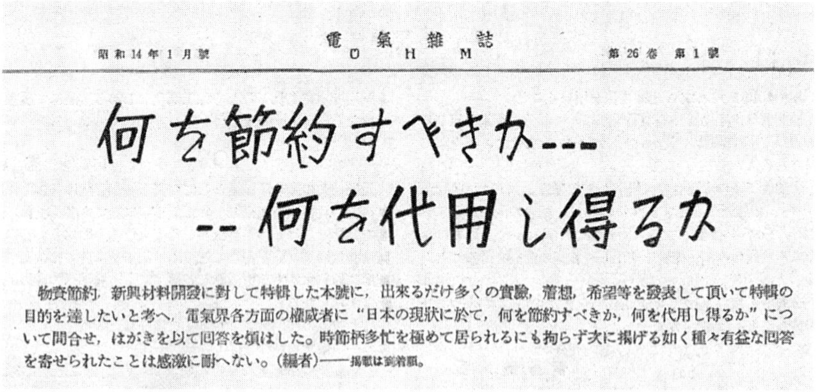

電氣雜誌 OHM

昭和14年1月號　　　　　　　　第26巻 第1號

何を節約すべきか---
-- 何を代用し得るか

物資節約、新興材料開發に對して特輯した本號に、出來るだけ多くの實驗、着想、希望等を發表して頂いて特輯の目的を達したいと考へ、電氣界各方面の權威者に "日本の現狀に於て、何を節約すべきか、何を代用し得るか" について問合せ、はがきを以て回答を煩はした。時節柄多忙を極めて居られるにも拘らず次に掲げる如く種々有益な回答を寄せられたことは感激に勝へない。(編者)――掲載は到着順。

図3-9 「何を節約すべきか、何を代用し得るか」(OHM 第26巻第1号)

ている。

　OHM編集部は、物資節約、新興材料開発に対して特集したOHM 1月号に、できるだけ多くの実験、着想、希望等を発表して特集の目的を達したいと考え、電気界各方面の権威者に日本の現状において「何を節約すべきか、何を代用し得るか」について問い合わせをした結果、時節柄多忙を極めて居られるにも拘わらず種々有益な回答が得られたようである（図3-9）。

　種々の回答中、目を引いたのは東京帝大教授・工学博士の大山松次郎氏の回答である。

　それは、『この際、特に技術者の能力を無駄使いしないように』という1行の回答文である。大山松次郎博士といえば、我が国の電気工学の分野に大きな足跡を残した人物であり、オーム社は、後に電気の学際的研究功績者のための「大山松次郎賞」を設定(現(公財)電気科学技術奨励会)している(昭和53年～平成9年)。たった1行の回答であるが、とても重い言葉であると感じる。

3.3.1 ● 1940(昭和 15)年、「電力警官」が配備される？

　1940(昭和 15)年の年明け早々の 1 月 3 日、アメリカのルーズベルト大統領が参戦のための国防予算を要求、翌日 4 日には国防費 18 億 3 900 万ドルが計上された。同時にアメリカは、錫、くず鉄の対日輸出量を前年の半額に制限する。

　我が国では 1 月 16 日に米内光政内閣が成立するものの、7 月 16 日に総辞職。7 月 22 日に第二次近衛文麿内閣が成立する。このときの陸軍大臣は東条英機である。近衛首相は、ラジオで「一億一心、真実の御奉公を」と演説した。

　またこの年は、電力需給が芳しくなかったのか電力制限を違反した者には送電を停止することを大阪逓信局が決定したり、節電実行のための「電力警官」を警視庁が配備したりしている。

　欧州では、4 月にドイツがデンマークおよびノルウェー占領を決意し、1940 年 4 ～ 6 月にかけて北欧侵攻作戦を行った。これは中立国スウェーデンからの鉄鉱石輸入を確保することを狙ったものである。作戦が開始されるやいなや、デンマークは即座に降服した。ノルウェーは、英仏連合軍の支援を受けて善戦したものの、国王政府がイギリスに逃れ 6 月 10 日に降服する。

　勢いに乗るドイツに加えて、イタリアも参戦し、9 月 27 日にベルリンで日独伊三国同盟条約の調印式が執り行われた。そしてナチスは 11 月 16 日、ワルシャワのゲットーにユダヤ人 36 万人を強制収容する。

　その一方で、このころから我が国では英語の使用が禁止されていく。例えば野球連盟が英語の使用を禁止したり、煙草の「バット」が「金鵄」、「チェリー」が「桜」に改名されるなどした。そして翌年の太平洋戦争開戦へと向かっていったのである。OHM 表紙には毎号「新東亜建設」と記載され (**図 3-10**)、広告記事も戦争を連想させるものが多くなっていた(**図 3-11**)。

　ちなみにサラリーマンの所得税が源泉徴収になったのは、この年の 4 月 1 日からのことである。

図3-10 「大東亜建設」の文言が表紙を かざる（OHM第27巻第9号表紙）

図3-11 広告記事も戦争を連想させる （提供：(株)東芝）（OHM第27 巻第4号）

図3-12 オーム奨学賞第1回贈呈式記事（OHM 第27巻第1号）

3.3.2 ● オーム奨学賞第1回贈呈式

1940(昭和15)年12月12日、東京学士會舘においてオーム奨学賞の第1回贈呈式が挙行された（**図 3-12**）。これは、昭和14年度の第一種電気事業主任技術者試験の合格者(渡邊捷三氏、糸川實氏、古鍛冶豊氏、笠間章氏)に対してその栄誉を称えて賞状と記念品を贈呈したものである。贈呈式には検定試験委員長の森秀氏と、試験委員の高橋正一博士が列席した。

森委員長は、『電気雑誌オーム創刊25周年記念事業の一つとして、オーム奨学賞を設定し、電気事業主任技術者第一種の試験に合格した人を表彰することになったと聞いて、この試験に関係しておる私は誠に結構な企てであると衷心より感謝したのであります。近年技術者が益々多く要求されるようになってきましたので、オーム奨学賞などの激励によってこの試験が益々隆盛になるよう希望をしております。今回の第一種は、空前絶後といってもよい位厳しい試験でありました。この難関を切り抜けて合格した人は同じ刻苦勉励といっても特別の秀才であったからでありまして、オーム奨学賞を贈られるに相応しい人々であると思います。皆さんはこの栄誉を贈られたオーム社の意を汲んで今後とも電気事業の発展のため奮励せられるようお願いします。皆さんは国家としても大切な人でありますから特に健康に留意して国家のお役に立つよう心がけて下さい』と述べた。

3.3.3 ● テレビジョン実験放送

皇紀2600年を記念して2月11日から東京日本橋区高島屋、内閣情報部主催の思想戦展覧会会場で日本放送協会（NHK）技術研究所のテレビジョン実験放送が公開された（**図 3-13**）。当時の人々は、この実験放送によって実用化が近いと実感したのである。

受像機が展示されているところには、「テレビジョンは今や思想戦の最新武器となった」との掲示がなされている。まさに「百聞は一見にしかず」という諺通りである（**図 3-14**）。

図3-13 テレビジョン実験放送における受信画像（OHM 第27巻第3号）

図3-14 高島屋8階ホールの受像試験場（OHM 第27巻第3号）

図3-15 模写中の和田英作画伯（OHM 第27巻第11号）

3.3.4 ● 法隆寺の壁画照明と蛍光放電灯

　この年、東京芝浦電気（現在の東芝）は、我が国初の陰極形昼光色蛍光灯を完成させた。それまで照明器具といえば白熱ランプ、いわゆる裸電球であった。蛍光灯は白熱ランプと異なり、熱の発生が少ないという特長がある。この特長を生かし、法隆寺の壁画模写の照明用に使われ、当時、東京芝浦電気マツダ支社の關 重廣氏による紹介があった。

　『法隆寺金堂は木造建築として世界最古のものである。ところがさすがに千余年を経て所々痛み出したので、これを近く修理しなければならなくなった。ところがこれを修理するためには一度、全体を解体して立て直すのであるが、そのためには壁は当然崩されるが、困ったことにここの壁には有名な壁画があるので、この壁を崩さずに、そのままそっと全体をはず

しておいて、再び元のところに納めようというのである。

　しかしいずれにしても、万一崩れるかも知れぬという心配は相当にある。そこでもしこれが崩れるといけないから、そのときのために今からこれを真物通りに模写しておこうということになったのである。

　ところが金堂の内は非常に暗い。こんな暗いところで模写するのは無理である。勿論この壁画を初めて描いた人は暗いところで描いたのであろうが、初めて描くときはまだよいので、それが薄く色が褪せてきて、はっきり見えぬものを、その暗いところで本物通り模写せよ、といっても到底できることではない。

　そこでこの照明が問題になったのであるが、普通の電灯では光色が違ううえに輻射熱が強くて描く人も困るが壁画の褪色などの心配もある。そこで輻射熱の少ない、光色が日光と同様な、しかも遠方から電線を引いてくる関係上能率のよい電力の少ない電灯が欲しいというわけで、マツダに相談があったのである。

　この話を持ち込まれたのは和田英作画伯（**図3-15**）で、それなら一つ試験しようというので、マツダに来られ、照明学校において色々色紙について実験された結果、これなら実に理想であると証言され、ここにこの電灯を使用することに大体定まった。

　照明装置は、蛍光放電灯に硬質磁器の反射箱を取り付け、それを耐火材木の箱の中に納めて、木の棒に取り付けてスタンドの形とし、方向、高さを自由に変えられるようにしてある。

　蛍光放電灯は一個使用すると多少チラツキが起こるので、偶数個を使用し、二群に分かち、それぞれ位相を変えて点火し、暗黒時がないようにしてチラツキを防いだ。

　8月26日試点火、具合がよいので翌日27日いよいよ本点火を行った。この結果は、誠にすばらしいもので、千余年間、誰も明るい所で見たことのなかったこの壁画が初めてその本当の姿を現したので、始めは電気を金堂内に入れることに心配しておられた法隆寺の方々も、これには驚嘆され、それは非常な喜びと変わったことは無理もない。和田画伯は余りにもすば

らしい場面に感動され、直ちに仕度を調えて壁面に向かわれ、ここに壁画模写の第一筆が下ろされたのである』

　しかし洋画家であった和田画伯の模写は残念ながら採用されず、日本画家の数名が模写に当たることになったのである。

3.4.1 ● 1941（昭和16）年、大東亜戦争に突入

1941（昭和16）年になると、日米交渉は山場を迎えていた。2月11日に野村吉三郎が駐米大使としてワシントンに着任し、3月8日にハル国務長官との最初の会談が行われている。そして4月16日には、ハル国務長官が民間私案の日米諒解案を交渉の基礎とするべく野村駐米大使に提案し、これにより日米交渉が正式に開始されたのである。

日米交渉を行う一方で、アメリカのルーズベルト大統領は8月1日に対日石油輸出の全面禁止に踏み切った。資源の乏しい日本に物資の供給を行わないことにより、いずれ日本が交渉に応じてくるものとの考えからであった。しかし、それはまさに逆効果となってしまった。

10月20日、我が国の軍司令部はハワイ奇襲などの海軍作戦方針を内定し、対米戦への準備を着々と進めていったのである。そのような中、和平への途も模索しており、11月5日に行われた御前会議で対米交渉案（甲・乙案）をまとめ、日米交渉に臨んだのである。

対米交渉が12月1日午前零時までに成立した場合は開戦を中止することとなっていたが、結局のところ交渉はまとまらず日本時間の12月8日未明、大東亜戦争に突入することになった。

3.4.2 ● 技術と国際関係

1941年ごろになると、外国からの物資輸入だけでなく技術の流入も激減していった。OHMに海外の技術に関する記事がほとんど掲載されなくなったことからも伺うことができる。しかし、ドイツとイタリアは日独伊三国同盟のもと、日本を東亜の指導国家とするべく我が国への全面的な支持を惜しまなかったのである。

OHM 1月号（図3-16）の巻頭言には、次のように記載されている。

『学問に国境なしということは昔の語り草となって、今や徐々に城壁が築かれつつある。殊に技術に対しては直接国防力を支配するが故に一層厳重な城壁が設けられている。国際関係の変化に伴って各自国の技術の進歩

図3-16　昭和16年1月号（OHM第28巻第1号表紙）

図3-17　戦地の風景（OHM第28巻第2号表紙）

もまた自ら変わらざるを得ないのは云う迄もない。

　我が国は明治開国以来、資力豊富にして技術も進んでいた英米の、拘束せられたる援助によって、拘束の埒内において急速に国力が発展した。しかし英米流の自尊主義国家は、彼等の貪欲を満たすべく意のままに追従している間は甚だ好意的であるが、少しでも彼等の意志に反して自主的行動をとろうとするに至れば、忽ち紳士の仮面をかなぐり捨てて、凡ゆる妨害の手を働かせる。今日のように欧米各国から不当な拘束と搾取とに喘ぐ東洋民族の解放を目指して、いわゆる大東亜建設の大旆（たいはい）をかざして進みつつある日本は、それ自体英米の絶対に容認せざること明白である。ここに英米が自尊主義を捨てて日本の東亜民族開放政策を認めざる限り我が国は英米と行動を共にすることのできぬのは自明の理である。現に英米は我が国に対し加速度的に技術封鎖を行っているではないか』

　この巻頭言からも当時の世相が読み取れるのではないだろうか。

そのような情勢下、2月号表紙には戦地における通信隊の活躍風景が掲載されている（図3-17）。また、誌面には丸の内ホテルで行われた「通信隊の活躍を語る座談会」の記事が掲載された。出席者の階級は、陸軍大佐、少佐、大尉、中尉という蒼々たるメンバーである。なお、表紙には「東京憲兵隊本部検閲済」と記載されていた。軍事的な機密事項が掲載されると大問題になることからの配慮だろう。

3.4.3 ● 配電統制令の公布

1941年8月2日、国家総動員審議会を通過し、法制局の審議を経て配電統制令が公布されることになった。当時、我が国の配電会社は大小400余もあったが、配電統制令は配電事業を地域別に大配電会社に統合するとともに、発送電の国家管理を実現し、電気事業の臨戦態勢の確立を図ることを目指したものである。

配電統制令の内容は、国家総動員の精神に則ることと逓信大臣による高度の監督とが規定されているが、電力動員を容易に行えることにすることが最大の目的であった。

OHM9月号の巻頭言には、『この機会に勅令（配電統制令）の実施によって電力国策が如何に具現されるかについて検討し、併せて関係技術者の自覚と発奮とを促したい』と提言がなされ、『国家機構における電力は実に人体における血液の如く国家産業の原動力として不可欠のものであって、殊に国防国家完成に対する役割の重大さを考えるとき、電気事業に携わる者の責任の極めて大なるを痛感するのである。従来一配電会社の事業を通して国家に貢献してきた技術者は今後、国家機関としての大配電会社の設立により、更に心機一転して一層技術報国に邁進せられんことを切望して止まない』と結んでいる。

そして翌1942（昭和17）年には、配電統制令にもとづき9配電会社（北海道、東北、北陸、関東、中部、関西、中国、四国、九州）が発足したのである。

図3-18 開戦の詔書(左:表面、右:裏面)(OHM 第28巻第12号)

3.4.4 ● 征け皇軍、起て技術者

1941(昭和16)年12月8日、日本海軍は真珠湾を奇襲攻撃し、ここに大東亜戦争(太平洋戦争)が勃発する。

大東亜戦争の開戦に伴いオーム社は、急遽OHM12月号の発刊日を数日遅らせて開戦の詔書を綴じ込んでいる。その裏面には次のように記載されている(図3-18)。

『宣戦の御詔勅は渙発せられた。我等遂に起つときが来た。

隠忍数ヶ月、我が平和の使節に対して米国は、支那全土から我が国陸海空の一切の撤兵を要求し、南京政府の否認を要求し、日、独、伊三国同盟の破棄を要求してきた。何たる無礼ぞや。剰さへ発砲の景物を添えて来った。何たる不遜ぞや。斯る無礼不遜を平然とやってのける米国、米国を主班とする英、蘭、その他の敵性国に対しては、もはや実力を以て我が国の

聖戦目的を知らしめる他に手段はない。

　各々その所を得しめ、八紘を一宇となす、真の世界平和体制を知らしめなければならぬ。

　萬邦無比の我が忠勇なる精鋭皇軍は、海に、陸に、空に必勝の意気物凄く今や全戦線に活躍を続けている。技術者諸君、銃後の備えは諸君の双肩に懸かっている。

　我等は諸君に懇ふ。

　　１．己を空うし、私心を滅して、国に報ぜよ、と

　　２．今日より一切の慾望を放棄し、自己の業務に専念せよ、と

　　３．上長の命には絶対に服し、部下の指揮には万全を期せよ、と

　皇軍をして安んじて戦はしめるためには、有り余る軍需資材を第一線に供給せねばならぬ。生産増強こそは技術者の当面の責務だ。技術翼賛、以て御国の盾となり、聖慮に応へ奉るは技術者の本分である。

　紀元以来二千六百有余年、未だ嘗て外敵に敗れたることなき皇国の歴史を一層光輝あらしめるために、我等は遂に戦ふ。

　征け皇軍、起て技術者！

　昭和 16 年 12 月 8 日　株式会社オーム社　同人』

　まさにオーム社から技術者に宛てた決意書というべきものであろう。

　大正３年に創刊された OHM 創刊号に掲げられた発刊の辞の一節『兵器の独立を耳にすること十年。近頃又工業の独立の声を聞く。而かも学術の独立なくして之れ吾人が学術の独立を叫ぶ所以』が想い出される。

3.5.1 ● 1942（昭和17）年、米国の暗号解読とマンハッタン計画

　大東亜戦争（太平洋戦争）が開戦した翌年の昭和17年2月15日、陸軍大将 山下奉文司令官が率いる第25軍は、イギリス軍の東南アジア最大の拠点であるシンガポールを陥落させる。OHMには、イギリス軍が降伏したときの写真などが掲載されている（図3-19、3-20）。

　我が国は開戦からわずか半年間で香港、マレー半島、シンガポール、フィリピン、オランダ領東インド（蘭印：現在のインドネシア）、ビルマ（現在のミャンマー）など、西太平洋と東南アジアのほとんどの地域を手中に収めたのである。

　そのような中、反撃の機会を伺っていた米国は、日本軍の暗号電報の解読に成功し、我が国の次の攻略目標がミッドウェー島であることを知る。米国は、戦いの準備を整えてミッドウェー島攻略に向かう我が国の主力空

図3-19
降伏する英軍司令官パーシバル中将
（OHM 第29巻第3号）

図3-20
日本軍の手によって修理されたコースウェー橋を渡河する皇軍
（OHM 第29巻第3号）

母群4隻を沈め、真珠湾攻撃の雪辱を果たしたのである。その後、米軍は8月にガダルカナル島に上陸を敢行、これを成功させる。

これに対して一木清直大佐率いる一木支隊、川口清健少将率いる川口支隊が立て続けにガダルカナル島の奪回作戦を実行するが、兵力に勝る米軍に勝つすべはなく、ついに12月31日、大本営はガダルカナルからの撤退を決定する。日本軍にとって開戦後、初めての大敗北となったのである。

その一方で米国のルーズベルト大統領は、6月17日に原子爆弾製造計画を促進する計画(マンハッタン計画)の許可を下し、シカゴ大学内に世界最初の原子炉シカゴ・パイル1号(CP-1)を設置する。そして、12月2日にはイタリア人のフェルミによって持続的連鎖反応の実験に初成功する。この成功の後、大型の原子炉が製作され、大量のプルトニウムが生成されることになっていく。もちろん原子爆弾製造のためである。

3.5.2 ● 本誌の題号変更につき協力を求む

戦時中は、敵性言語としての英語の使用を禁止するような法律や通達はなかった。事実、明治の開国以来、英国海軍を手本とした海軍は航海用語に英語を使用していたし、学校でも英語の授業があったのである。その一方で、海軍と不仲であった陸軍や、その関連機関などでは英語の使用を禁止することが徹底されたといわれている。

このことに関して、米国の国技である野球に使用される言葉が日本語に置き換えられたことは良く知られている。例えば、「ストライク」は「よし」、「ボール」は「だめ」、「アウト」は「ひけ」などである。そのほか、置き換えられた言葉として、「サイダー」は「噴出水」、「カレーライス」は「辛味入り汁掛け飯」だった。

そのような中、OHMも自主規制のためか2月号および3月号において、題号変更に関する協力を次のように読者に求めていた(図3-21)。

『本誌は大正3年11月「電氣雑誌OHM」の題号を以て、当時欧米追随に日も足らざる我が国電気学術の独立を目ざして創刊し、少壮技術者の自由論壇として常に清新な内容に充ち電気界に広く愛読せられ、昭和15年1

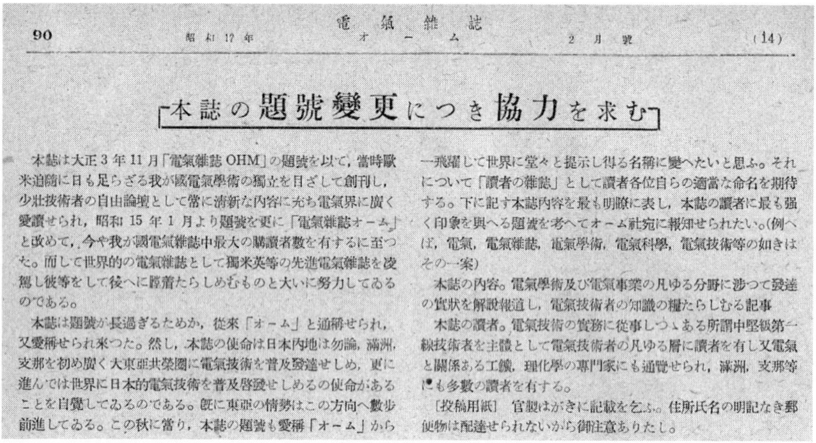

図3-21　本誌題号変更のお願い（OHM 第29巻第2号）

月より題号を更に「電氣雑誌オーム」と改めて、今や我が国電気雑誌中最大の購読者数を有するに至った。而して世界的な電気雑誌として独米英等の先進電気雑誌を凌駕し彼等をして後へ膛着たらしめるものと大いに努力しているのである。

　本誌は題号が長過ぎるためか、従来「オーム」と通称せられ、また愛称せられて来た。しかし、本誌の使命は日本内地は勿論、満州、支那を初め広く大東亜共栄圏に電気技術を普及発達せしめ、更に進んでは世界に日本的電気技術を普及発達せしめる使命があることを自覚しているのである。既に東亜の情勢はこの方向へ数歩前進している。この秋に当たり、本誌の題号も愛称「オーム」から一飛躍して世界に堂々と提示し得る名称に変えたいと思う。それについて「読者の雑誌」として読者各位自らの適当な名称を期待する』

　その結果、千数百名から百数十の案が寄せられた。その中で「電氣日本」という案が圧倒的に多数であったという。そして、7月号からOHMは、「電氣日本」と改題される（図3-22）。

　7月号の巻頭言には、『「電氣日本」は科学技術雑誌という内容の表現に稍々物足りぬものが無いでもないが、併し今日は政治・経済・文化その他

図3-22 新題号「電氣日本」(電氣日本第29巻第7号表紙)

何にしても科学技術に立脚せずしては存在し得ないのであるから、殊更に之を表現する必要も少ないと思われる。一方「電氣日本」は日本の世界史的使命達成の一翼を担わんとする電気雑誌の名として相応しく、構想雄大にして堂々たる響きあり、従って遂に「電氣日本」を新題号として決定されるに至った』とし、決定に至った経緯を紹介している。

また、『OHMはもともと外国人の名であり、オームは電気抵抗の単位として既に全く日本語化したとはいうものの、誌名としては保守的箱庭的であり、電気技術者と雖も初めて聞き初めて見る者には稍奇嬌な感を与え、電気技術者以外の者に対しては一々説明を加えなければ雑誌の内容性格を認識せられない憾みがある。例えば図書館・会社・研究所等の文献整理において、官庁等の内容監査において、出版文化協会の出版統制等においてこの不便不利を屡々聞かされ体験してきたのである。更に本誌が次第に発展して満州や支那の人々から読まれるようになってから、「オーム」という

誌名は之等言語を異にする人に一層異様の感を与えることを知り、広大なる東亜の天地への発展性に欠けていることを識ったのである。ここに我々は国民に対しても国家に対しても改題の義務を痛感するに至った』と記載されている。これは陸軍等の検閲があったことを思わせる一文である。

なお、OHMの改題後の昭和17年12月に英語の雑誌名が禁止されている。戦局悪化の時期と一致するのは、敵性言語を追放し、西洋思想を排除しようという目論見があるのだろうか。

3.5.3 ● 米国の工業戦時体制

三菱電機神戸製作所の前田幸夫氏による「米国の工業戦時体制」の記事が2月号（図3-23）に掲載されている。

前田氏は、社命により昭和15年の春に渡米し、1年半ほど米国に滞在していた。前田氏によれば、当時の米国の技術界はそれまで外国に対して割合開放的で呑気であったが、国際情勢の険悪化とともに警戒が厳重になり、任務遂行上多大の困難を感じたそうである。そして、米国といえば物資の豊富を誇った国であったが、戦時となればそうはいかなかったそうである。急激な軍需品の増産は、当然ながら平和産業方面への物資の供給を不円滑にし、やがて一般生活にも影響を与えるようになっていったとのことである。

米国で最も不足した金属はアルミニウムであった。当時の米国の生産能力は6億ポンド（平年の2倍）であるが、昭和17年春までに機体重量の60％を超えるアルミ合金が必要な航空機を3万6000機作る目標を達成するには、アルミニウムとその合金が約2億3000ポンド必要であり、増産が必要であった。しかし、大電力が必要なアルミ精錬であり、アルミニウムを増産するとなると必然的に電力不足の問題も起こる。電力不足は、アルミニウム工場の拡張ができないという足かせになったのである。

そこで米国では、アルミニウムキャンペーンを実施し、家庭にある古い鍋・釜まで動員することとなった。この動員は、ある意味、国民に非常事態を認識させるのに役立ったようである。

図3-23 我が国初の水素冷却タービン発電機（OHM 第29巻第2号表紙）

このような米国の現状に鑑み、前田氏は次のように結んでいる。

『米国の工業は量によって統一され、質之に従い各部門平均して発達している。翻って従来のわが国は如何。価格の前に質は叩頭を余儀無くされ、工業各部門の発達は不揃い乱雑極まるという他はない。為政者、企業家の深く心を改すべきところか。欧米よりの技術輸入杜絶の現在、遅まきながら科学する心、誠に結構である。併し忘れっぽい日本人の一時の気まぐれに終わらざるよう、確固不抜の決心を要し、同時に英米排撃すべしといって、敵に勝たんが為に、まず敵を知る心掛けを忘れる狭量は深く戒しむべきであろう』

3.6.1 ● 1943（昭和 18）年、学徒動員

昭和 18 年になると欧州の戦局が大きく変化していた。1 月には 30 万余のドイツ軍がスターリングラードでソ連軍に包囲されて全滅し、9 月 8 日には枢軸国のイタリアが無条件降伏をしている。その後、ドイツ軍は連合国に押されて各地で撤退を余儀なくされていったのである。

我が国も年明け早々の 1 月 2 日にニューギニアのブナで玉砕、1 月 4 日にはガダルカナルからの撤退を開始し、2 月に完了している。

戦局悪化の最中である 4 月 3 日、連合艦隊司令長官の山本五十六は前線視察のためラバウルに到着する。山本長官は 4 月 18 日にラバウルを出発してブーゲンビル島に向かうものの、待ち伏せしていたアメリカ機によって撃墜されたのである。当時、我が国で用いられていた無線暗号電文はアメリカ軍によって解読され、山本長官の行動が筒抜けであった。

その後 10 月 16 日には、戸塚球場において慶應義塾大学と早稲田大学の野球部による出陣学徒壮行試合が行われている。これは戦時下における「最後の早慶戦」となった。

そして 10 月 21 日に明治神宮外苑陸上競技場で出陣学徒壮行会が開催される。兵力不足を補うため、高等教育機関に在籍する 20 歳以上の文系の学生を在籍の途中で出征させた学徒動員の始まりである。

3.6.2 ● 社名の変更

OHM は、昭和 17 年 7 月号から「電氣日本」と改題し、昭和 18 年 2 月 11 日の紀元の佳節から、社名を「株式会社電氣日本社」と変更した（図 3-24）。社名変更の主旨は誌名改題と同様である。

「電氣日本」の表紙は、それまでの厚紙から薄い紙になった。このようなことからも当時の資源不足を伺い知ることができる。

3.6.3 ● 電熱蒸気機関車

「電氣日本」7 月号の表紙に蒸気機関車が掲載されていた（図 3-25）。こ

第3章 第二次世界大戦

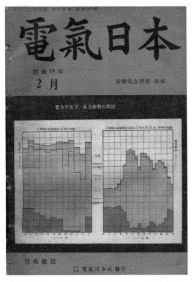

図3-24 当時の発電状況と余剰水力
（電氣日本第30巻第2号表紙）

図3-25 スイス連邦鉄道の電熱蒸気機関
車（電氣日本第30巻第7号表紙）

れはスイス連邦鉄道の蒸気機関車だが、屋根上にパンタグラフが搭載されており、一見するとハイブリッド車ではないかと思わせる。つまり、石炭を燃料とする蒸気機関車と電気を動力とする電気機関車の組み合わせである。しかし、実際は違っていた。

　実は欧州も戦時下にあり、石炭不足が切実な問題となっていた。そこでスイス連邦鉄道は、長距離鉄道の電化、電気機関車や操車用電気機関車の拡充等を進め、蒸気機関車用の石炭を節約するあらゆる方策を講じていたのである。

　掲載された機関車は、操車用の蒸気機関車をブラウンボヴェリー社が改造したものである。パンタグラフから集電した15 000 Vの交流を機関車内の変圧器で20 Vに降圧して得られた大電流をボイラ両側の水管束にある抵抗（電熱線）に導き、大量の熱を発生させる。ボイラ内の水は電動ポンプによって水管束内に送られて高圧蒸気となり、再びボイラ内に送り込まれて循環する。

173

この電熱蒸気機関車は電力をいったん熱に変換した後、蒸気を発生させ、この蒸気によって機械力を得ているので効率が悪く不経済である。しかし当時は資材不足のため操車用蒸気機関車の新規製造が制限されており、またこのような新考案の電熱蒸気機関車によれば電車線（架線）がない場所、例えば、操車場であれば短時間の走行も可能であった。もちろん資材不足のために電車線の新設ができないような場所にも応急的にこの電熱蒸気機関車が活用されていたのである。

当時は、石炭が高価であったため、蒸気機関車に改造を施したとしても、また、その減価償却費および維持費を差し引いても、なお相当の余裕が生まれたとのことである。

3.6.4 ● 竹支線の実用化

電柱等には傾斜防止のため、鋼線を寄り合わせた支線が用いられている。しかし当時、鉄材は貴重な軍需物資であるため支線の代用品が検討されていた。そのような中、竹を支線に用いることが提案された。「電氣日本」9月号の表紙（図3-26）には、竹支線を用いた電柱が掲載されている。

この写真は、竹支線を試作して評価を行った九州配電会社のものである。評価の結果、充分な強度が必要となる交通量の多い市街地および交通が極めて不便な区間を除いて配電線・電話線に全面的に使用可能なことが実証されたのである。

なお、鉄材の不足は深刻さを増しており、昭和18年4月3日には銀座の街路灯が金属回収で応召されている。

3.6.5 ● 電力不足下、水力余剰の状況

当時は種々の資源が不足していたが、我が国には余剰な資源があった。それは水資源である。「電氣日本」2月号の表紙（図3-24）には、本州中央部における1年間の発電状況（写真左のグラフ）と昭和17年4月15日における1日間の発電状況（写真右のグラフ）が掲載され、これらグラフの下部に余剰水力が朱色で示されている。

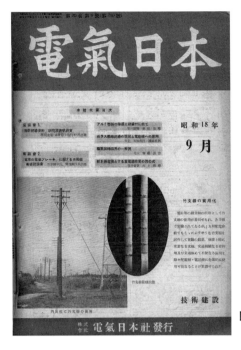

図3-26　実用化された竹支線（電氣日本第30巻第9号表紙）

　我が国は当時、水力発電所が「主」、火力発電所が「従」のいわゆる水主火従であり、そのうち実に8割が水力発電であった。したがって、電力の供給力は季節によって変化する降水量の影響を受けて著しく変動することになる。

　しかし、産業の生産活動すなわち電力需要は降水量と無関係であるため、特に豊水期の深夜には莫大な余剰水力が残る一方、渇水期には発電設備能力と発電用の石炭不足から電力の制限を行わなければならなかった。このようなことから生産活動が制約されていたのであった。

　そこで昭和17年6月には、「渇水期の生産の減退に備えて電力に余裕のある豊水期に極力生産を集中すること」との閣議決定がなされ、また、昭和17年9月に開かれた中央電力調整委員会においても「豊水期の発電水力の有効利用を図り、かつ、渇水期間における生産の減退を補うため豊水期における電力利用強化ならびに深夜間余剰水力の利用促進を図ること」が

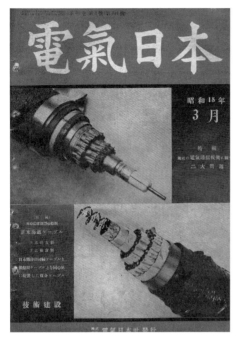

図3-27 新東海道ケーブル（上：住友電工製、下：藤倉電線製）（提供：住友電気工業（株）、フジクラ（株））（電氣日本第30巻第3号表紙）

要請されたのである。

現在であればダムを建設して豊水期の水を溜め込み、これを渇水期に利用すればよいのであろうが、戦時下でもあり、また資源が枯渇しているうえに建設に従事する作業者も不足していたため、ダム建設などは到底できなかったのである。

3.6.6 ● 新東海道ケーブル

「電氣日本」3月号の表紙（図3-27）に有線通信用のケーブルが掲載されている。これは日本独自の同軸ケーブルと無装荷ケーブルとを同心的に配置した複合ケーブルである。戦時中にこのようなケーブルが製作されたということは驚異に思える。

3.7.1 ● 1944(昭和 19)〜 1945(昭和 20)年ころ、ポツダム宣言受諾

1944(昭和 19)年、東条英機首相が参謀総長を兼任し、軍政両面で独裁体制を確立したものの、6 月 15 日に米機動部隊がサイパン島上陸を開始、6 月 19 〜 20 日のマリアナ沖海戦で、我が国は空母 3 隻と戦闘機の大半を失った。そして 7 月 7 日にはサイパン島の日本軍守備隊 3 万人が玉砕する。サイパン島では一般住民の死者も 1 万人に上った。これにより東条内閣は総辞職に追い込まれる。一方、サイパン島を手中に収めた米軍は、サイパン島を日本本土を攻撃する爆撃機の拠点基地としての整備を進める。

日本海軍は米軍の進撃を食い止めるため神風特別攻撃隊を編成し、米艦隊への体当たり攻撃を計画、10 月にフィリピンのレイテ沖で繰り広げられた海戦において初出撃を敢行した。

1945(昭和 20)年 2 月 16 日、米艦隊が硫黄島に徹底砲撃を開始し、2 月 19 日に上陸を開始する。硫黄島はサイパンと日本本土のほぼ中間に位置し、軍事的に重要な島であったのである。米軍の作戦は、上陸前に爆撃機による爆撃と徹底的な艦砲射撃を行い、日本軍に壊滅的な打撃を与えた後、上陸してこれを制圧、短期間で終結しようというものであった。激しい爆撃と艦砲射撃によってすでに日本軍が壊滅したと判断して上陸を敢行した米軍は、日本軍の激しい攻撃にさらされ、当初 5 日で終わると思われた硫黄島上陸作戦は、結局 3 月 26 日まで続き、双方に多数の戦死者を出すに至ったのである。

3 月 10 日、硫黄島での激戦のさなかサイパンを飛び立った B29 爆撃機の 279 機は東京を焼け野原にし、死者 8 万人以上、負傷者 4 万人以上、被災者は 100 万人を超える被害を与えた(東京大空襲)。

4 月 1 日には沖縄本島に米軍が上陸を開始、これに対して 4 月 6 日に戦艦大和が出撃したものの、多数の米軍艦載機の攻撃を受け、7 日 14 時 23 分、鹿児島県坊ノ岬沖で大爆発を起こし海底深く沈んだ。この戦いにより連合艦隊は終焉を迎えることになる。

その後、5 月 7 日にドイツ軍が無条件降伏、8 月 6 日に広島、9 日には

図3-28　電力刈取機(電氣日本第31巻第6号表紙)　　図3-29　電気温水槽(電氣日本第31巻第7号表紙)

長崎に原爆が投下され、8日にソ連が不可侵条約を破り、対日宣戦布告する。そして8月15日、我が国はポツダム宣言を受諾して無条件降伏し、ここに第二次世界大戦が終わりを迎えた。

3.7.2 ● 電力刈取機

　昭和19年になると食料の増産も大東亜戦争の完遂の必須要件とされていた。しかし、働き盛りの若人が出征しているため農村の労力は不足しがちとなり、機械力もまた燃料や機材の入手難で減退し、特に従来、石油発動機を使っていた機械力はほとんど無に近くなっていた。そこで食料を増産する必要性から農事電化に期待が持たれ、「電氣日本」にも農事電化の記事が多くなっていった。

　図3-28は、昭和19年6月号の表紙に掲載された電力刈取機の試作機である。戦時下であるため鉄材は入手が困難であり、車軸等を除き主に古腕木を活用した車両であった。この電力刈取機は1馬力の電動機を搭載し、

これを動力源として中間軸を経て、直径30cmの丸鋸を毎分1000回転させるものであった。

3.7.3 ● 高圧使用電気温水槽

昭和19年7月号の「電氣日本」に3000Vの高圧電気を利用した電気温水槽が掲載されている（**図3-29**）。

これは水力発電が主であった我が国ならではのもので、豊水期（4～6月）の余剰電力を有効活用しようとするものである。普通、電熱槽であればニクロム線に低圧電気を印加したとき生ずる熱を利用するが、当時ニクロム線は、重要な軍需物資であった。そこで鉄管を電極とし、水槽の水を導体として3000Vの高圧を与え、直接水を加熱するようにしたのである。この高圧温水槽は変圧器が不要であり、軽易な資材を使用し、設備費も少なく、施設に要する日数も短くて済む。しかも安全に実施でき効率が高いことだけでなく、豊水期の余剰電力を有効活用し、石炭を節約することができるという直接的にも間接的にも戦力増強に役立つものであった。

3.7.4 ● 書籍の通信販売中止

昭和19年8月号(**図3-30**)には、次のように掲載されていた。

『時局の要請に応え書籍の通信販売は中止しましたから、今後は弊社発行の書籍も最寄の書店でお買い求め願います。株式会社電氣日本社』

さらに昭和19年9月号には、『貴下の「電氣日本」を確保するために右の読者票を直ちに御返送ください。御返送なき方へは雑誌の配給が停るかも知れません(締切期日11月15日)。

雑誌の配給は原則として読者の近所の書店から読者へ届ける事になって居りますが、貴殿のように出版社(弊社)から直接届けて居るものに対しては、今般日本出版会配給課で配給上の参考資料とするため読者の配給順位表を出版者に於いて作製することになりました。配給順位表を作製するために右の読者票(記入事項も大凡そ日本出版会の指示に依っています)を必要とするのでありまして、読者票を締切期日までに返送しないような非協

書籍の通信販賣は中止しました

時局の要請に應へ書籍の通信販賣を中止しましたから，今後は弊社發行の書籍も最寄りの書店でお買求めを願ます。

株式會社 電 氣 日 本 社

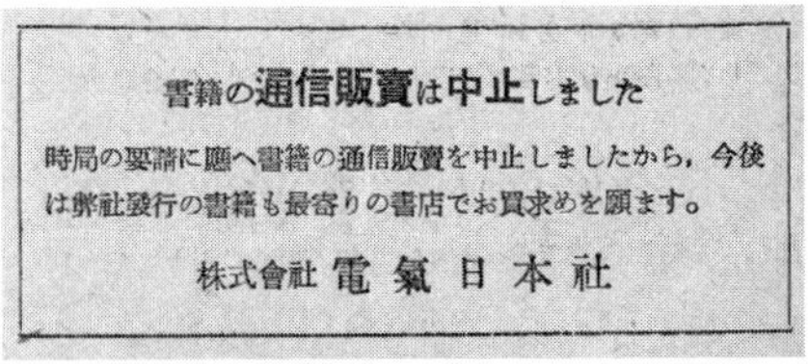

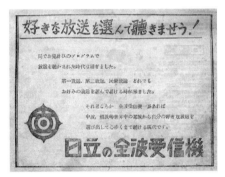

図 3-30　書籍通信販売中止のお知らせ（電氣日本第 31 巻第 8 号）

図 3-32　ラジオ受信機の広告（提供：（株）日立製作所）（昭和 20 年 11・12 月合併号、電氣日本第 32 巻第 8 号表 4 広告）

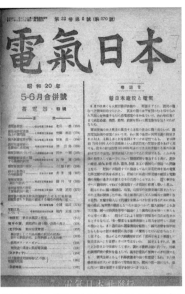

図 3-31　昭和 20 年 5・6 月合併号（電氣日本第 32 巻第 5 号表紙）

力者は配給順位を最下位にするよう指示されて居ます。用紙逼迫の折柄、雑誌発行部数を減らさねばならぬような場合には先ず最下位の読者から配給を停止することが予想されますから必ず御返送下さい。

尚、編集上の御希望等御書添へ下さらば幸甚と存じます。昭和 19 年 10 月　株式会社 電氣日本社』

と記載された折り込み葉書が綴じ込まれていた。郵便物等の配達にも支障をきたしていたことが伺える。

3.7.5● 合併号

戦争も終局となり、物資の供給がいよいよ滞っていたと思われ、「電氣日本」も 2 か月分が合併されて発行されるようになった。昭和 20 年の 5 月号と 6 月号は合併号となった（**図 3-31**）。

合併号の発行は6月12日となっているが、その巻頭言には「新日本建設と電気」という表題で、『8月15日畏くも大東亜戦争終結の聖断は下され、国民の進むべき道は昭示せられた。万世の為に太平を開かむと仰せられた大御心を拝察するだに恐懼感激のほかはないが、われ等は飽くまで承詔必謹、粛然、毅然、荊棘を拓いて国体護持を完うせねばならぬ』と記載されている。発行日と記載されている内容とが不一致であることを考えると終戦の直前直後で相当混乱していたことと思われる。

　ちなみに7月から12月までは、2か月ごとの合併号として発行されている（7‐8月号、9‐10月号および、11‐12月号）。

　昭和19年以降は、藁半紙のような紙を用いた誌面となり、さらに昭和20年になると黒インク一色の構成となり物資不足であったことが伺えるが、合併号という構成であったとしても「電氣日本」は、一度も休刊することなく発行を続けたのである。

　そして5‐6月号の巻頭言に記載されているように、農村における電化の記事が「電氣日本」の誌面に多く登場することになる。

　そのような中、ラジオ受信機の広告が掲載されている（**図3-32**）。これは日立製作所のものであるが、『好きな放送を選んで聴きましょう！　局でお見計いのプログラムで放送を聴かされた時代は過ぎました。第一放送、第二放送、民衆放送　どれでもお好みの放送を選んで聴ける時が来ました。それどころか、全波受信機一台あれば中波、短波等世界中の電波から自分の好きな放送を選び出して心ゆくまで聴ける現代です』とある。

　戦時中は、海外の放送が受信できる短波ラジオを持つことは禁止されており、主に中波放送だけが聴取可能であった。戦争が終わったことが実感できる広告といえよう。

3.8.1 ● 1946(昭和21)年、日本国憲法の公布

　終戦後、GHQ（連合国総指令部）は直ちに占領政策を実行に移し、軍国主義者の公職追放や超国家主義団体の解体を指令するとともに、憲法改正を迫っていたなか、ソ連は1946(昭和21)年2月16日に樺太、千島の占有を宣言、2月20日には歯舞・色丹・国後・択捉の4島をソ連領に編入すると宣言する。敗戦国であった我が国は、ソ連の一方的な通告になすすべがなかったのである。

　新憲法は10月7日に貴族院の修正に応じた衆議院において、ほぼ政府案通りの形で成立し、11月3日に日本国憲法として公布され、ここに平和日本の礎が完成した。

　また、この年の5月7日に東京通信工業(現：ソニー(株))の設立式が行われている。初代社長は前田多門であり、総勢20名余りの会社であった。また、6月15日にはNHK技術研究所がテレビの研究を再開する。GHQは軍事関連の産業を禁じていたが、放送に関しては逆に積極的に研究・実用化を図ることを進めていたのである。

3.8.2 ● スーパーヘテロダイン受信機

　「電氣日本」7月号(図3-33)は、ラジオの特集号であった。日本電気(株)の大山三良氏は、『終戦後、短波による外国の放送の聴取が出来るようになって以来、あちらこちらで全波受信機が製作され、また素人の方々でも自分で一つ受信機を組立てサンフランシスコやメルボルン等の音楽を聴きたいという方も多いことと思う。ここに短波の受信機になくてはならないスーパーヘテロダイン方式についてその原理、利点を平易に説明し、更にこの方式に付随して色々注意すべきことを述べよう』という書き出しで始まる記事を投稿している。

　戦争中は短波による海外放送の聴取が禁止されていたが、終戦によってこれが解禁されたこともあり、昭和21年の「電氣日本」には真空管を利用した短波ラジオの記事が多く掲載されている。図3-34は、「電氣日本」7

第3章　第二次世界大戦

図3-33　ラジオ特集号（電氣日本第33巻第7号表紙）

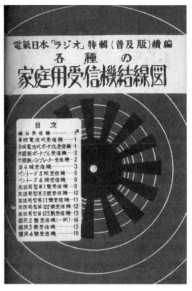

図3-34　家庭用受信機結線図（電氣日本第33巻第11号付録表紙）

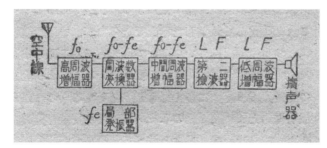

図3-35　スーパーヘテロダイン方式の受信機の構成（電氣日本第33巻第7号）

月号の続編として11月号の付録となった「家庭用受信機結線図」の表紙である。

　スーパーヘテロダイン方式の受信機は、図3-35に示されるようにアンテナから受信した電波を増幅する高周波増幅器、この高周波増幅器で増幅された信号を局部発振器から出力される局発信号との差の周波数（中間周波数）に変換する周波数変換器、中間周波数に変換された信号を増幅する

183

中間周波増幅器、増幅された中間周波数の信号から音声信号や音響信号を
取り出す検波器、取り出された信号を増幅してスピーカやイヤホン等の受
話器に出力する低周波増幅器を備えている。

　スーパーヘテロダイン方式の要といえるのが周波数変換器である。この
周波数変換器について大山氏は、終戦直後ならではともいえる例え話で分
かりやすく説明しているので、少し紹介することにしよう。

　『電波に限らず一般に波と言われるものは、周波数の異なった二つのも
のを合成すると、その二つの周波数の差の周波数をもった波が出てくる。
これを「唸り」という。一例を挙げると戦時中、我々がさんざん悩まされた
B-29 の爆音は戦闘機の様にブーンという一本調子の音ではなく、ブルブ
ルという重苦しい唸った様な音であった事を充分経験させられたと思う。
これは戦闘機には発動機が一基しかないが、B-29 には四基あり、この各々
から出る音がお互いに少しずつ周波数が違うためにお互いの間に複雑な唸
りを起こしたものである。

　この「唸り」の現象を受信機に利用したのがヘテロダイン及びスーパーヘ
テロダイン方式である。無線通信に使用する電波は一番低い周波数のもの
でも数 10 kHz 程度で、これを受信してそのまま増幅しても耳に聞こえる
音にはならない。受信機の内に発振器を入れ、この周波数を空中線（アン
テナ）から入ってくる電波より 1 000 Hz だけ低く調節すると、この二つの
電波の「唸り」は 1 000 Hz となる。これを増幅して拡声器に接続すると空
中線から電波の入ってきた時だけ拡声器に 1 000 Hz の音を発し、持続電
波（A1 電波）による電信の受信が出来る。これがヘテロダイン受信機であ
る。そしてこの場合、受信機内部に組みこまれた発振器のことを「局部発
振器」（Local Oscillator）という。

　このヘテロダイン受信機では唸りの周波数を直ちに耳で聞こえる程度に
したが、これを数 100 kHz 以上の無線周波数として幾段か増幅してから普
通の受信機のように検波して、断続電波（A2 電波）や振幅変調電波（A3 電
波）を聴き得るようにしたものがスーパーヘテロダイン受信機である』
と述べている。

唸り現象を当時の日本人が嫌というほど思い知らされた B-29 爆撃機の
エンジン音に例えていることが、いかにも終戦直後と思えてならない。

3.8.3 ● 超小型ラジオセット

戦時中、米国は日本の神風特別特攻隊を撃墜するため、真空管を用いた
信管（VT 信管）を開発した。VT 信管は航空機が近くを通過すると爆弾を
炸裂させる信管であり、高角砲の砲弾に使われ、従来の時限信管（発射後、
設定時間経過後に爆発させる信管）に比べて飛躍的に命中精度を向上させ
ることができたのである。

VT 信管に用いられた小型・高性能の真空管は、平和の訪れとともに超
小型ポケットラジオ受信機（スーパー受信機）に採用されることになる。こ
のラジオは、高さが 3 インチ、深さが 3/4 インチ、幅が 5/4 インチとい
う小型であり、重量もわずかに 0.5 オンスであった。しかも驚くべきこと
に、すべて電源が小さな筐体内に納められていた。真空管を駆動するため
には、高い電圧と低い電圧の直流が必要であるが、これらの電源となる電
池も小さな筐体に一緒に納められていたのである。

市販されたセットには、ポケット型、ハンドバッグ型の名の下に金銀鍍
金または美しい皮革のカバーがなされ、セットから細いコードが出て、そ
の先に小さな受話器が付いていた。ポケット型では、この受信機を普通の
万年筆のように胸ポケットに入れてセットの頭にあるダイヤルを廻すと、
各放送局の放送が自由に聴取でき、アンテナは受話器のコードに結合され
ていた。このラジオは、当時の価格で 30 ドルしたそうである。相当高価
であったに違いない。

3.8.4 ● 動力が今日の米国をつくった

「電氣日本」10 月号（図 3-36）にマッカーサー司令部から提供された資料
として、「動力が今日の米国をつくった」というタイトルが付けられ、米国
における市民生活の状況の記事が次のように記載されている。

『米国においては男女子供一人当たり 14 馬力の動力を持つ召使いを使用

して生活している勘定になると専門家は云っている。その召使いなしで暮らすためには、人力、動物、風車、水車の力で殆どの仕事をしていた蒸気機関の発明前の生活程度にまで立ち戻らなければならない。…中略…電気は石炭、油に比べて実に驚嘆すべき偉力ある召使いである。開閉器を入れたりボタンを押す、ただそれだけで家庭内で工場で農場で幾百と云う仕事をしてくれる。

　今、米国の家庭で電気が毎日どれ程の仕事をするかを調べてみよう。朝になると自動開閉器が動作して油暖炉をつける。主婦が台所

図3-36　照明特集号(電氣日本第32巻第10号表紙)

におりるまでには家内が暖になりお湯もわいている。主婦は電気壺でコーヒーを入れ、電気でパンを焼き、電気冷蔵庫で保存しておいた冷たい新鮮なバターをつける。朝食後には電気洗濯機で洗濯をはじめる。着物を洗っている間に電気皿洗器の中に朝食の皿を入れておき、電気真空掃除機で室内の掃除をする。洗濯物を戸外に乾かし、子供のお弁当を調理して主婦の午前中の仕事は終わる。

　午後には早めに洗濯物に電気アイロンをかけ、カマドに夕食用のロース肉を置いて5時になったら火のつくように電気時計を調節して近所の倶楽部へ出掛ける』

　当時の我が国は配給制度が残っており、闇市が横行していたころでもあるが、米国民の生活レベルとは格段の差があったことを改めて思い知らされる。

第4章

戦後復興

4.1.1 ● 1947(昭和22)年、電力制限を実施

4.1.2 ● 社名の変更

4.1.3 ● 誌上仲介サービスの開始

4.1.4 ● 「新電気」の創刊

4.1.5 ● "感電"特集

4.2.1 ● 1948(昭和23)年、新たな素子の
登場

4.2.2 ● 注目すべき新増幅管トランジスタ

4.2.3 ● 無線通信士資格検定試験

4.2.4 ● 新しい電気製品の紹介

4.3.1 ● 1949(昭和24)年、湯川博士が
ノーベル賞受賞

4.3.2 ● 創刊35周年「電氣日本」から「OHM」
へ復題

4.3.3 ● 日発中央司令所の大給電司令盤完成

4.4.1 ● 1950(昭和25)年、電気事業再編令

4.4.2 ● 新型計算機の登場

4.4.3 ● ジェーン台風による被害

4.4.4 ● 国鉄のケーブル改修工事

4.5.1 ● 1951(昭和26)年、発送配電一貫経営
の9電力会社が設立

4.5.2 ● 長岡半太郎博士の追憶

4.5.3 ● 我が国初の交流計算盤

4.5.4 ● 超高圧設計の金井−西東京送電線
完成

4.6.1 ● 1952(昭和27)年、カラーテレビ
ジョンが一般公開

4.6.2 ● 国鉄のマイクロウェーブ通信

4.6.3 ● 新北陸幹線用鉄塔の強度試験

4.6.4 ● 水力発電所事故

4.7.1 ● 1953(昭和28)年、テレビ放送開始

4.7.2 ● 競争するNTVとNHKのテレビ
ジョン

4.7.3 ● TVの大型受像管

4.7.4 ● 着々と進行する只見川の電源開発

4.8.1 ● 1954(昭和29)年、ソ連で世界初の
原子力発電による送電開始

4.8.2 ● 佐久間発電所

4.8.3 ● トランジスタの原理とその応用

4.8.4 ● 原子力電池と太陽電池

4.1.1 ● 1947（昭和22）年、電力制限を実施

　アメリカでは超音速機の開発が進められていた。B-29の胴体下部に吊り下げられた実験機ベルX-1である。この機体は乗員1名の小型機であり、ロケットエンジンの推進力を利用する。1946年1月の滑空試験から始められたX-1の飛行実験から1年10か月後の1947年10月14日、チャック・イェーガーの操縦で時速1200kmを記録し、それまで魔物といわれていた音速の壁が初めて破られた。

　一方、我が国では戦後の復興による電力供給側の対応が間に合わず、電力制限が実施され、3月には4日に1日の休電が、6月には週2回の休電が実施されるに至っていた。なお、現在の理容店で月曜日が休業のところが多いのは、当時の休電日に合わせて定休日を設定した名残であるといわれている。

　また、5月3日に日本国憲法が施行され、宮城前広場で記念式典が開催された。そして5月20日には吉田内閣が総辞職し、6月1日に日本初の社会主義者の片山哲首相が総理大臣となり、6月23日に戦後初の国会が開催された。

4.1.2 ● 社名の変更

　オーム社は1914（大正3）年11月1日、電気雑誌OHMの創刊とともに創業した会社である。そして、1922（大正11）年9月27日に（株）オーム社を設立して、その登記を済ませている。その後の22年間、読者にはオーム社で通っていたが、昭和18年2月11日、四囲の情勢に従って、オーム社は「電気日本社」と商号を変更した。これは主として戦時中の監督官庁たる情報局が外国名を極度に排斥したことを考慮したものである。しかし、終戦とともに事情は一変し、当局の圧迫がなくなり、国内の世論も正常に復帰したことから再び元の名称である「オーム社」へと復帰したのである。

　その理由としては、

① 創業当時の意気を伝え、長い伝統精神を生かすため

② この際、旧名に復することを希望される向きが多いため

　③ 当社の事業が拡大し、電気日本社の社名は適当でなくなったため

　④ 旧名を他に利用される懸念があったため

等によるものとしている。

　しかしながら誌名は、「電氣日本」のまま継続されることになった。当時の社長　古賀廣治は、『昭和17年7月号以来、すでに6年間を経過し、その名前も漸く普及し、また雑誌の内容を如実にあらわしているからであります』と述べている。

　昭和22年の「電氣日本」は、戦後復興の状況についてとりあげた記事が多く、どの記事からも戦後復興にかける技術者の思い入れが伝わってきた。

4.1.3●誌上仲介サービスの開始

　戦後の爪痕が色濃く残っていた当時ならではのことと思われるが、「電氣日本」誌上で商品の売買、求職と求人の仲介サービスを始めたことが紹介され、次のように記載されていた。

　『モーター、トランスその他電気機械器具、材料一切ベアリング等の機械部品、その修理。工学工業書籍雑誌。買いたい方はありませんか？　売りたい方はありませんか？

　電熱温床、電気乾燥、電気メッキ、充電装置等、中小工場及び農事電化の設計。特殊電気機器の設計。青写真、文献複製、GHQへの書類作製。求職、求人。困っている方はありませんか？　迷っている方はありませんか？

　生産企業のために！　生産再開のために！　生産転向のために！　生産増強のために！　この誌上仲介欄を御利用下さい。日本全土に行きわたる本誌を通じて相互扶助の実をあげたいと思います。詳細は返信料30銭を添えて御問合せ下さい』

4.1.4●「新電気」の創刊

　1947（昭和22）年12月1日に「電氣日本」のジュニア版の位置づけとして「新電気」が創刊された（**図4-1**）。「新電気」は、新しい日本の電気工業・

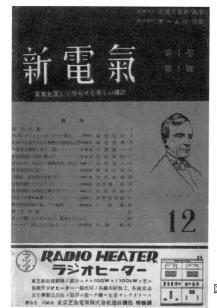

図 4-1 「新電気」創刊号(新電気昭和 22 年 12 月号表紙)

技術界を背負って立つ工業学校の学徒・若い技術者の最大の信頼をもって相談相手となる新雑誌と銘打ち、次のような意図で企画されたものである。

『日本の工業・技術界に最も不足していたものは基礎理論分野の確立であった。発明発見の素がどういうところに芽生え育成されていくかを分析する気持で基礎部門の頁が採り上げられ、実務者や機器取扱・故障観察の態度を学理に結びつけて処理する訓練を織り込んで実務部門ができ、学校考査や電験問題を立体的に検討することによって真の実力を涵養するやり方で問題解答部門が企画されてある』

そして『百聞は一見に如かず、この内容を含味し、油然(ゆうぜん)として湧きあがる創意工夫の素を工業新日本の建設に傾けるよう切望する』としている。

4.1.5 ● "感電"特集

「電氣日本」4月号(図 4-2)は、"感電"特集であった。この号の巻頭言には次の記載がある。

第4章　戦後復興

図4-2　感電特集号（電氣日本昭和22年4月号表紙）

図4-3　つめ付きヒューズ（電氣日本昭和22年5月号表紙）

『戦争中は社会情勢から人命がきわめて安価に考えられるのを余儀なくされ、敗戦では国民が希望を喪失したために道義心の低下となり、その結果の一つとして電気施設による感電事故の数は著しく増加した。戦前は年々、事故数が減少しつつあったが、戦争末期にいたって爆発的な増加を示した。すなわち昭和20年では戦前の約2倍以上となり、昭和21年ではさらに数倍となる傾向が伺える。

昨今これらの感電事故のうちで大半を占めるものは高圧線の断線に基づくものであって、多年に亘った戦争によって配電線の補修・手入れができなかったために、一度強風等があると高圧線が断線して地上に低く垂れるからこれに被害者が触れて起こるのである。

当時は、家庭の燃料（石炭）不足から熱源として電熱器が多用されていた。そのため家庭のヒューズが切れて停電することがよくあった。これを配電会社の人に依頼するのも気がひけるので素人細工で直す。これが病みつきとなると見よう見まねで変圧器の高圧側のヒューズまで直そうとする

191

ので、高圧側ヒューズを見に行って感電するという有様であった』

　当時は現在のようなモールド形のブレーカではなく、つめ付ヒューズと呼ばれるヒューズが用いられていた。**図 4-3** に多数並んでいるのは、つめ付ヒューズを入れるヒューズボックスである。

　また 4 月号には、盗難防止用の鉄条網で感電する例が次のように紹介されている。

　『昭和 21 年の食糧危機の時が最も著しかったのであるが、主に野荒らしを防ぐために鉄条網を畑の周囲にめぐらして、高圧なり、低圧なりを加圧しておくと、これに野荒らしが感電して死傷するのである。この工事そのものはもちろん法規に抵触するのであるが、触れて死傷したものに野荒らしでないものもあり、ことさら問題である。滑稽というか気の毒というか施設者がかかって死んだ例もある。自動車材料商がしばしば品物が盗まれるので、盗難防止のために鉄条網を設け、自宅にあった柱上変圧器で低圧から逆に高圧に昇圧して鉄条網に加え、なお同家には小川を渡らなければ入れないのを利用し、その小川の橋に人が踏むと接点が閉じる開閉器を仕かけて就寝していたが、はたしてこの開閉器が閉じて警報がなった。慌てて飛びだしたところ自分がひっかかって死んだというので、これでは誰にも苦情をいうわけにはいくまい。この鉄条網も敗戦後の道義心低下の所産である』

　このようなことが起こるのも、戦後まもない昭和 22 年のことであるからやむをえなかったのであろう。

4.2.1 ● 1948（昭和23）年、新たな素子の登場

1948（昭和23）年、アメリカのベル電話研究所ではバーディーン（John Bardeen）、ブラッテン（Walter Houser Brattain）の両博士により点接触トランジスタが発明された。真空管に代わる電子工学の新たな主力素子の登場である。またシャノン（Claude Elwood Shannon）が「コミュニケーションの数学的理論」を、アメリカの数学者ウィーナー（Norbert Wiener）が「サイバネティックス」を発表する。これらは現代情報理論の爆発的発展の導火線となった。

我が国では、逓信省電気試験所が電力部門を担当する商工省工業技術庁電気試験所と、通信部門を担当する逓信省電気通信研究所とに改組された。電気試験所は1956（昭和31）年に世界初のプログラム内蔵方式トランジスタ・コンピュータを開発し、我が国における情報処理技術の礎を築いたのである。

当時、連合国の占領統治に置かれていた我が国では、この年の4月28日に公布された夏時刻法によりサマータイムが実施された。この法律の第一条には、『毎年、四月の第一土曜日の午後十二時から九月の第二土曜日の翌日の午前零時までの間は、すべて中央標準時より一時間進めた時刻（夏時刻）を用いるものとする』と定められていたが、4年間だけの実施で夏時刻法は廃止された。

4.2.2 ● 注目すべき新増幅管トランジスタ

「電氣日本」12月号（**図4-4**）には、早くもトランジスタの紹介記事が次のように掲載されている。

『米国ベル電話研究所（BTL）では、William Shockley 博士の指導、John Bardeen 博士の理論的研究、W.H.Brattain 博士の実験的研究によって Transistor（TRANSfer res ISTOR）という画期的な新増幅器の発明が完成された。これは現在では一つのユニットで出力25mW、10MHzまで働く。

真空の操作が全然いらず、また熱陰極がないため冷却の必要がなく、極

図4-4 火力発電特集号(電氣日本昭和23年12月号表紙)

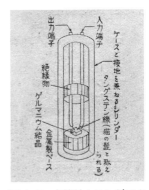

図4-5 点接触トランジスタの構造(電氣日本昭和23年12月号 p.556)

めて小型で構造簡単かつ頑丈であるから、ラジオ受信機などに広く利用されるであろうし、殊に例えば、補聴器や携帯ラジオなどのように低電圧の電池を電源とし小型軽量を条件とするものなどには最も理想的である。

　トランジスタの構造としてはゲルマニウムという金属の結晶を金属ベースにろう着し、他の上面には2本の2ミリのタングステン線を約0.002インチ離して接触させてある。現在の実験ではシリンダの直径3/16インチ、長さ5.8インチである(図4-5)。ゲルマニウムは半導体(semi conductor)であるが、この半導体の研究は二十数年前から開始され、BTLでは今回の大戦後、特に研究を集中したものである。ショックレー博士等は電気信号に応じてゲルマニウムの極く小部分だけ電流が速やかに流れるよう導電性を変えてやる方法を発見し、これによって電子の移動が一方の接続点から他の点まで1000万分の1秒以下でできることとなった』

　接触型トランジスタは、同研究所直結のウエスターン電気会社で量産されたものの振動に弱く、特性が不均一であるという欠点があった。接触型トランジスタは、バーディーンとブラッテンの2人の博士が発明したもの

であるが、その動作原理は当初よく分からなかった。その後、動作原理の研究を進め、高純度の半導体に電気伝導を担うキャリアをいかに注入するかが重要であることが分かってきた。この結果、ショックレーが1949（昭和24）年、より安定した特性を得ることができる接合形トランジスタを発明したのである。

4.2.3 ● 無線通信士資格検定試験

戦後復興に役立つものとして、また文化発展の原動力として科学の先端を切り開いていた無線通信であるが、むやみやたらに利用されると混信や通信障害などを起こして問題となる。このため無線通信は資格保有者でないとできないよう規制されていた。当時は逓信省が行う国家試験、すなわち無線通信士資格検定規則に定める検定によって、相当資格を得た者でないと無線通信に従事できないことになっていた。

無線通信士資格検定試験は、無線通信の運用にあたる無線通信士として必要な資格を付与する試験であって、第一級から第三級までと電話級、聴取員級の五等級に区分され逓信大臣の命じた検定委員が検定を実施していた。この無線通信士の制度には、五等級のほかに航空級もあったが、占領下でもあり、この級の検定は行われなかった。

検定の方法であるが、一般に対する試験検定と一定期間の実務経歴や一定の学歴のある者に対する銓衡検定とに分かれていた。銓衡検定は、試験検定の科目の範囲内で、申請者の経歴に応じて検定課目が軽減されるものである。具体的には、元海軍通信学校の高等科を卒業してから3年以上無線通信に従事した者は第二級、元陸軍または海軍の通信学校を卒業した者は第三級の銓衡検定の受験資格があった。

試験検定は原則として年1回、銓衡検定は毎年3月、6月、9月、12月に行われていたが、銓衡検定を受験して不合格となった者は、6か月以上経過しないと次の受験はできないとされていた。また銓衡検定は、毎回300名から多いときは1000名以上の申請者があったが、そのうち合格の栄誉が与えられるのは2割足らずで、その成績も必ずしも満足できるもの

図 4-6　巻鉄心型変圧器（提供：（株）東芝）（電氣日本昭和23年6月号表紙）

ではないようであった。

4.2.4 ● 新しい電気製品の紹介

　4月7日の夜、「新しい電気製品の紹介」と題したオーム社主催の講演会が毎日ホールで開かれ盛況であった。講演は東芝、明電舎、日立製作所、三菱電機、安川電機によるものである。

　東芝の電気製品として廣瀬敬一氏が講演を行い、その内容が「電氣日本」の6月号に掲載されている（図4-6）。廣瀬氏が講演会の冒頭に述べたことが、当時の情景を物語っていると思われるので紹介する。

　『終戦当時その目標を失った電気機械工業界は、とにかく戦災を蒙った電車電動機や柱上変圧器の修理でその当座の仕事を始めた。ついで軍需工場の閉鎖によって多大の電力の余剰ができるだろうという考えから、家庭用の電熱器や電気ボイラ等の製作に移った。しかし間もなくその余ると思われた電力も異常渇水や家庭用燃料の不足を補うための電力使用が盛んになったために、たちまちのうちに不足を告げる状態となって、電熱器具の

製作はやがて中止となった。次に石炭 3 000 万トンの目標が国策として確立され、炭坑用の電気機械の製造、食糧増産のための農事用電動機や肥料製造用の電気機械の製作が盛んになった。一方、進駐軍用の電気機械器具も重点的に製作された。近くは貿易再開と共に繊維工業用の電動機、それから電力開発のための発電機の製作へと順次その舞台が変わってきた。戦後の国内の工業の規模から考えても、かつての日のように容量に新記録を争うようなことはとても不可能である。しかし、戦前もしくは戦争中にも製作されなかった全然新しい製品も数多く製作され、しかもこれらが最近進駐軍の好意で我が国に寄贈された外国雑誌の文献と照らし合わせて見ると、アメリカでも大体同じ方向に進歩発達していることが認められ、その量こそ遙かにおとっているとはいえ、我らの進み方が決して誤っていないということをいえるのは心強い』

　変圧器用に用いられる鉄心には、高温圧延によるものを短冊状に切ったものが使われていたが、アメリカでは 1938（昭和 13）年頃から柱上変圧器の鉄心として帯鋼製造用の連続圧延機による冷圧延ケイ素鋼帯が使用され出した。この変圧器の最大の特長は、無負荷損（鉄損）および励磁電流が少ないこと、電気鉄板の使用量が少ないことである。東芝製の巻鉄心型変圧器は、当時の電力非常時に役立ったに違いないだろう。

4.3.1 ● 1949（昭和 24）年、湯川博士がノーベル賞受賞

　アメリカのベル電話研究所のウィリアム・ショックレーは、p-n 接合形トランジスタの理論的研究を発表する。この発表の 2 年前の 1947 年にジョン・バーディーン、ウォルター・ブラッテンとともに点接触型トランジスタを発明した成果が認められ、後に彼ら 3 名にノーベル物理学賞が贈られることになる。1956 年のことである。

　また、イギリスのケンブリッジ大学では、モーリス・ウィルクスらによって電子式遅延記憶自動計算機 EDSAC-I が開発される。この計算機には 3 000 本の真空管が使われ、18 ビットを 1 ワードとした 1 024 ワードのデータや、命令を記憶させることができる実用的なプログラム内蔵型の電子計算機としては世界初のものであった。

　一方、我が国は 1 月に国際連合の下位機関である国際電気通信連合（ITU）に加盟し、3 月には NHK 技術研究所製の有線テレビが公開され、9 月になると東京天文台で我が国初の太陽電波観測が行われる。また 11 月 3 日には、中間子理論の提唱などで原子核・素粒子物理学の発展に大きな功績をあげた湯川秀樹京都大学教授が、日本人として初のノーベル賞を受賞する。この受賞は理論物理学ブームのきっかけにもなった。

　そのような中、我が国は急激なインフレにあえいでいた。そこで経済の自立と安定化のための財政金融政策、いわゆるドッジ・ラインが実施されることになる。その一環として第三次吉田内閣のもと、GHQ と保守勢力による労働者の整理が行われる。

　そして、6 月 1 日に行政機関職員制定法が施行され、公務員の約 28 万人、日本国有鉄道の約 10 万人に及ぶ人員整理が行われることになった（日本国有鉄道は 6 月 1 日に運輸省から分離、発足）。

　しかし、初代国鉄総裁の下山定則は就任して間もない 7 月 5 日、登庁の途中で行方不明になり、翌 6 日、常磐線の北千住 − 綾瀬間の線路上で轢死体となって発見される（通称：下山事件）。

　また 7 月 15 日には、中央線の三鷹駅構内の車庫から突如無人電車が走

り出して脱線し、駅改札口と階段を破壊しながら線路脇の商店街に突っ込む三鷹事件が起こった。この事故によって利用客6名が死亡し、重軽傷者は20名余にのぼった。

さらに8月17日、東北本線の松川駅付近で列車転覆事件が起こる(松川事件)。事故現場のレールの釘が抜かれているのが転覆の原因だった。

これら三つの事故は国鉄三大ミステリー事件と呼ばれ、人員整理に反対した労働者たちが起こしたともいわれているが、その真相はいまだに闇の中にある。

4.3.2 ● 創刊35周年「電氣日本」から「OHM」へ復題

1949(昭和24)年11月、「電氣日本」は創刊35周年を迎えた。そこで戦後4年を経過したこの機会に「電氣日本」は、創刊時の誌名である「OHM」に復題することになった(図4-7)。

そもそも誌名を「電氣日本」と改題したのは、1943(昭和18)年に行われた読者投票によるものであり、同時に社名を「電気日本社」と改めたことに

図4-7　電気雑誌「OHM」に復題(OHM 昭和24年11月号表紙)

199

始まる。これらの名称変更は太平洋戦争が進展するに従い、国の内外に防諜と排外思想が広まり、社名「オーム社」と誌名「OHM」あるいは「オーム」が各方面に疑惑の種を播き、雑誌や通信の遅配等が頻りに起こり、また種々の統制が強化されるに従い、電気を知らない人の理解を得ることに不便を感ずる等の不都合な事態に煩わされるようになったことによるものである。

　終戦後に社名を「電気日本社」から「オーム社」に復帰したとき、誌名も復題すべきという議論があったものの、「電氣日本」の誌名がよく普及したこと、改題のときの理由がいまだ全部解消されていないこと（例えば、用紙割りあての統制が一層強化されていた等）、改題すると同名の雑誌が出現するおそれがあったこと（当時それを懸念する事例もあったそうである）等の状況だけでなく、何よりも「電氣日本」という誌名は読者の意向によって決まったものであるので、発行者の都合のみで変更するのは妥当でないと考え、改題を見送っている。

　しかし昭和 23 年、購読者の中から約 2500 名を対象に「電氣日本」と「OHM」の可否を問い合わせたところ、その過半数から「OHM」に復題するのを可とする答えが返ってきた。そこでオーム社は、商標登録出願の手続きを済ませ、さらに統制緩和の情勢をも参酌し、創刊 35 周年記念に合わせて「OHM」への復題が決行されたのである。

4.3.3 ● 日発中央司令所の大給電司令盤完成

　日本全土にわたる電力の需給状態を見わたすことができる給電司令盤が、日本発送電（株）の中央給電司令所に建設され、昭和 24 年の 9 月 1 日から運用が開始されている（図 4-8）。

　電力は貯めておくことができないため、消費する分だけ同時に供給しなければならない。このため、時々刻々変化する電力消費量に応じた給電計画を立て、全系統にわたる安定運転を維持して常時、良質の電気を供給する必要がある。中央給電所は、地方給電所の統括、地方給電司令所間の電力融通司令、全系統電気工作物の運用および効率増進に関する司令、火力

発電所の運転順位司令、調整池および貯水池の使用方針司令、電力配分ならびに電力調整事項、そのほか重要停電作業に関する司令の業務を行うために設けられたものである。

中央給電司令盤（富士電機製造（株）製）は、高さ5 100 mm、幅12 × 800 mmの盤であり、その前面には1/15万分の全日本地図が描かれ、貯水池を有する主力水力発電所（10か所）は緑色ランプで、火力発電所（44か所）は赤色ランプにより、主要両サイクル発電所（20か所）は赤・緑ランプにより表示され、また各地区の天候が晴天（白色）、曇天（赤色）、雨天（青色）、雪天（緑色）等と表示され、司令電話による通報を受けて、ランプが時々刻々の状態を表すようになっていた。

図4-8　日発中央司令所の給電司令盤（OHM 昭和24年10月号）

そのほか司令盤には、全国の送電系統中154 kV以下、44 kVまでの全系統、11 kV以上の特に必要な系統、日発の発電所、変電所、開閉所の全部および地区発電所の一部、全国主要都市、主要河川、日発各支店管轄範囲、送電系統の各給電司令管轄範囲等が色別表示されていた。

立派な司令盤と思えるが、実は当時、遠隔測定が困難であったため司令電話（主に電力線搬送）によって受けた運転、停止状態の通報を単にランプで表示するだけであって、これは頭で記憶するかわりに目前に表示されているから判断しやすいであろう、という程度のものであったのである。

4.4.1 ● 1950（昭和25）年、電気事業再編令

日本の統治下にあった朝鮮半島は第二次世界大戦の終戦後、北緯38度線を境としてそれぞれアメリカとソ連の管理下に入ることになる。その後、アメリカを中心とする自由主義国家群とソ連を中心とする社会主義国家群とが睨み合う冷戦が進む中、東西両大国の代理戦争が朝鮮半島でも行われたのである。

そのような中、アメリカRCAのワイマー（P.K.Weimer）らは、内部光電効果を利用した光導電形撮像管ビジコンを発明する。また、シャドウマスク形カラー受像管も発明され、早くもカラーテレビジョンの実験に成功している。

一方、我が国では昭和25年にNHKがテレビジョンの実験放送を開始する。また11月24日には、電気事業再編令と公益事業令が公布された。これにより日本発送電が解体され、9配電会社のそれぞれに発電設備が移管され、発送電一貫体制（発電から送電・配電までを一つの会社が一貫して行う体制）が確立し、9配電会社が地域独占の電気事業会社として再編された。このとき設立された事業会社が、現在の沖縄電力を除いた9電力会社である。

4.4.2 ● 新型計算機の登場

東京大学第一工学部精密工学科の友野史生氏が、次のような新型計算機（図4-9）の記事を投稿している。

『以下に述べる計算機は、従来の機械的計算機類とは別種の構成原理による新しい実用型自動機であって、計算機の動力を電動式にするだけではなく、演算の原理、各種自動操作、指示装置等も極度に電化したもので、（1）製作が容易で、（2）完全に自動化されていることを設計の一番の目標にしてきたものである。特長としては、（1）構造簡単で、稼動部分が少なく（1台につき、歯車2枚、ラチェット22枚、カム、クラッチ、リンク等はない）、部品の種類は極めて僅か、調整組み立てに精密な合わせ仕事がいら

ぬこと、(2)押しボタン操作により全演算が自動的に行われ、タビュレータ、払い数もすべて自動化され、計算が終われば直ちに電源が切れ、表示灯が点ずる、(3)部品の交換、取り付け位置の転換が自由で、機械の外形、外装に自在の設計が採用できると共に、同じ部品が各種の桁数の同類製品、加算機、レジスター等にも流用されること等である』

図4-9　新型計算機（OHM 昭和25年4月号 p.232）

当時の計算機は、電子式ではなく機械式であった。この種の電動機を用いない計算機として機械式のタイガー計算器という手廻式のものがあった。

歯車を組み合わせた機械式計算機は、遡ること1642年、ブレーズ・パスカルが最初に発明した「パスカリーヌ」に始まる。パスカルは、パスカルの定理、パスカルの三角形のほか、流体についてのパスカルの原理など数学、物理学などで多くの業績を残した数学者であり物理学者であり、また哲学者でもあった。

4.4.3 ● ジェーン台風による被害

9月3日、阪神地方を襲ったジェーン台風は、9時ごろ四国の室戸岬に上陸して最大風速43mに達し、13時ごろには神戸付近に上陸して最大風速33m、瞬間最大風速48mを記録し、大阪では高潮を伴って満潮面上21mに達した。そして、大きな爪痕を残しながら若狭湾から日本海へと抜け去った。

ジェーン台風は、昭和9年9月に瞬間最大風速60mを記録した室戸台風に次ぐ被害を各地に与えた。また、この台風は経路、雨量分布、高潮被害等において室戸台風によく似ていたが、昭和22年のキャスリーン、23年のアイオン、24年のキティ等の各台風に比べて遙かに風が強かったも

図 4-10 尼崎第 1 発電所補機室の浸水状況（OHM 昭和 25 年 11 月号 p.777）

図 4-11 関西配電管内木柱倒壊状況（OHM 昭和 25 年 11 月号 p.779）

図 4-12 国鉄阪和線の高圧線および通信線添架の電柱（OHM 昭和 25 年 11 月号 p.782）

のの降雨量は比較的少なかった。このような台風の性質から電気事業に対する被害は、送配電線が最も大きく、さらに高潮による阪神方面の火力発電所の被害がそれに次いだ。

9 月 3 日の午後 11 時ごろが満潮であったため、高潮により阪神海岸の火力発電所に甚大な被害を及ぼした。特に尼崎第一（31 万 8 000 kW）、第二（30 万 kW）、両発電所の防潮堤が地上面から決壊し、工作工場、倉庫が全壊したほか、浸水は復水器室床面上 3.9 m、地上面より 29 m に及び、補機モータの冠水したものが実に 140 台を数えた（図 4-10）。

そのほかの複数の火力発電所も浸水被害を受け、9 月の可能発電力は約 45 万 kW の予定であったところ、台風後の数日間は 10 万 kW に低下した。その後、逐次回復して 9 月末までに 30 万 kW まで発電が可能となった。

送配電線路も強風のため大きな被害を受け（図 4-11、4-12）、水力電

源地帯から大阪方面に至る 140kV 幹線 10 回線のうち、5 回線が送電不能となった。しかし、台風によって需要家も影響を受け、負荷が 1/3 程度まで激減したため、供給上の支障は少なかったのである。

また、関西方面で倒壊、損壊電柱が傾斜電柱よりも多かったのは、風速が特に大であったことのほかに、戦時戦後の資金資材難で戦後の特別改修の努力にもかかわらず充分に回復していなかったこと、戦後の応急復旧が急がれたため工事が完全でなかったこと、戦災後配電負荷の急速な回復に伴い、架線条数が支持物に対し、過負荷のものが相当多かったこと等が原因とされた。

調査によれば、大阪市内で折損倒壊した電柱は 25 年以上経過したものと 5 年未満のものに多かったそうである。

このような甚大な被害を受けたにもかかわらず、1 週間後の 9 月 11 日までに 97％が復旧している。これは電気事業の従業員と工事会社を含め 2 万人以上の労務が動員され、中部、中国等の隣接事業者からも熟練工が応援に出動し、復旧に勤しんだためである。

4.4.4 ● 国鉄のケーブル改修工事

東京近郊の路線における鉄道用電力は、国鉄信濃川発電所から武蔵境、新鶴見、赤羽、新小岩等の一次変電所を経て、これから 20km 以上の距離を 22kV の地中送電線によって都内に散在する二次変電所に送られている (**図 4-13**)。

これらの地中送電線路は、いずれも大正末期から昭和初期にかけて建設されたもので、すでに有効寿命を超過し、そのため事故件数が増加して正常な列車運行が危ぶまれる状況に至っていた。

そこで国鉄は、老朽ケーブル改修 5 か年計画を立案し、最も事故の多い箇所から改修工事を行った。この改修工事は、単に新品の物と交換するだけでは 20 年後に同様のことを繰り返さなければならない点や、最近の負荷増加によって 22kV の電圧では不適当と認められる点等を考慮して、最も経済的でかつ配電技術上最良の地中送電線を建設するという考えから、

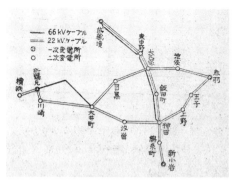

図 4-13 東京近郊の国鉄送電系統図（OHM 昭和 25 年 10 月号 p.705）

図 4-14
我が国最長の 15 km 66 kV OF ケーブル敷設状況（国鉄新鶴見－大井町間）
（OHM 昭和 25 年 10 月号表紙）

その一部幹線に 66 kV OF ケーブルが採用されることになったのである（図 4-14）。

OF ケーブルは、絶縁油をケーブル内に含浸させたものであるが、温度変化によって油の体積が変化する。これを吸収または補給する役割を担うのが給油槽である。給油槽には高さを利用したフィーディングタンク式と容量可変セルを利用したプレッシャータンク式とがあるが、国鉄のケーブル改修では構造位置の関係から後者が採用されたのである。

昭和 25 年は我が国の近隣で戦争が勃発したが、この戦争によって特需が生まれ、戦後日本に急速な復興をもたらし、高度経済成長の礎になったことはまぎれもない事実である。

4.5.1 ● 1951（昭和26）年、発送配電一貫経営の9電力会社が設立

1951（昭和26）年9月8日、対日講和条約に49か国が調印し、我が国は独立を取り戻すことになる（条約発効は1952（昭和27）年4月28日）。この条約は北方4島を千島列島に含めないと主張する基礎となるものであり、ソ連はこの条約の調印を拒否した。また、沖縄は引き続き米国の施政下に置かれることになった。なお、この日は日米安全保障条約にも調印がなされている。

また5月1日には、我が国の電力会社である日本発送電（株）と九つの配電（株）が解散され、発送配電一貫経営の九つの電力会社が設立された。現在の北海道電力、東北電力、東京電力、中部電力、北陸電力、関西電力、中国電力、四国電力、九州電力の各株式会社である。

4月21日、民放16社にラジオの予備免許が与えられる。そして7月20日に日本民間放送連盟が結成され、9月1日午前6時30分に名古屋の中部日本放送が日本初の民間放送としてスタートした。さらに同日の正午から大阪では新日本放送が始まり、11月11日、ABC朝日放送がこれに続いた。

アメリカでは、12月29日にアイダホ州アーコの国立原子炉試験場で世界初の原子力発電の実験に成功する（**図4-15**）。EBR-1の実験増殖炉で発生電力は100kWであった。原子力平和利用の礎となるものといえよう。

4.5.2 ● 長岡半太郎博士の追憶

長岡半太郎博士（**図4-16**）は日本の近代科学の黎明期に、磁気ひずみの現象や原子核理論の研究で国際的な成果をあげたほか、多くの研究者を育てたことで知られている。

博士は1865（慶応元）年、旧大村藩士で明治維新政府の官吏を務めていた父親のもと、長崎県の大村に生まれる。1887（明治20）年に帝国大学理科物理学科を卒業後、大学院に進学し、磁気ひずみの実験的研究により1898年に長岡－本多効果を発見する。

図4-15 アメリカの原子力発電の実験に世界で初めて成功した増殖炉（OHM 昭和26年7月号）

図4-16 長岡半太郎博士（写真提供：大阪大学）

　その後、土星の環の研究にヒントを得て、中心の原子核の周りを衛星である電子が周回する「土星型原子模型」を東京数学物理学会で発表した。1903年のことである。

　博士は数々の要職を経て、貴族院議員に選出された後も研究を続けたほか、1939年～1948年まで学士院院長を続けたが、1950年に脳内出血のため自宅の書斎で亡くなった。85歳であった。

　1951年1月号のOHMに、この長岡博士について八木秀次博士の記事が掲載されているので紹介する。

　『長岡先生の研究業績は、世界に先んじた原子構造論を初め、物理学の広範な分野にわたっているが、電気に関する研究業績の主なものを拾ってみると年代順に言って、まず、

　（1）磁歪現象の研究がある。これは明治20年代に本多光太郎博士と共同で研究された実験的研究であって、日本における初期の研究であるばかりでなく、世界的にも古いものである。もともと微弱な現象であって、あまり顧みられなかったが、その後3、40年たって応用を見るに至った。次に数学的の研究で、

　（2）インダクタンスの計算が、特筆すべき大きな業績である。コイル

のインダクタンスを測定できめることにすると、抵抗と容量が入ってくるので正確な値を出すことが極めてむずかしい。そこでコイルの寸法すなわち巻数とか、線の太さとかから、計算で出すことが世界の沢山の人によって試みられ、その数は数百にも上っている。ところがアメリカのBureau of Standardであったと思うが、これらを調査した結果、全部のうちで先生の計算が最も正確であると判断した。これが有名な長岡公式（Nagaoka's Formula）である。近頃のように電波の波長が短く超短波、極超短波となり、コイルの巻数が極めて少なくなると、この計算式はあまり使い道がなくなるが、巻数の多いコイルでは最も正確とされている。但し、これは非常な正確を必要とするBureau of Standardsや電気試験所などでの標準測定以外には広く実用されるというものではない。

（３）原子転換の着想も偉いものである。水銀の同位元素と金の同位元素とが同じ原子量を有し、簡単に転換できるという構想である。これが高電圧を加えて実験され、水銀還金として注目を引いた。今日では中性子を使って元素が換えられるということは常識となっているが、当時として原子転換の着想は全く卓抜なものであった。最後に、

（４）電波伝搬に関する研究をあげることができる。先生は電波研究委員会においていろいろ発表されたが、そのうち興味深く思ったのは、デリンジャーエフェクトとして太陽の影響が考えられ、日食の際の観測など行われているが、先生は更に月の影響があることを論じられた。このように先生の視野は非常に広かった。

こういう独創性に富んだpostulateは後の若い人が取りあげて研究すればよいと思うが、日本ではそういう傾向の少ないのは遺憾である。今日まではまだ問題になっていないが、将来電波伝搬に月の影響が問題となることがないとは言えないと思う』とある。

4.5.3 ● 我が国初の交流計算盤

電力系統の合理的・経済的な設計や運用を行うためには、その回路の送電電力、有効電力と無効電力の分布、電圧変動率、送電損失、故障電流等

図 4-17 電気試験所の交流計算盤(提供:国立研究開発法人 産業技術総合研究所)
(OHM 昭和 26 年 11 月号)

の諸特性を正確に計算することが重要である。これらの諸特性は電力系統の簡単な場合には、数学的計算によって正確に結果を求めることができる。しかし、我が国の送電系統のように複雑になると計算を行うことは困難あるいは不可能となり、しかも大きな仮定を設けて複雑な系統を単純化するため計算結果は不正確なものであった。当時の我が国における各電力会社は、このような不正確な計算結果に基づいてその系統の運用を行っていたため、運営の合理性と経済性が大幅に低下している場合が少なくなかったといわれている。

当時は米国でも同様であったが、1929 年にマサチューセッツ工科大学と GE 社の共同設計によって交流計算盤 ("A.C.Network calculator" と呼ぶ) が製作され、送電系統の諸特性の解析ができるようになった。

交流計算盤は適当数の発電機単位、可変抵抗、リアクタンス、キャパシタンス等の単位を有し、これら各要素を適当に組み合わせることによって送電系統を模擬するものである。そして模擬送電系統の各部の電気的諸量を測定して、実際の送電系統の運転上の問題あるいは設計上の諸問題の研究に役立てた。

その後、米国を始めとした世界各国でその必要性が認められ、多数の最新型交流計算盤が続々設置され、送電系統に関する諸問題を次々と解決して多くの成果をあげていた。

 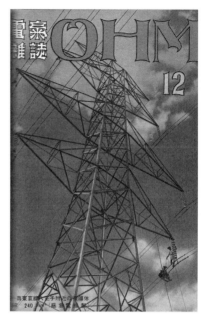

図 4-18　我が国最初の複導体のコロナ試験（OHM 昭和 26 年 3 月号表紙）

図 4-19　金井－西東京線八王子付近の複導体（OHM 昭和 26 年 12 月号表紙）

　我が国においても、1941 年、当時の日本発送電（株）が東京芝浦電気（現在；（株）東芝）に発注し、その製作に取りかかったものの製作半ばにして戦災に遭い、完成を見るに至らなかったのである。

　終戦後、交流計算盤の必要性は、さらに痛感されていたが、ようやく工業技術庁において三菱電機の製作による我が国最初の交流計算盤が完成したのである（**図 4-17**）。

4.5.4 ● 超高圧設計の金井－西東京送電線完成

　超高圧送電線に用いられる電線を決定するため、電気試験所、日本発送電、古河理科研究所の共同研究のもとに電気試験所田無分室において各種導体のコロナ特性試験が行われた。**図 4-18** は 2 月 6 日に行われたコロナ試験に用いられた我が国初の複導体線路である。

この導体には 240［mm²］ACSR（aluminum cable steel reinforced；鋼心アルミより線）2 条を用い、対地電圧 20 万 V（線間 34 万 V に相当）で乾燥および注水時の試験を実施した。試験の結果、複導体の性能が最も優秀であることが確認された。

東京電力は、4 月初旬から西東京幹線（信濃川 – 東京間）の第一期工事に着手し、11 月 19 日に竣工して営業送電に入った（**図 4-19**）。この線路はこう長 138 km、超高圧（25 万 V）設計の送電線路である。線路両端は 14 万 V 設計による金井支線および綱島線により、それぞれ金井発電所および綱島変電所に連絡され、当分の間 14 万 V で運用された。

4.6.1 ● 1952（昭和27）年、カラーテレビジョンが一般公開

　アメリカのウィリアム・ショックレー博士が、p-n逆接合を利用した電界効果トランジスタFETの試作に成功する。ドイツではジーメンスのハインリッヒ・ウェルカー博士が、InSbを初めとするⅢ-Ⅴ族合金半導体に異常に大きい移動度があることを発見し、その後ジーメンスや、そのほかの研究者によって半導体磁気効果応用の基礎が作られるきっかけとなった。

　また、テレビジョンの技術開発も進み、我が国ではNHK放送技術研究所によって研究所－日本橋三越へのマイクロウェーブ通信を利用したカラーテレビジョンが一般に公開されている。

4.6.2 ● 国鉄のマイクロウェーブ通信

　国鉄では終戦後の輸送業務に関わる通信量の増加、戦前から使用している老朽通信線の改良、あるいは暴風雨被害による災害頻度の高い区間に対し、最も経済的かつ安定度の高いマイクロウェーブ多重通信装置の施設に着手し、本州－北海道間、および大阪－吹田間で実用回線としての業務運用を開始した。

　従来、本州と北海道を結ぶ通信連絡には、中短波帯あるいは極超短波帯が用いられていたが、さらに回線を増強する必要が生じた。回線を増強するには津軽海峡をわたる海底ケーブルを敷設する必要があったが、それに替えてマイクロウェーブによる通信回線を適用したことで敷設費を約1/7に抑えることができたのである。

　このマイクロウェーブ通信回線は、津軽海峡を挟んだ中継局間に80kmにもおよぶ海上の経路があり、当初は伝播不安定が予想されたものの、受信機に自動利得調整（AGC）方式を採用することによって安定した通信を確保することができた。

　一方、大阪鉄道管理局の送信所は管理局から7km離れた吹田にあり、送信所と本局との間で有線通信を行っていたが、例年、台風期になると通

信線に被害を受けることが多かった。そして通信線が被害を受けると通信
連絡は途絶し、業務機関は麻痺状態に陥ったのである。そこで気象条件に
無関係なマイクロウェーブ通信が試みられた。

　この通信回線は4GHz帯のマイクロウェーブで、時分割位相変調によ
る5チャネルの多重通信方式を採用し、アンテナには電磁レンズが設けら
れた電磁ラッパが用いられた。5チャネルの内訳は電信が3チャネル、電
話が2チャネルであり、電信は毎分300字以上の和文モールス符号を確実
に伝送することができる性能を有していた。

　当時、国鉄が有するマイクロウェーブ通信回線はこれら2か所だけであ
ったが、有用な通信方式であることが確かめられ、その後の通信線路の建
設取り替えに際して必要な箇所にはマイクロウェーブ通信回線が適用され
たことはいうまでもない。

4.6.3 ● 新北陸幹線用鉄塔の強度試験

　関西電力が成出発電所－枚方変電所間の230kmにわたる送電線建設に
あたり、従来の送電鉄塔では行われていなかった強度試験が実施され、そ
の様子がOHMに掲載されている（図4-20）。

　送電鉄塔の試験は、戦前から長い期間を経てようやく電力再編成の直前
に一応の具体的実施計画が策定されたものの、遂に実現には至らなかった。
その後、黒部－笹津線、広島－徳山線、伊丹－姫路線が建設されるにおよ
んで、その設計技術も急速な進歩が見られた中、新北陸幹線用鉄塔に対し
ては設計当初より暫定規定による超高圧鉄塔の力学的研究のため、強度試
験を実施する予定であったが、諸種の事情により実施が遅れたものの、関
西電力が京都大学、大阪大学、中日本重工研究部の参加を要請し実施する
運びとなった。

　強度試験は耐荷試験を主体として垂直荷重試験（両荷、片荷）、捻力試験
（一本断線試験）、破壊試験が行われた。その結果は、大体において計算値
と一致していることが確かめられた。

　なお、新北陸幹線の運用開始後、一部沿線地域にコロナ放電によるラジ

図4-20　新北陸幹線用鉄塔の強度試験(耐荷試験)（OHM 昭和27年6月号）

オ障害が発生し問題になった。超々高圧送電線が、我が国で適用され始めたことによって生じた新たな技術課題であった。

ちなみにスウェーデンでは、世界最初の38万V系統のこう長1 000 km、複導体送電線の運用が開始されている。

4.6.4 ● 水力発電所事故

昭和27年3月号のOHMは発電所特集号であった(図4-21)。

当時は、戦後復興による電力需要に発電所の発電能力が追いつかず電力不足の状態にあった。電力不足は我が国の各種産業発展のためだけでなく、生活文化の向上のための大きな障害となっていたのである。戦時中は電気材料の入手困難、品質低下とともに改造はいうにおよばず補修も十分にできないまま運転を継続してきた結果、その設備故障が頻発しただけでなく、熟練した操作員の不足、精神的ストレスによる誤操作による事故も多く見

215

図 4-21 発電所特集号（OHM 昭和 27 年 3 月臨時増刊表紙）

受けられた。

　ここでは OHM に掲載された主な事故を紹介しておこう。

（1）大井川発電所／6万8 200 kW（事故発生：昭和25年6月18日）

　発電所全停にあたって全停後の手入作業を急ぐあまり水車停止操作に慎重を欠き、所内電源電圧低下により油圧ポンプを停止に至らしめ、また予備油圧ポンプの起動をも不能ならしめ、発電所操作に最も重要な水車制御油圧を低下させた。油圧低下の結果、油圧系統には空気が混入して第3号水車水圧調整機は全開し、案内羽根は水圧にて相当角度開き、水圧管中に多量の流水を生ずるに至った。また油圧低下継電器の警報により配電盤で水車停止操作を行ったが、水車室で周章して判断を誤った操作を行ってこれを再起動させ、入口弁の急閉鎖を支えるべきサーボモータ内に空気を導入する結果となり、油圧低下が進むにつれて、水車入口弁は遂に多量の流水中に急激に閉鎖して水圧管中に異常な水圧上昇を惹起したため、水圧管下部を破裂せしめさらにその噴水によって生じた真空状態により水圧管上

部を圧潰させた。このため土砂が発電所構内に流入して機器多数を破壊するとともに、数名の操業者に死傷を生じた（大井川発電所事故調査委員会報告による）。

（2）下原発電所／2万2000kW（事故発生：昭和25年7月7日）

下原堰堤において水位調整のため開きつつあった第3ゲートを停止させたところ、誤って第4ゲートの開扉ボタンを押し、約800m³/sの水が大船渡発電所堰堤に押し寄せたため、大船渡調整池および水槽水位が急激に上昇し、同水槽の余水路を溢流した水が大船渡発電所構内に流入し、放水路護岸石積の一部を倒壊させたほか、下流民家にも浸水事故を生じた。

（3）安野発電所／7700kW（事故発生：昭和26年3月22日）

超高圧隧道からの漏水により、発電所裏の地山が崩壊し、発電所ならびに付属変電設備が土砂により埋没したほか、社宅1戸半壊、4戸床下浸水、民家1戸浸水、水田若干に冠水を生じた。

戦後復興のさなか、いくらかの歪みも見える昭和27年であった。

4.7.1 ● 1953（昭和28）年、テレビ放送開始

　8月に東京で38.4℃の猛暑を記録したこの年、2月1日にNHK東京テレビ局が我が国初のテレビ放送を出力5kWで開始、8月28日には日本テレビ放送網（株）が我が国初の民間テレビジョンとして放送を開始する。アメリカに遅れること実に12年であった。アメリカで、この年の12月から商業カラーテレビジョン放送が始まったことに比べるとかなり出遅れている感がある。

　NHKはこの年の大晦日、日本劇場で行われた紅白歌合戦のテレビジョンによる公開放送を初めて行う。以後、紅白歌合戦は大晦日の恒例番組になったのである。

4.7.2 ● 競争するNTVとNHKのテレビジョン

　昭和28年は我が国でテレビジョンの本放送が開始されたこともあり、OHM 9月号には、そのことが写真とともに掲載されている（図4-22、4-23）。

　その記事には、『去る8月28日、民間テレビ第1号として放送を開始したNTVとNHKテレビとの間は事々に競争を行っているが、既報の如く建設されたNTVの大アンテナに対抗してNHKでもその近くに大鉄塔を建設中である。東京中で僅か1000台ばかりしかない受像機のために鉄塔を2本も建てるなどは無駄な話である。ニューヨークでは7局分のアンテナが全部エンパイヤビルの搭上についており、名古屋ではNHKと民間側が共同でTVアンテナを建てる由である』と記されている。

　この記事を読んだ日本テレビ放送網の技術顧問である工学博士の千葉茂太郎氏は、「2本のテレビ鉄塔は果たして無駄か？」という投稿を行い、OHM 10月号に掲載されている。抜粋して紹介しよう。

　『OHM誌9月号口絵の解説を読むと、「東京中で僅か1000台（？）ばかりしかない受像機のために鉄塔を2本も建てるなどとは無駄な話である」とある。麹町の高台に2本も鉄塔を建てるのはおかしいという説は、あち

図4-22　高さを競うNHK（左）とNTV（右）のアンテナ（OHM 昭和28年9月号口絵）

図4-23　NTV第一スタジオ副調室
　　　　（OHM 昭和28年9月号口絵）

こちでよく聞かされるのであるが、OHMのように信用のある技術専門の雑誌までも、この説を鵜のみにしているのであれば誠に遺憾である。以上これについて愚見を述べる。

　ニューヨークでは、エンパイア・ステート・ビル以上に高い建築物はない。これはテレビ放送が開始されるよりもずっと以前に完成したもので、しかもテレビアンテナを多数設置するのにお誂え向きに非常に頑丈に出来ていたから、数局のテレビ放送用のアンテナを取り付けられたのである。従ってニューヨーク市の場合、各放送局の当事者がこの建築物を利用しないという手はない。

　東京の場合、どこにもそのような条件にあった建築はないし、鉄塔もない。それゆえ全部新規にやるより他に仕方がないのである。その場合、仮

219

に1本の鉄塔に2局の送信アンテナを載せようとして組み立てる場合、果たして鉄塔を2本別々に建てるよりも経済的になるかどうか？　1局分3トン以上もあるスーパーターンスタイルアンテナが、2局分としてその倍の重さを支える鉄塔とすれば、それの荷重、風圧などを考慮して設計したならば、必ずしも1局当たりの費用が非常に廉くはならぬはずである。

その上こういう説をなす人達は大きい問題を見逃している。

テレビ放送は鉄塔の上に載ったアンテナだけでやれるものではない。テレビ送信機から送電線を通して輻射用電力を伝達しなければならない。この送電線(同軸線路)の高周波損失を少なくするためには、それは出来るだけ短いことが必要である。従って当然鉄塔を共有した各局の送信機室は、その鉄塔の真下に置かなければならない。即ち2局の送信機を収容する建物を2局が共有しなければならない。

仮に広い敷地がなく、限られた面積の敷地の中で、2局の送信機を収容する建物をつくる計画を立てるとしたら、どうしても地下に冷暖房、電源室などを備えた地下1階、地上2階位のものとして設計しなければなるまい。このような計画でスタジオに対する防振、防音などの問題を考慮すれば、その建設費は1局当たり大変に嵩んで来ることに専門家でなくとも納得が行くことであろう』とある。なるほど確かに納得のいく話である。

そして最後は、『テレビ放送のような公益事業は、1局だけの独占では決して大衆に対するサービスは良くならぬということである。NHKのテレビ・プログラムも、NTVの放送開始と共に急に活気づいて来たことは、多くの人々の認めることであり、そのような競争が今後のテレビ放送を発展させる上にも望ましいことであろう』と結んでいる。

しかし5年後、都心に複数のアンテナが林立することなく、新しく建てられた東京タワーがその役を担うことになる。

4.7.3●TVの大型受像管

我が国ではようやくテレビジョンの本放送が開始されたが、すでに10年以上も歴史のあるアメリカでは、家庭にも急速に普及しつつあった。そ

図4-24 アメリカで開発された受像用大型ブラウン管（OHM 昭和28年2月号 p.237）

図4-25 完成間近の只見川の片門発電所（OHM 昭和28年6月号表紙）

んなアメリカでも数年前までテレビは家庭で、しかも少人数で見るにはあまりにも高価であった。そこでテレビジョン受像機は、百貨店、キャバレー等大衆の集まるところに置かれるのが普通であった。このため受像用ブラウン管は次第に大型化していった。その後、TVが普及するにつれて家庭用の小型（といっても10～20インチ）の受像管が大部分を占めるようになった。しかし、もちろん多人数で見たいという望みもあり、シルバニア社が受像面の対角線が70cmもある巨大な受像管を製作した（図4-24）。大型であるものの電子ビームの偏向角は90°もあり、奥行きはわずか56cmであった。

　我が国ではテレビジョン放送が始まったばかりで、百貨店やラジオ屋の店頭等で黒山のように集まった大衆が、遠方の小さな受像面に見入っていたのである。そして、まだ残念ながら我が国における大型受像管の製作は順調ではなかった。

4.7.4 ● 着々と進行する只見川の電源開発

　只見川は福島、群馬県境にある標高 1 665 m の尾瀬沼に源を発し、北流して会津盆地で日橋川と合流し阿賀野川となり、さらに西北流して越後平野を潤し、日本海に注ぐ延長 272 km に及ぶ我が国屈指の大河である。

　水源地の尾瀬原貯水池より最下流の揚川発電所に至るまでの利用落差は 1 400 m。この間、只見川上流部に 4 か所、支流伊南川の上流に 1 か所の合計 5 か所に全有効貯水量 14.5 億 m³ の大貯水池を築造し、新設発電所 15 か所、出力増加 5 か所により最大 170 万 kW に達する大電力を得ようとするのが、いわゆる只見川電源開発計画の全貌である。

　図 4-25 は完成間近の只見川の片門発電所である。この発電所は、1951（昭和 26）年 12 月に着工し、1953 年 8 月に運用を開始した。有効落差は 19.29 m で、出力は 3 万 8 000 kW である。

　只見川の電源開発は、アメリカに単に従順することをよしとせず、対等に渡り合ったことで知られる白洲次郎が精力的に進めた。白洲は、1951 年に東北電力の会長に就任していたのである。片門発電所には、白洲の自筆が記された石碑がある。

　白洲は、吉田茂が内閣総理大臣であった 1950 年、総理大臣の特使としてアメリカに渡り、平和条約のお膳立てを果たし、翌年のサンフランシスコ講和会議には全権団顧問の肩書きで出席したのである。

　白洲は 1902（明治 35）年、兵庫県の芦屋に生まれ、中学校を卒業後、イギリス・ケンブリッジ大学に留学する。ジーンズに T シャツ姿が似合う白洲のことを"和製ジェームズ・ディーン"という者もいた。また車好きでも知られ、東北電力会長のとき、自らランドローバを運転して、ヘルメットにサングラスという出で立ちで工事現場をまわったという異色の会長であった。そんなところが白洲らしい。

4.8.1 ● 1954(昭和29)年、ソ連で世界初の原子力発電による送電開始

　この年の1月21日、アメリカでは原子力潜水艦ノーチラス号の進水式が行われた。またアメリカは、3月1日に23メガトンの乾式水爆の実験をマーシャル諸島ビキニ環礁で実施する。この実験により大量の「死の灰」がまき散らされ、日本のマグロ漁船「第五福竜丸」がこれを被り、23人の漁夫全員が急性放射線症になった。その一方で、アメリカは原子力の平和利用も進め、発電所建設を計画して8月30日に原子力エネルギー法を制定する。

　そのような中、ソ連では6月に世界初の原子力発電による5 000 kWの送電を開始する。

　我が国では1月20日に地下鉄丸の内線の池袋−御茶ノ水間が開業し（図4-26）、2月19日にはプロレスの力道山・木村組が、蔵前国技館でシャープ兄弟と初のタッグマッチを行い、テレビで中継された。街角に設置されたテレビを視聴する人々が黒山のように集まり、プロレス人気が高まったのである。

4.8.2 ● 佐久間発電所

　電源開発(株)は、天竜川の中流部33 km間の落差138 mを利用した佐久間発電所を建設する。これは高さ150 m、堤頂長270 m、テンダーゲート5門からなる本邦最大級のダムを築造して、上流の平岡発電所までの約33 kmを貯水池として約3億m²を貯水し、この水を約1 kmの隧道2本で発電所に導き、93 000 kV・A発電機4台により最大35万kW、年間12億6 000万kWhの電力を発生させるものである。昭和28年4月16日に着工し、昭和30年末の完成を目指していた。

　このような大工事を短期間に完成させるために3変電所、15 000 kV・Aの電力、約200台のトラックを始め米国の最新土木工事機械を多数輸入するとともに、工事請負方式も2工事会社の共同請負とした。

　OHMには、佐久間発電所の建設風景が掲載されている（図4-27、

図4-26 丸ノ内線を走る新型電車(OHM 昭和29年1月号口絵)

図4-27 上流側から見たダム地点(右側が仮締切、この右に仮排水路がある)(OHM 昭和29年6月号口絵)

図4-28 吸出管の据え付けにも機械力が使用され工期の短縮に努めている(OHM 昭和29年6月号口絵)

4-28)。

　発電機は50 Hz、60 Hz両用としている。これは50 Hz地区(東京電力)と60 Hz地区(中部電力、関西電力)へのいずれにも対応可能にするためである。すなわち電源開発会社は、地域的な要望を公平に対応することが求められていたからである。

4.8.3● トランジスタの原理とその応用

　後にノーベル物理学賞を受賞することになる江崎玲於奈博士の投稿記事が、昭和29年7月号のOHMに掲載されている。トランジスタは、1948年にバーディン、ブラッテン両氏によって発明された真空管の三極管に相

図4-29 ジャンクション型(背の高い方)とポイントコネクタ型(背の低い方)(OHM 昭和29年7月号 p.719)

図4-30 トランジスタの組立作業(OHM 昭和29年7月号 p.721)

図4-31 トランジスタを使った各種試作品(OHM 昭和29年7月号 p.723)

当する機能を備える素子である。江崎博士によれば、トランジスタは偶然の産物として発明されたわけではなく、半導体の系統的研究の所産であり、巨大な研究組織という流れに従って次々に新たな芽が生まれることが約束されたからであるとしている。

また、特にアメリカにおいて、1951年にはポイントコンタクト型トランジスタの量産が可能となり、トランジスタの兵器への使用が検討され、軍事費よりこの分野に投下された研究費は原爆に次ぐとされ、その進歩は著しい程急速であった。同じく1951年にはベル電話研究所のショックレイ、スパークスおよびティールの諸氏により新たにジャンクション型トランジスタが考案され、先に発明されたポイントコンタクト型の欠陥を補い、両者相俟ってトランジスタを確固不抜のものにした。すなわち、ジャンクション型は、利得、電流増幅率、雑音、消費電力、出力等で優れているが、高周波には使えない。点接触型は高周波で使用可能であり、そのほかパル

スおよびスイッチングに適している（図 4-29、4-30）。

当時、すでに米国ではオールトランジスタのポータブルテレビ、玩具の
オルガン、FM 受信機、補聴器等が試作されていた（図 4-31）。我が国で
トランジスタを用いた製品ができるのはまだ先のことであった。

4.8.4 ● 原子力電池と太陽電池

原子力電池は、放射性元素が原子核崩壊するときに発生するエネルギー
を利用して電力を発生するもので、現在では電源を得ることが難しく、か
つ長期にわたって電源が必要とされる惑星探査機などに使われている。一
方、太陽電池は光起電力効果を利用し、光エネルギーを直接電力に変換す
るものである。

これらの電池について、東京電機大学の深海登世司氏が投稿した記事が
昭和 29 年 9 月号に掲載されているので抜粋して紹介しよう。

『原子力電池は、50 ミリキューリーの純粋な放射性ストロンチウム 90
（Sr^{90}）より放射される β 粒子をエネルギー源として使用している。Sr^{90} は、
ウラン 235（U^{235}）の分裂生成物中に比較的豊富に存在する。したがって原
子力電池は、U^{235} の分裂の際に生ずる廃物利用ともいえる。図 4-32 は、
その構造を示すものであり、Sr^{90} から放射される β 粒子が持つ平均約 0.7
メガ電子ボルトのエネルギーがシリコン（Si）純粋結晶を透過するときの電
離作用によって生ずる約 4.7 電子ボルトの多数の電子（約 200 000 個）を利
用する。この電子が p-n 接合に当たると、p 型および n 型半導体が励起
されて電子と正孔を生ずる。しかるに電子はその性質上 n 型半導体に多く
移動する結果、n 型半導体は負電荷を帯び、p 型には正孔が多く残されて
正に帯電されるようになる。このようにして原子力電池は起電力を発生す
る。

この電池の無負荷時における端子電圧は約 0.25 V、短絡電流は約 10 μA
程度であるが、ゲルマニウム（Ge）を用いたときの端子電圧は約 0.03 V、
短絡電流は 20 μA 程度である。

Sr^{90} の 50 ミリキューリーが放射するパワーを約 200 μW と仮定すれば、

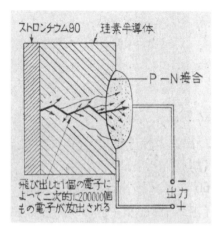

図4-32 原子力電池の構造（OHM 昭和29年9月号 p.936）

Si の p-n 接合を用いた原子力電池の出力は，適合負荷 10 000 Ω に対して供給し得る電力が 0.8μW 程度になる。したがって変換効率は 0.4％ということになる。なお，Si ウェハの代わりにオプチニウム（Op）を使用するとこの変換効率は約 2％になるといわれる。いずれにせよこの種の電池で発生される電力は数 μW 程度のものであるからこのような電池が直ちに水力発電や火力発電にとって代わるということは考えられない。

アメリカ RCA 社の D.Sarnoff 会長が，公開実験を行った際には，"ATOMS FOR PEACE"という語を，原子力電池を使用してできた電鍵でたたいたということであるが，透明なプラスチックの中の小さな箱が原子力電池であり，その遮蔽は極めて簡単であることがわかる。

太陽電池は，ベル電話研究所の D.M.Chapin，C.S.Fuller，G.L.Pearson の 3 氏によって発表されている。この太陽電池は，従来のセレン等を用いた光電池（変換効率約 0.5％），または熱電対を用いたもの（変換効率約 1％）等を遥かにしのぐ高い変換効率（約 6％）を持つものである。太陽電池は薄い n 型シリコンを基板としてこれに非常に薄い p 型シリコンの層を設けた p-n 接合を利用したものである。これに太陽光線を当てると，p 型が陽極，n 型が陰極となって約 0.5 V の端子電圧を発生する。

1.02 電子ボルト（波長 $1.2\,\mu m$）の光量子は、シリコン結晶中の電子を励起して、電子と正孔の対をつくる。これは、p-n 接合の境界で分離され、n 型に電子が移り電子が多くなり、p 型には空孔が残され、起電力を発生する。このことは原子力電池における低速度の電子の代わりに、光量子がその役を果たしているだけの違いで、起電力を発生する原理はほとんど同じである。

シリコン p-n 接合を用いた太陽電池は、その表面積 $1\,m^2$ 毎に約 $60\,W$ の電気エネルギーを発生するという。この電池は、多数のものを直列および並列に接続して所要の電圧および電流が得られる。この新しい太陽電池は、先に述べたように従来のものよりも遥かに効率の高いものではあるが、理論的には、このような方法で 20％程度迄の変換効率が期待できるとのことであり、原子力電池の出力よりも遥かに大きく実用に充分供し得るものである』

第5章

高度経済成長

5.1.1 ● 1955(昭和30)年、神武景気と
家庭電化時代の到来
5.1.2 ● 仙山線の交流 50 Hz 電化
5.1.3 ● 佐久間発電所の建設状況
5.2.1 ● 1956(昭和31)年、「もはや戦後では
ない」(経済白書)
5.2.2 ● 佐久間ダムの完成
5.2.3 ● 佐久間幹線の人工故障試験
5.2.4 ● 東京駅まで延長した東京地下鉄
5.2.5 ● 東海道本線の全線電化実現
5.2.6 ● 無線操縦の玩具 ラジコン・バス
5.3.1 ● 1957(昭和32)年、宇宙開発と
原子力平和利用が進む
5.3.2 ● 危険と困難を窮めた黒部第四の
建設工事
5.3.3 ● 小田急の超軽量連接・特急電車
(デハ3000形)
5.3.4 ● 国鉄の新鋭 モハ90形電車
5.3.5 ● 国鉄の SE 車による高速度試験
5.4.1 ● 1958(昭和33)年、関門国道
トンネルが開通
5.4.2 ● トランジスタ電子計算機
5.4.3 ● 技術士法の施行
5.4.4 ● 第1回技術士試験の実施
5.4.5 ● 東京タワーの完成

5.5.1 ● 1959(昭和34)年、南極観測隊と
「タロとジロ」
5.5.2 ● 我が国最大級の電源開発・南川越
変電所
5.5.3 ● 希望対談 井深 大氏
5.5.4 ● VTR に世界的新方式
5.6.1 ● 1960(昭和35)年、カラーテレビ
放送開始
5.6.2 ● 新幹線のための連続網目架線試験
5.6.3 ● 初の空間無線式列車電話
5.6.4 ● 著しい電力需要増加への対処
5.7.1 ● 1961(昭和36)年、ケネディ大統領
とガガーリン少佐
5.7.2 ● 座席予約用電子計算装置 MARS-1
5.7.3 ● 世界初の気球延線に成功
5.8.1 ● 1962(昭和37)年、米英間の衛星
テレビ中継
5.8.2 ● 純国産原子炉 JRR-3 の成功
5.8.3 ● 新幹線試運転を開始
5.8.4 ● 我が国最大の畑薙第一揚水発電所
完成
5.9.1 ● 1963(昭和38)年、黒部川第四発電
所が完成
5.9.2 ● 新幹線 256 km/h を記録
5.9.3 ● 原子炉による初の発電開始へ
5.9.4 ● 電力、通信のオリンピック協力体制
整う

5.1.1 ● 1955（昭和30）年、神武景気と家庭電化時代の到来

　我が国は、1955（昭和30）年ごろからいわゆる高度経済成長の時代に入る。昭和30年は神武景気が始まった年でもあり、家庭電化時代の到来を告げ、洗濯機・電気冷蔵庫・テレビは「三種の神器」と呼ばれ持てはやされた。

　高度経済成長を支えていた一つに電力エネルギーがあげられよう。昭和30年のOHMの表紙に世界初の竪軸水素冷却調相機（**図5-1**）や、東墨田変電所無騒音変圧器（**図5-2**）が取り上げられていることがその裏付けである。

　また、大量輸送の担い手である鉄道も高速化・技術革新が進められ、OHM12月号には国鉄の120km/h運転試験の様子が掲載されている。この試験は、東海道本線の最高速度の引き上げが計画されたことによる検証試験である。深夜帯の時間を利用して、辻堂－茅ヶ崎間でEH10形電気機関車（**図5-3**）およびモユニ81形電車に改造型のパンタグラフを搭載して集電試験が行われた。また国鉄仙山線では、50Hz、300kW単相整流子電動機交流電気機関車の試験が開始されている。そのほか、OHM10月号には、フランス鉄道が331km/hのテスト走行に成功したという記事が掲載されている。

　また、この年の1月にトヨタ自動車工業が「トヨペットクラウン」を発表する。それまでの国産乗用車といえばトラックのシャシを使ったものであるが、トヨペットクラウンはトヨタ独自の技術開発によって誕生した乗用車であり、総排気量は1 453cc、観音開きの4ドアで6人乗りであった。その最高時速は110kmに達している。

　もちろん、自動車以外の技術も着実に進歩していた。この年の3月から東京大学生産技術研究所の糸川英夫博士らの研究チームが、ペンシルロケットのテストを行っている。ペンシルロケットは直径1.8cm、長さ23cm、重さ230gときわめて小型のものであった。実験は東京都国分寺市内の廃工場に設けられた半地下式の壕内で、水平方向に発射する方法で行われたが、その延長線上には国鉄中央線があった。そのため、万一の事

図5-1 竪軸水素冷却調相機（提供：北海道電力（株））（OHM 昭和30年11月号表紙）

図5-2 東墨田変電所無騒音変圧器（提供：東京電力HD（株））（OHM 昭和30年12月号表紙）

図5-3 深夜に120km/hで疾走するEH10形電気機関車（OHM 昭和30年12月号口絵）

態に備えて電車通過時には実験を中断しながら慎重に行われた。この試験で得られた数々のデータに基づいて、さらに大型のロケットや二段式ロケット等の試験が行われることになる。我が国もようやく宇宙開発に着手する時期がきたのである。

　そして、8月には東京通信工業（現；ソニー）がトランジスタラジオを発売する。

図5-5 ED44形電気機関車に搭載された単相整流子電動機（提供：富士電機（株））（OHM 昭和30年9月号口絵）

図5-4 国鉄仙山線を走る我が国最初の交流電気機関車 ED44形1号機（OHM 昭和30年9月号表紙）

なお、相対性理論で物理学に革命的な変化をもたらしたアルベルト・アインシュタインが、この年の4月18日に亡くなっている。76歳であった。

5.1.2 ● 仙山線の交流 50 Hz 電化

国鉄では仙山線の仙台－作並間で 50 Hz の交流電化を行うため、誘導試験そのほかの静的試験を行っていた。その後、整流子電動機を用いた交流電気機関車が完成し、8月10日から第二期試験としての動的試験が開始された。

機関車の運転整備重量は 60 トンで、動輪軸数が 4、各軸に 230 kW 交流整流子電動機が装備されたものである。

図5-4 は交流 50 Hz の電気機関車である。機関車の電動機は2台が直列に接続され、変圧器二次電圧を変化させることで速度制御を行うものである。試験に用いられた電動機は、日立製作所、富士電機および東洋電機製造の3社である。それぞれ2台ずつ試作品を製作し、国鉄において交互に試験に供された。図5-5 は富士電機の製品で、単相200 V、50 Hz、14 極、

335kW、1160min^{-1}、1時間定格の単相整流子電動機である。この電動機は強制通風の冷却風通路を3分割して冷却効果を増し、また分割ブラシを使用して起動時のブラシ短絡電流を極力小さくし、整流子の損傷を避ける等の工夫が凝らされている。

なお、これらのほかに三菱電機によってイグニトロン電気機関車も試作された。

5.1.3 ● 佐久間発電所の建設状況

この年のOHMには、建設中の電源開発・佐久間発電所に使われる機器が多く取り上げられていた。

（1）発電機と水車

佐久間発電所に用いられる発電機の製作は、東芝および日立製作所が担当した。**図5-6**は東芝が、**図5-7**は日立製作所がそれぞれ製作した発電機である。発電機は傘型の回転界磁式で閉鎖風道循環型の空気冷却器および制動巻線が付き、定格出力9万3000kV·A、電圧1万3200V、力率90%である。

また、**図5-8**は全開最大出力10万1500kW、有効落差135mのフランシス水車の工場組み立て風景である。この水車は現地に据え付け中の水車ケーシングに納められる。図5-7の右下の水車は、日立製作所が製造した縦軸単輪単流渦巻フランシス水車である。最高落差135m、使用水量82.2m^3/s、最大出力10万kW、回転速度167min^{-1}（50Hz時）/200min^{-1}（60Hz時）である。

（2）超高圧変圧器

このころの大電力変圧器は、据え付け時間の短縮や再組み立てによる品質低下の防止を図りながらの組み立て輸送が各所で行われていた。しかし、佐久間発電所のような険しい山間部に建設された超高圧大容量変圧器は、従来の方法では組み立て輸送することは不可能であった。

そこで鉄心および中部、下部のタンクを3分割して輸送する特別三相式変圧器を三菱電機が開発した。これは特別三相式外鉄型フォームフィット

図 5-6 工場組み立てが終了した水車発電機(東芝製)(提供：電源開発(株))(OHM 昭和 30 年 5 月号口絵)

図 5-7 佐久間発電所に納められた水車発電機(日立製作所製)(提供：電源開発(株))(OHM 昭和 30 年 4 月号表紙)

図 5-8 フランシス水車の工場組み立て風景(提供：電源開発(株))(OHM 昭和 30 年 5 月号口絵)

構造により、変圧器本体を各相に分割して密閉したまま組み立て輸送を可能にしたものである。この変圧器の開発によって山間の道路の狭いところでも組み立て輸送ができるようになった。

　変圧器は鉄心および下部タンク、中部タンクが各相に分割されており、各々従来のフォームフィット式と同様に組み立てられ別々に輸送することができ、三相共通の車台と共通の上部タンクによって一体に組み立てられ、上部タンク内で相間の接続やタップ切換器、ブッシッングの取り付け等を従来の変圧器と同様に行うことができるものである。

　現地で三相共通の車台に載せられた後、三相共通の上部タンクを被せて使用される。容量は 13 万 9 500 kV・A 1 台、9 万 3 000 kV・A 4 台の超高

図 5-9 工場から運び出される変圧器（三菱電機製）（提供：電源開発（株））（OHM 昭和 30 年 7 月号表紙）

図 5-10 建設中の佐久間幹線（提供：電源開発（株））（OHM 昭和 30 年 10 月号）

圧変圧器であり、図 5-9 は工場から運び出される模様である。

(3) 送電線路

我が国最大の佐久間発電所（35 万 kW）の完成を間近に控え、発電した電力を東京および関西方面へ輸送するための 287.5 kV 佐久間東西幹線、合計亘長 275 km の建設が進められた。その経過地の大部分は峻嶮な山岳地帯であるが、これを約 1 か年の期間に一気に新設しようという画期的な計画であった。

佐久間東幹線は佐久間発電所より西東京変電所までの約 184 km、西幹線は同じく佐久間発電所から名古屋変電所までの約 82 km で、いずれも最高電圧 287.5 kV、直接接地方式、2 回線（東幹線の一部は 1 回線鉄塔）、610 mm^2 ACSR、250 mm 白色懸垂碍子 16 個連を使用している。図 5-10 は、建設中の佐久間幹線である。

5.2.1 ● 1956（昭和31）年、「もはや戦後ではない」（経済白書）

　5月19日、後に"プロ野球・テレビ放送・原子力の父"と呼ばれる正力松太郎が科学技術庁の初代長官に就任する。そして、5月31日にそれを祝福するかのように巨人軍の川上哲治が史上初の2000本安打を達成している。また、原子力の研究、開発および利用を推進することによって将来におけるエネルギー資源を確保し、学術の進歩と産業の振興を図り、人類社会の福祉と国民生活の水準向上に寄与することを目的とする原子力基本法が成立し、原子力委員会や原子力局、東海村の原子力研究所等が設置される。イギリスでは、イングランド西海岸にあるイギリスの原子力公社のコールダーホール原子力発電所（42MW×4）第1号機が発電を開始している。

　そのような中、7月17日に発表された経済白書には、「もはや戦後ではない」と記されたのである。

　その後、10月19日にはモスクワで鳩山一郎首相とブルガーニンにより、日ソ国交回復に関する共同宣言が行われた。この中で、日ソ間の「平和条約」が締結された後、歯舞群島と色丹島を日本に引きわたすという前提が明示され、改めて平和条約の交渉を行うという合意がなされたのである。

　また、この年の11月8日に南極観測船「宗谷」が初めて東京を出港し、南極を目指している。鉄道の面では、11月19日に米原－京都間が電化され、東海道線全線の電化が完成し、また上野－秋田間の寝台急行「羽黒」の運行が開始されている。そして年末の12月20日、NHKはカラーテレビ東京実験局を開局する。

5.2.2 ● 佐久間ダムの完成

　この年のOHMには完成した佐久間ダムの特集記事が多く掲載された。これだけ特集を多く組んだのも、佐久間ダムが我が国最大の発電所にほかならないからである。

　図5-11は、ダム全量の約3/4のコンクリートを打ち終え、4月の発電開始を目標に昼夜を問わず懸命に工事を進め、湛水を始めた佐久間ダ

図 5-11 ランプを煌々と点灯させ昼夜を分かたず工事を続ける佐久間ダム（提供：電源開発（株））（OHM 昭和 31 年 1 月号口絵）

図 5-12 佐久間ダムを乗り越えて流れる天竜川の水（提供：電源開発（株））（OHM 昭和 31 年 4 月号口絵）

ムの様子である（中央の排水口から湛水が溢流している）。そして、3月19日の午前8時から次々に4台の水車発電機の運転が開始され、3月21日の早朝には約100mのコンクリートを打ち終えた後、2日間の降雨によって水嵩を増した天竜川の水がダムを乗り越えて流れ落ちている（図5-12）。

5.2.3 ● 佐久間幹線の人工故障試験

　佐久間発電所で発電した電力を送電する佐久間東西幹線が完成したことに合わせ、4月14日に西幹線（佐久間－名古屋）で、4月20日、21日に東幹線（佐久間－西東京）でそれぞれ人工故障試験が行われた。

　送電線めがけてパチンコで電線を打ち出し、短絡・地絡事故を人工的に起こす。送電線に事故電流が流れると、5サイクル(0.1秒)後には遮断器が電流を遮断する。しかし、事故電流は大電流であり、送電線近傍に通信線等があると電磁誘導によって通信線に異常電圧が生じるので好ましくない。そこで、送電線と並行に仮設した試験用電話回線8回線（亘長7.5km）の一端を接地し、他端に生じた電圧を動物（猿、犬、山羊、兎）に与え、その影響を調査するというものである。

この試験には東京大学、慶応大学、東京女子医大学、東電病院の医学陣が協力し、心電図、筋電図、脳波、血清無機リンの変動、全身の医学的所見等について精密な検査を行った。

5.2.4 ● 東京駅まで延長した東京地下鉄

昭和29年1月、池袋－御茶ノ水間が開通した東京地下鉄道（帝都高速度交通営団）丸ノ内線は第2期工事（御茶ノ水－西銀座間）のうち、御茶ノ水－東京駅間2.2kmが開通し（うち御茶ノ水－淡路町間は3月20日開通）、7月20日から運転を開始した。

停車場は淡路町、大手町、東京の3駅があり、大手町駅に隣接したところに地下式無人変電所（容量1500kW）が設けられた。**図5-13**は大手町変電所の600V、1500kW、12タンクの単極封じ切り水銀整流器である。

5.2.5 ● 東海道本線の全線電化実現

国鉄では、待望の東海道本線の全線電化工事が米原－神戸間143.5kmの工事完成をもって完了し、11月19日に東海道全線の電気運転が実現した（**図5-14**）。東海道本線の電化は、1915（大正14）年2月に東京－国府津間が最初に完成し、丹那トンネルの開通で昭和9年12月には沼津まで電化されたが、戦争のために電化工事は一時中止されていたのである。戦後、昭和24年2月には静岡までの電化が完成、同年5月に浜松まで完成したが、その後、種々の事情で初めの予定より大幅に遅れ、東海道本線の電化に着手して以来、実に34年ぶりに大阪まで全線電化の完成を見るに至った。

全線電化工事の完成により、東京－大阪間特急が30分、急行が30分～1時間、普通列車が38分～1時間30分短縮され、全線の石炭節約量は年間約100万トンと試算された。

5.2.6 ● 無線操縦の玩具 ラジコン・バス

最も原始的な無線装置である火花発振器とコヒーラを用いて、簡易で安

図5-13 大手町変電所の単極封じ切り水銀整流器(提供:東京地下鉄(株))(OHM 昭和31年8月号口絵)

図5-15 ラジコン・バス(OHM 昭和31年1月号口絵)

図5-14 東京駅を出発する試験列車(OHM 昭和31年12月号 p.112)

価な無線操縦の玩具のバスが発売されて人気を呼んだ(図5-15)。コヒーラは多数のニッケルの粒を管に封入したもので、電磁波を受けると電流が流れる部品であり、マルコーニが遠距離通信の実験にも使った検波器である。しかし、検波器としての性能は低く、火花発振器を用いる通信くらいしか使いようがなかった。

このラジコン・バスの動作は、スイッチを押して送信機から電磁波を発信すると、受信機のコヒーラに電流が流れてメータリレーの接点を閉じ、コントロール・モータが回転する。モータが回転するとハンマが動いてコヒーラを叩き、コヒーラを受信前の状態にするとともに操縦用カムを一駒(1/6)動かし、ドライブモータのスイッチを入れてバスは動き出して直進する。もう一度、送信機を発信させると操縦カムがもう一駒動いて今度は

バスが右回転を始める。同様にして順次直進、左回転、直進、ストップの順に動作するようになっている。周波数は火花発振器なので1kHz〜4MHzまで含まれているが、ラジオ、テレビ等にはほとんど妨害を与えず、7mの距離までコントロールできたという。

このような玩具が発売されて人気が出ていることからも、「もはや戦後でない」といえるのではないだろうか。

5.3.1 ● 1957（昭和32）年、宇宙開発と原子力平和利用が進む

1957（昭和32）年は、宇宙開発と原子力の平和利用が一段と進んだ年といえよう。

まず、宇宙開発が大きく進むきっかけとなったのは、1957年7月1日〜翌1958年12月31日にかけて行われた国際科学研究プロジェクトの国際地球観測年（International Geophysical Year）であった。このプロジェクトは、太陽の磁気が地球に与える影響などを研究するものである。

当時、冷戦の真っ直中にあり、ロケット開発にしのぎを削っていたアメリカとソ連の両大国にあっては、10月4日にソ連が世界最初の人工衛星スプートニク1号の打ち上げに成功、続いて11月3日にはライカ犬を乗せた人工衛星スプートニク2号の打ち上げに成功する。

一方、アメリカは同年12月6日に海軍のヴァンガードロケットによる人工衛星打ち上げを試みたものの失敗に終わった。アメリカは宇宙開発のリーダーであり、またミサイル開発のリーダーであるとの自負心があったのであるが、アメリカ中にスプートニクショックが走ったことに加えて、ロケットの打ち上げ失敗によってまさに冷や水を浴びせられることになったのである。

我が国は、9月20日に糸川英夫東大教授らによって開発された国産観測ロケット1号機カッパー4Cの発射に成功している。

続いて原子力平和利用の局面では、アメリカが10月24日にバレシトス原子力発電所（沸騰水形電気出力5 000 kW）の運転を開始し、続いて12月18日にはシッピングポート原子力発電所（加圧水形電気出力6万 kW）の運転を開始している（**図5-16**）。

我が国でも8月27日に東海村の原子炉で初の原子の灯が点り、9月18日には日本原子力研究所の第1号実験原子炉が完成、11月1日には日本原子力発電（株）が設立され、我が国における原子力の平和利用が加速されることになる。

図5-16
シッピングポート原子力発電所（OHM 昭和32年3月号口絵）

5.3.2 ● 危険と困難を窮めた黒部第四の建設工事

　平均勾配1/40という日本有数の急流である黒部川は、流量も豊富なため電源地帯として下流部がよく開発されていた。しかし、上流部は日本アルプスの真っ直中にあるため、昭和32年の段階ではまだ開発がなされていなかった。昭和30年代になると土木技術の進歩はこれを可能とし、いよいよ関西電力の手によって黒部川の上流部に対して開発の斧が振るわれることになる。

　黒部川第四発電所の計画は、黒部川上流の御前沢（標高1 300 m）に高さ182 m、堤頂長526 mのドーム型（上下、左右がアーチ型）ダムを建設し、内径4.8 mの圧力トンネルにより54 m^3/sの水を約10 km下流の東谷の地下数百メートルにある発電所へ導き、落差561 mを得て95 000 kV・A、50/60 Hzの発電機3台で25万8 000 kWの電力を得るものである。そして、発電機でつくられた電力は、地下変電所によって287.5 kVに昇圧され送電される。

　まず、工事の第一段階として建設資材、機器を運搬するための輸送路の開設に努力が払われ、仙人台からダム地点に至るまでの約12 kmにわたる黒部本ルート、信濃大町からダム地点までの21.5 kmにわたる大町ルート（図5-17）が開設されることになった。

　しかし、この両ルートが開設されるまでは食糧、機材等の物資は、立

図 5-17　左：大町ルートの地表道路部の建設、右：大町トンネル内の様子（提供：関西電力(株)）(OHM 昭和 32 年 3 月号口絵)

図 5-18　上：物資を背負い雪渓をわたる様子、下：標高 2 700 m の一の越峠越え（提供：関西電力(株)）(OHM 昭和 32 年 3 月号口絵)

山越えの立山ルート（約 20 km）により 1 日約 200 人に上る歩荷と呼ばれる強力の肩によって運ばなければならなかった（図 5-18）。これも関西地方における電力不足が深刻になり、休電日が設けられる事態となり、一刻も早い発電所完成が待たれていたからである。

5.3.3 ● 小田急の超軽量連接・特急電車（デハ 3000 形）

　昭和 32 年ごろの小田急電鉄では、新宿 – 小田原間の 83 km は特急を使っても 1 時間 16 分を要していた。これを 1 時間で運転するため、最新の技術を集めて超軽量の 8 両編成連接車を完成させた。

　新型特急車両は、平均時速 83 km/h、常用最高速度 125 km/h で、平均均衡速度は 145 km/h まで出せる性能を有していた。また、列車長当たりの自重は 1.25 t/m と非常に軽く、制御器、制動装置、乗り心地などにも苦心が払われたものとなっている。

　図 5-19 は、日本車輌・蕨工場で組み立てを終えた新特急の外観である。車体は軽量化のため飛行機のような殻構造とされ、また台車には、軽量化と車体連結部の騒音と左右動を減らすための連接車が採用された。

図5-20 モハ90形電車の外観（OHM 昭和32年8月号口絵）

図5-19 小田急電鉄の新型特急車両
（提供：小田急電鉄（株））
（OHM 昭和32年6月号口絵）

図5-21 国鉄のSE車による高速度試験（提供：小田急電鉄（株））（OHM 昭和32年10月号口絵）

　新型特急車両は、それまでの2300形特急と出力は同一の1200kWであったが、列車長と乗客数が50%増しとなったのにもかかわらず、速度は30〜40%も増すことに成功したのである。

5.3.4 ● 国鉄の新鋭 モハ90形電車

　国鉄では昭和31年ごろから高性能電車の実現について研究に着手し、種々検討を加えていた。その結果、それまでの電車では中央線の輸送能

力を向上させることが不可能であることが判明し、モハ90形電車（図5-20）に置き換えることにした。

昭和32年6月末、1編成の電車（10両）の完成を期し、7月18日〜8月15日にわたって各部の性能テストが行われた。また、これに先立つ6月28日には東海道線・品川−平塚間の貨物線で、7月4日には中央線・品川−中野間で試験運転が行われた。

電動車の形式番号は90で、500台は運転台付き、偶数番号車の奇数車寄りにパンタグラフを備え、奇数番号車に主制御器、主抵抗器、電動発電機を、偶数番号車にはパンタグラフ、コンプレッサ、整流装置を装備し、各電動車は4個のモータを永久直列とし、2両の電動車で8個直列と4個直列2個並列の2段の組み合わせで制御するものであった。この電車の加速度の目標が3.2km/h/s、10両編成の満載時（各車に400人乗車）の平均加速電流の計算値が5120Aとなり、一電車列車としては最大のものとなった。現在の電車の2倍を超える電力消費といえる。

90形電車は、後に101系電車と改番され、国鉄の通勤形電車として活躍することになる。

5.3.5 ● 国鉄のSE車による高速度試験

国鉄では東京−大阪間を3時間半の超特急電車を運転する計画を進めていた。この計画推進のため、小田急のSE車（図5-21）を使うことが国鉄内で持ちあがった。私鉄の車両を国鉄の線路で走らせることなど前代未聞のことであったが、新型車両の性能を実際の線路で試せるということから小田急電鉄もこの計画に賛同し、その結果、9月20日〜28日まで東海道線・藤沢−平塚間で高速度試験が行われることになったのである。

SE車は、狭軌としては世界最高速となる140km/h以上を叩き出した。同時に運転速度、応力、振動（乗り心地）、風圧、走行抵抗、ブレーキ性能、パンタグラフ離線状況、レール継ぎ目における衝撃、地上における列車風、そのほか電気的特性が調査された（図5-21）。

5.4.1 ● 1958(昭和 33)年、関門国道トンネルが開通

1958(昭和 33)年元旦、我が国は国連安保理の非常任理事国に就任した。同日、欧州経済共同市場(ECC；European Economic Community)と、欧州原子力共同体(EURATOM；European Atomic Energy Community)が発足する。

失敗が続いていたアメリカのロケット開発であるが、1 月 31 日にフロリダ州ケープ・カナベラルから陸軍の中距離弾道ミサイルを使って人工衛星(科学観測衛星「エクスプローラー 1 号」)の打ち上げに成功する。エクスプローラー 1 号には放射線量を計測するガイガー・カウンターが搭載され、この観測結果から地球の周りに放射線帯があることが発見される。この放射線帯は、米国の物理学者バン・アレン(James Van Allen)によって発見されたもので、バン・アレン帯と名付けられた。また、10 月 1 日にアメリカで NASA(National Aeronautics and Space Administration)が発足する。

一方、我が国では 4 月 8 日に東大生産技術研究所が、宇宙観測用のカッパー 150S 型ロケットの発射実験に成功している。また、3 月 3 日に富士重工は軽乗用車スバル 360(16 馬力)を発表し、3 月 26 日には世界初の海底道路である関門国道トンネル(全長 3 461 m)が開通する。

5.4.2 ● トランジスタ電子計算機

電気試験所では、昭和 31 年に完成した電子計算機 MARK Ⅲ を改良した MARK Ⅳ (**図 5-22**)を完成させた。MARK Ⅳ は内部 10 進数で 5 桁の数値を扱い、毎分 18 000 回転の高速磁気ドラムの記憶装置によって 1 000 語(10 進数で 6 000 桁分に相当)のデータを保持する。

MARK Ⅲ は点接触形トランジスタを使用していたが、MARK Ⅳ は、より特性が安定した接合形トランジスタ約 400 本を用い、約 5 000 本のゲルマニウム・ダイオード等の部品とともにプラグイン式のパッケージ (**図 5-23**)に搭載する方式を採用し、信頼性を高めた設計となっている。この

図5-22 MARK Ⅳ（左から計算機本体、記憶装置の付属回路（上）と電源（下）の入っているキャビネット、記憶装置の磁気ドラム、右端がテープリーダ）（提供：国立研究開発法人 産業技術総合研究所）（OHM 昭和33年2月号口絵）

図5-23 プリント配線されたパッケージ（提供：産総研）（OHM 昭和33年2月号口絵）

図5-24 約400枚のパッケージがプラグインされたMARK Ⅳ本体（提供：産総研）（OHM 昭和33年2月号口絵）

MARK Ⅳには、約400個のパッケージ（図5-24）が搭載されている。乗算に要する演算時間は、待ち時間を含めて約5 msであった。

磁気ドラムはMARK Ⅳのために特に研究開発されたもので、機械的な部分は北辰電機、磁気的な部分は東京通信工業によって製作された。北辰電機は戦時中に約2万人の従業員を擁し、零式艦上戦闘機（ゼロ戦）や戦艦大和に搭載された計器類を製作する計測器メーカーであった。昭和58年に横河電機製作所と合併し、横河北辰電機となり、昭和61年のCIの実施により横河電機となって「北辰」の名前がなくなった。

一方、東京通信工業は昭和33年に「ソニー」に社名を変更した。

5.4.3●技術士法の施行

技術士法は昭和 32 年 5 月 14 日に国会を通過し、5 月 20 日に成立した。その後、技術士法の施行期日を定める政令が制定され、同年 8 月 10 日をもって同法が施行された。これらの法律と政令は、新しい技術士制度の骨組みとなるものであり、これに肉付けをするための細かい総理府令が同年 12 月 23 日に公布・施行された。

技術士は、当時のアメリカやイギリス等でコンサルティング・エンジニア、あるいは単にコンサルタントと呼ばれているものの訳語である。技術士を一言にして尽くすとすれば、"自然科学を基礎とする高度の技術を身に付け、自由職業の立場で会社等に対して技術上の相談に与り、技術指導をする人"ということになる。

総理府令では、技術士の一般領域として機械、船舶、航空機、電気、化学、繊維、金属、鉱業、建築、水道、衛生工学、農業、林業、水産業、生産管理および応用理学と呼ばれる各技術部門と定められた(現在とは異なる)。

5.4.4●第 1 回技術士試験の実施

昭和 33 年の OHM11 月号に東京電力・猪苗代第一発電所の六反田最吉所長の受験体験記が掲載されているので、これを抜粋して紹介しよう。

『予備試験の免除該当者(電験一種有資格)であったので本試験(電気部門、発送配電)を受験した。筆記試験は、東京大学法文学部教室で 7 月 6 日(日)の午前と午後にそれぞれ 3 時間ずつ行われた。30 年前電験受験のとき同じくこの東京大学構内の何れかの教室で酷暑の候に連続 5 日間受験したことがあり、それから電気事業に一貫して奉職しこれを基礎として次の段階に至る運命の日と場所であるような感にうたれた。

当時はうす曇りで時折晴れ間がありむし暑く、試験の性格上年齢の幅が大変広く老受験生達には体力的に相当の負担がかかるのではないかと思われた。しかしどなたも科学者、技術者としてひとすじにこの道を歩いてきて更に今後広く社会の科学技術の向上と国民経済の発展に寄与せんとし、

第5章　高度経済成長

図5-25　技術士本試験の試験場風景
　　　　（OHM 昭和33年11月号 p.1639）

図5-26　完成した333mの大鉄塔（OHM
　　　　昭和33年12月号 p.1810）

年齢、社会的地位など超越して受験する人達には決意のほどが伺われ、酷暑など物の数ではなかったであろう。

　窓外はうっそうとした樹葉が強い夏日を遮り、天井の高い採光換気の良い室に400人程静かに待機している。試験委員から各種注意があり質疑応答後、問題と解答用紙が配布され定刻に開始された。風格のある厳粛な試験風景であった（図5-25）。

　各科共通の問題は、「あなたの専門とする事項（受験申込の際あなたが試験科目のうちから選んだ［試験科目の内容］）について、あなたが今まで手がけられた仕事のうちで、コンサルティング・エンジニアとしての仕事にふさわしい（またはふさわしいと思われる）代表的なもの一つをあげてこれ

249

に関して技術的に説明せよ」という問題である。午後の2つ問題の解答内容如何はあるいは合、否の鍵を握るものではないかと考え、業務経歴書の記載事項と合致し技術的に充分価値あると思うものを選んだ。主題は、各科共通のものは永年力を注いだ「水車発電機の改造工事」である。

口頭試験は、文京区の拓殖大学教室で7月7日、8日、9日の3日間にわたり行われた。科毎に試験委員2名、1人当たりの所要時間は30分程度で業務経歴書の記載内容を照合しつつ、水車発電機の改造と大型変圧器の窒素封入改造工事の実務実績について、奥深く急所を質問、解答を求められたが、体験を語るという感であった。「技術関係の重役さん、高級官吏、学者の国家試験」と話題をまき、ニュース映画にまでなった第1回技術士本試験の終止符をうち、8月20日各部門にわたり合格者991名(受験者1615名)、うち電気関係54名(受験者81名)が発表された』

5.4.5 ● 東京タワーの完成

皇太子殿下の誕生日である昭和33年12月23日、芝公園内に東京タワー(**図5-26**)が完成し、完工式が行われた。前年の昭和32年6月に着工し、総工費27億円余りをかけて建設された。

同塔は日本電波塔(株)によって建設されたもので、10月14日電波塔の頂部のテレビジョン用アンテナの据え付けを終えて高さ333mとなり、従来世界最高といわれていたパリのエッフェル塔よりも21m高い。塔体の254mから上部にNHK第一および第二、日本教育テレビ(現在のテレビ朝日)、富士テレビ(現在のフジテレビ)、KRテレビ(現在の東京放送)、日本テレビの6局の設備が据え付けられ、塔体の140～230mの間にはFM放送アンテナ、電電公社、国鉄、警察庁、東京消防庁の移動および固定無線を含む通信用アンテナ、テレビジョン野外中継用アンテナ、STリンクが据え付けられている。

この塔の高さを利用することにより、また出力50kWへの増加により従来60～70km半径のテレビ電波の到達が90～100kmまで拡大されるようになったのである。

5.5.1 ● 1959（昭和34）年、南極観測隊と「タロとジロ」

　年明け早々の1月14日、南極観測隊第3次越冬隊の隊員が2頭の犬を発見する。タロとジロであった。この犬は1958（昭和33）年、天候の悪化から第2次越冬隊がやむなく南極に残した15頭のうちの2頭であった。零下40℃を超える極寒の南極で1年を過ごし、奇跡的に2頭の犬が生還したことは、国内だけでなく世界の人々に大きな衝撃と感動をもたらしたのである。

　一方、昭和33年6月から始まった岩戸景気の最中、昭和34年4月10日、皇太子明仁親王と正田美智子さまのご結婚式が皇居賢所で古式ゆかしく挙行された。皇居から渋谷の東宮仮御所までの祝賀パレードの沿道には約53万人が詰めかけ、ご成婚を祝した。テレビで実況された祝賀パレードは、テレビの普及率を急速に押し上げたのである。

　そのような中、アメリカとソビエトとの間で繰り広げられていた宇宙開発競争は、舞台を月に移しつつあった。1959年1月2日、ソビエトが打ち上げたルナ1号は、月をかすめた人類初の人工惑星となり、メチタと名付けられた。その後、9月14日にはペナントを積んだ無人探査機ルナ2号が月面に到着、また10月4日に打ち上げられたルナ3号は、人類が見たことのない月の裏側の撮影に成功して地球へ電送している。

　これに対し、アメリカもパイオニア4号を3月3日に打ち上げ、月を目指したものの、月から6万kmの地点を通過しただけに過ぎず、またしてもアメリカはソビエトに大きく水をあけられ危機感を抱くことになった。

5.5.2 ● 我が国最大級の電源開発・南川越変電所

　高度経済成長の最中、電力需要の急激な増加に対応するため発電所の開発が盛んであった。これに伴って送電電圧は、140kVから275kVの超高圧となり、一次変電所も275kVという超高圧変電所となって続々と建設計画がなされていた。これにあたり、関東平野の北西部に位置する川越に電源開発・南川越変電所が建設された（図5-27）。

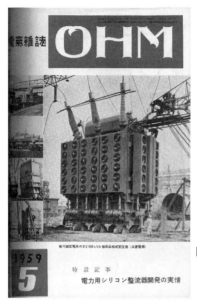

図5-27　南川越変電所の312 000 kV・A
特別三相式変圧器（三菱電機）
（提供：電源開発（株））（OHM
昭和34年5月号表紙）

　この変電所は、田子倉および奥只見、そして引き続き開発が行われている只見川発電所の発生電力を最短距離で連結する只見川幹線275 kVを経て受電し、154 kVに遞降して東京中央部に供給するもので、その出力は52万8 000 kV・Aであった。また、南川越変電所は275 kVで、電源開発・西東京変電所および東京電力・中東京変電所との連系もしている。

　電源開発・田子倉発電所は、福島県会津郡只見町大字田子倉の只見川に堤頂長477 m、堤高145 mの重力式コンクリートダムによって堰き止められた水を利用して発電を行うものであり、昭和34年3月に最低水位までダムが完成し、4月中旬の融雪水を貯水して官庁試験が終了した。そして、5月31日から第1次計画である最大出力28万5 000 kWの設備によって営業運転に入った。田子倉発電所は多雪地帯に位置するため、季節的に大きく変わる河川流量を大貯水池に蓄え、この水を利用してピーク負荷に対応するものである。

　補償問題と数々の難工事に波乱を呼んだ田子倉発電所は、その後の奥只見発電所の完成に続いて発電機が増設され、総出力38万kWという当時

としては我が国最大の発電所となり、電力需給・河川流量の調整に大きく貢献した。

5.5.3 ● 希望対談　井深 大氏

ソニーが12月25日にオールトランジスタ式のテレビを発表したこの年、OHM 8月号には、読者からの希望によって行われたソニー社長の井深 大（いぶか・まさる）氏（**図5-28**）の対談記事が掲載された。ソニーは当時、テープレコーダ、トランジスタラジオなどを始めとしたエレクトロニクス機器で目覚ましい躍進を見せていた。

井深氏は1908（明治41）年栃木県に生まれ、昭和8年に早稲田大学理工学部電気工学科を卒業後、日本測定器の常務取締役、東京通信工業（後のソニー）の専務、そして同社の社長となった経営者である。

対談によれば、井深氏は早稲田大学の卒業論文で光変調の研究をしていたところ、特許局の知り合いの審査官に東宝の前進である写真化学研究所の勤務を勧められて入社した。しかし、録音技術に興味があったので性に合わないと感じて退職し、その後、日本光音工業で16mmのトーキーや特殊なブラウン管や電子管を製作する部門に携わることになったとのことである。

しかし、まもなく戦争が始まり、戦時中は軍用の周波数選択継続器や熱線探知機等の一風変わった測定器の開発をすることになる。そして、終戦直後の昭和20年10月に東京通信研究所を10名足らずの社員とともに創設した。研究所としていたが、ゆくゆくは会社にするつもりで、ピックアップやフォノモータの製作を行ったそうである。世間の電蓄（レコードプレーヤ）は戦争中に壊れっぱなしであったので、売ることに苦労はなかったとのことである。

井深氏は会社設立にあたり、『いずれは今までの大会社が復興して大きな力で動き出すに違いないから、ほかで誰もやらないことをやろう』という主義をたてたのである。

『人のやらないものを始めるのは、非常に苦労は多いが、完成した品が

図5-28 ソニー社長 井深 大 氏（提供：ソニー（株））（OHM 昭和34年8月号 p.1107）

図5-29 新方式VTR装置とその再生受信実験（画像提供：東芝未来科学館）（OHM 昭和34年10月号 p.1336）

優秀であれば、商才も何もなくても、どしどし売れて、その品物がセールスマンも広告もやってくれる。どうせ技術者は商売が下手だから、誰もが喜んで使う良い品をつくろう、そういう主義で一貫してきました』と。

また井深氏は、技術者として海外の技術者に接する態度や海外技術の見方として『何か良いタネが落ちていないか、という気持ちで漠然と行ったのでは拾えませんね。それなら日本にいて外国雑誌を丹念に読むほうが、効果がある。本当に向こうの技術を学ぼうと思ったらギブ・アンド・テイクで、何かこちらの研究データ、試作品、写真、なんでもいい。できるだけ持って行くことが必要ですね。良い資料ならば、1を与えて10を引き出せる可能性がある。そして深く突っ込んで粘ることでしょう』と言う。なるほど、と感心する一言である。

5.5.4 ● VTRに世界的新方式

東芝マツダ研究所の澤崎憲一博士（図5-29）は、画期的なビデオ・テープレコーダ（VTR）の新方式を発明、試作研究を進め、これを完成させた。この方式はヘリカルスキャン方式と呼ばれ、その後の工業用および民生用VTRの標準方式として広く取り入れられることになる。

一方、放送用VTRは、互換性の問題から2インチ幅テープの幅方向に90度間隔で取り付けられた4個の回転ヘッドを使ったアンペックス社の

4ヘッド方式が標準方式として採用されることになった。

　アンペックス社の方式は、4個の回転ヘッドを使用していたため、調整が不十分であるときや4個のヘッドに特性の差があると再生画面に横すじができるという問題があった。

　一方、新方式は1個の回転ヘッドを使用し、テレビの1フィールド全画面をテープ上における斜めの1本のトラックに連続して録画できるようにしたため、横すじが発生しないだけでなく、4個のヘッド用の録画・再生の増幅器がそれぞれ1個で済み、ヘッド切り換えの回路が不要になるという優れた効果を奏したほか、製造コストが1/10以下になるというメリットがあったのである。

　また、テープ送りがどのような状態にあっても画を出すことができ、テープの編集が著しく容易であった。

　その後、ヘリカルスキャン方式は、家庭用のVHS方式やβ方式にも採用され、さらに放送局にも採用されることになる。

5.6.1 ● 1960（昭和35）年、カラーテレビ放送開始

アメリカ大統領選挙で、民主党のジョン・F・ケネディが当選したこの年、NASAは3月11日にパイオニア5号を打ち上げ、金星の軌道から約700万マイル以内まで接近させた。そして8月にNASAは、直径が約30mのマイラー（強化ポリエステルフィルム）でできた気球形状の受動衛星エコー1号を打ち上げる。エコー1号は、地上から発射された電波を反射するためのアルミ箔を表面に貼り付けたもので、まさしく簡単な構造の人工衛星である。

我が国の通信技術にも進展が見られ、6月1日に国鉄の東海道線で400MHz帯による公衆用列車無線電話が開始される。また、9月10日にはNHKがカラーテレビの放送を開始している（図5-30）。

5.6.2 ● 新幹線のための連続網目架線試験

東海道新幹線実現への研究課題は、給電、車両、軌道、信号と多岐にわたり、集電装置が問題点の一つとされていた。架線方式としては、鉄道技術研究所の成果である連続網目架線の静的特性が、従来の方式より優れていることは理論的に判明していたが、最終的結論を得るため、東北本線宇都宮－岡本間の約3kmにわたって網目架線を架設するとともに軌道の強

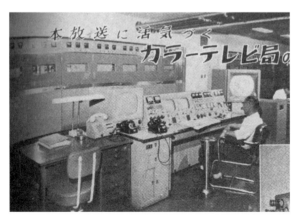

図5-30
カラーテレビ放送開始
（「新電気」昭和35年10月号口絵）

図 5-31　架線試験車（OHM 昭和 35 年 4 月号口絵）

図 5-32　新幹線車両用のパンタグラフ風洞試験（OHM 昭和 35 年 10 月号表紙）

化がなされた。

　試験は、2 月 7 日〜10 日にかけて宇都宮－宝積寺間の上り線が利用された。東海道本線で試験を済ませた架線試験車（図 5-31）を用い、速度やパンタグラフの条件を変えて試験が行われた。最高速度は 165km/h に達し、その結果、後パンタは前パンタより約 10 倍も離線率が高く、新幹線には単パンタを利用すべきこと、網目架線の性能の優れていること、などが確認され、金具等の改良を行えば、さらに良い結果が期待できる見通しが得られた。

　また、7 月 18 日〜28 日まで東海道新幹線の高速電車用パンタグラフの第二次風洞試験が住友金属の尼崎航空事業部の風洞を利用して行われている。昭和 34 年 11 月の第一次風洞試験の形状が高速時の風圧によるパンタグラフの押上力を左右し、離線を生じさせることがわかったので、今回は舟の形状を数種類新たに設計して、揚力と抗力との関係が調査された（図 5-32）。

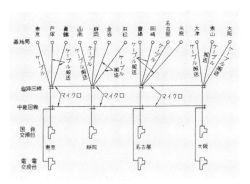

図 5-34 列車無線回線系統図（OHM 昭和 35 年 6 月号 p.43）

図 5-33 ビジネス特急こだま（「新電気」昭和 33 年 7 月号表紙）

このような試験を行うことによって東海道新幹線の実現に、また一歩近づいたのである。

5.6.3 ● 初の空間無線式列車電話

国鉄では列車の速度が次第に速くなり、長距離列車が運転されるにつれて、走っている列車と地上との電話連絡の必要性が高まっていた。当時、特急列車内で急病人が発生したことがあり、このときは通信筒を駅に投げ、次の駅で緊急停車して救助したが、もし通信筒が駅にうまく届かなかったら人命を失っていたかもしれないという話が上がった。そこで、列車無線設備の必要性が叫ばれたのである。

昭和 35 年 6 月 1 日から特急「つばめ」と「はと」が、「こだま」級の電車（図 5-33）に取り替えられてスピードアップがなされたのと同時に、「第 1 こだま」、「第 1 つばめ」、「第 2 こだま」、「第 2 つばめ」の上り下り 8 列車に本格的な列車無線電話が導入された。

当時は、自動車無線などの移動無線は周波数の割り当てがなくなるほどたくさん使われていたので、東海道線のような長大な区間にわたり交換電

話を接続して一般の電話同様に使用できるようにしたのは、国内はもちろん国外にもまだ例がなかったようである。

列車無線方式には、鉄道沿線に沿って裸電線などを架設し、これに高周波電流を流して列車に設備したアンテナとの結合を利用して通信を行う誘導無線方式と、一般のテレビ、ラジオと同様に空間電波を用いた空間無線方式がある。

前者の誘導無線方式は、裸線路に少ない損失で、かつ長距離にわたって高周波を伝送する必要があるため、150 ～ 300 Hz という低い周波数を用いなければならず、また、この周波数帯域は雑音が多いという欠点があるほか、多数の通話路をとるのが困難であるという問題があった。

一方、後者の空間無線方式は使用電波の周波数が問題であり、一般の移動無線に多数使用されていた VHF の 150 MHz 帯では足りず、改めて UHF の 450 MHz 帯を用いることでこの問題を解決した。

空間無線方式は、東海道線 590 km の全区間を網羅するため、**図 5-34** に示されるように 14 の区分（東京、戸塚、真鶴、函南、静岡、金谷、浜松、豊橋、岡崎、名古屋、米原、大津、東山、大阪）に分けてそれぞれ基地局を配置し、さらにこれらの基地局をケーブル、またはケーブル搬送で東京、静岡、名古屋、大阪に集めて列車の追跡交換装置と中継交換装置に接続された。無線基地局は現用 2 組、予備 1 組で出力は 100 W であった。

車上の設備は食堂車（ビュッフェ）の横に無線室が設けられ、その隣に電話室が設置された。

5.6.4 ● 著しい電力需要増加への対処

関東一円の電力需要の激増に対し、東京電力では管内に良好な水力地点が少ない関係と建設期間が短くて済む関係などから、大容量火力発電所建設の必要に迫られ、新東京、千葉、品川等の新鋭火力発電所を次々と建設していった。

（1）横須賀火力発電所

昭和 32 年 7 月に横須賀市久里浜港と旧海軍防波堤との間の海面の埋め

図5-35 クロスコンパウンド方式が採用された横須賀火力発電所のタービン発電機(提供：東京電力HD(株))(OHM昭和35年7月号口絵)

図5-36 品川火力発電所の中央操作室(提供：東京電力HD(株))(OHM昭和35年1月号口絵)

立てを着工して以来、第1期工事の建設を急いでいた横須賀火力発電所が営業運転を開始する。

横須賀火力発電所は、すべての工事が完了すると発電所出力1060MWになり、当時としては東洋最大の偉容を示していた。また、我が国初となるクロスコンパウンド(2軸式)のタービン発電機(図5-35)が採用され、発電所の熱効率は39.8%であった。なお、1ユニットシステム当たりの出力は26.5万kWである。

(2) 品川火力発電所

東品川埠頭の埋め立て地に25万kWの品川火力発電所を昭和33年5月に着工し、昭和35年2月に1号機、3月に2号機の発電を開始した。図5-36は、発電出力16万kWの1号機である。

(3) 奥只見発電所

電源開発の奥只見発電所は昭和29年12月に着工され、昭和35年12月にその一部が発電を開始した(図5-37)。この発電所は、我が国屈指の豪雪地帯である只見川の上流に、総貯水量約6億m^3の水を貯える高さ157mの直線重力式の奥只見ダムを築き、そのダム直下に地下式発電所を

図5-37 建設中の奥只見発電所（提供：電源開発（株））（OHM 昭和35年1月号口絵）

図5-38 千代田変電所の100MVA主変圧器（提供：東京電力HD（株））（OHM 昭和35年7月号口絵）

建設して出力36万kWの電力を発生するものである。

当時、首都圏の電力需要は増え続ける一方であり、特に夏季ピーク時の電力消費量は供給量の限界近くに達することが度々あった。このため、電源開発は首都圏のピーク期電力の需給安定を図る目的で、奥只見発電所を建設した。

（4）千代田変電所

都心の著しい電力需要増加に対処して、都心部とその近くに140kVの地下送電線の導入が計画され、これに伴い千代田区有楽町に建設中であった日比谷三井ビル地階の一部を利用した、140kV/66kV、100MVA 2台（最終3台）の三相変圧器（図5-38）を備える千代田変電所が新設された。

この変電所は、新東京火力発電所、品川火力発電所などの都心における局地火力発電所の60kV系統と連系され、二次側は、日比谷、大手町、内幸町の各中間変電所に接続された。

5.7.1 ● 1961（昭和 36）年、ケネディ大統領とガガーリン少佐

　1961 年、第 35 代アメリカ合衆国大統領にジョン・F・ケネディが就任した。この年の 2 月 12 日、宇宙開発で先行していたソビエトは、人工衛星からの金星ロケット発射に成功したのを皮切りに、4 月 12 日には世界初の有人宇宙衛星船ボストーク 1 号がソ連のバイコヌール宇宙基地から打ち上げられ、地球を 1 周した。

　飛行士はガガーリン少佐で、「地球は青かった」と無線で報告し、世界中に大きな感動を与えた。これに呼応するようにアメリカは、5 月 5 日にアランシェパード中佐を乗せたロケットが成功したものの、たった 15 分間の弾道飛行に過ぎなかった。

　ソ連はさらに、8 月 6 日にチトフ少佐を乗せたボストーク 2 号を打ち上げて地球を 17 周し、その技術力を世界中に示したのである。

　一方、アメリカのケネディ大統領は『1960 年代中に人類を月面へ降り立たせ、無事に帰還させる』と演説し、以後アメリカは莫大な予算と人員を宇宙開発へ投入し、ソビエトを追い抜くことに力を注ぐことになるのである。

　我が国も、もちろんロケット開発を進め、OHM にも 4 月 1 日に秋田実験場で行われたカッパ 9L 型 1 号機の発射試験が掲載されている（**図 5-39**）。発射角度は 80 度で、約 350 km の高度に到達した。

5.7.2 ● 座席予約用電子計算装置 MARS-1

　座席予約業務を機械化し、業務の能率化とサービスの向上を図る要求は、外国における航空会社と同様、我が国の鉄道にも非常に強く、鉄道技術研究所では昭和 30 年ころから研究を行ってきたが、国鉄本社の計画により研究が実現されることになり、昭和 33 年度に電子計算機と通信の技術を応用した試作装置 MARS-1 を完成させ、昭和 35 年 2 月 1 日から、東海道下り特急 4 列車を対象として運用を開始した（**図 5-40**）。

　MARS-1 は、当時アメリカで行われていた航空機予約システム装置と

図 5-39　カッパ 9L 型 1 号機の発射試験
　　　　（OHM 昭和 36 年 6 月号口絵）

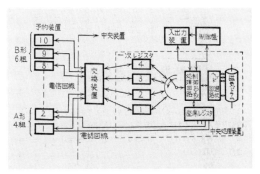

図 5-40　座席予約用電子計算装置（OHM 昭和 36 年 6 月号 p.90）

はまったく異なり、座席の取り扱いが複雑なものとなっていた。航空機の場合には定員を超過しないようにするだけだが、MARS-1 の場合には特定の座席を指定したり、先着優先的に座席を探したりしなければならず、それに伴って座席ファイルやソフトウェアに対する要求が複雑なものとなり、国鉄独自の工夫と研究がなされたのである。

　しかしながら、技術的な制約から機能的な面で一部省略されたところがあった。例えば、予約期間は 2 週間、取り扱い列車は短い列車も入れて 10 列車まで、取り扱い停車駅区間数は 3 区間まで、1 回の操作で取り扱える座席は隣接のもの 4 座席までであった。しかし、手操作を除外すると約 3 秒間で回答が得られたことは快挙に値する。

　ちなみに、電子計算機としての中央処理装置の構成は、記憶装置として大容量の磁気ドラム（約 40 万ビット）を用い、論理回路としてはこの装置の特徴とする一種のマイクロ・プログラミング方式に準じており、シリアル論理方式が採用された。また、すべての回路（磁気ドラムを含む）は二重化されて両回路の出力の一致をとっており、記憶装置はサム・チェッキングによる誤り監視が行われた。

　当時はこの種の電子計算機に適用可能な集積回路がなかったため、中央

処理装置で約2500個のトランジスタと約10000個のゲルマニウム・ダイオードが用いられた。

5.7.3 ● 世界初の気球延線に成功

海峡横断電線の架線工事として、世界でも前例のないアドバルーンを利用した珍しい工法が6月10日、関西電力によって鳴門淡路連絡線の建設に適用された（図5-41）。

淡路島に対する電力の供給は明石海峡に敷設されている2万Vの海底ケーブル2回線に頼っていたが、かつて、しばしば事故を生じ、海底ケーブルとして最も条件の悪い地点とされていた。ところが、淡路の電力需要の増加によりケーブルの送電容量も限界に達しており、しかもケーブル事故が頻発し、復旧に長時日を要するなどの供給支障を生ずるに至り、その根本的な解決策が迫られたため、昭和30年に関西、四国の両電力会社の共同で鳴門淡路送電線の建設が計画された。

これは将来の需要増加を考慮し、経済的および系統的見地から地理的に近い四国地区の電源地帯と連系することが最善の策と考えられたためで、将来、明石海峡横断による四国、関西間の送電連系を図るとき、この連絡線の実現は両社間の相互融通を可能にし、両地帯間の電力の合理的な運用により電力供給の安定をもたらすという構想に基づいている。

架空線と海底ケーブルの2方法を対象とし、海底ケーブルについて学識経験者からなる「鳴門海峡横断海底ケーブル調査委員会」を設置して検討がなされたが、実用上不可能との結論に達し、ここに鳴門海峡を挟み、淡路側門崎と四国側孫崎との両岬を結ぶ、世界第8位の超径間1716mの架空送電案が採用されることになったのである。

しかし、関門海峡一帯は瀬戸内海国立公園の一部であるため、風致保存の見地から送電ルート決定にも最大の考慮が払われ、樹木伐採を最小限とするためには、支持物を高くすると同時に景観上、鉄塔を目立たないように低くするという矛盾を調整しなければならないという困難な事情があった。

海峡は局地的地形の関係から風が強く、台風の進路でもあるため鉄塔

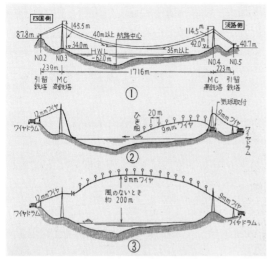

図5-42
鳴門海峡連絡線海峡部縦断面と延線法(提供：関西電力(株))(OHM 昭和36年7月号 p.25)

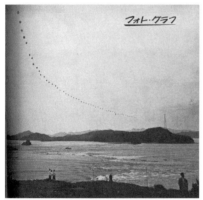

図5-41 海峡横断に成功した気球アーチ(提供：関西電力(株))(OHM 昭和36年7月号口絵)

図5-43 気球によって両鉄塔間に張られたメッセンジャワイヤ(提供：関西電力(株))(OHM 昭和36年7月号口絵)

に対して瞬間最大 105 m/s（一般には 75 m/s）、平均最大 75 m/s（一般には 40 m/s）の風速に、電線に対しては平均風速 65 m/s にも耐えるようにそれぞれ設計され、高鉄塔の組み立ては東京タワーと同じジンポール法が採用された。

　そして、もう一つの特色ともいえるのがアドバルーン工法の開発と実施である。

鳴門海峡で船舶の航行を遮断せずに架線するには、ヘリコプターによって細いナイロンロープを張る方法がまず考えられたが、これはたとえ軽いナイロンロープでも、1716mの長径間ではロープを海に浸けないようにすることは技術的に困難で、工程数も増し、経済的に有利ではない。そこで、世界で初めて気球による延線（気球延線法）が発案されたのである。この方法によれば、いきなり9mmの電線が張れるので工程が楽になり、また、風による影響もヘリコプターと大差ないと考えられた。

　この工法は、まず9mmのメッセンジャワイヤに20m間隔に気球を取りつけながら、曳舟で四国側へくり出し、ワイヤを空中に浮かせながら延線していく（図5-42）。四国側に達すると、延線場よりNo.2鉄塔を通じて渚に引き出されている12mmのワイヤに接続され、同時に淡路側No.4鉄塔の近くで、淡路側引留鉄塔のほうへ延びた9mmワイヤと気球延線用9mmワイヤを接続、メッセンジャワイヤは完全に両横断鉄塔間に張り渡される。ついで、淡路側でエンジンによりメッセンジャワイヤを引き戻し、気球はNo.4鉄塔を通過して引留鉄塔で回収される。こうして海峡部は12mmワイヤに張り替えられる。

　次に、四国側で12mmワイヤに14mmワイヤを接続し、淡路側で引き、14mmワイヤが張られ、さらに四国側で14mmワイヤの後ろへ14mmワイヤを2本接続して淡路側へ引き、以下同じ手順で14mmワイヤを4本張る。

　次いでメッシナ海峡横断送電線工事で行われたループ延線方式を採用、[14]→[16]→[19]→[24]→[28]mmと太くし、最後に730mm² ACSRに接続して架線を終了するのである。

　気球延線当日は、曇天で鉄塔上部の風速7～10m/s、一時は断念して中止が考慮されたが、試験的に延線を開始するとともに風速も5m/s近くに落ち、工事は続行され、所要時間約3時間で両鉄塔間にメッセンジャワイヤは張り渡され、約80個連なる紅白の気球は、観光客をして鳴門のうず潮よりしばし目を奪ったかたちで、まさに国産技術の勝利を物語るように壮観を呈したのである（図5-43）。

5.8.1 ● 1962(昭和37)年、米英間の衛星テレビ中継

　昭和37年元旦、黒澤明監督の『椿三十郎』が公開されたこの年の2月20日に、ジョン・ハーシェル・グレンJr.の搭乗したフレンドシップ7号によってアメリカ初となる地球周回飛行が成功した。飛行中、計器に表示異常があり、地球を3周したところで逆噴射ロケットを装着したまま大気圏に再突入するというハプニングがあったものの、無事帰還することができた。その後、5月24日にマルコム・スコット・カーペンターが搭乗したオーロラ7号、10月3日にウォルター・マーティー・ウォーリー・シラーJr.が搭乗したシグマ7号が続けて成功した。

　一方、ソビエト連邦は8月11日に有人宇宙船ボストーク3号、翌日にボストーク4号を相次いで打ち上げ、宇宙空間でのランデブーを成功させる。両宇宙船間で無線連絡を行い、3号は地球を64周、4号は48周して8月15日に着陸した。

　また、有人衛星以外にもアメリカAT&T社の設計による通信衛星テルスター（**図5-44**）が打ち上げられ、7月10日にアメリカとイギリスの間でテレビ中継に成功している。この衛星は2組の送受信機を備え、外壁に取り付けられた6000個の太陽電池から電力供給を受けて稼働するものである。

5.8.2 ● 純国産原子炉JRR-3の成功

　9月12日、茨城県那珂郡東海村の日本原子力研究所（原研）にかねてから建設が進められていたJRR-3原子炉（**図5-45**）が、臨界実験に成功する。

　JRR-3原子炉は日本原子力研究所に建設された3番目のもので熱出力1万kWの天然ウラン重水形研究用原子炉であり、JRR-1、JRR-2が輸入品であったのに対し、全部国産技術によって建設された。

　世界で唯一の被爆国である我が国では原子力の研究・利用に対して慎重な意見が多かったが、昭和30年に公布された原子力基本法に基づき原子力の平和利用を進めていたのである。

図5-44 通信衛星テルスター（出典：NASA）（OHM 昭和37年7月号口絵）

図5-45 JRR-3の建屋全景。手前は付属研究所、後方の円形は炉室、右前方は使用済み燃料室（OHM 昭和37年3月号口絵）

　JRR-3の炉室は中央に本体を置き、製造した放射性同位元素を取り扱う設備を北側に、使用済み燃料を使用済み燃料室に送り込むためのシュートを南側に配置した。これらはその上に設けられたレールでつながれており、放射性同位元素取り扱いキャスクと使用済み燃料取り扱いキャスクが走行するようになっている。

　炉心タンクは内径2.8m、高さ4.2m、胴厚12mm、底板厚20mmで、燃料棒は直径25mm、有効長さ2650mmの天然ウランの棒に厚さ2mmのアルミを被覆したもので、全部で246本ある。なお、天然ウラン燃料棒のアルミ被覆に破損が起こった場合、重水中に混入する核分裂生成物によってその破損燃料棒を検知し、放射性物質の拡散を防ぐ検出装置も付属されていた。

　また、昭和35年10月1日に臨界に達した原研の2号炉JRR-2は、翌年4月に90%濃縮ウランによって臨界試験、9月から出力上昇試験を行い、10月9日に最高出力1万kWの試験運転に成功している。

5.8.3 ● 新幹線試運転を開始

　東京－大阪間を3時間で結ぶ国鉄東海道新幹線の試運転が、鴨宮－綾瀬間で開始された。図5-46は、完成した試作電車で4両編成のほかに2両

図 5-46　完成した試作車両（OHM 昭和 37 年 9 月号口絵）

図 5-48　新幹線モデル線路（OHM 昭和 37 年 9 月号口絵）

図 5-47　大磯変電所（OHM 昭和 37 年 9 月号口絵）

編成の電車も試験に用いられた。新幹線の車両を特徴付ける先頭車両の丸いお碗形状の中には、高速で走る電車の接近を知らせるための照明装置として 20 W の蛍光灯が 15 本納められている。

新幹線は 2 万 5 000 V、周波数 60 Hz の交流で稼働する。我が国は交流導入の経緯から東が 50 Hz、西が 60 Hz となっている。東海道新幹線の沿線では、静岡県の富士川を境として 50 Hz 地区と 60 Hz 地区とに分かれる。東海道新幹線は、計画当初からさらに西に延伸した山陽新幹線を考慮に入れたとき、60 Hz の供給地区の距離が長くなることから全線で 60 Hz を採用することが決定された。このため 50 Hz 地区では、電力会社から供給を受けた電力を 60 Hz に変換して供給している。図 5-47 は、大磯に設けられた仮設の周波数変換所の変圧器である。

新幹線は 2 万 5 000 V の交流を使用するため、車両内には主変圧器が設

けられて電圧を調整している。電車制御の立場から見れば、主変圧器1台でできるだけ多くの電動機を駆動できればその分、制御機器の数が少なくて済む。しかし、軌道や橋梁などの構造物の立場から見れば、できるだけ車両の重量が均一であり、かつ軽い方が設備投資額も少なくて好ましい。またサービス面から見れば、車両の長さが一定である方が出入口の位置が決まるので接客上都合がよい。さらには高速化のために電気機器はすべて床下に取り付け、床上面積を有効に活用することが求められた。

そこで4両を1ユニットとした構成が考えられたが、この方式は主変圧器を床下に設けることが困難であることと、主電動機出力が3000kWを超えるため主変圧器の制御を高圧側で行わなければならないこと、車両重量の均一化が困難であること等から2両1ユニット方式とされた。このため新幹線開業当初の16両編成の車両（0系）には、パンタグラフが8個備えられている（ちなみに、東海道新幹線700系、N700系は4両1ユニット構成であり、1編成2個のパンタグラフとなっている）。

図5-48は新幹線で採用されたコンパウンド形合成架線である。メッセンジャと補助メッセンジャとの間のドロッパに、ばねとダンパの役割を兼ね備えた合成素子が設けられている。また、この写真の右側には、吸上変圧器を見ることができる。

吸上変圧器は二つの巻線を備えており、両巻線とも巻数が等しい1:1の変圧器であり、交流き電方式の一方式であるBTき電方式に採用される。このき電方式は、数kmを一つの区間（ブースターセクション）としてほかの区間と絶縁するもので、隣り合うブースターセクション間に吸上変圧器が設けられる。

また、9月20日には東海道新幹線の新丹那トンネル(7 959 m)が貫通し、着実に新幹線計画は進んでいったのである。

5.8.4 ● 我が国最大の畑薙第一揚水発電所完成

南アルプスの山岳地帯を源流とし、静岡県を流れる大井川に中部電力の水力発電所の井川発電所（**図5-49**）が設けられている。井川発電所は昭和

図 5-49
中部電力　井川ダム（著者撮影）

図 5-50　ダム・エプロン内部に設置された発電機（提供：中部電力(株)）（OHM 昭和 37 年 11 月号口絵）

図 5-51　ダム・エプロン内部に設置された変圧器（提供：中部電力(株)）（OHM 昭和 37 年 11 月号口絵）

32 年に稼働したが、この発電所よりもさらに上流に我が国最大の畑薙第一揚水発電所が建設され営業運転を開始した。

　この発電所は揚水式では我が国最大の中空重力ダムが採用され、有効落差 101.7m、最大使用水量 150m³/s によって発電出力 13 万 7 000kW の発電をする。図 5-50 は、ダム直下の下腹部にあたるダム・エプロン内部に設置された発電機である。ダム建設地帯が険しい峡谷であったため、ダム・エプロン内部に発電機と変圧器（図 5-51）を設置することで省スペース化と建設費縮減を図ったものである。

5.9.1 ● 1963（昭和 38）年、黒部川第四発電所が完成

　この年の 3 月 30 日には、東海道新幹線が大磯付近のモデル線の試験運転で交流電車による 256 km/h の記録を出した。そして、7 月には峠の釜飯で知られている横川駅－軽井沢駅間の国鉄信越線改良工事が完成し、66.7‰ の急勾配区間が粘着運転による機関車けん引によって営業開始された（図 5-52）。これによって明治 26 年（電化は明治 45 年 5 月）以来のアプト式は廃止されることになった。

　11 月 9 日、午後 9 時 50 分ごろ、東海道線の鶴見駅－新子安駅間のゆるいカーブで、下り貨物列車の後部 3 両がせり上がって脱線し、その 3 両が横須賀線の線路上に転覆したところに時速約 80 km のスピードで進行してきた東京駅行きの上り電車が衝突し、さらにこの電車はすぐ隣を徐行していた下り電車に激突した（鶴見事故）。死者 161 人、重軽傷者 120 人を出す惨事となった。11 月 9 日は高度経済成長のひずみを感じさせる、まさに「魔の一日」であった。

　一方、6 月 5 日には関西電力の黒部川第四発電所のアーチダム発電所が完成し、竣工式を挙行した。

　ダムの高さは 186 m、設備最大出力は 25 万 8 000 kW であった。約 7 年の歳月と延べ 970 万人の作業員、総工費 513 億円をかけた大工事であり、171 人の尊い犠牲者を出したこのダムは、深刻だった関西地方の電力の大きな供給源となったのである。

　通信技術にも進展が見られ、国際電電（KDD）の茨城県の十王地球局（実験局）が完成し、テルスター 2 号の追尾実験に成功する。そして、11 月 23 日にはリレー衛星の中継によって米国 NASA のモハービ宇宙通信基地局からのテレビ信号の受信実験に成功した。

　しかし、この中継衛星を使ってアメリカから我が国に最初にもたらされたニュースは、ケネディ大統領暗殺であった。ケネディ大統領は、11 月 22 日に遊説先のテキサス州ダラスで頭を撃たれ、まもなく死亡したのである。

図5-53　256km/hを示す速度計（OHM昭和38年5月号p.13）

図5-52　碓氷峠をノーラック式に導いたEF63形電気機関車（OHM昭和38年4月号表紙）

5.9.2 ● 新幹線256km/hを記録

　昭和38年3月30日9時46分、新幹線試作電車はモデル線で待望の最高時速256km/hを記録した（図5-53）。モデル線は新幹線の橋梁、高架橋、軌道、電気設備、車両等について最終的な量産設計性能確認のために新幹線の一部、約32kmを先に完成させたもので、性能確認のための短期試験と異常電圧等の調査および保守のための資料を得る目的の長期試験を行うものであったが、運転士の養成にもあてられた。

　モデル線でのスピードアップは、昭和37年6月にその一部が完成して以来、同年10月以降は200km/hで運転を続けるなど急ピッチで行われてきたのである。そして、着実に一歩一歩と速度を上げてきた。

　256km/hの高速度試験運転は、営業列車を200km/hで安全に運転するための保守も考慮して十分な余裕を地上設備と車両の両面に与えておかなければならないが、その余裕の確認のために行われたもので、台車の異常

振動である蛇行動を起こしやすくした磨耗車輪による走行試験、ATC装置(自動列車制御装置)の人工故障によるフェイルセーフ確認試験など一連の試験の一環でもあった。

当時、世界における鉄道の速度記録として、1955年3月にフランス国鉄がCC7107、BB9004の両直流電気機関車で331km/hを出した記録がある。これはフランス国鉄がミストラル特急を160km/hで走らせるために、331km/hの速度を出しても安全であることを示そうとしたのである。つまり、通常運行速度の倍以上の速度で試験することで安全性を裏づけようとしたのである。それに比べると、新幹線が200km/hの運転をするために、256km/hでその安全性を確かめることは一見奇異に思われる。

しかし、これは日本の鉄道技術における測定技術の進歩によるものであった。すなわち、脱線の危険性の有無を正確に把握するためには、車輪とレールの間にどのような力が作用しているのかを完全に把握しなければならない。また、車輪がレールを横方向に押す力(横圧)がどの程度まで許されるのか限界を究明しなければならない。この車輪がレールに及ぼす力(横圧、垂直圧)を連続的かつ完全に走行中に測定しているのは日本だけで、諸外国鉄道関係者、新幹線調査団の注目を浴びたのである。

5.9.3●原子炉による初の発電開始へ

日本原子力研究所では、我が国における最初の試験研究用原子力発電所(動力試験炉)の建設を原子力開発計画の一環として開発するべく、昭和35年夏着工以来、約3年の建設期間を経て、ようやくその建設工事のすべてを終了し、昭和38年8月22日12時41分、関係者の見守るなか核燃料9本で臨界に達し、いわゆる「原子の火」を灯すに至った。

この動力試験炉は、昭和35年8月日本原子力研究所から日本GE(アメリカGEの子会社)に発注され、総工費40億円余りを要して建設されたものである。また、建設、運転等を通じて得られる数々の経験を生かして、将来の原子力発電開発を推進するために大きく役立てようとすることも大きな目的の一つとなっていたのである。

これより前の昭和38年春、一応の工事が終了し、以後、燃料を挿入する前の原子力施設を始め、ほかの付属機器すべての機能試験など各種試験を行って、機能の万全を期するための燃料挿入前試験が相次いで実施され、燃料挿入段階に至ったのである。

当時、我が国では7つの原子炉が完成していたが、いずれも基礎研究用アイソトープ生産用が主目的のものであった。動力試験炉を保有したことによって、アメリカ、イギリス、ソビエト等に次いで世界で9番目の原子力発電所保有国となった。

なお、この発電所はあくまで試験研究用の原子力発電所であり、発生電力の一部は東京電力に送電されるといっても卸売電気事業ではないので、自家用電気工作物としての取り扱いを受けていた。ちなみに、電気事業用となる原子力発電所は、この発電所とは指呼の間にある東海発電所（出力16万6000kW）で、日本原子力発電会社の手によって建設が進められていたのである。

動力試験炉の臨界成功は、電力エネルギーに新時代を迎えたことを意味するものであり、建設、運転による経験の体得は電気事業にとっても、昭和45～46年ごろまでに約100万kWの開発がなされるという我が国の原子力発電開発の過程で、一段と原子力発電開発ポテンシャルを高めることになった。

5.9.4●電力、通信のオリンピック協力体制整う

1964年の東京オリンピック大会は重要な国際親善の行事であり、大会開催中の電力、通信の確保は大会の順調な運営を期するうえでも最も重要なことであった。

このため、東京電力と日本電信電話公社では、それぞれ電力部門、通信部門のオリンピック協力体制をたて、施設の拡充強化を図ることとなった。

まず、電力について見ると、開催期間中の関係施設に対する電力の供給は寸時の停止も許されない極めて高度の信頼性が要求されている。

すなわち、競技の計時と諸計算、照明、通信等に対する電力の円滑な供

給は特に重要な役割を果たすものである。また、オリンピック競技施設および関連施設は地域的にも東京都内を中心に110数か所の広範囲に散在し、その電力需要の実態把握は難しく、散在需要の施設ごとの供給対策では不十分で、配電だけでなく送変電をも含む総合対策が必要であった。東京電力では組織委員会に技術陣を派遣、電力需要の早期把握と供給工事の積極的実施、配電線美化の推進、無停電保守予行演習の実施、オリンピック電力対策協議会の設置等の諸対策を行った。

通信関係についても、オリンピック大会運営のための連絡はもちろん、報道にも、内外の観客の通信需要が増大するため、電電公社では通信設備の整備、拡充を図ることになり、専用線の新・増設、電電テレビ中継センタの建設などが行われた。

第6章

東京オリンピックから
人類初の月面着陸まで

6.1.1 ● 1964 (昭和39) 年、東京オリンピック
　　　開催と東海道新幹線開業
6.1.2 ● 新潟地震の発生
6.1.3 ● 我が国初の4導体送電線
　　　東京電力・第2東京南線
6.1.4 ● 漏電責任者の有罪ついに決まる
6.2.1 ● 1965 (昭和40) 年、新南極観測船
　　　「ふじ」と世界一のタンカー「東京丸」
6.2.2 ● 集積回路化時代を迎えた計算機
6.2.3 ● 驚異!　マリナー4号の技術
6.2.4 ● 姿勢制御の段階にきた我が国の宇宙
　　　開発
6.3.1 ● 1966 (昭和41) 年、米ソは宇宙開発
　　　競争、中国は「文化大革命」
6.3.2 ● アメリカ航空宇宙局 (NASA)
6.3.3 ● SENA 地下原子力発電所へ核燃料
　　　出荷
6.3.4 ● 50万V送電　布石の年

6.4.1 ● 1967 (昭和42) 年、米ソ宇宙開発中
　　　の悲劇
6.4.2 ● 我が国初の超臨界圧火力発電所と
　　　ガスタービン発電所
6.4.3 ● 出揃った電力3社の電気自動車
6.4.4 ● 電力のピーク夏に移る　渇水で電力
　　　供給ピンチ
6.5.1 ● 1968 (昭和43) 年、日本初の超高層
　　　「霞が関ビルディング」
6.5.2 ● 世界最高揚程の斜流水車が活躍する
　　　蔭平発電所
6.5.3 ● 中部電力で電力系統安定対策として
　　　画期的な安定運用装置が完成
6.5.4 ● 種子島宇宙センターで初のロケット
　　　飛翔実験に成功
6.5.5 ● 超高圧線を止めた公害調査気球
6.6.1 ● 1969 (昭和44) 年、学生紛争の最中、
　　　急速に進む宇宙開発
6.6.2 ● 人類初の月面着陸へ
6.6.3 ● 小形電子計算機の開発
6.6.4 ● 我が国最大の揚水発電所
　　　安曇発電所
6.6.5 ● 山陽新幹線用試験電車が完成

6.1.1 ● 1964（昭和39）年、東京オリンピック開催と東海道新幹線開業

OHM 創刊 50 周年（図 6-1）を迎えた昭和 39 年、オリンピック組織委員会が"東京大会は国産技術による科学の祭典で行おう"とスローガンを掲げて 5 年、500 種類にものぼる競技用機器が勢揃いした。東京オリンピックは、当時の花形だった電子工学が多大に寄与したことはいうまでもない。

10 月 10 日〜24 日まで開催された東京オリンピックは、参加 94 か国、参加選手 5 586 人の規模になり、過去最大の大会となった。この大会から柔道とバレーボールが新たに加わり、実施された競技は 20 競技、163 種目であった。

女子バレーボールでは、東洋の魔女といわれた日本チームが金メダルを獲得した。我が国は 439 人の選手団を結成して全競技に参加し、金メダル 16 個、銀メダル 5 個、銅メダル 8 個を獲得したのである。

東京オリンピックの開催に先立ち、9 月 17 日に羽田空港と浜松町を結ぶ東京モノレールが開通した（図 6-2）。

また、10 月 1 日の 6 時ちょうどに一番列車が東京駅を出発し、東海道新幹線が開業した。

6.1.2 ● 新潟地震の発生

昭和 39 年 6 月 16 日 13 時 2 分、新潟市北西粟島付近海底を震源地とする新潟地震が発生し、その影響は東北、関東、中部、北陸の各地方に及んだ。各地の震度は新潟、酒田、仙台が震度 5、山形、秋田、盛岡、福島、白河、小名浜が震度 4、宮古、大船渡が震度 3 で、その規模は当時、関東大震災に次ぐものといわれていた。

地震の被害は、新潟、山形両県を中心に東北一円に及んだが、なかでも新潟市周辺および山形県酒田、鶴岡地区の被害が特に大きく、死者 25 名、行方不明 13 名、負傷者 381 名、東海破損家屋 8 800 戸、流失浸水家屋 2 万 3 300 戸に達し、いたるところで道路が決壊し、また地割れ、田畑の冠水などが見られた。

図6-2 羽田ー浜松町間13.2kmを結ぶ当時世界最長といわれたモノレール。5箇所の変電所があり、シリコン整流器で直流750Vに変換する。1箇所の変電所が故障しても運行には支障がない。（OHM昭和39年10月号口絵）

図6-1 創刊50周年を迎えた「OHM」（OHM昭和39年11月号表紙）

図6-3 新潟火力発電所から見た昭和石油のタンク群の炎上状況（OHM昭和39年7月号口絵）

　新潟市の損害で大きかったものは、昭和石油・新潟精油所の石油タンク90基が次々に爆発を起こし（図6-3）、数日にわたり焼け続け、付近の民家約400戸を類焼したことや、信濃川河口付近の埋め立て地帯で津波による防波堤の決壊、地割れによる地下水の噴出のため約2万戸浸水したこと、またビルディングのような重量構造物の陥没、傾斜、昭和大橋の落下などであるが、幸い市街地に火災が発生しなかったことと、死者や倒壊家屋が比較的少なかったことは不幸中の幸いであった。

6.1.3 ● 我が国初の4導体送電線　東京電力・第2東京南線

3月28日、東京電力では横須賀火力発電所第3号および第4号(いずれも単機容量350MW)の完成に備え、その発生電力を京浜および西東京変電所を通して京浜地方に供給するとともに、さらに千葉、房総方面の火力地点を起点とする既設の275kV超高圧外輪線と結ぶことにより、その相互運営を図る目的の下に、第2東京南線が完成し営業運転に入った（図6-4）。

重要な送電線であるため、塩害対策には鋼心アルミ被覆電線が採用され、台風の対策には、がいし連結個数を4地区に分けて施設し、鋼より線方式を採用するなど特別の設計が施されているほか、送電線の線下補償をできる限り軽減する目的のため、懸垂V吊りによる我が国初めての4導体を採用するなど画期的な試みがなされていた。

図6-4　我が国初の4導体送電線（東京電力　第2東京南線）（提供：東京電力HD（株））（OHM 昭和39年5月号口絵）

6.1.4 ● 漏電責任者の有罪ついに決まる

昭和 30 年 10 月 1 日に起きた新潟市の大火災の原因が漏電とされ、電気工事関係者が起訴されたため、全国電気工事界の重大関心事となる。裁判でも電気工作物規程などの性格、解釈をめぐって激しく弁論が戦わされたが、新潟地方裁判所で有罪、東京高等裁判所で控訴棄却、そして、ついに昭和 39 年 5 月 26 日最高裁判所で上告棄却となり、被告 3 名の有罪が確定した。

この事件は昭和 30 年 10 月 1 日、新潟県庁の一部から出火、折からの瞬間最大風速 20 m/s 以上といわれる台風 22 号とフェーン現象による異常乾燥状態が災いして、民家に延焼または飛び火し 1 235 戸を焼き、損害 46 億円といわれる大火となったものである。

出火の原因は、専門家が焼け跡を調べて鑑定したところによると、県庁の建物外壁に取り付けられた A 形ブラケット（電灯外灯として知られる三又脚座のもの）のソケット付近から漏電、外灯の取り付け木ねじ、ワイヤラスを経て地気電流が流れたためといわれる。

昭和 31 年 6 月 22 日、新潟地方検察庁は外灯を取り付ける木ねじが建物のワイヤラスから絶縁されていなかったのは、その電気工事に落ち度があったものとして電気工事関係者 3 名を起訴した。

被告側は、電灯器具を建物のワイヤラスから絶縁する必要は大火の 2 か月後の昭和 30 年 12 月 1 日に電気工作物規程中初めて定められたことであり、その取付工事を行った当時（昭和 30 年 1 月 13 日）においては、決して規程違反となるものではなかったことや、そのほか種々の理由を申し立て、無罪を主張した。

昭和 34 年 8 月 25 日、新潟地方裁判所は『外灯の取り付け木ねじがワイヤラスから絶縁されていなかったのは、被告らが業務上必要な注意を怠ったものである。およそ電気工事人または電気技術者たるものは、電気工事をなし、またこれを監督するに際しては、危険発生の恐れのなきことを確認したうえ、工事または監督に従事すべきことは条理上当然のことに属し、

特に明文の存在を必要としないと解すべきであるから、工事の当時電気工作物規程に定めがないからといって、被告らの注意義務なしということはできない』という理由で、外灯の取付工事に従事した3名に対し、有罪の判決を下した。この判決は多くの人々が意外とするところで、全国の電気工事関係者に大きな衝撃を与えた。

　被告らはこの判決を不服とし、ただちに東京高等裁判所に控訴した。控訴審では、技術や工事の本質を無視していると考えられるこの判決は誤ったものであるとし、労働省産業安全研究所電気課長、日本電設工業協会常務理事および技術委員長ら3氏が被告側証人として法廷に立ち、3被告の無罪の証明に力を尽くしたのである。

　しかし東京高裁は、昭和36年12月25日に控訴棄却の判決をした。被告らはこの判決を不当として、昭和37年1月4日最高裁判所に上告を行ったが、昭和39年5月29日最高裁判所から控訴棄却の判決を受けることになった。

　本件については、当時の第一審の司法当事者（判事、検察官、弁護士）が電気工事に関する諸般の知識が十分にないところで出発したため、争点の狙いが適切さを欠き、途中専門家の参加にもかかわらず、最初の方向性を変えることができず、そのまま終止点に達してしまったという考えもあった。

　また、この事件には法的にきわめて精密な検討を行う必要を感じさせただけでなく、電気工事に関する規範（電気工作物規程、内線規程）の目的、その内容の具備すべき条件、そして工事関係者の責任との関連などでも徹底的に調べ上げて、その意味を明確にしなければならないということを多くの関係者に考えさせることになったのである。こうしてこの裁判は、電気工作物の基本に関する重要問題を含むものとして物議を醸すものになった。

6.2.1 ● 1965（昭和40）年、新南極観測船「ふじ」と 世界一のタンカー「東京丸」

　この年も宇宙開発はさらに進み、3月8日にはソ連のヴォスホート2号のレオーノフ飛行士が人類初の宇宙遊泳を行い、6月3日には宇宙船「ジェミニ4号」でアメリカ初の宇宙遊歩が行われた。そして、12月15日にアメリカの宇宙船ジェミニ6号と7号が初のランデブーに成功している。また、7月15日には、アメリカの火星探査ロケット「マリナー4号」が撮影した初めての火星表面の近接写真が発表される。その成功に対抗するべくソ連は、11月16日に金星探査船「ビーナス3号」を打ち上げた。地上ではベトナムを舞台に戦いが行われていたが、宇宙でも米ソの熾烈な競争が行われていたのである。

　そんな中、我が国では3月8日に新南極観測船「ふじ」（**図6-5**）が進水、9月27日に石川島播磨重工業横浜ドックで、世界一のタンカー「東京丸」が進水した。

6.2.2 ● 集積回路化時代を迎えた計算機

　真空管を使用した計算機からさらにトランジスタを使用したものに変わっていき、昭和40年ごろにはトランジスタの時代は去り、集積回路の時代に進んでいた（**図6-6**）。

　集積回路はトランジスタ、ダイオード、抵抗器などをシリコン板上に一纏めにしたもので、アメリカではすでに軍事用計算機に採用されていたが、商用計算機では昭和39年に発表したIBM360シリーズが初めてであり、我が国でも日本電気、富士通、日立製作所といった大手計算機メーカーも集積回路を使った計算機を軌道にのせていた。

　図6-7は、IBM社で開発された固体論理技術SLT（Solid Logic Technology）回路であり、このSLTよりさらに高スピードのASLT（Advanced SLT）を開発した。SLTの遅延時間（ディレイタイム）が5～30nsであるのに対して、ASLTは1.5nsと高速である。

図6-6 左から真空管、トランジスタ、SLT（円内）（OHM 昭和40年12月号口絵）

図6-5 艤装が進む新南極観測船「ふじ」（OHM 昭和40年7月号表紙）

図6-7 SLT回路（左）とASLT（右）（OHM 昭和40年12月号口絵）

6.2.3 ● 驚異！ マリナー4号の技術

　昭和39年11月28日、アメリカのケープケネディ宇宙センターから打ち上げられたマリナー4号は、228日の長途の宇宙空間飛行を続けながら昭和40年7月14日、ついに火星から約1万kmの距離まで接近し、その表面の写真撮影に成功した。電波でも約12分かかる2億2000万kmも離れた惑星間空間の遥か彼方で撮影された写真が地球へ送られてきたことは、まさに驚異的な出来事であった。月より遠い宇宙空間のことを「深宇宙」というが、アメリカ航空宇宙局（NASA）ではカリフォルニア工科大学付属のジェット推進研究所と協力し、深宇宙探求については「マリナー計画」と呼ばれる惑星探求ロケットが計画された。

　マリナー1号と3号は残念ながら失敗したが、マリナー2号は金星ロケッ

図 6-8
「マリナー4号」に搭載された各種測定器（左上：太陽プラズマ測定器　右上：放射線体測定器　左下：宇宙塵測定器　右下：磁気計）（出典：NASA）（OHM 昭和40年8月号口絵）

トとして金星の科学的情報を得ることに成功した。マリナー4号は火星に接近して写真を撮影し、従来、議論の的になっていた火星表面の色彩の規則正しい変化を説明するために、火星の地形学や大気組成の解明に大きな足跡を残したことはいうまでもないことであるが、計画どおりに火星に接近させることができた軌道の正確な計算、追尾誘導技術、遠距離宇宙通信の確立といった宇宙開発技術面からもすばらしい成果であった（図6-8）。

深宇宙通信の最も重要な課題は、宇宙飛翔体が飛んでいる宇宙空間と地球との間の莫大な距離のために生ずる大きな伝送損失をどのようにして克服するかということであり、また、深宇宙通信系の第一の目的は飛翔体に積載された多くの科学測定器によって集積されたデータを地球局へ伝送することである。これは一般に「テレメトリー」と呼ばれるが、マリナー4号の場合には、搭載されたテレビカメラで撮影された火星表面の写真や磁界と粒子の測定結果を地球へ伝送することが最大の使命である。しかし、マリナー4号の送信出力は10Wであり、85フィート（約25.5m）の地球局のアンテナで受信したとしても、火星と地球との間の約2億kmという莫大な距離のため、受信される電力は $10^{-19} \sim 10^{-20}$ W という極めて微弱なものになってしまう。

このような微弱の電波でデータを伝送するためには特別な通信の方法が必要であり、マリナー4号では「パルス符号変調（PCM）」と呼ばれるディジタル通信が用いられた。PCM通信では信号を階段状の波形に量子化し、さらに標本化してパルスの符号として送るのである。

カメラは焦点距離30.48cm、F8のカセグレン形望遠鏡が用いられ、像はビジコンの上に結ばれて電子線で走査され、1枚の写真は縦、横200個ずつ合計4万個の白黒の点に分解された。その濃淡は、0～63までの数字に対応する段階に分けられ電気符号に変換される。PCM通信方式の特徴は、2進法であるため［1］と［0］とによってパルスのあるとき・ないときを表し、これら六つを組み合わせることで64段階を表示することができる。そこで、写真の明暗は6単位2進符号によってそれに対応するパルス符号として送られた。

1枚の写真は4万個の点に分解され、その一つが持つ情報量は6ビットである。つまり、写真1枚あたり24万ビットの情報を伝送しなければならない。情報量は帯域幅の関数であるため帯域幅を広げれば多くの情報を伝送できるが、その反面、帯域を広げるとそれだけ雑音も多くなって都合が悪い。特に今回のように、超遠距離の極めて微弱な信号を受信するためには、できるだけ雑音を少なくする必要がある。そのためには帯域を狭くしなければならないが、そうすると地球へ伝送されるべき情報の伝送率は少なくなる。これらのトレードオフが重要である。

1枚の写真が持つ情報量を1秒あたり8.5ビットの割合で、少しずつ2.3GHzの電波にのせ地球に向けて送信されたので、1枚分全部を送信し終えるのに約8時間かかった。

NASAの深宇宙通信計画には、カリフォルニアのジェット推進研究所のほかに南アフリカのヨハネスブルグ、オーストラリアのウーメラにも追跡局があり、これらは経度で約120度離れているので、いずれかの追跡局で必ずマリナー4号を監視することができるようになっていた。

マリナー4号からの信号はこれらの追跡局で受信され、ただちにジェット推進研究所へ送られた。マリナー4号が収集した情報、特に大気に関す

第6章　東京オリンピックから人類初の月面着陸まで

る情報は後の「ボイジャー計画」と呼ばれる火星軟着陸計画に極めて重要な
データを提供した。

6.2.4 ● 姿勢制御の段階にきた我が国の宇宙開発

　かねてから宇宙開発を推進している東京大学宇宙航空研究所では、11
月8日に鹿児島県内之浦の東京大学宇宙空間観測所で、2段式カッパー
10形ロケットを使用しての姿勢制御装置の実施試験を行い、これに成功
した。姿勢制御とは人工衛星などを軌道にのせるため、最終段ロケット発
射前に頭胴部を起動の方向を定めることで、今回の実験もジャイロによっ
て設定された方向にしたがってロール用ジェット、ピッチ用ジェットを働
かせ頭胴部姿勢を制御したものである。

　姿勢制御としては、方法、規模ともにまだ初期の段階ではあるが、我が
国の人工衛星開発推進の1ページを飾る成果として注目されたのである。

6.3.1 ● 1966（昭和41）年、米ソは宇宙開発競争、中国は「文化大革命」

　この年も熾烈な宇宙開発競争が続けられた。ソ連は1月31日に無人月探査機ルナ9号を打ち上げ、4日後の2月3日には無人月探査機ルナ9号が世界で初めての月面軟着陸に成功する。さらに3月1日になると金星探査船ビーナス3号を世界で初めて金星に到着させ、ソ連の高い無人衛星誘導技術を内外に示した。

　これに対してアメリカは、3月16日にジェミニ8号によるアジーナ・ロケットと初のドッキングを成功させた。次いで6月2日にはサーベイヤー1号が月面軟着陸に成功し、1万枚以上の写真を撮影した。その3日後の6月5日には、ジェミニ9号のサーナン飛行士が2時間5分にわたる長時間の宇宙遊泳を行った。続けて7月20日には、ジェミニ10号による初の2重ランデブーを成功させ、また9月12日に人工衛星ジェミニ11号を打ち上げてアトラス・アジーナ・ロケットとのドッキングを成功させた。

　このような華々しい成果を上げたアメリカのジェミニ計画であるが、11月15日に打ち上げられたジェミニ12号の飛行を最後にその計画が終了した。その後、アメリカは月を目指す有人宇宙飛行のアポロ計画に注力することになる。

　中国では、昭和40年末から燻っていた政治的権力闘争が勢いづき、昭和41年8月20日に青少年の紅衛兵を尖兵とする伝統的文化の破壊、知識人や高級官僚に対する大規模な弾圧、いわゆる「文化大革命」が北京で起こり、続いて全国的に拡大していった。

6.3.2 ● アメリカ航空宇宙局（NASA）

　前述したように、多大な成果を上げているアメリカの宇宙開発の中心となっているのはアメリカ航空宇宙局（National Aeronautics and Space Administration）、通称NASAである。OHMには当時のNASAが紹介されている。

　図6-9は、テキサス州ヒューストンにある有人衛星船センターである。

288　電気雑誌「OHM」100年史

第6章　東京オリンピックから人類初の月面着陸まで

図6-9　テキサス州ヒューストンの有人衛星船センター（出典：NASA）（OHM昭和41年3月号口絵）

図6-10　サターンロケットの地上試験（出典：NASA）（OHM昭和41年3月号口絵）

図6-11　ジェット推進研究所の中の制御・監視室（出典：NASA）（OHM昭和41年3月号口絵）

図6-12　遠距離レーダのアンテナ（出典：NASA）（OHM昭和41年3月号口絵）

ここでは、宇宙飛行士の訓練から宇宙飛行の制御まで数多くの研究がなされた。

　図6-10は、ハンツビル宇宙飛行センターで開発されたサターンロケットの地上試験の模様である。写真のロケットは、既存のロケットエンジンH-1を8個束ね、強力な推力を得るべくなされたものである。

　図6-11は、カリフォルニア州パサデナにあるジェット推進研究所（JPL：Jet Propulsion Laboratory）の中にある制御・監視室の模様である。まさに宇宙旅行の心臓部ともいえるところで、月や惑星を目指す無人飛行の制御をすべてここで賄う。

　図6-12は、バージニア州ワロップアイランドの宇宙飛翔体試験所の屋

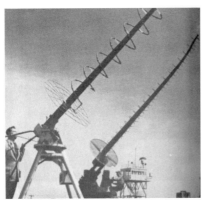

図6-13 テレメータアンテナ群(出典：NASA)(OHM 昭和41年3月号口絵)

図6-14 宇宙空間シミュレータにおける試験風景(出典：NASA)(OHM 昭和41年3月号口絵)

上にある遠距離レーダのアンテナ、図6-13は同試験所のテレメータアンテナ群である。いずれも人が操作して衛星に向けているようである。月面や金星に衛星を送り届ける制御技術があるにもかかわらず、アンテナの向きは人の手に頼っていたようである。図6-14は、宇宙飛行中の生理的・心理的反応を見る宇宙空間シミュレータである。

6.3.3 ● SENA 地下原子力発電所へ核燃料出荷

図6-15は、ニューヨークのケネディ空港からフランスとベルギーの国境で建設が進められているSENA(フランス・ベルギー核エネルギー団体)原子力発電所に向けて空輸される核燃料のコンテナである。この原子力発電所は、世界で初めてとなる地下式のものである。燃料はウエスチングハウス社のペンシルベニア チェスウィックにある核燃料工場で製造されたものである。この核燃料は、アメリカ原子力委員会（AEC）が欧州原子力共同体に売却した形で、SENAがこれを借り受けて26万6000kWの発電能力を持つ地下原子力発電所（PWR：加圧水型原子力発電所）で使われる

図6-15　SENA原子力発電所に向けて空輸される核燃料のコンテナ（OHM 昭和41年1月号別冊　OHMジャーナル　p.30）

図6-16　東京電力初の50万V房総線（提供：東京電力HD（株））（OHM 昭和41年1月号口絵）

ことになった。

　二酸化ウランの充填されたステンレス・スチール製の核燃料アセンブリを入れたコンテナは2トン以上もあり、一度にコンテナ12個と小型のコンテナ8個が出荷された。航空機で核燃料を輸送するとなると、陸上輸送や海上輸送より一層の注意を払って行わなければならない。

　そこで我が国における現状を調べてみた。以下、原子力安全・保安院（当時）のホームページからの抜粋である（http://www.nisa.meti.go.jp/7_nuclear/14_faq/faq_a06.htm）。

　一質問：核燃料物質等の輸送規制はどのように実施されているのですか。

　核燃料物質等の輸送安全規制は、国際原子力機関（IAEA）が定めた放射性物質安全輸送規則（2003年改訂版）を我が国や各国が各々の国内規則に取り入れることによって行われています。

　我が国では、核燃料物質等の輸送形態毎にそれぞれの法令に基づき各行政庁で安全規制が行われており、陸上輸送については原子炉等規制法（核原料物質、核燃料物質及び原子炉の規制に関する法律）により、海上輸送については船舶安全法により、また、航空輸送については航空法により規制が行われています。

なお、陸上輸送の場合、核燃料物質等の運搬を行おうとする者は、運搬の都度、核燃料輸送物（輸送容器及び収納物）の設計、運搬する核燃料物質を輸送容器に収納した場合の安全性等が技術上の基準に適合していることについて、主務大臣（所管により文部科学大臣、経済産業大臣、国土交通大臣のいずれか）の確認を受けなければなりません。

　原子力安全・保安院においては、製錬施設、加工施設、使用済燃料貯蔵施設、再処理施設、廃棄施設及び発電の用に供する原子炉施設からの陸上輸送に係る核燃料輸送物の安全規制を所管しています。

　さらに、核燃料輸送物が技術上の基準に従って積載車両に適切に積み付けられていること等、輸送方法が技術上の基準に適合していることについては、国土交通省の確認を受けなければなりません。

　また、核燃料物質等の輸送にあたっては、あらかじめ運搬の経路を管轄する都道府県公安委員会に届け出て、運搬証明書の交付を受けなければなりません。

　海上輸送及び航空輸送の場合においても、基本的には陸上輸送の場合と同様の規制が行われています。ただし、国内ではこれまで核燃料物資等の本格的な航空輸送は行われていません。─

　我が国では、核燃料を陸上輸送するだけでもテレビ・新聞を賑わすことが多いので、航空輸送ともなると大騒ぎになることが容易に想定できる。狭い国土では航空輸送の必要性はないと思われるが、飛んでしまえば陸上輸送または海上輸送よりも、意外と安全なのかもしれない。

6.3.4●50万V送電　布石の年

　昭和41年2月5日、東京電力初の50万V房総線（房総変電所－新東京変電所63km）が営業運転に入った。50万V4導体2回線送電方式としては世界で最初の送電線である（**図6-16**）。当初は27.5万Vで既設系統と並列運用された。

6.4.1 ● 1967（昭和42）年、米ソ宇宙開発中の悲劇

　過当競争が続いていた米ソ宇宙開発にひずみが生じてきた。1月27日午前6時31分、アメリカ・ケープケネディ宇宙センターにおける有人宇宙船「アポロ1号」の打ち上げ訓練中、船内で出火があり、純粋酸素が満たされていた船内は瞬く間に火の海となって、グリソム、ホワイト、チャフィーの3飛行士が焼死した。純粋酸素の雰囲気内で、船内は一瞬にして溶鉱炉のようになったものと思われる。ソビエトでは4月24日、宇宙船ソユーズ1号の回収に失敗し、コマロフ大佐が死亡する。米ソとも悲しい年となった。

　一方、我が国では東洋工業（現在のマツダ）が数々の技術的難題を克服してロータリーエンジンの開発に成功し、このエンジンを搭載した「コスモスポーツ」が発売された。

6.4.2 ● 我が国初の超臨界圧火力発電所とガスタービン発電所

　東京電力では、我が国初の超臨界圧火力発電所として千葉県姉崎地区の埋立地に姉崎火力発電所1号機を完成させて本格運転を開始した。この発電所は60万kWの発電機、680MVAの変圧器を有し、煙突の高さが200mにも達するという、すべてにおいて我が国一の設備が結集されたものである（図6-17、6-18）。

　蒸気条件も経済性と効率向上をバランスさせた$24.1\mathrm{MPa}$（$246\mathrm{kg/cm^2}$）、538℃で発電端熱効率40.33％を見込むという、これまでの新鋭亜臨界圧発電所に比べて数々の優れた利点を備えていた。

　そもそも当時の我が国における産業、経済の進展はめざましく、これに伴い急激な電力需要の増加があった。電力産業はこれに応えて、年々大規模な電源開発を進めていたが、建設の主力を占める火力発電設備について、より大容量、高効率のプラントの出現が燃料経済の見地などから切望されていた。ユニット効率を向上させるためには蒸気条件を改善することが必要である。諸外国では亜臨界圧を大幅に上回る超臨界圧ユニットが実用化

図6-17 姉崎火力発電所の中央制御室にあるBTG（ボイラ・タービン・発電機）制御盤（提供：東京電力HD（株））（OHM 昭和42年10月号口絵）

図6-18 姉崎火力発電所1号機の60万kWタービン発電機（提供：東京電力HD（株））（OHM 昭和42年10月号表紙）

され、信頼性も充分と判断されたため、我が国でも超臨界圧ユニットを採用して火力電源開発の主力とする気運が高まっていたのである。

　このような情勢のもと、東京電力は姉崎地区に総工事費244億円に及ぶ我が国初の600MW超臨界圧ユニットの建設を行った。この姉崎発電所1号機と相前後して中部電力、関西電力の両電力会社もそれぞれ知多火力発電所（出力500MW）、姫路第2火力発電所（出力450MW）の超臨界圧ユニットの建設に着手し、我が国の超臨界圧時代の第一歩が踏み出されたのである。

　姉崎発電所1号機は、出力、蒸気条件ともに我が国では経験のない最新鋭ユニットのため、ボイラおよびタービン発電機などの主要機器については超臨界圧大容量ユニットの設計・製作実績を多数持つアメリカのB&W社およびGE社からそれぞれ輸入することとし、建設工事の現場指導についても経験豊富なアメリカのコンサルタントに依頼することになった。1号機の輸入契約にあたっては、代表契約者である米国IGE社に対し、2号機以降の国産化について全面的に協力することを確約させ、国内メーカーへの設計図面引き渡しも1号機の製作開始に引き続き行うことが決定さ

図6-19 中部電力名火発電所に設置された我が国初のガスタービン(提供：中部電力(株))(OHM 昭和42年1月号表紙)

れていた。これは、後の円滑な国産化体制の推進に寄与することとなった。

中部電力では年々増加する電力需要に対処するため、大容量、高効率の火力設備を中心に電源開発を進めて供給力の確保に努め、ピーク供給力または予備力として我が国初のガスタービン発電所を建設した(図6-19)。

この発電所はその目的から、建設地点は電力需要中心の名古屋市内、旧名古屋火力発電所跡とし、旧設備の流用を極力行いつつ建設費の低廉を期するとともに、ガスタービンの形式は構造が簡単で取り扱いが容易な一軸形のオープンサイクルが採用された。燃料にはナフサ、灯油、重油または原油が用いられ、出力は3万kWであった。

6.4.3 ● 出揃った電力3社の電気自動車

電気自動車は戦後まもない昭和24、25年に六大都市に集中的に発達し、25年度の調査では全自動車数の3％を占めるに至り、性能面でも各メーカー立ち会いのもとに高槻市、小田原市で各種性能テストが実施され、技術的に一応の折り紙がつけられていた。

また、経済的に安価であるという特徴がある。特に昭和24年から実施

図6-20　東京電力と日本電池が開発した電気自動車（提供：東京電力HD(株)）（OHM 昭和42年2月号別冊OHMジャーナル p.28）

図6-21　関西電力と日本電池が開発した電気自動車（提供：関西電力(株)）（OHM 昭和42年2月号別冊OHMジャーナル p.28）

図6-22　中部電力と湯浅電池が開発した電気自動車（提供：中部電力(株)）（OHM 昭和42年2月号別冊OHMジャーナル p.29）

されたガソリン車の生産ならびに使用減とあいまって、電気自動車は国内の交通機関としての重要性がますます増加し、量産体制がとられていたのである。しかし、昭和26年になると国内情勢が変転し、小型ガソリン自動車の生産開始のほか、ガソリンの増配などが実施されるに至った。さらに外車の輸入許可も加わって、電気自動車の生産は次第に減産の方途をたどり、昭和29年度には木炭車、薪炭車とともに街頭から姿を消すに至った。

　その原因は、燃料事情の好転もさることながら、①電力供給の不均衡（供給能力不足）、②鉛価格の暴騰、③対ガソリン車への性能上の欠点などがあげられる。そして昭和30年、運輸省では道路運送車両法から電気自動車の項目を抹消するに至ったのである。

　しかし、昭和40年代になると再び電気自動車がマスコミを賑わすことになった。その背景には、自動車の排気ガスと騒音の公害対策、深夜電力の需要を開発し、昼夜の均衡を図ることなどがあげられる。

　そのような中、東京、関西、中部の各電力会社が相次いで試作車を発表した。

東京電力の試作車（**図6-20**）は、三菱360バン（360cc）を改装して改良鉛蓄電池を搭載した2人乗り軽四輪車で最高75km/hである。関西電力の試作車（**図6-21**）は、ダイハツ コンパーノ（800cc）を改装して鉛蓄電池を搭載した2人乗り小型四輪車で、最高70km/hである。中部電力の試作車（**図6-22**）は、トヨタ コロナ バン（1 200cc）を改装してアルカリ電池を搭載した4人乗り小型商用車で、最高80km/hである。

昭和42年に再び登場した電気自動車だが、ガソリン車を凌駕するまでには至らず、その後、再び長い間、日の目を見ることはなかった。

6.4.4 ● 電力のピーク夏に移る、渇水で電力供給ピンチ

当時、我が国における最大電力は主として12月～1月の冬季に生じていたが、昭和40年代から東京、関西、中部の各電力会社などでは夏季の電力需要が次第に大きくなっていた。夏季需要の急増の原因はもちろん冷房需要の増大である。冷房需要としては、劇場、デパート、ビルなどの業務用冷房、飲食店や商店などの中形冷房、一般家庭のルームクーラのほか、扇風機、冷蔵庫などもそのなかに入るが、業務用冷房が主要因である。

アメリカではすでに10年以上も前に、この夏季ピークの問題が大きくクローズアップされ、詳細な検討が加えられていた。

エジソン電気協会の資料によれば、この傾向がもっとも甚だしい地域は南部諸州で、夏季ピークが冬季ピークをはるかに抜いており、8月／12月の比は、昭和40年の実績で142％という非常に大きな比率を示していた。

当時、我が国の電力設備計画は冬季ピークで考えられていたが、夏季ピーク増加の見通しから、夏季ピークを対象として発電所あるいは変電所の竣工時期の一部または全部の繰り上げ、火力補修計画を立て、適切な供給予備力の保持に努めることが叫ばれた。しかし、この年の電力需要は予想を約3％も上回っただけでなく、全国的な異常渇水で貯水池の水位が低下の一途をたどり、安定的供給が確実と予告されていた電力需給がピンチすれすれの危ない状態であった。特に、西日本における貯水池の水位は低下の一途をたどっていたのである。

6.5.1 ● 1968（昭和43）年、日本初の超高層「霞が関ビルディング」

　2月20日に清水市で2人を射殺した金嬉老が、寸又峡温泉の旅館「ふじみや」で経営者や宿泊客ら13名を人質として篭城した事件が発生した。スコープ付ライフル銃やダイナマイトを多量に持って篭城するが、88時間後の24日に逮捕された。

　また、超高層ビルとして注目を浴びていた36階建ての霞が関ビルディング（図6-23）が4月12日に竣工した。当時、海外では36階建てのビルは珍しくなかったが、地震国である我が国では建築基準法によって高さが31m以下に制限されていた。しかし、建築技術の進歩によって昭和38年に同法が改正され、我が国初となる高さ147m（36階まで）の超高層ビルが出現したのである。電気設備の面でも受変電、自家発電、配電、放送、エレベータ、エスカレータ、防災などに多くの配慮がなされた（図6-24）。

　6月26日には、アメリカの支配下にあった小笠原諸島が返還され東京都に属した。23年ぶりの日本復帰である。

　12月10日、東京都府中市の路上で白バイ警察官を装った若者が東芝府中工場の現金輸送車を奪い、3億円を強奪する「3億円事件」が発生する。また、この日、ストックホルムでノーベル賞受賞式が行われ、文学賞受賞者の川端康成氏が出席した。アジアで2人目のノーベル賞受賞であった。

6.5.2 ● 世界最高揚程の斜流水車が活躍する蔭平発電所

　四国電力では、電力需要の急増に対処して未開発包蔵水力の宝庫といわれていた那賀川水系に蔭平発電所（図6-25）を建設する。昭和40年8月に着工し建設を進めてきたが、3年弱の歳月を費やして昭和43年5月21日に完成し営業運転に入った。最大出力4万6500kW、年間発電電力量1億6530kWhであった。

　この発電所は、上流約5kmの地点に貯水容量1675万トンの小見野々ダムを持つ揚水式であり、水力発電所としては四国電力最大の出力を有している。水車は高揚程斜流水車（発電時4万7700kW、揚水時3万

第6章　東京オリンピックから人類初の月面着陸まで

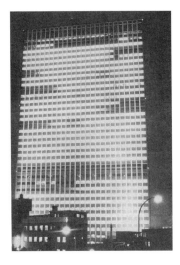

図6-24　地下中2階に設置された中央監視制御盤（提供：三井不動産（株））（OHM 昭和43年5月号口絵）

図6-23　全館照明で夜空に浮かぶ霞が関ビルディング（提供：三井不動産（株））（OHM 昭和43年5月号口絵）

7 500 kW）が採用された。当時、出力では我が国最大、揚程では94mと世界最高を誇っていた。

　ポンプ水車ランナには可動式の羽根が取り付けられ、羽根自体の開閉により少ない水量で高効率な運転が可能である。羽根の開閉には、回転式サーボモータを初めて水車軸に直結したことで羽根の開閉時間の短縮が図れた。また、起動時には電力系統に与える影響を改善するため、ポンプ水車ランナを空中で回転させて押し込むなど独自の起動方式が採用された。

6.5.3 ● 中部電力で電力系統安定対策として画期的な安定運用装置が完成

　アメリカ北東部で起きた系統事故以来、電力系統にごくまれに発生する大事故に対しても安定した運用が行えるよう各電力会社で対策が進められていた。

　中部電力でも系統設備の強化に努めてきたが、万一発生する重大事故に対処するため、系統の安定運用装置の開発を進めた。そして、西部系統用として三菱電機に、東部系統用として東京芝浦電気（現：東芝）にそれぞれ発注し、運転を開始した。

299

図6-26 打ち上げに成功したLS-C-D形ロケット（OHM昭和43年11月号口絵）

図6-25 蔭平発電所の発電電動機（提供：四国電力（株））（OHM昭和43年7月号口絵）

　この装置は、SSC（System Stabilize Controller）、すなわち系統安定運用装置と呼ばれており、大規模電源の脱落あるいは主幹送電線の遮断に伴う系統の分断などのときに生ずる位相動揺と周波数変動との両者に対し、高速度予潮制御を行うことによって事故後の系統の安定運用を図ることを目的とした。

6.5.4 ● 種子島宇宙センターで初のロケット飛翔実験に成功

　科学技術庁では、昭和40年秋まで東京都下新島でロケットの打ち上げ実験をしていたが、この場所では人工衛星の打ち上げが無理なため、昭和41年4月鹿児島県種子島に新しい宇宙センターを開設した（図6-26）。

　9月17日と19日の両日、同庁種子島宇宙センターから初めてSBII-A、LS-C-D、NAL-6H1号機などロケット3機を打ち上げ、その実験に成功した。そのなかで一番大形のLS-C-D形（2段式）ロケットはLS-C形ロケット開発の第一歩として試作されたロケットで、第1段固体ロケットのエンジン性能の確認などを目的としたものであり、第2段液体ロケットにあたる部分は外形重量は液体ロケットと同じであるが、エンジンなどのロケ

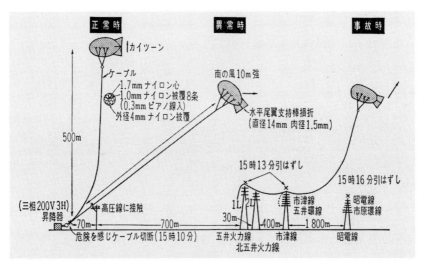

図6-27 事故発生状況略図(提供：東京電力HD(株)) (OHM昭和43年10月号別冊 OHMジャーナル p.3)

ットに必要な機器をまったく装備していない模擬ロケットであった。

このLS-C形ロケットは、科学技術庁・宇宙開発推進本部が将来人工衛星打ち上げ用ロケットの第3段目に予定している推力4.5トン(真空中)の液体ロケット開発のための飛翔試験機として使用された。

6.5.5 ● 超高圧線を止めた公害調査気球

7月20日15時13分頃、千葉県市原市五井町で公害調査のための気象用観測気球が突然降下し、付近を走る275kVの五井火力線、66kVの市津線、昭和電工線などの超高圧送電線に次々と接触し(図6-27)、約60万kWに及ぶ発電支障と瞬間周波数0.5Hzまで低下する事故へと波及し、関係者の強い怒りを買った。

電力業界では、観測気球による停電事故の事態を重く見て、今後、公害観測用気球などによるこの種の事故の再発を防止するため、関係各機関に防止対策を要望するとともに、電気事業連合会を通して通産当局にも関係官庁にこのような事故の再発防止を要望する陳情書が提出された。

事故の状況は、30 m³ のヘリウムガスを入れた気流形気球（カイツーン）を 500 m 上空に浮揚させ気象観測を実施し、試験が終了したため、200 m ぐらいまで降下させていた。その時点で南の風 10 m/s 強となり、さらに突風にあおられて気球の水平尾翼を支持するジュラルミン製の支持棒（外形 14 mm、肉厚 1.5 mm）が損傷し、バランスを崩して、いわゆるキリモミ状態になりながら気球が急降下を始めた。

　そして、気球を揚げていた箇所から 70 m のところにある高圧配電線に接触する危険性が生じたので、作業員は感電の危険性を感じ、昇降用のブレーキをかけて待避した。しかし、ブレーキのかけ方が不完全であったため、気球は風にあおられて気球のケーブルをつけたまま 700 m 上昇した。危険があるため作業員がケーブルを 730 m 上昇した時点で切断し、気球と昇降機の切り離しを行った。

　気球はそのまま上昇を続けると思われたが、ケーブルを引きずったまま横に流れ始めた。このため、気球についたケーブルが、気球を上げていた箇所から 700 m 離れている東京電力の 275 kV 五井火力線を始めとして、市津線（66 kV）、昭和電工線（66 kV）に次々と触れて、各送電線にケーブルが巻き付いた状態のままケーブルは切れて、気球はそのまま流れ去った。このため、各送電線に生じた地絡または短絡によるトリップが生じ、完全復旧するまで、五井火力線で 2 時間 40 分、市津線で 6 時間 57 分、昭和電工線で 2 時間 29 分の時間を要し、東京電力・五井火力発電所では発電停止電力量 2 100 MWh、昭和電工の市原火力では 55 MWh の合計 2 155 MWh の発電支障となった。

6.6.1 ● 1969（昭和44）年、学生紛争の最中、急速に進む宇宙開発

　我が国で学生運動が活発化していたこの頃、昭和44年1月9日の東大紛争で、全共闘（全学共闘会議）と民青（日本民主青年同盟）が激突する。同月15日には、全共闘の東大闘争勝利労学総決起集会が開かれ、これを抑えるため18日に機動隊8500人、車両346台が東大に出動する。いわゆる東大安田講堂事件である。熾烈な攻防が行われたが、催涙ガスの威力に学生側は降伏した。そして、立てこもる学生による封鎖を翌19日に機動隊が解除し、午後5時55分安田講堂は落城した。この事件をきっかけとして各地の大学で紛争が勃発することになる。

　学生紛争の最中、アメリカ、ソビエトの両国では更に宇宙開発が急速に進んでいた。ソ連が初の宇宙ステーションを建設して1月15日にソユーズ4号を打ち上げたことに始まり、翌16日にはソユーズ4号と5号が宇宙空間でドッキングして2名の宇宙飛行士が5号から4号への乗り移りに成功する。このとき両宇宙船間には人が往来できるトンネルのようなものがなかったため、乗り移るにはいったん宇宙空間を遊泳するしかなかったが、ソユーズ5号の宇宙飛行士は果敢にこれに挑戦して成功させた。また、5月16日には、ソ連の惑星間ステーションのベネラ5号が、翌17日にはベネラ6号がそれぞれ金星に到着している。さらに10月13日には、ソユーズ6号、7号、8号が、史上初となる3有人宇宙船のグループ飛行を行った。

6.6.2 ● 人類初の月面着陸へ

　ソ連が宇宙ステーションの開発や金星の調査を進めている中、1968（昭和43）年12月21日にアメリカのフロリダ州ケープケネディ宇宙センターから全長約110.6m、重量3100トンの巨大なサターン5形3段式ロケット（推力3400トン）で打ち上げられたアポロ8号は、3名の宇宙飛行士を乗せて月まで約38万4000kmの距離を往復し、無事に太平洋上の予定水域に着水した。人間による他天体への初のラウンド・トリップ（周回）の成

図6-29 ヒューストンに設置されたコンピュータ「UNIVAC 1108」（出典：NASA）（OHM 昭和44年9月号口絵）

図6-28 月面に着陸した月着陸船とアームストロング船長（出典：NASA）（OHM 昭和44年9月号口絵）

功は、人類史上において画期的なものであった。それから、わずか7か月後の昭和44年7月16日に打ち上げられたアポロ11号は、同月20日に人類史上初の月面着陸に成功する（図6-28）。月着陸船「イーグル」からアームストロング船長が、人類初の月面第一歩を踏み出した。「これは1人の人間にとっては小さな1歩だが、人類にとっては偉大な飛躍である（That's one small step for man, one giant leap for mankind.）」が、最初の言葉であった。人類初の快挙に世界中の人々が興奮した。

月面に降り立ったアームストロングとオルドリンは、太陽から吹き付けられる微粒子中の希ガス元素を捉えて太陽から宇宙空間に絶えず吹き出されている太陽風の正体を探る太陽風測定装置や、地球から月面に向けて照射したレーザ光を反射する反射鏡などを設置した。

アポロ11号の成功のかげには、打ち上げから月面着陸、さらには地球への再突入、着水に至るまで、飛行計画の円滑な進行を図る情報連絡網があった。これはNASA（アメリカ航空宇宙局）にある有人飛行追跡ネットワークであり、その中枢機械となったのは膨大な数の電子計算機群である。

図6-29は、宇宙飛行士や地上で宇宙飛行士の安全のために活躍する地上スタッフに対して、宇宙船の推力、酸素、そのほか食料などの消費状況

図6-30 日立製作所が開発した我が国初のミニコンピュータ「HITAC 10」（出典：(一社)情報処理学会Webサイト「コンピュータ博物館」）

図6-31 ミニコンピュータ「FACOM R」（提供：富士通(株)）

のデータを分析し、安全を図るためのコンピュータ「UNIVAC 1108」であり、ヒューストンに設置された。

6.6.3 ● 小形電子計算機の開発

アメリカでは、アポロ宇宙船による月面着陸を成功させた原動力ともなるコンピュータの技術革新が進んだが、我が国でも情報革新時代を反映した小形電子計算機の開発が各社で行われていた。

図6-30は、日立製作所が開発した我が国初のミニコンピュータ「HITAC 10」である。HITAC 10はオールIC化されたもので、主に科学計算、データ処理を目的として開発された。当時のコンピュータといえば、1企業あるいは1事業所に1台という中で、HITAC 10は個人単位のコンピュータとして使用するという画期的なものであった。

図6-31は、富士通が開発したミニコンピュータ「FACOM R」である。このコンピュータは、独立の計算機システムとして科学技術計算用、教育・実習用計算機、端末計算機のほか、システム計算機や周辺端末装置として、オンライン端末制御装置などに応用された。

6.6.4 ● 我が国最大の揚水発電所 安曇発電所

東京電力では、梓川水系の水質の有効利用と既設発電所廃止による設備

図6-32
安曇発電所の5、6号機（各機とも出力10万9000kVA）（提供：東京電力HD（株））
（OHM昭和44年12月号口絵）

近代化の総合的な再開発を進めていた。発電所建設計画は、梓川とその支流奈川との合流点に奈川渡ダム、その下流に水殿ダム、稲核ダムなど一連のダムをつくり、その間で揚水発電を行い、ピーク負荷時の供給力の充足と、火力、原子力を含めた経済性の向上を目的としたものである。このため安曇発電所のほか、水殿発電所24万5000kW（揚水式）、そして新竜島3万2000kWの建設が進められ、合計出力90万kWの電力を起こすこととした。

これらの揚水発電所で、特に安曇、水殿の両発電所は、我が国ではもちろん世界でも例を見ない全自動による画期的な同期起動方式を採用し、また梓川水系に点在する既設の発電所を含めて9つの発電所群、合計出力1000MWに及ぶ大規模な発電設備と、3つのダムの運用を一括して安曇発電所内に設置された梓川自動制御所で遠隔・集中制御する方式を採用しており、これも世界ではほかに例を見ないものであった。

この年、安曇発電所（図6-32）の一部が完成して運転を始めた。揚水発電として我が国最大の発電電力（62万3000kW）を有していた。

6.6.5 ● 山陽新幹線用試験電車が完成

国鉄では昭和47年3月の完成を目指して山陽新幹線 大阪−岡山間の約160kmの建設工事を行い、250km/hの運転を行う計画であった。高速運

転のため車両に関しても数年をかけて250km/hの運転を目標とした車体、台車、電気機器、ブレーキ、制御方法など全面的な見直しを行い、その成果として最新の技術を盛り込んだ1編成2両の高性能試験電車を完成させた。

　試験電車の電気方式はサイリスタ整流方式で、定格出力（連続）2000kW（250kW×8台）MM'ユニット、重量は16トンであり、試験電車の主な特徴は次のとおりである。

　（1）250km/hの高速域では、空気抵抗が大きくなるため出力を増す必要がある。主電動機1個当たりの出力は、0系新幹線の185kWに対して250kWと35%増加させた。

　（2）主電動機回路の制御はサイリスタを用いて力行時は連続位相制御、電気ブレーキ時には抵抗切換とサイリスタチョッパの併用による連続制御方式を採用した。

　（3）運転操作は運転士の速度指示によって、電車は自動的に力行したり惰行したりして指示速度で走行することができるようにした。

　（4）新しく開発した渦電流式レールブレーキを台車の前後車輪の間に吊り下げ、レールの直上にわずかな隙間を保っておき、ブレーキ時にレールブレーキ装置に電流を流すことによって、レールに渦電流を流してブレーキ力を出すようにした。

第7章

世界2位の国民総生産
～大阪万博／国内インフラ拡充／石油ショック～

7.1.1 ● 1970(昭和45)年、我が国のGNPが
　　　世界2位に

7.1.2 ● 万国博覧会「EXPO '70」の開催

7.1.3 ● モスクワ国民経済達成展覧会

7.1.4 ● 電電公社で電話計算サービス開始

7.1.5 ● 電気工事業法の施行

7.2.1 ● 1971(昭和46)年、「マイクロプロセッサ4004」が完成

7.2.2 ● JNFが原子炉用核燃料を国産化

7.2.3 ● 新幹線250km/hへの挑戦

7.3.1 ● 1972(昭和47)年、「日本列島改造論」がベストセラー

7.3.2 ● 電子レンジの設置許可が不要に

7.3.3 ● 初公開された国鉄の磁気浮上走行試験装置

7.3.4 ● 500kV送電の実用化進む

7.3.5 ● 世界的規模の高電圧直流ケーブル開発研究試験設備

7.4.1 ● 1973(昭和48)年、第一次石油ショックが起きる

7.4.2 ● 我が国初の125kV油冷サイリスタ・バルブ連系実用化試験を開始

7.4.3 ● 大島電力が九州電力と合併

7.5.1 ● 1974(昭和49)年、コンビニエンスストアが初開店

7.5.2 ● 500kVガス絶縁開閉装置を全面的に導入

7.5.3 ● 中部電力が新送電線航空障害灯を開発

7.5.4 ● 試運転を開始した我が国初の自家用地熱発電所

7.5.5 ● 世界初のリニア・モーターカーを使用した国鉄塩浜ヤード

7.6.1 ● 1975(昭和50)年、米ソのロケットが歴史的ドッキング

7.6.2 ● アメリカで発売された小形高性能電卓

7.6.3 ● EXPO '75 海洋博

7.6.4 ● 電源開発・鬼首地熱発電所いよいよ稼働へ

7.6.5 ● 我が国初の本格的環境調和送電線

7.7.1 ● 1976(昭和51)年、超音速旅客機「コンコルド」

7.7.2 ● 世界最大規模の直流連系

7.7.3 ● 世界最大容量の斜流型ポンプ水車

7.7.4 ● 首都高速湾岸線 東京湾海底トンネル

7.7.5 ● 超高速地表輸送機関を開発

7.8.1 ● 1977（昭和52）年、落雷による広域
大停電が発生（米国）

7.8.2 ● 高速増殖実験炉「常陽」臨界試験開始

7.8.3 ● 連続運転世界記録を残した
九州電力・玄海原子力発電所

7.8.4 ● 国鉄が「省エネルギー電車」の試作に
乗り出す

7.9.1 ● 1978（昭和53）年、世界初の日本語
ワードプロセッサー

7.9.2 ● 変圧運転方式を採用した沖縄電力・
石川火力発電所2号機

7.9.3 ● 大規模地震対策特別措置法成立と
宮城県沖地震

7.9.4 ● 地震検知システムの試験

7.10.1 ● 1979（昭和54）年、「PC-8001」と
「ウォークマン」

7.10.2 ● 南極・昭和基地からのテレビ
生中継に成功

7.10.3 ● 米国スリーマイルアイランド
原子力発電所事故

7.10.4 ● 20世紀我が国電力業界の悲願
北海道－本州間の直流連系成る

7.11.1 ● 1980（昭和55）年、自動車生産
1000万台を突破

7.11.2 ● 世界初の超電導電磁推進船の走行
実験に成功

7.11.3 ● 太陽光発電プラントの集熱タワー
が完成

7.11.4 ● 3300Vの洗礼

7.12.1 ● 1981（昭和56）年、「IBM PC」の
発表

7.12.2 ● ニューヨーク市大停電事故

7.12.3 ● 260km/hで営業運転を開始した
フランスTGV

7.12.4 ● レーガン政権の対外原子力政策

7.13.1 ● 1982（昭和57）年、音楽CDプレー
ヤーが発売

7.13.2 ● 100万V級課電試験に着手

7.13.3 ● リニアモーターカー 有人浮上走行
実験に成功

7.13.4 ● 北海道初の森地熱発電所が完成

7.13.5 ● 奥利根総合制御所が稼働

7.14.1 ● 1983（昭和58）年、ファミリーコン
ピューターの大ヒット

7.14.2 ● 南極地域観測砕氷艦「しらせ」

7.14.3 ● 三宅島噴火

7.14.4 ● プルトニウムの再燃料化

7.15.1 ● 1984（昭和59）年、「マッキン
トッシュ」を発表

7.15.2 ● 我が国初の人工島に築かれた
関西電力・御坊発電所

7.15.3 ● 女川原子力発電所1号機が運開

7.15.4 ● 川内原子力発電所1号機が運開

7.15.5 ● 高浜発電所4号機が試験運転を
開始

7.15.6 ● 新都市交通システム用リニアモー
ターカー

7.16.1 ● 1985（昭和60）年、世界最長の青函
トンネル本坑が貫通

7.16.2 ● 東北電力初の複合発電が運開

7.16.3 ● 「科学万博－つくば'85」が開催

7.16.4 ● 福島第二原子力発電所3号機が
運開

7.16.5 ● 東京電力・富津火力発電所が運開

7.16.6 ● 北海道電力初の海外炭火力が運開

7.16.7 ● 九州電力 T字形基幹系統が運開

第7章　世界2位の国民総生産〜大阪万博／国内インフラ拡充／石油ショック〜

7.1.1 ● 1970（昭和45）年、我が国のGNPが世界2位に

　1970年、我が国で初めての国際博覧会である万国博覧会「EXPO'70」が開催された。この万博は3月14日〜9月13日の6か月間、183日間にわたって開催され、来場者数は目標の3 000万人を優に超え、万博史上過去最高の6 400万人を突破した（この記録は2010年の上海万博まで破られなかった）。各パビリオンは数時間待たないと見ることができないという人気ぶりで、特にアポロ11号が持ち帰った月の石を展示したアメリカ館は長蛇の列となった。

　そのような中、4月11日のアメリカ・ヒューストン時間の13時13分、アポロ13号が打ち上げられた。しかし4月13日、酸素タンクが爆発し、月着陸を断念せざるを得なくなった。地球を遠く離れた宇宙空間で極限下に置かれた3宇宙飛行士が無事に生還することを世界中の人々が固唾をのんで見守った。そして約6日間にわたる前人未踏の飛行を終え、無事に地球へ帰還することができた。

　我が国ではこの年、早川電機工業（株）がシャープ（株）に社名を変更した。このシャープがLSIを使用した電卓「マイクロコンペット」を発売する。電卓の価格が10万円を切ったことで話題になった。

　我が国は高度経済成長を遂げて世界第2位のGNPに達し、華々しい話題で幕を開けた1970年であった。

7.1.2 ● 万国博覧会「EXPO'70」の開催

　東洋初の万国博覧会EXPO'70は、大阪の千里丘陵で開催された。標高30〜70mの起伏に富んだ千里丘陵の330万m²の広大なスペースに「人類の進歩と調和」をテーマに未来都市のモデル像が描かれた（**図7-1〜7-3**）。

　万博は産業と文化の祭典ともいわれ、また科学技術の一つの飛躍台であるとされている。新しい技術が完成され、新方式の建築物が生まれ、新しい施設が活躍する。明日の時代にその技術が吸収され、実用化され、やが

311

図7-1　1970 日本万国博覧会（大阪万博）（提供：産経新聞社）

図7-2　場内周辺4.3kmのコースを15分間で走るモノレール（4両編成6列車で1時間に1万3000人の輸送能力を持つ）（OHM 昭和45年1月号口絵）

図7-3　1時間に1万人を運ぶ能力を持つ動く歩道（OHM 昭和45年1月号口絵）

て社会生活に同化する。万博の歴史はそれ自体、今日の近代化の営みを示すものといえる。

　産業革命を境とし、万博は急速な産業近代化を背景に建築芸術を中心と

第7章　世界2位の国民総生産〜大阪万博／国内インフラ拡充／石油ショック〜

図7-4　750kV ガラス碍子（OHM 昭和45年10月号口絵）

図7-5　直流送電用大型水銀整流器
　　　（陽極電圧 130kV、陽極電流 900A）
　　　（OHM 昭和45年10月号口絵）

して、ビルの本格的な空調施設や人工照明、そして高速道路などが生まれてきた。また万博では、宇宙開発から電子計算機の登場など急速に発達してきた科学技術が示された。そして、1970年代の技術を示唆するものが日本万博のなかで明らかにされた。

シンボルゾーンなどの中心施設からは、東西南北への交通機関としては動く歩道が通り、場内を一周するものとしてはモノレールが設けられ、都市機能が有機的に結び付けられた。

一方、会場管理には観客の入退場状況、駐車場の状況、展示や催し物の案内、落とし物や迷子に関する情報まで、大形、中形電子計算機5台を中心とした情報処理システムによって行われた。

これらの交通機関、情報処理システムは、そのまま1970年代の社会機能の要素として受け継がれていった。

7.1.3 ● モスクワ国民経済達成展覧会

我が国では万国博覧会が開催されていたが、ソ連のモスクワでは科学・技術に関する常設会場として国民経済達成展覧会があった。会場は我が国の万博会場よりも広く、また、緑と花と噴水に囲まれた大きな公園のなか

に80館ほどのパビリオンがあり、それぞれ各専門分野に関する最新の開発成果を誇示していた。

図7-4は交流750kV送電線に使用されているガラス碍子、図7-5は直流送電用大形水銀整流器である。高電圧・大電力の進んだ技術を垣間見ることができる。

7.1.4 ● 電電公社で電話計算サービス開始

図7-6の押しボタンダイヤル電話機（プッシュホン）から計算式を入力すると、簡単な数値計算から複雑で高度なライブラリ計算を手軽に行うことができる電話計算サービスが開始された。

これはプッシュホンから電話計算センターの番号「010-0111」をダイヤルしてセンターを呼び出す。センターに接続されると「プ、プ、プ」と接続確認音が聞こえてくる。次いで計算式に従ってボタンを押すと、その回答が音声で返ってくるという仕組みである。

センターの音声応答装置のなかには120種あまりの単語が記憶され、コンピュータの指示によって単語が編集されて、1秒間約1語の速さで計算結果を回答するものであった。入力、回答の桁数は普通7桁までだったが、指示によって14桁まで増やすことができた。また、回答は指示により何回でも聞くことが可能であった。

この電話計算サービスには次の3種類があった。

（1）直接計算

電卓で計算をするのと同じように、数値の入った計算式を送り込むと、

図7-6　電話計算サービスができる押しボタンダイヤル電話機（OHM 昭和45年9月号別冊　OHMジャーナル p.11）

その計算結果が音声で返ってくるもので、三角関数、対数などの基本関数や、π、ε などの基本定数を計算式のなかで自由に使用することができた。

（2）定義計算

利用者自身が、あらかじめ変数を含む計算式をコンピュータに記憶させておく。次に変数の値を送り込むと、同一式によって計算された回答が得られるものである。変数の値を変えることで何回でも計算ができた。

（3）ライブラリ計算

複利計算、最小二乗法、平均値、行列式の値、微分、積分などの計算式のプログラムがあらかじめ電話計算センターに用意されており、利用者は計算したい数式のプログラムを呼び出し、変数の数値を代入して自由に計算することができた。

電卓やコンピュータが大変高価であった当時としては、プッシュホンを利用して計算ができ画期的だったが、やがて電卓の急速な進歩によって衰退の一途をたどることになる。

7.1.5 ● 電気工事業法の施行

電気工事業の業務の適正化に関する法律が、この年の5月に法律第96号として交付された。

国民生活の高度化によって一般用電気工作物は著しく複雑化する一方、電気保安の法律的措置として、電気工事士法、電気用品取締法などがあった。しかし、直接電気工事業者を規制する法体系になっておらず、一般用電気工作物の保安を確保するためには充分であるとはいい難い状況にあることから、昭和45年2月、衆議院議員 海部俊樹氏ほか7名の提案によって第63回国会にこの法律が提出された。そして同年4月には衆議院本会議で可決成立し、次いで5月に参議院本会議で可決成立して公布された。

この法律によって電気工事業を営む者の登録が義務付けられ、主任電気工事士の設置、電気工事士ではない者を電気工事の作業に従事させることの禁止、電気工事業ではない者に請け負わせることの禁止、器具の備え付け、標識の提示および帳簿の備え付けなどが義務付けられるようになった。

7.2.1 ● 1971（昭和46）年、「マイクロプロセッサ4004」が完成

アメリカでは、アポロ13号の失敗から万全の準備をして臨んだアポロ14号が1月31日に打ち上げられた。2月5日には月面着陸に成功して、月面から初のカラーTV中継を行った。

一方、ソ連では1月26日に金星7号が初めて金星の軟着陸に成功する。金星7号からは金星表面の温度、圧力など貴重な情報がもたらされた。それによると、金星表面は465℃、90気圧と不毛の地であることがわかった。

また、6月6日には3人乗り宇宙船ソユーズ11号を打ち上げ、翌日、宇宙ステーションのサリュート1号とのドッキングに成功した。23日間のミッションが終了し、6月30日の帰還中、ドブロボルスキー船長、ボルコフ、パツァエフの3飛行士がソ連領内での軟着陸に成功したが、座席に座ったまま絶命しているのが確認された。バルブの故障が原因で、大気圏再突入のときに船内の空気が失われたことによる窒息死であった。

アメリカで集積回路が発明された頃、我が国ではトランジスタを用いた電子式卓上計算機が開発され、会社などで使われていた。当時の計算機は計算を行わせる回路を設計し、これを製造する方法が主流であった。つまり、純粋なハードウェアだけで構成された計算機である。このような方式の計算機をつくるメーカーに日本計算機販売があった。

日本計算機販売は、オールハードウェア式の計算機を改良する方法として、基本的なところはハードウェアで構成し、計算の手順はソフトウェアでもたせるというストアードプログラム方式の計算機をつくることを思いつく。そこで、日本計算機販売の技術者である嶋正利をインテル社に派遣し、同社のフェデリコ・ファジンらとともに新しい集積回路の開発を行う。そして、数々の困難を乗り越えて、世界で初めてストアードプログラム方式の集積回路「マイクロプロセッサ4004」を完成させた。

7.2.2 ● JNFが原子炉用核燃料を国産化

1970年代、各電力会社における原子力発電所の建設はめざましく、我

が国は本格的な原子力時代を迎えようとしていた。しかし、発電用原子炉燃料を製造する企業は我が国にはなく、運転のために炉内に装入する核燃料は、全量を輸入に頼らざるを得なかった。

そこで、今後の原子力発電が飛躍的に増加することを念頭に置いて、その国産化を図るために、日立製作所と東京芝浦電気は、この方面における最も豊富な経験と技術を持つアメリカ・GE 社と共同して、発電用核燃料の製造会社である日本ニュクリア・フユエル（JNF）（資本金9億円）を設立し、国産燃料の開発準備を進めていた。

そして JNF は、日本原子力発電会社・敦賀発電所（出力347MW）用取り替え燃料として、48体の燃料集合体(2 352本の燃料要素)を初めて製作し、官庁検査にも合格し、この年の5月中旬以降、月末まで3回に分けて発電所への納入を終え、原子炉に装入された。

敦賀発電所は昭和45年3月以来、きわめて順調に運転を続けてきたが、昭和46年の夏季ピークを迎えて計画的停止するのを機に、予定に従って炉内の燃料の一部取り替えを実施する際、これまでの輸入燃料に代わって、この国産燃料を使用した。

JNF では、敦賀発電所の取り替え燃料の製作に続いて、東京電力・福島発電所2号機（1号機は全量輸入燃料）用の初装荷燃料の全部も製作した。福島発電所向けは燃料集合体の数が550体にも達する量であり、本格的な生産体制のもと国産燃料が生産されようとしていたのである。

しかし、この国産燃料の製作は、濃縮ウランを始めとして被覆管その他の材料まで輸入品で、国産とはいっても、いわば輸入材料の加工・組み立てを行う分野の受け持ちに過ぎず、国産材料の使用による早期国産化の体制が期待されるところであった。

7.2.3●新幹線 250 km/h への挑戦

東海道新幹線は昭和39年の開業以来、世界初の高速鉄道として今日まで多くの旅客を輸送してきた。この東海道新幹線の経験を土台にして逐次建設が行われていた山陽新幹線・新大阪－岡山間165kmのほとんどの工

事が終了し、昭和47年3月中旬の開業をめざして各設備の総合試験が行われていた。

　山陽新幹線では将来の高速化を配慮して、単巻変圧器（AT）き電方式、き電用変電所の超高圧受電、重コンパウンド架線、東京総合指令所からの全線制御などの新しい方式・設備などが採用された。

　また、山陽新幹線の電源設備は、き電電圧および周波数は東海道新幹線が採用している標準25kV、60Hzと同じであるものの、き電変電所が超高圧直接受電方式であること、き電方式にAT（単巻変圧器）方式を採用したことなど各種の新方式が採用された。また、超高圧直接受電方式の採用に伴って、き電用変圧器の中性点を接地するため新しい結線（変形ウッドブリッジ結線）方式が開発され、接地事故時における対地電位上昇のため低圧弱電流回路の絶縁保護対策も施された。

　山陽新幹線の各変電所、区分所などの機器は、すべて東京総合指令所（図7-7）から遠隔装置により集中制御された。以下、特徴のある設備を紹介しよう。

（1）超高速電車線路設備

　電車線路はATき電方式の採用に伴い、電車線路の構造は従来のBTき電方式の負き電線の代わりに正き電線を設備し、トロリー線と正き電線の間に単巻変圧器（図7-8）を挿入し、その中性点はレールのインピーダンスボンドに接続する方式が採用された。

　架線方式は将来の高速運転を考慮して、東海道新幹線より保安度が高く、集電性が優れた重コンパウンド架線とした。

（2）高速運転のための新しい軌道

　軌道構造は東海道新幹線とほぼ同じであるが、特に変わった点は、60kg/mのレール（東海道新幹線53kg/m）を採用したことである。これは将来予定されている250km/hの運転に十分耐え得るようにしたものである。

　また、新しい軌道構造として開発された「スラブ軌道」が16kmにわたって敷設された。これは保守作業を要しないメンテナンスフリーの軌道構

第7章　世界2位の国民総生産〜大阪万博／国内インフラ拡充／石油ショック〜

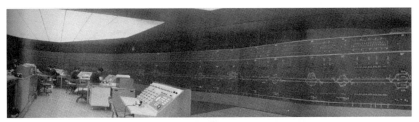

図7-7　総合指令所に設けられた運転司令室（OHM 昭和46年11月号口絵）

図7-9　保守作業を必要としないスラブ軌道（帆坂トンネル内）（OHM 昭和46年11月号口絵）

図7-8　新姫路変電所に設置されている単相60kV/30kV 容量10MVA 油入自冷式単巻変圧器（AT）（OHM 昭和46年11月号口絵）

造であり、路盤コンクリートの上にコンクリートスラブを据え付け、これに直接レールを締結する構造としている（図7-9）。

（3）現場に設置された信号保安設備

　ATC（自動列車制御装置）、CTC（列車集中制御装置）などの列車制御方式は、東海道新幹線とほぼ同じ方式が採用されたが、将来の高速運転を考慮してコンピュータによる運行管理全体の自動化を目指したものとなっている。

　特に、山陽新幹線はトンネル区間が多いので、新大阪−岡山間では東海道新幹線で使用した並行2線による通信ケーブルを全面的に改良し、新しく開発された漏洩同軸ケーブルヘテロダイン方式による中継器でトンネル

図7-10 岡山信号機器室全景(中央および右側がATC装置)(OHM昭和46年11月号口絵)

図7-11 信号用電源を供給する線条変圧器(岡山駅構内)(OHM昭和46年11月号口絵)

内の通話が確保された。

　一方、高速運転の保安を確保するための沿線情報システムとしては、非常列車防護用の沿線電話、列車防護スイッチ、防護無線などを設備し、さらに風、雨、地震などの気象、自然災害から安全を守るための気象情報設備も整備された(図7-10、7-11)。

第7章　世界2位の国民総生産〜大阪万博／国内インフラ拡充／石油ショック〜

7.3.1 ● 1972（昭和47）年、「日本列島改造論」がベストセラー

終戦から27年を迎えるこの年、戦後アメリカの占領下にあった沖縄が5月15日午前0時に返還され、沖縄県が発足する。

6月11日、当時の通商産業大臣であった田中角栄が「日本列島改造論」を発表し、発行部数91万部のベストセラーとなった。国民は新しい風を求めていたのである。そして、福田赳夫を破り、7月5日に田中角栄が自民党総裁に選ばれる。翌日、佐藤内閣が総辞職すると同時に、田中角栄は史上最年少の総理大臣になった。

早速、田中首相は9月25日に中国を訪問する。この訪中に際し、中国側は周恩来が出迎える。歓迎晩餐会の席上での田中首相の挨拶に「詫び」がないということで翌日の日中首脳会談において合意ができなかった。しかし、27日に行われた第3回の首脳会談では「戦争状態の終結」を「不正常な状態の終結」とすることで合意が見られた。そして9月29日、人民大会堂で日中共同声明が調印され、日中の国交が回復する。その一方で、我が国は台湾との国交を破棄することになる。

7.3.2 ● 電子レンジの設置許可が不要に

秒速調理、家事労働からの開放などの謳い文句とともに食生活の近代化を売り物として電子レンジが急速に普及し、百数十万台程度が使用されていた。電子レンジはマイクロウェーブの電磁波を使用する一種の誘電加熱装置であり、高電圧や漏洩電波による人体への危険や無線通信などに対する電波障害の可能性から当時は電気用品取締法による甲種電気用品に指定されていた。その製造販売にあたっては、通商産業大臣の型式認可を受けることが義務づけられていたほか、個々の設置使用にあたっては電波法の規定による高周波利用設備として郵政大臣（地方電波監理局長）の許可が必要とされていた。

しかし、市販されている電子レンジの多くが性能的にも構造的にもかなり改善され、特に一般家庭用として普及しつつある低出力のものについて

図7-13 直線走行路（提供：鉄道総合技術研究所）（OHM 昭和47年11月号口絵）

図7-12 走行試験を開始した磁気浮上走行試験装置（提供：鉄道総合技術研究所）（OHM 昭和47年10月号表紙）

は、その使用に伴う電波障害がきわめて少なく、安全性も著しく向上してきた。さらにまた、より一層の普及をも考慮して、一定の規格のものであって、かつ一定の技術的条件を満足する電子レンジについて、その個々の設置許可を不要とする措置の検討が郵政省で行われ、関係省令が改正されて昭和47年5月15日から実施された。

電子レンジの型式についての郵政大臣の指定制度は、本来設置者が個別的に許可を受けなければならないところを、設置者に代えて製造業者（または輸入業者）に型式の指定という方法によって包括的な許可を与え、個々の設置者が技術的条件への適否の判断や許可諸手続を要しないようにして、設置者の負担の軽減と電波管理事務の簡素化を図った点に大きな意義があった。

7.3.3 ● 初公開された国鉄の磁気浮上走行試験装置

日本国有鉄道は、東京・国分寺の鉄道技術研究所で超高速鉄道の小形試験装置である「磁気浮上走行件装置」を初公開した（図7-12）。この装置は、走行路、走行車、超電導マグネット、制御装置から構成されており、主要付帯設備としては操作室、計測室、設備室などを有したものである。

走行路（図7-13）は、コンクリート製路盤の両側にアルミ製支持案内レ

ールを敷設したもので、走行路全長480mのうち中央部200mが浮上走行期間、その両側75mが滑走・ブレーキ区間になり、さらに両端65mが走行ブレーキ区間である。

浮上走行区間および滑走区間には、リニア・インダクションモータ一次コイルが据え付けられ、浮上走行区間には、その両側に浮上用常電導コイルが設置された。走行車（長さ7m×幅2.5m×高さ2.2m）は、軽量構造車両で、車体床下中央にリニアモータ・リアクションプレート、その両側に超電導マグネット1個ずつを搭載している。車体支持装置として、4か所に滑走シューと走行案内用シューが取り付けられたものとなっている。

超電導マグネットは、クライオスタットと超電導コイルによって構成されており、クライオスタットは外槽、内槽で構成された長方形箱状の超低温容器で、内外槽間には液体ヘリウム中に浸漬された超電導コイル2個が納められた。制御装置は、走行車をあらかじめ定められた走行パターンにより運転する装置であり、リニアモータは商用周波数による可変電圧制御方式が採用された。

そして昭和47年9月19日、超電導マグネットを装着した試験車としての世界初の浮上走行実験が成功した。

7.3.4 ● 500kV送電の実用化進む

（1）送電実用化

東京電力では275kVで運転中（500kV設計）の房総線を、昭和47年6月から我が国初となる500kVに昇圧して送電を開始した。この昇圧に先立ち、房総線両端の房総変電所（千葉県市原市荻作）および新古河変電所（茨城県猿島郡境町）を500kVの超々高圧変電所へ拡充するための整備が進められた。特に変圧器は1台当たり総重量約280〜370トン、高さ約14〜17mにもなる超マンモス変圧器であった。

図7-14は、房総変電所に設置された500kV変圧器（三菱電機製）である。

（2）550kV用新形断路器が完成

中部電力は、高岳製作所と共同で550kV垂直中心一点切形断路器（**図**

図7-14　房総変電所に設置された500kV変圧器(三菱電機製)(提供：東京電力HD（株）)（OHM昭和47年1月号表紙）

図7-15　550kV垂直中心一点切形断路器(提供：中部電力（株）)（OHM昭和47年11月号口絵）

7-15)と550kVパンタグラフ形断路器を開発した。

　中部電力は、急増する電力需要に対処するため500kV変電所の建設を計画したが、変電所の敷地面積が格段に大きくなるので、その縮小化を図ることを重要な課題としていた。そのため同社では500kV変電所の断路器として、ブレードを垂直面内で運動させる断路器を開発すれば相当大幅な用地面積の縮小化ができることに着目した。昭和46年7月に垂直一点切形断路器を、同年12月にパンタグラフ形断路器の試作品を完成させ、10 000回連続開閉試験、温度上昇試験、耐震試験、汚損試験、コロナ放電試験、開閉インパルスならびに雷インパルスフラッシオーバ試験、短時間電流試験、充電電流開閉試験、ループ電流開閉試験などの各種試験を経て、550kV断路器を完成させた。

　このとき開発された垂直一点切断路器は、ブレードの運動方向が垂直という他に類を見ないものであり、これをパンタグラフ形断路器と組み合わ

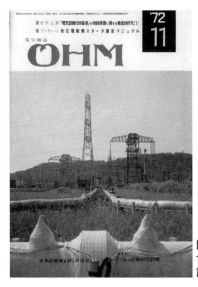

図7-16
世界的規模を誇る直流500kV OFケーブルの試験研究設備（OHM昭和47年11月号表紙）

せて、アルミパイプ母線とともに使用すれば、変電所敷地面積を著しく縮小できるという利点があり、広大な変電所用地の取得が困難な場合への適用手段として適しているため、大いに注目された。

7.3.5 ● 世界的規模の高電圧直流ケーブル開発研究試験設備

　我が国のケーブル製造メーカーである古河電工、住友電工、藤倉電線、日立電線の4社は協同して通産省の工業技術研究開発の助成を受け、高電圧直流ケーブルの研究開発を行った。

　研究開発の背景としては、我が国の北海道－本州連系を始めとして、世界各国で直流送電を採用する例が多くなり、このうちかなりの部分に海底または地中ケーブルが用いられることになっていた。このような世界的情勢に対応するため、我が国でも直流500kV OFケーブルおよび直流250kV CVケーブルという、いずれも世界に例のない直流ケーブルの研究開発を行ったのである（図7-16）。

7.4.1 ● 1973(昭和48)年、第一次石油ショックが起きる

2月2日、国際通貨危機に見舞われる。ドル売りが殺到し、日銀が買い支えを行った。そして同月10日にはドル安で東京外国為替市場が閉鎖され、さらに12日にはドル10%切り下げがなされた。同月14日に大蔵省は外国為替相場の変動幅制限を停止し、円は変動相場制に移行する。この日の終値は1ドル270.8円であった。

この年の10月6日、アラブ諸国と第二次世界大戦後に建国されたイスラエルとの確執から第四次中東戦争が勃発する。アラブ諸国はイスラエルを支援する西側諸国に対する制裁措置として、原油価格を21%上昇させるとともに5%の減産に踏み切った。

10月23日には、エクソン、シェルなど5社が日本にも原油価格30%引き上げを通告した。その翌日、ほかのメジャーも一斉に追随し、供給量制限も絡み第一次石油ショックが起きた。

我が国ではこれに端を発し、トイレットペーパーが不足するという噂が広まり、買いだめ騒動に発展して店頭からトイレットペーパーが姿を消す事態になった。さらに、田中総理大臣が掲げた日本列島改造計画の影響による地価高騰も加わり、急激に物価が上昇した。10月の卸売物価は前年同月比の20.3%も高騰し、狂乱物価とも呼ばれた。日本経済は大混乱に陥ったのである。

社会情勢が混乱した1年であったが、江崎玲於奈博士がノーベル物理学賞を受賞したのもこの年の出来事である。

7.4.2 ● 我が国初の125 kV 油冷サイリスタ・バルブ連系実用化試験を開始

電源開発(株)佐久間サイリスタ変換装置試験所(静岡県磐田郡佐久間)では、昭和48年5月上旬から、我が国初の125 kV 油冷サイリスタ・バルブ50 Hz－60 Hz連系実用化試験を開始した。

同所には、昭和45年11月から2年間にわたって進めてきた37.5 MW、

図7-17
我が国初の125 kV 油冷サイリスタ・バルブ(提供：電源開発(株))（OHM 昭和48年7月号表紙)

125 kV、300 A 風冷サイリスタ・バルブが設置され、現地試験によってサイリスタを使用した変換装置の信頼度確認がなされていた。しかし、乾式絶縁強制風冷バルブは所要スペース、保守性の面で多少の難点があった。そこで、当時計画中の北海道－本州間連系においては、安定な絶縁の確保が容易で、保守性の良い油冷サイリスタ・バルブの採用が計画された。

そのため、東京芝浦電気(現・東芝)と日立製作所は共同して油冷サイリスタ・バルブに関する研究試作に関し、通産省の重要技術研究開発補助金を受け、図7-17～7-19に示すような直流電圧125 kVの油冷サイリスタ・バルブ50 Hz用(直流電流600 A：東京芝浦電気製)および60 Hz用(直流電流1200 A：日立製作所製)各1台を試作した。

これは全12個の風冷バルブのうちの2個のバルブを、今回試作した油冷バルブにつなぎ替えて試験を行うものであった。

7.4.3 ● 大島電力が九州電力と合併

奄美群島に電力を供給している大島電力が、昭和48年3月1日に九州電力と合併した。大島電力は戦前の昭和18年、四つの電気会社と一つの

図7-18　実用化試験中の油冷サイリスタ・バルブ（直流電圧125kV、直流電流1200A、60Hz用）（提供：(株)日立製作所）（OHM昭和48年7月号口絵）

図7-19　実用化試験中の油冷サイリスタ・バルブ（直流電圧125kV、直流電流600A、50Hz用）（提供：(株)東芝）（OHM昭和48年7月号口絵）

村営電気が戦時中の総動員法に基づき九州配電に統合された。しかし本土との連絡はとれず、統合とはいっても名ばかりであった。そして、終戦を迎えアメリカ軍の管理下に置かれた。

大島電力は、昭和28年3月アメリカ民政府の勧告に基づき、群島民による電気会社設立ということで、九州配電の財産を譲り受け、昭和28年5月に資本金1500万円で設立された。そのときの供給区域は、村営を含む前述した五つの電気会社の供給区域に限定していたので、その後設立された町村営電気事業の供給区域は含まれていなかった。

設立当時の大島電力の電力設備は、戦災とアメリカ軍軍政下8年の空白により荒廃し、供給力は極度に不足して電圧の低下が著しくラジオの聴取はもちろん、電灯下の読書もできず、しかも点灯率は51%という惨めな状態であった。

第7章　世界2位の国民総生産～大阪万博／国内インフラ拡充／石油ショック～

　昭和28年12月、奄美群島が日本に返還されるや「奄美群島復興特別措置法」が制定され、昭和38年度までの10年間、戦後8年の空白を取り戻すべく公共設備の設備拡充と併せて民生の安定、向上が図られることとなった。その際、大島電力に対しても鹿児島県を通じ、政府からの融資などが行われ、既存設備の一部の復旧が行われたのであったが、その後の融資、そのほかの資金調達も意のままにならず、電力復興も中断の形となり奄美復興から取り残されることとなった。

　大島電力のこのような窮状を打開するため、政府ならびに鹿児島県は九州電力の経営の参加を勧奨し、その斡旋によって昭和31年12月、九州電力の経営参加が実現して大島電力は再発足することとなったのである。

　新首脳陣は、まず需給の逼迫している電源の拡充に意を注ぎ、需給の安定を図ったが、このための資金の調達は容易なことではなかった。社債はもちろん、一般銀行からの借り入れもできないという状況が続いたが、多額の融資と6回にわたる増資によって資本金は4億5000万円になり、設立時の30倍に膨張した。

　これらの資金調達によって電源設備、輸送設備も順調に整備改善が行われ、発電設備も昭和47年4月1日に2万3154kWとなり、日本復帰当時の864kWに比べ実に26.8倍に増強され、その構成も火主水従の形となった。

　また、発電力不足のため夕刻から夜半にかけて電灯だけを送電していた沖永良部島は発電力の増強に伴って、昭和40年6月10日から昼間、昭和41年3月25日から深夜送電を行い、これによって全供給区域は24時間送電を実施することになった。

　点灯率の向上が図られたのは、「奄美群島復興特別措置法」に続き「奄美群島振興特別法」が制定され、諸施策が強力に推進されたからであった。

　一方、奄美群島には昭和27～31年にかけて四つの公営電気事業者が誕生した。すなわち、奄美群島が日本に復帰する前にアメリカ軍の野戦用発電設備を譲り受けて事業を開始した大和村、100kW2基をもって事業を開始した喜界町、わずか12kWの出力設備で営業を開始した与論町、お

329

および四公営の中では最も遅れて 60kW 2 基、12kW 1 基、8 kW 1 基をもって事業を開始した瀬戸内町である。

これらの各公営電気事業は、起債によって電気事業を開始したものの、設備の管理面および設備の老朽化などから事業の運営にも支障を来す状態となってきたため、鹿児島県はこのような状態を憂慮し、昭和41年7月、九州電気協会に調査を依頼、同協会は福岡通産局、大島電力の応援なども得て報告書を鹿児島県に提出した。ここで、四公営電気事業の設備改善終了時点で四公営電気事業を大島電力へ統合すべきであるということになり、紆余曲折を経て、昭和47年4月1日に喜界町の統合を最後に四公営電気事業は大島電力に全部統合されることになった。

他方、奄美群島は本土に比べ供給信頼度、電気料金の水準のほか、問題が多いことから群島民の強力な世論によって大島電力および四公営電気事業の九州電力の合併促進にあたり、大島電力、九州電力および関係官庁に対し、積極的な運動を展開した。

その結果、国会においても奄美群島特別措置法附帯決議で政府および鹿児島県は奄美群島における電力機構の合理化、近代化の措置を講じるため協力することになった。

このような状況になり昭和44年12月12日、九州電力社長は鹿児島県知事に対し、昭和47年度下期に大島電力を九州電力に合併することを表明し、昭和48年3月1日に実現の運びとなったのである。

第7章　世界2位の国民総生産〜大阪万博／国内インフラ拡充／石油ショック〜

7.5.1 ● 1974（昭和49）年、コンビニエンスストアが初開店

　アメリカではウォーターゲート事件によりニクソン大統領が辞任を発表し、フォード副大統領が第38代大統領になったころ、我が国では8月30日、昼休みの人出で賑わう東京・丸の内の三菱重工本社ビルの正面玄関に仕掛けられた時限爆弾が大爆発を起こした。死者8名、重軽傷者400名を出す大惨事になった。さらに10月14日には三井物産本社、12月10日には大成建設本社が次々と爆弾テロの脅威にさらされた。これらの爆発の前には東アジア反日武装戦線を名乗る過激集団（無政府主義者）からの予告電話があった。国家権力は人間性を抑圧するものとして、徹底的にこれを否定する考え方を主張する無政府主義者（アナーキスト）による連続企業爆破事件であったが、過激なやり方が人々の共感を得ることはまったくなかった。

　このような物騒な事件が起きていた中、ジャーナリストの立花隆氏が執筆した『田中角栄研究−その金脈と人脈』が「文藝春秋」11月号に掲載された。これに端を発し、金脈問題を追及された田中首相は、11月26日に辞意を表明することになった。そして12月4日に開催された自民党両院議員総会において、いわゆる椎名副総裁裁定により三木武夫が総裁に選出され、12月9日に三木内閣が成立した。

　スポーツ界では、王、長嶋のコンビで「ON砲」と呼ばれたプロ野球巨人軍の長嶋茂雄が惜しまれつつ引退した。引退のときの「巨人軍は永久に不滅です」という名言は多くの人々を感動させた。

　なお、イトーヨーカ堂が、我が国初のコンビニエンスストア「セブンイレブン」を開店させたのもこの年の出来事である。

7.5.2 ● 500kV ガス絶縁開閉装置を全面的に導入

　関西電力では昭和48年2月以来工事を行い、昭和49年6月から500kVガス絶縁開閉装置を全面的に導入した画期的な紀の川変電所（和歌山県那珂郡貴志川町）の運転を開始した（**図7-20**）。これは、同社が紀和方面の発生電力を安定的に京阪神方面へ輸送することを目的とした最新の

図7-20
紀の川変電所(提供：関西電力(株)) (OHM 昭和49年9月号表紙)

変電所である。

紀の川変電所は、SF_6を使用した500kVガス絶縁開閉装置を全面的に導入しており、このように実用化されたのは世界初である。主要変圧器は負荷時タップ切換装置付きで、プログラムリレーで時間的に所定の電圧に自動調整できるバンク容量100万kVAの低騒音500kV変圧器が採用された。また500kV母線は、耐熱アルミより線2 500 mm²のものを3条使用し、片母線で約1 000万kVAの通過容量を備えていた。500kV母線は、リング母線方式を採用して（将来は$1\frac{1}{2}$遮断方式に移行）機器の点検を行う場合にも送電線を停止することのないように考慮され、系統信頼度の向上が図られた。

7.5.3 ● 中部電力が新送電線航空障害灯を開発

我が国では空港近傍を除き、一般に地上高60mを超える建造物には航空障害灯の設置が義務付けられている（航空法第51条）。この航空障害灯は交流100Vを必要とするため、山間部の高鉄塔に対しても配電線工事が必要であった。特に500kV送電線は高鉄塔が多く、しかも配電線工事と

第7章 世界2位の国民総生産～大阪万博／国内インフラ拡充／石油ショック～

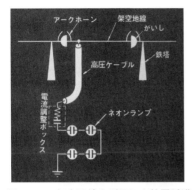

図7-21 架空地線を利用した静電誘導方式による送電線航空障害灯の概要図（提供：中部電力（株））（OHM昭和49年12月号口絵）

図7-22 ネオン式航空障害灯の取付状況（提供：中部電力（株））（OHM昭和49年12月号口絵）

保守が困難な山岳地に建設されることが多くなり、新しい方式が望まれていた。

この要望に応えるべく中部電力では、送電線の架空地線に誘導されている高電圧に着目し、架空地線を絶縁して架空地線と大地（鉄塔）間に灯具を挿入することによって点灯する新方式を開発した。

架空地線の誘導方式には、高電圧、小電流を誘起する静電誘導と、低電圧で比較的大きい電流を誘起する電磁誘導の両方式があるが、電磁誘導方式の場合、本線に流れる負荷電流の大きさに左右され、潮流が少ない場合には誘導する電流も小さく障害灯が点灯しないおそれがある。

これに対し、静電誘導方式では潮流の大小に無関係であり、変動要素としては本線の電圧変動だけであるため、その影響が少ないので静電誘導方式を採用し、高電圧、小電流で明るさが十分取れるネオン管灯具による航空障害灯方式（図7-21、7-22）を開発した。

開発した装置は送電線の架空地線を碍子で絶縁し、高圧ケーブルで引き下げ、抵抗とコンデンサによって電流調整を行い、4個直列にしたネオンランプを点灯させる方式とした。また、架空地線には落雷の際、高電圧が加わるおそれがあるため、碍子および回路を保護するためアークホーンが取り付けられている。ネオンランプは、ネオン管をらせん状に曲げること

333

図7-23 三菱金属・大沼地熱発電所（提供：三菱マテリアル（株））（OHM 昭和49年1月号口絵）

により光度を上げるように工夫され、定格電流は約 20 mA で所定の光度 (40 cd) が得られるようになっている。

7.5.4 ● 試運転を開始した我が国初の自家用地熱発電所

国内3番目の地熱発電所として注目を浴びていた三菱金属（現 三菱マテリアル（株））の大沼地熱発電所（図7-23）が、昭和49年6月17日から運転を開始した。この発電所は、三菱金属が秋田県八幡平の大沼地区に昭和45年から発電設備の建設を開始したもので、自家用の地熱発電所としては第1号であり、発電出力は 9 500 kW である。

7.5.5 ● 世界初のリニア・モーターカーを使用した国鉄塩浜ヤード

国鉄では、川崎・鶴見臨海工業地帯の貨物輸送の拠点である塩浜操車場の近代化を進めるため、昭和47年10月から工事を進めて、仕分線内にリニア・モーターカーを使用した世界でも初めての自動化ヤードが完成し、昭和49年9月から操業を開始した（図7-24）。

完成した塩浜ヤードの自動化システムにおける概略の仕組みは、まず、①ハンプ制御卓の紙テープ読取装置から分解テープを読み込ませ、コンピュータに情報を記憶させる。次に、②貨車がハンプ頂上から転走するに従い、軸重測定装置、正面積測定装置などの測定器類を通過したとき、データがコンピュータに取り込まれる。さらに、③貨車がレーダスピードメー

第 7 章　世界 2 位の国民総生産～大阪万博／国内インフラ拡充／石油ショック～

図 7-24　世界初のリニア・モーターカーが設置された塩浜操車場（OHM 昭和 49 年 9 月号口絵）

図 7-25　リニア・モーターカー（重量 2 700 kg、長さ 19 450 mm×高さ 204 mm×幅 880 mm で 5 つの車体から構成される）（OHM 昭和 49 年 9 月号口絵）

ター、車軸検知器を通過したとき、コンピュータからカーリターダーに制御指令が出され、カーリターダーに進入した貨車はレーダスピードメーターで速度を測定され、適正な速度までカーリターダーで制動される。そして、④仕分線内に進行した貨車は、リニア・モーターカー（**図 7-25**）により、停留貨車付近まで運ばれて突き放され、停留貨車に連結される。

リニア・モーターカーによる貨車速度の調整方法は、カーリターダーから所定の速度で脱出した貨車をリニア・モーターカーが仕分線入口付近で待ち受け、これをキャッチし、13～15 km/h 程度の速度で停留貨車の前方、所定の地点まで転送してから減速を開始して、所定速度になると貨車を突放し、その後ただちに停止し、戻り運転を行う。

戻り運転の途中に後続の分解貨車が侵入した場合、リニア・モーターカーは近接スイッチでこれを検出して、貨車をキャッチして転送する。以後は、同様に仕分線が満車になるまで自動運転が繰り返される。

335

7.6.1 ● 1975(昭和50)年、米ソのロケットが歴史的ドッキング

アメリカ建国200年のこの年、宇宙空間で画期的な出来事があった。冷戦時代から激しい宇宙開発競争を続けていたアメリカとソ連がそれぞれ打ち上げたロケットが、宇宙空間でドッキングしたのである（アポロ－ソユーズ・テストプロジェクト）。

7月15日21時20分（日本時間）にソ連のバイコヌール宇宙基地から2人の宇宙飛行士を乗せたソユーズ19号が打ち上げられた。それから遅れること約7時間半後の7月16日4時50分（日本時間）、アメリカのケネディ宇宙センターからアポロ18号が打ち上げられソユーズを追った。

アポロとソユーズのハッチはそれぞれ異なるタイプであったので、この違いを吸収するドッキングモジュールが新たに設計され、アポロによって運ばれた。そして7月17日、両宇宙船は地球を周回する軌道上でドッキングに成功し、5人の宇宙飛行士は宇宙空間で固い握手を交わした。

一方、我が国では2月24日に第3号科学衛星の「たいよう」の打ち上げに成功する。「たいよう」は超高層大気物理学研究を主目的に太陽軟X線、太陽真空紫外放射線、紫外地球コロナ輝線などの観測を行い、大きな成果をあげた。そして9月9日には宇宙開発事業団の初の人工衛星として、Nロケットの打ち上げ技術、衛星の軌道投入・追跡および運用技術などを総合的に習得するため、技術試験衛星I型「きく」が打ち上げられた。

11月6日、カシオ計算機が4800円の電卓「パーソナルミニ」を発表し、電卓が低価格時代へと突入することになったのもこの年の出来事である。

7.6.2 ● アメリカで発売された小形高性能電卓

我が国で四則演算の低価格電卓が販売されたころ、アメリカのヒューレット・パッカード社では、昭和47年にHP35（295ドル）、昭和48年にHP45（395ドル）を、さらに昭和49年にはHP65（795ドル）と高性能小形電卓を立て続けに発売した。HP65（**図7-26**）の特徴は、細長い棒状の磁気カード上のプログラムをファンクション・キーでロードできることであ

第 7 章　世界 2 位の国民総生産〜大阪万博／国内インフラ拡充／石油ショック〜

図 7-26　ヒューレット・パッカード社の「HP65」（OHM 昭和 50 年 1 月号海外ニュース）

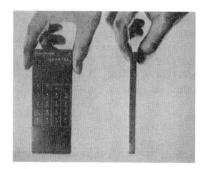

図 7-27　テキサス・インスツルメンツ社の「SR50」（OHM 昭和 50 年 1 月号海外ニュース）

る。一つのカードは、100 ステップの記憶容量を持つ。合計 100 ステップ以内のプログラムであれば、複数のプログラムを保持することができた。

　ヒューレット・パッカード社に対抗するべくアメリカのテキサス・インスツルメンツ社は、660 ドルの SR50（図 7-27）を発表する。アメリカでは、すでに科学計算用の高性能電卓の価格競争が始まっていたのである。

7.6.3 ● EXPO'75 海洋博

（1）海上都市アクアポリス

　沖縄県に世界最初の海上都市アクアポリスが完成した（図 7-28）。これは「海－その望ましい未来」をテーマに 7 月 20 日から開催された沖縄国際海洋博覧会に政府出展されたもので、海に浮かぶメイン館となった。

　アクアポリスは、昭和 48 年 4 月に基本設計が開始されて以来、完成まで 2 年の歳月を要した。建造は広島の造船所で行われ、昭和 50 年 4 月に沖縄の博覧会会場へ曳航され、事前に海底に打設されていた 16 本のチェーンに係留された。

　アクアポリスは、海洋石油開発の分野で進歩の著しい半潜水式石油掘削装置の技術を採用したものである。そもそも海洋構造物の発展の歴史は、海洋石油開発技術の歴史と歩みをともにしているといっても過言ではなく、大深水における石油掘削は主に半潜水式によって行われている。

図7-28 世界最初の海上都市アクアポリスに向う来場者の行列(提供:産経新聞社)

(2) 海を汚さないクローズドシステム

海洋都市が成立する大きな条件は、海洋を汚染しないことである。海上都市が海を汚染しないためには、都市から汚水や廃棄物を出さないこと、いわゆる「垂れ流し」をしないことである。アクアポリスは自らの汚物を処理して、再循環利用または無害の形で放出するためのクローズドシステムを完備していた。

(3) 情報都市アクアポリス

将来の海上都市は、コンピュータを中心とした情報システムによってシステム的に管理されることを睨み、アクアポリスにも、その一つのモデルとしての情報システムを組み込んだ。アクアポリスの前に設置された海洋牧場情報表示装置には、海洋牧場からの情報をキャッチしてアクアスクリーン上に魚の動きが表示された。

(4) エレクトロニクスによる展示空間

アクアポリスには、海のさまざまな様相を最新の音響・照明・映像技術

第7章　世界2位の国民総生産～大阪万博／国内インフラ拡充／石油ショック～

を駆使して、観客があたかも魚となって深海から海面へと上昇し、そして鳥と化して海上から空へと舞い上がる体験をファンタジックに経験できる展示空間が設けられた。

　また、展示空間への導入部では、観客がエスカレータで上昇するに伴い、海底に導かれる気持ちになり、海底の洞窟に入っていく感じが音響によって高められるようになっていた。

7.6.4 ● 電源開発・鬼首地熱発電所いよいよ稼働へ

　電源開発(株)が宮城県玉造郡鳴子町鬼首（現在の宮城県大崎市鳴子温泉鬼首）片山地区に昭和48年から建設を進めてきた「鬼首地熱発電所」（図7-29）は、昭和50年3月から運転を開始した。地熱発電所としては我が国4番目となるこの発電所は、12本の蒸気井を有し、定格出力2万5000kW、年間発生電力量16万6440MW/h（年間利用率80%）の能力を有している。

　鬼首地熱発電所は蒸気井の深さが300m前後と非常に浅い井戸であるほか、発電を無人(遠方監視)で行えるように設備が自動化された。また、蒸気井から蒸気とともに熱水が出た場合は、それを再び地中に返すなどの種々の特徴を備えている。さらに自然環境を損なわないように、蒸気・熱水・排ガス等は完全に処理されるようになっており、発電所の建物や構造物も周辺の自然に調和するように設計、配置されていることが特徴的である。

　図7-30は、蒸気タービンの据付け作業の様子である。タービン形式は、単気筒復水式蒸気タービンであり、タービン翼は直径が最大183cm、最小が140cmである。また、蒸気タービンによって駆動される発電機は、横軸回転界磁閉鎖自己通風形で容量は2万8000kVAである。発電した電力は、東北電力鳴子発電所までのこう長7.3kmを24基の鉄塔で保持された6万6000V送電線を介して送られた。

7.6.5 ● 我が国初の本格的環境調和送電線

　東京電力は、埼玉県にかねてから進めてきた66kVの環境調和送電線・

339

図7-29 我が国最大容量の鬼首地熱発電所(提供:電源開発(株))(OHM 昭和50年2月号表紙)

図7-31 環境調和送電線・岩越線(提供:東京電力HD(株))(OHM 昭和50年12月号表紙)

図7-30 蒸気タービン発電機の据付け作業(提供:電源開発(株))(OHM 昭和50年2月号口絵)

岩越線を完成させた(図7-31)。これは環境調和送電線としては、我が国初の本格的なものである。

この地域は県の生産緑地に指定され、近郊緑地の保全のため森林公園なども予定されていたため、ここを通る送電線は周囲環境との調和を主眼として建設されたものである。送電線は、電線サイズ、こう長とも大規模なものである。平均高さ45mの鉄塔には保守用設備として自動昇降装置が備えられている。

7.7.1 ● 1976(昭和51)年、超音速旅客機「コンコルド」

　1月8日、日本への留学経験もあり、知日派で知られている中国の周恩来首相が膀胱癌のため北京病院で死去した。78歳であった。それから4か月後の4月5日、第一次天安門事件が勃発する。北京の天安門広場で数万人の民衆がデモを行い、軍隊・警察と衝突した。きっかけは周恩来追悼のため、天安門広場に捧げられた花輪が北京市当局に撤去されたことによる。武器を持たない民衆に対して、民兵や警察隊が襲撃した行為は世界各国から非難を浴びた。

　この年の技術の面を見れば、5月24日にコンコルドによるロンドン－パリ－ワシントン間の定期便が就航したことをあげることができよう。コンコルドは、イギリスとフランスが共同で開発し、通常の旅客機に比べて約2倍の高度5万5000～6万フィートの成層圏をマッハ2で飛行する世界初の超音速旅客機である。従来の旅客機とは異なる高迎角の主翼や、離着陸時に下方視界確保のために機首が下方に折れ曲がる構造をとるなどの独特なデザインが採用された。

　アメリカは7月20日に火星探査機「バイキング1号」を火星に軟着陸させ、火星から初となる地表のカラー写真を送ってきた。また、ソビエトの無人探査船「ルナ24号」が月面の"危機の海"南東部に軟着陸する。ルナ24号は岩石などを採取して8月22日に帰還した。

　一方、我が国は、宇宙開発事業団が初の実用人工衛星「うめ」の打ち上げに成功する。「うめ」は電離層観測の役割を担っていた。

　また、この年は原子力発電所の営業運転開始が相次いだ。3月に中部電力の浜岡原子力発電所1号機（出力54万kW；**図7-32**）と東京電力の福島第一原子力発電所3号機（出力78万4000kW；**図7-33**）が、さらに10月には関西電力の美浜発電所3号機（出力82万6000kW；**図7-34**）の営業運転開始と続いた。

　この頃、我が国では原子力発電所の建設・運転が多くなってきたこともあり、1月15日には科学技術庁に原子力安全局が設置され、また3月1

図7-32 浜岡原子力発電所1号機原子炉に装荷される燃料（提供：中部電力（株））（OHM 昭和51年3月号口絵）

図7-33 福島第一原子力発電所3号機の圧力容器（提供：東京電力HD（株））（OHM 昭和51年3月号口絵）

図7-34 美浜発電所3号機のタービン機器（提供：関西電力（株））（OHM 昭和51年3月号口絵）

日には(財)原子力工学試験センターが設立された。

7.7.2 ● 世界最大規模の直流連系

　モザンビーク国、ザンベジ川のカボラバッサの大容量水力発電所（最終設備容量200万kW）が発電する、すべての電力を直流送電によってカボラバッサから1414km離れた南アフリカ国、ヨハネスブルグ市と近くのアポロ変換所まで送電する計画が立てられた。これはカボラバッサ直流送電計画と呼ばれる世界最大のプロジェクトであった。

　プロジェクトの心臓部ともいうべき整流器は、サイリスタを多数個直並列接続したサイリスタバルブ（図7-35）であり、まず第1期として12台（1台、2アーム）が試運転を開始する。

　世界最大の直流送電設備であり、直流送電線には供給信頼度を考慮した1回線ルートが採用された。バルブは油冷、支持がいしによる大地絶縁方式をとり、過電流短絡器が用いられた。また、交流フィルタ（図7-36）にはセルフチューニング方式が採用され、変換所の伝送信号は架空地線を利用

第7章　世界2位の国民総生産～大阪万博／国内インフラ拡充／石油ショック～

図7-35　油冷サイリスタバルブ
（OHM 昭和51年1月号口絵）

図7-36　交流フィルタ（OHM 昭和51年1月号口絵）

した電力線搬送方式が採用されるなど、最新技術の粋を結集したプロジェクトであった。これらの機器の製作は、ジーメンス、AEG、BBCの3社連合があたった。

7.7.3 ● 世界最大容量の斜流型ポンプ水車

　中部電力は馬瀬川開発計画の一環として、馬瀬川第一発電所（出力143MW×2）に1ユニット当たりで世界最大容量を誇る斜流型ポンプ水車ランナ（出力149MW）を取り入れた（図7-37）。

　馬瀬川は、木曾川水系飛騨川の一支流であり、本流の西側をほぼ平行して南に流れ、飛騨金山町地区で本流と合流する流路延長約70kmの河川である。

　馬瀬川の開発は、既開発の朝日、高根の両計画とともに飛騨川一貫開発計画の中核をなすものであった。馬瀬川第一発電所は上池の岩屋ダムに直

343

図7-38 換気塔（OHM 昭和51年9月号口絵）

図7-37 吊り込み中の斜流型ポンプ水車ランナ（提供：中部電力）（OHM 昭和51年3月号表紙）

結したダム式発電所であり、有効貯水量1億5 000万 m³（うち治水容量5 000万 m³）の岩屋ダム貯水地により、多目的ダムとしての運用を考慮しつつ、馬瀬川の残流域流量と瀬戸第2発電所の余剰水を利用して季節的調整を行うとともに、上流の中呂発電所（出力13 MW）からの分流水を運用する。

馬瀬川第一発電所の下流には、放流水を逆調整して本流に還元する馬瀬川第二発電所（出力66 MW）が設けられた。

7.7.4 ● 首都高速湾岸線 東京湾海底トンネル

首都高速湾岸線の第1期工事区間が開通した。首都高速湾岸線は、東京湾環状道路の一部として江東区12号地を起点に大田区昭和島2丁目に至る延長11.7 kmの都市高速道路であり、昭和45年に都市計画決定を受けた。

首都高速湾岸線は、

① 混雑の激しい首都高速1号線のバイパス
② 東京湾区域各埋め立て地付近に発着する膨大な貨物を輸送するメインルート
③ さらに神奈川・東京・千葉の1都2県を直結する産業道路
④ 都内の交通混雑緩和と地域経済発展に大きく貢献する

という重要な使命を負った道路であり、各方面から早期完成が切望されて

いた。

　首都高速湾岸線が東京港第一航路付近を横断する場所に、第1期工事として延長1325mの東京港海底トンネルを含む2.8kmが完成した。東京港トンネルは、あらかじめドライドッグで製作された長さ115m、重量3万8000トンのコンクリートエレメントを9函体沈設して作られた、いわゆる「沈埋トンネル」であり、海底の沈埋トンネルでは世界第1位である。

　図7-38は、レインボーブリッジや羽田空港から離着陸する飛行機内からもよく見える換気塔（高さ47m）である。

7.7.5 ● 超高速地表輸送機関を開発

　日本航空は、我が国初となる吸引磁気浮上のリニアモータ駆動によるHSST（超高速地表輸送機関）の実験第1号機「JAL HSST 01」（図7-39）を開発し、走行テストに成功した。

　「JAL HSST 01」の機体は航空機に準じたアルミ合金製セミモノコック構造であり、長さ4m、幅1.7m、重さ約1トンという仕様である。機体の高さは80cmであるが、リニアモータより上部は、わずか30cmの厚さになっており、その薄く狭い空間に機器類をいかに組み込むかということに工夫がこらされた。

　HSSTは最大速度340km/hを誇り、最大電力は200kVA、駆動用の電源電圧は0〜600V、周波数は0〜350Hzである。

　走行テストに成功したHSSTであったが、実用化されるまではまだ多くの歳月が必要であった。

図7-39　「JAL HSST 01」の外観（提供：愛知高速交通（株））（OHM 昭和51年3月号口絵）

345

7.8.1 ● 1977（昭和 52）年、落雷による広域大停電が発生（米国）

　この年、我が国の男性の平均寿命が 72.69 歳となり、スウェーデンを抜いて世界 1 位となった。女性も 77.95 歳でスウェーデンとともに世界 1 位の長寿命国家となった。

　アメリカでは 2 月 9 日、全米ネットの ABC テレビが 8 日間連続でアレックス・ヘイリー原作の「ルーツ」を放映した。視聴率は 35％でテレビ史上最高を記録する。また、アメリカ映画「スター・ウォーズ」が 5 月 25 日に公開され、世界的な SF ブームを巻き起こすきっかけとなった。

　そのアメリカで 7 月 13 日の午後 8 時 37 分、Con Edison 社の電力系統が落雷に見舞われた。その後、送電線保護装置の誤作動、ガスタービンの起動不備、系統運用ミスなどが重なり、ニューヨーク市とウィンチェスターにわたる広域大停電が発生し、大混乱を招いた。この混乱に乗じて略奪や放火事件が起こった。

7.8.2 ● 高速増殖実験炉「常陽」臨界試験開始

　動力炉・核燃料開発事業団が茨城県大洗に建設中であった高速増殖実験炉「常陽」（**図 7-40**）が、昭和 52 年 3 月中旬から燃料装荷を開始、4 月下旬に臨界に達した。

　常陽は、国の新型動力炉開発プロジェクトの先陣として日本原子力研究所が始めていた設計を動力炉・核燃料開発事業団が引き継ぎ、昭和 45 年 2 月から大洗工学センター内に着工、昭和 49 年 12 月に機器据え付けを終え、機器単体の各種試験を行った後、昭和 51 年初めから冷却材であるナトリウムを入れての試験を行ってきた。

　常陽は、プルトニウムを 17.7％混入したウラン（23％濃縮）との混合酸化物を燃料とし、冷却材として液体ナトリウムを使用する熱出力 50 MW の高速増殖炉で、増殖率は 1.01 である。

　タービン発電機はなく、ナトリウムによって炉内から取り出した熱は、Na－Na の中間熱交換器を経て、Na－空気の空気冷却器によって大気中に

図7-40　高速増殖実験炉「常陽」（提供：日本原子力研究開発機構）（OHM 昭和52年4月号口絵）

放出される。

　電力会社などが建設し運転中の発電用原子炉は、燃料として濃縮度数％以下の濃縮ウランを使用し、軽水を減速材、冷却材として使用するものであり、この種の原子炉では、主として天然ウラン中に0.7％しか含有されていないウラン235（U^{235}）の核分裂を利用する。

　一方、高速増殖炉は、燃料としてプルトニウム239（Pu^{239}）を使用し、天然ウランのほとんどを占めるU^{238}を炉内でPu^{239}に転換しながら、その核分裂を利用する。したがって、ウラン資源の有効利用、ひいては世界の長期エネルギー事情から要請される将来の原子炉の本命として、世界各国が開発に鎬を削っていたのである。

　高速増殖炉に関する技術開発の主要テーマは、高速増殖炉の炉物理現象の解明、プルトニウム燃料に関する技術、冷却材としてナトリウムを使用することに関連する技術、安全システムの検証などである。これらは同事業団の大洗工学センターでの大規模施設による実験、国内メーカーや日本原子力研究所、大学などへの委託研究のほか、国際協力による技術情報交換、共同研究などによって行われた。

　常陽は、こうした技術開発の一つの成果であると同時に、長期的には高速増殖炉実用化への一里塚としての実験炉として、設計データの検証、改良の道具であり、機器あるいはシステムの実験の場であった。

　3月から行われた臨界試験は、高速増殖炉の性能試験の一部をなすもの

であり、プルトニウム燃料の装荷を始め、制御棒の効果などの測定を行った後、臨界に達した。臨界後は、最高200kW程度の低出力運転において炉の反応度、制御棒の特性、炉内出力分布、流量分布などの測定、評価などの各種試験が行われた。

常陽の運転は、昭和53年度着工を目途として設計、その他の準備を進めていた高速増殖炉の原型炉(電気出力300MW)に貴重なデータと経験を提供することになった。

7.8.3 ● 連続運転世界記録を残した九州電力・玄海原子力発電所

佐賀県唐津市の西北西約15kmにある東松浦半島の先端の値賀崎に、九州電力初の原子力発電所となる玄海原子力発電所1号機（出力55万9000kW、PWR）が運転を開始したのは、昭和50年10月15日であった。以来、同機は順調な運転を続け、昭和51年10月31日には1回目の定期修理に入り、昭和52年1月24日に発電を再開した。

昭和51年3月3日の中間停止点検後の発電再開から、同年10月31日

図7-42 燃料取替用マニピュレータクレーンおよび原子燃料キャビティ（提供：九州電力（株））
（OHM 昭和52年4月号口絵）

図7-41 定検中の原子炉容器蓋および制御棒駆動装置(提供：九州電力（株））
（OHM 昭和52年4月号口絵）

の定期修理のための発電停止まで、243日間の連続運転を続けた。これによって昭和51年上期の設備利用率は99％となり、世界に誇る実績を残した。

定期修理は原子炉本体、蒸気発生器、蒸気タービンなど主要機器と、その付属設備の分解点検および整備が主体である（**図7-41**）。併せて、この期間に原子炉燃料の総点検と一部取り替えが実施された（**図7-42**）。

点検結果は良好で、蒸気発生器細管の減肉現象もなく、燃料については燃料集合体121体のうち42体が新燃料に取り替えられた。

7.8.4 ● 国鉄が「省エネルギー電車」の試作に乗り出す

石油の枯渇や環境汚染の深刻化などから、我が国においても省エネルギー化の進展が国家的要請となっていた。国鉄は、ブレーキ時のエネルギーを回収、再使用する省エネルギー電車「チョッパ制御電車」の試作に乗り出すことになった。加速時の電力消費量も少なくて済むチョッパ制御電車は、電力消費量が従来の電車に比べ約30％節約できるため、割高となる車両費の減価償却分を差し引いても充分の投資効果が期待でき、国の省エネルギー政策にも寄与すると判断されたのである。新車は昭和54年春までに10両試作された。

従来、電車の速度制御といえば、カムスイッチなどの有接点制御による抵抗制御方式が広く用いられている。このため、車両性能などにより機構部分が複雑となり、保守に相当の手を煩わしていた。また、速度制御用の抵抗で損失が発生するため、これを少なくし運転効率を上げるためのさまざまな工夫がなされており、これ以上のエネルギー節約を行うには限界にきていたのである。

さらに減速時には、主電動機を発電機として働かせてブレーキをかける発電ブレーキが使用されている。これは発電したエネルギーを抵抗器に消費させて熱として放散する方式であり、エネルギー消費の無駄が否めなかった。

抵抗制御の代わりにチョッパを用いるアイデアは古くからあったが、電

気車の制御用として本格的に研究されたのは大容量サイリスタが開発されてからである。チョッパ制御電車は営団地下鉄などにも一部導入されていたが、国鉄におけるチョッパの技術開発は昭和41年から行われており、多くの現車試験も経て技術的には完成の域にあった。

　国鉄が試作を行うことにしたのは、電車の定格速度に比較して最高速度が高いため回生ブレーキ領域の拡大を図ること、点検・保守を簡易化するため部品の共通化を図ること、既存車と運転取り扱いの面で基本的に共通として利便を図ること、などに重点が置かれた。

　チョッパ制御電車は、力行時には抵抗器による無駄な電力損失がないうえ、ブレーキ時には停車寸前まで電力を回生し、他車への電力供給源となるので節電効果が非常に大きい。また、抵抗器の発熱がないのでトンネル内温度上昇が防げる点から地下鉄に適し、また、ホーム上の旅客に熱風が当たらない。さらには連続的な加速が行われ、ショックが少なく乗り心地がよく、制御装置にはカムのような回転部分がなく、ほとんど無接点化されるので保守量の減少も期待された。

7.9.1 ● 1978（昭和53）年、世界初の日本語ワードプロセッサー

9月26日、世界初となる日本語ワードプロセッサー JW-10 を東芝が発表した。片袖机ほどもある大きな筐体に、キーボードとブラウン管ディスプレイ、プリンタを備え、補助記憶装置として 10M バイトのハードディスクと 8 インチのフロッピーディスクドライブを有している。重さは 220 kg もあり、価格も 630 万円と高価であった。JW-10 で開発された「かな漢字変換技術」は、その後のワードプロセッサーの日本語入力システムとして広く用いられることになる。

9月28日には日本テレビが世界初の音声多重実用化試験放送を開始する。以降、NHK や他の民放が順次音声多重放送を開始し、全国へ拡大していく。

7.9.2 ● 変圧運転方式を採用した沖縄電力・石川火力発電所 2 号機

沖縄電力は増大する沖縄本島の電力需要に対応し、電力の安定供給を図るため、我が国で 2 番目（1 番目は東京電力の大井火力発電）となる変圧運転ボイラを導入した 12.5 万 kW 石川火力 2 号機（**図 7-43、7-44**）の営業運転を昭和 53 年 6 月から開始した。

発電所建設にあたり、沖縄の電力系統の特徴である、電力系統はすべて火力発電所によって構成された独立系であること、系統容量が 70 万 kW と小さいこと、昼夜の電力需要差が非常に大きいこと、などを配慮して、

① 変圧運転方式を採用し、系統負荷の変化に対し充分な速さで対応、かつ低負荷時、高負荷時ともに良好な運転特性

② 起動、停止自動装置を有し、頻繁な起動停止が容易に、かつ迅速に対応可能

③ タービンバイパス系統を備え、所内連続単独運転可能

④ ローカル AFC の採用

⑤ タービン建屋の防音化、主要補機を防音室に設置、焼却炉の設置、低 NO_x バーナーの採用、排ガス混入設備、二段燃料設備、温排水対

図7-43 石川火力発電所2号機外観（提供：沖縄電力（株））（OHM 昭和53年3月号口絵）

図7-44 タービン据付 中間検査状況（提供：沖縄電力（株））（OHM 昭和53年3月号口絵）

策としての一折流復水器の採用等、幅広い環境対策の実施など12.5万kWとしては例が少ない数多くの特徴を備える発電所となった。

7.9.3 ● 大規模地震対策特別措置法成立と宮城県沖地震

6月7日の参議院本会議において、大規模地震対策特別措置法が可決・成立した。本法は昭和53年1月の伊豆半島近海地震をきっかけに、当時の福田首相の指示で立法化された。大規模地震の発生が予知される地域を防災強化地域に指定し、地震が発生する前に防災体制を整備するとともに、地震発生の予知研究・観測を強化する初めての地震防災立法であり、首相が警戒宣言を出し、強制措置をとることができるものである。

奇しくもこの地震予知法が成立した直後の6月12日17時15分、宮城県沖で地震が発生し、仙台市を中心に大きな被害を受けるという事態が起こった。

宮城県沖約100km、深さ40kmの海底でマグニチュード7.5の地震が発生した。仙台、福島などで震度5（強震）、東京、横浜、盛岡、帯広などで震度4（中震）を記録した（図7-45）。

地震による被害は宮城県を中心に東北、関東の1都7県に及び、死者

21名、行方不明1名、負傷380名を出した。宮城、福島、岩手各県などでは家屋の倒壊等の被害が続出した。特にこの地震では、ブロック塀の倒壊による事故が多かった。また、東北線などの国鉄も運休等を行った。マグニチュード7.5級の地震は、死者26人を出した新潟地震と同規模であった。

電気関係の被害は、設備では変電所を中心に大きい被害を受けた（図7-46、7-47）。このため仙台市を中心として宮城県の大半、一関市、大船渡市、山形県および新庄市などで合計68万2000戸が停電した。

一般需要家の停電は、6月12日の地震発生直後には約150万kW、68万2000戸（うち宮城県では42万戸）であった。これは岩手、宮城、山形および福島の計4県の需要家約488万6000戸の約14%にあたる大規模なものである。特に宮城県では全体の54%強が停電した。

停電戸数は、事故発生7時間後には当初の41%に、翌朝13日の7時30分には約9万4000戸の停電で、当初の約14%に減少した。岩手・福島の両県では12日中にほぼ全部の停電が回復し、宮城・山形の両県では28万戸の停電が残ったが、14日早朝にはすべての停電が解消した。

宮城・山形では停電の解消まで約37時間を要したことになるが、このように停電が長引いたのは基幹変電所の機器が損傷を受けたためである。これは送電容量の少ない下位の送電系統を利用した系統切替えを行ったものの送電容量に制約が残り、本格的な復旧は変電所の機能回復を待つ必要があったことが主たる原因であった。

大口需要家については、民生用の需要を優先して復旧を進める必要があったため、需要抑制が行われた。需要抑制は、基幹変電所の仙台変電所の機能が解消した後の15日にほぼ解消した。

設備の被害状況としては、発電機18か所、変電所15か所、送電線の一部に機器損傷などの被害があった。また、配電線では電柱の折損、傾斜などがあった。

宮城県沖地震では電気設備のうち、特に変電所のがいしを有する機器類の損壊が目立っており、それも154kVおよび275kVの上位電圧の主要機

図7-45 宮城県沖地震における各地の震度（OHM 昭和53年7月号 p.91）

図7-46 仙台変電所・蔵王幹線1号の275kV空気遮断器の倒壊状況（提供：東北電力（株））（OHM 昭和53年7月号 p.90）

図7-47 仙台変電所・275kV主変圧器のブッシング破損状況（提供：東北電力（株））（OHM 昭和53年7月号 p.90）

器に集中した。これが復旧を遅らせた最大の原因であると考えられ、耐震設計について十分検討を行う必要があるとされた。また、この地震の経験からも、日常における防災の必要性が改めて実感されたところであり、今後は地震予知法に基づく地震防災計画の策定にあたっては実効性があるものとすべきとされた。

7.9.4 ● 地震検知システムの試験

新幹線が大地震に遭遇したとき、走行列車の安全を図るためには、まず

列車を止めることが最善の措置となる。国鉄では建設中の東北新幹線において、地震による影響が生ずる恐れのある地震動を可能な限り早期に検知し、列車の運転を制御する地震検知システムを開発した。

　太平洋に主として発生する大地震を対象として海岸線に検知地震計を設置し、線路地点との地震波伝播時の時間差および初期微動の最初の部分から地震による影響が発生する主要動までの時間差を、列車に非常制動をかけ得る安全な余裕時間として用いることが考えられた。しかし、すべての列車を止めるわけにはいかないので、初期微動の最初の部分の地震波の性質から、大地震に至るか否かを電子計算機によって自動判別する方針とした。

　判定プログラムは地震動を検知してから5秒以内の一般に初期微動の段階で地震の大小を予測選別し、可能な限り大きい地震のみ列車制御の警報を発する。

　このようなシステムを東北新幹線に適用実施したときの装置の問題点、判定プログラムの可否、実記録波形の特徴などを明らかにするために、岩手県の太平洋岸に近い宮古市付近に3観測点を設置して試験観測が行われ、地震データは宮古センタへ伝送され、処理された。

　地震計には3観測点共通の計器として速度型が用いられ、宮古観測点のみ変位型および加速度型を追加した。変位型は気象庁61型地震計との比較を、加速度型はSMAC強震計と比較できることを考慮したものである。それぞれの計器とも広範囲の震幅が記録でき、高感度は初期微動に、低感度は主要動に主として対応させた。

　この試験観測を行った後、東北新幹線開業時には実運用がなされた。

7.10.1 ● 1979（昭和54）年、「PC-8001」と「ウォークマン」

　1月13日、大学入試史上空前の大改革といわれた共通一次試験が全国で一斉に開始された。共通一次試験は従来の入試問題に見られた難問や奇問をなくし、受験生の能力を的確に判断するとともに、いわゆる受験地獄の解消を図ろうとして行われたのである。

　5月8日に日本電気がパソコン「PC-8001」を、7月1日にソニーが「ウォークマン」を発売する。それまでパソコンといえば組み立てキットが主流であったところ、完成品として「PC-8001」が登場したのである。加えてソフトウェアも発売され、その後の爆発的なパソコンブームに火がつくことになる。また、「ウォークマン」は、どこでも音楽が楽しめる製品として若者たちを中心に大ヒットし、供給が間に合わなくなるほどであった。

　そして12月12日には、国鉄の宮崎実験線において超電導磁気浮上リニアモーターカー試験車が時速517kmの世界記録を達成した。これで超高速鉄道の開発に弾みがつくことになる。

7.10.2 ● 南極・昭和基地からのテレビ生中継に成功

　昭和54年1月28日、日曜日の朝、白夜の南極・昭和基地の風景が茶の間のテレビに飛び込んできた。NHKが世界に先駆けて行った、南極からのテレビ生中継が成功した瞬間である。その画面は、日本から1万4000kmも離れた南の果てから送られてきたものとは思えないほど美しく、勝部キャスターとともに昭和基地の中を歩くテレビカメラの目を通して南極の地に立ったような錯覚にとらわれたほどであった。

　1月28日に始まったこの南極中継は、29日を除いて2月3日までの毎日、さまざまな南極の姿を届けてくれた。ペンギンのユーモラスな動きにほほ笑んだり、みずほ基地の厳しさに驚いたりもした。

　南極からのテレビ電波は、昭和基地に建設した可搬型地球局からインド洋上の通信衛星インテルサットIV-Aを経て、国際電電（KDD）の山口地球局に送られる（**図7-48**）。中継距離は8万kmを超え、地球を2周りする

第7章 世界2位の国民総生産～大阪万博／国内インフラ拡充／石油ショック～

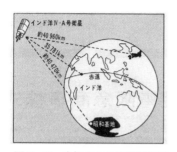

図 7-48 南極からの放送概略図
（OHM 昭和 54 年 3 月号ニュース）

図 7-49 アンテナの伝送写真（写真提供：日本放送協会）（OHM 昭和 54 年 3 月号ニュース）

距離に等しい。みずほ基地のシェルター中における機械の配線チェックの後、アンテナを昭和基地の経度、緯度から計算した方向と仰角にセットする。高緯度なため、その仰角は約 10 度と地平すれすれで、真横を向いた感じである（図 7-49）。

期待と不安が交錯するなか、受信機の電源を入れた瞬間、スペクトラムアナライザのブラウン管上にインテルサット衛星からの電波がサーッと表れた。通常、衛星をつかまえるには数分かかる。なにしろ、角度が 1 度違うとまったく受信できなくなるくらい微妙なアンテナだからである。すぐに受信できたというのは驚異的なことであった。

機械の精度がすばらしかったのはもちろんのこと、観測隊が築いた基礎が非常に正確な観測に基づいて行われていたおかげでもあった。磁石の使えない南極のこと、天測によって行ったものだが、その精度をはからずも実証することになった。仰角 10 度で通信衛星に電波を送る地上局のアンテナの強敵は風であったが、南極中継の期間中には恐れた風もなく、放送は無事終了した。今回の南極からのテレビ中継は、「ふじ」観測隊の活躍を始め、さまざまな条件に恵まれての成功であった。

7.10.3 ● 米国スリーマイルアイランド原子力発電所事故

1979 年 3 月 28 日未明（米国日時）、ペンシルバニア州スリーマイルア

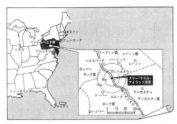

図7-50 スリーマイルアイランド原子力発電所の所在地（OHM 昭和54年6月号 p.18）

図7-51 スリーマイルアイランド原子力発電所の外観（OHM 昭和54年7月号 p.17）

イランド（TMI）原子力発電所2号機で事故が発生した（図7-50、7-51）。この事故は二次給水系のトラブルに端を発した一連の機器の故障や人為的ミスが重なり、核燃料集合体が損傷し、放射能が発電所外へ漏れたこと、一部住民に避難勧告が出されるなど原子力が商業用発電に利用されて初めて外部に影響を与えた。

一時は炉心の溶融すら懸念されたが、幸い最悪の事態は避けられ、環境への重大な影響もなく終息した。

アメリカ国民の間に戸惑いと混乱を巻き起こしたが、数々の人為的ミスにも関わらず、炉心溶融という最悪の事態は避けられ、周辺の人たちが大量に放射線被爆することもなく済んだのは不幸中の幸いであった。

事故に至った6つの人為的、設計上および機械上のミスは次のとおりである。

① 給水喪失時に補助給水系の二系統とも弁が不動作であったこと。
② 加圧器動力作動圧力逃し弁が初期の圧力急昇で「開」となったが、作動圧力以下に圧力が減少しても「閉」にならなかったこと。
③ 加圧器の急激な減圧後、加圧器水位計の指示値は炉心冷却系が高い

と誤表示し、この結果、運転者が「原子炉冷却系」にかなりのボイドが存在しているにも関わらず、高圧注水系(HPI)を早期に切ったこと。

④ HPI が作動時に格納容器が隔離せず、圧力逃し弁からの高放射性の水が、移送ポンプの自動作動によって格納容器から補助建屋内の放射性物質処理系統に送られ、その一部が床面にあふれたこと（敷地外への放射性希ガスの主な源は、この水から気体が気化し、補助建屋廃棄系統およびフィルタを経て放出したものである）。

⑤ その後、加圧器水位計の表示に基づき、圧力逃し弁からの一次冷却材喪失を制御しようとして、HPI 系統を断続的に作動させたこと。

⑥ 過渡現象中に、ポンプの振動による破損を防ぐため、これを停止した。その結果、原子炉冷却系中のボイドが自然循環を妨げ、燃料破壊に至った。

　TMI 事故はエネルギー政策の推進、原子力発電の開発のうえで歴史的事件であった。3 月 28 日午前 9 時過ぎ、ホワイトハウスは原子力規制委員会（NRC）から事後の第一報を受けとった。連邦政府各省庁に事故対策に必要な緊急措置をとらせるとともに、4 月 1 日にはカーター大統領自らスリーマイルアイランド原子力発電所の現場を視察し、米国政府として重大な関心があることを示した。

　4 月 11 日、「スリーマイル島事故に関する大統領委員会」が連邦諮問委員会法によって設置され、TMI 事故の総合的検討と調査を行うこととした。この委員会は、ダートマス大学総長のケメニー博士（John G Kemeny）委員長を含む 11 人からなり、ケメニー委員会と呼ばれた。

　ケメニー委員会は、10 月 30 日に最終報告書を提出した。それによると調査の結果、委員会は「TMI のような重大な原子炉事故を防ぐためには、原子力規制委員会および原子力産業の組織、手順、実務、なかでも態度の根本的改革が必要である」と結論づけている。

　調査結果は原子力発電が本来危険であるため、これ以上拡大し続けることを許さない等の結論を要求するものではなく、国が商業原子力発電を一層開発するよう積極的に行動すべきことを示唆するものでもない。国が大

図7-52
函館変換所に設置された北海道－本州間直流連系用サイリスタバルブ（提供：電源開発（株））（OHM 昭和54年8月号表紙）

局的理由から、原子力発電所に本来的に伴うリスクに立ち向かうことを望むならば、リスクを今日限度内に保つよう、根本的改革が必要であると述べるに過ぎないとしている。

7.10.4 ● 20世紀我が国電力業界の悲願
　　　　　　北海道－本州間の直流連系成る

　北海道と本州を結ぶ「電力の動脈」となる北－本電力連系線は、昭和53年8月に津軽海峡の海底ケーブル敷設が終了し、昭和54年12月から営業運転を開始した（図7-52）。

　我が国の電力系統は、北海道系統だけが孤立していた。そこで北海道－本州間を電力で連系しようという構想は、かなり古くからあった。しかし、津軽海峡数十kmを超えての送電は技術的、経済的に困難であり、永年の我が国電力技術者の夢となっていたものであったが、北－本連系線の完成によって実現したのである。

　北－本連系線の大きな特徴の一つに、サイリスタを利用した我が国初の直流送電系統であることがあげられよう。こう長168km（うち海底ケーブル約43km）の超高圧、長距離、大容量直流送電設備は、これからの大容量長距離送電時代の基礎を築いていくものでもあった。

第7章　世界2位の国民総生産〜大阪万博／国内インフラ拡充／石油ショック〜

7.11.1 ● 1980（昭和55）年、自動車生産1 000万台を突破

　この年、我が国では自動車生産台数が1 000万台を突破し、アメリカを抜いて世界第1位となった。また、任天堂が4月28日に電子ゲーム機「ゲーム＆ウォッチ」を発売した。2年間で900万台を発売するという爆発的なヒット商品になった。富士通は5月7日に日本語電子タイプライター「OASYS100」を発売し、ワープロ普及の口火を切る。OASYS100には、1つのカナ文字入力が1回の打鍵で済むという「親指シフトキーボード」という独自の入力方法が採用された。

　中国では、出力最大級の水力発電所として揚子江中流に建設中の葛州惧水力発電所（2 700MW）用の170MWカプラン水車の1号機が製作された。また、近代化へ向けて2系統の500kV送電線工事が開始された。1系統は内蒙古自治区への元宝山発電所から遼寧省鞍山工業団地へのこう長370kmであり、他の1系統は河南省頂山発電所から湖北省武漢工業地帯へのこう長610kmである。中国の全送電線の総延長は、実に約23万kmに達した。

7.11.2 ● 世界初の超電導電磁推進船の走行実験に成功

　リニアモータカーなどに用いられている強力な超電導磁石を使った画期的な超電導電磁推進船（**図7-53**）の走行実験が神戸商船大学で行われ、世界で初めて成功した。この船は、「ST-500」と呼ばれる中型モデル船で、長さ3.6m、幅70cm、重さ約750kgである。

　電磁推進とは海水中に通電し、それに直交する磁場をかけて船舶の推進を得る方式である。このような推進機構によればスクリューが不要になり、次のような特徴を持った船舶を実現することができる。

（1）無振動、無騒音航行が可能
（2）逆流を含めて速度制御が容易
（3）推進機には振動部が含まれず、構造が簡単
（4）港湾内などの船舶を陸上コントロールセンターから推進、誘導制

図 7-53 超電導電磁推進船の実験状況（超電導電磁推進船は現在、神戸大学海事博物館所蔵）（OHM 昭和 55 年 4 月号口絵）

御ができる（海中電流を海中に固定した電路に流した場合）
（5）超高速化が可能（海水に直接通電した場合）

電磁推進方式はエンジンやスクリューを使わないため、振動や騒音はなく、理論的にはスクリューで動く従来の船の限界をはるかに上回る 100 ノット（時速 185 km）の超高速が出せ、さらに、この方式を応用して混雑のひどい港で集中制御による安全航行システムへの適用も考えられた。

7.11.3 ● 太陽光発電プラントの集熱タワーが完成

電源開発（株）は、工業技術院のサンシャイン計画の一つである「太陽熱発電プラント」のパイロットプラントを昭和 59 年 9 月以来、香川県西部の仁尾町に建設していた。

太陽熱パイロットプラントには、曲面集光方式とタワー集光方式（図 7-54）の各 1 000 kW 2 基が並置された。その原理は両者とも太陽の直射日光を鏡で集光し、高温高圧の蒸気を発生するシステムであるが、集光、集熱の方法にそれぞれ特色がある。また、二方式とも集光性能を良好に保つため、太陽の運行に対する自動追尾装置を備えている。

太陽熱を集める集熱タワー（図 7-55）は 69 m あり、巨大な宇宙ロケットのような威容を誇っている。

第7章　世界2位の国民総生産〜大阪万博／国内インフラ拡充／石油ショック〜

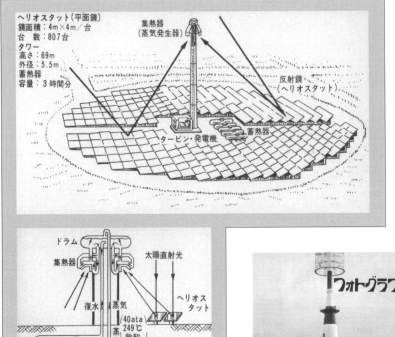

図7-54　タワー集光方式プラントのシステム構成（提供：電源開発（株））（OHM 昭和55年4月号口絵）

図7-55　集熱タワー（提供：電源開発（株））（OHM 昭和55年4月号口絵）

7.11.4 ● 3 300 V の洗礼

このころの OHM 誌には、「現場の四季」と称して現場技術者が投稿した記事が掲載されていた。昭和55年11月号 p.58-59 には荒井繁氏による「3 300 V の洗礼」と題した記事があった。興味深い内容であったので、そ

363

の一部を引用し、紹介する。

『もうずーっと昔の時効になった話なのだが……、或る日のこと、私は、突然に 3 300 V の洗礼を受けた。高圧の短絡と OCB の爆発が、すぐ目の前で起こったのである。目のくらむような閃光と爆発音、かつて先輩達からすごいすごいとは話に聞かされていたが、まさかこんなにものすごいものだとは思ってもみなかった。顔がやけに熱い。軍手をしたまま顔をおさえた……とその軍手に何かへんなものがついてくる。

「あーっ！　顔の皮だ！」。顔をなでる度に、皮がペロリとむけてくる。

「こいつぁ、えれーことになった……俺の顔が、もし怪物のような二目とみられぬあわれなものになったらどうしよう……」

これがその時、まず最初に頭の中をかすめた実感であった。不幸中の幸いというのであろうか、この時は長袖の上衣を着用し、手袋をはめていたので、顔以外に露出部分はなかった。火傷は顔だけですんだが、とにかくそれからしばらくの間、病院のベッドに御厄介になる身となってしまったのであった』
とある。

この事故は超同期電動機の保修後の試運転で起こった。保修後、シーケンスチェック、一次、二次の絶縁抵抗測定、高圧および低圧側のブラシ接触状況などの各種チェックを終え、いよいよ「スイッチオン」ということになったときだそうである。

電動機の電源回路には、起動補償器が使われていた。起動時には、この起動補償器を使って全電圧の 60％ の電圧を印加する。起動補償器の回路とこれを介さないストレートの主回路とは、2 台の手動形 OCB で切り換えを行うようになっている。そして、スイッチを入れて 1 秒も経たないとき、突如として轟音とともに OCB が爆発し、タンクの中の絶縁油がいっぺんに火になってあたりに飛び散ったのである。

荒井氏は、入院中にその原因を探求したところ、次の結論に達する。

『絶縁油のタンクの中に納められている起動補償器は、すでに年代物であった。起動の際にはコイルが相当な起動ラッシュのエネルギーを吸収し

力を受ける。この瞬間に運悪くコイルの老朽した絶縁材が破壊し、短絡を起こしたものと思われる。もう一つの原因は、工場が年と共に拡張増設を重ねていたことであった。自家発の発電機ユニットが増設され、電源の短絡容量がアップしていたのである。主遮断器の遮断容量は当然チェックされていたが、末端の負荷のスイッチの遮断容量までチェックの手がまわらなかった……というのが結論である。遮断容量不足の場合、OCBのタンク中の油は瞬間的に爆発し火となってしまう。理論的には電気の技術者なら誰でも知っていることであるが、現実にこんな場面を体験した人は、そうはたくさんいないだろうと思う。恐ろしいものであった。身をもって体験し、命拾いをした私にとっては、一生の良い教訓であった』

　荒井氏は幸い10日間程の入院で退院できたが、火傷の痕が全治するまではさらに10か月を要した。

　このような事故があったが、荒井氏の工場では、まだ遮断容量が不足している遮断器が多数あったそうである。完全なものと入れ換えが済むまでということで、スイッチを入れるときの応急対策として、石綿繊維にアルミをコーティングした耐熱頭巾をかぶるなど、奇怪な宇宙的な格好をして作業をしていた時期もあったそうである。

　そして荒井氏は、次のように結んでいる。

　『電気の事故は、感電の他に火傷を負うケースが非常に多い。作業、試運転などを行う場合には、電気係の作業員は夏でも必ず長袖の作業服を着用し、手袋をはめて、肌の露出部分を最小限にとどめるよう習慣づけている』

　このような服装は、電気作業員の基本中の基本ではあるが、大きな事故を体験した荒井氏の言葉は、ことのほか重く感じる。

7.12.1 ● 1981（昭和56）年、「IBM PC」の発表

　1月20日、アメリカではレーガンが第40代大統領に就任し、共和党政権が成立する。早速、レーガン大統領は強いアメリカを標榜する経済再建計画を発表する（レーガノミックス）。

　イギリスでは2月24日、チャールズ皇太子とダイアナ妃の婚約が記者団に発表される。そして7月29日にロンドン・セントポール寺院で結婚式を挙げた。

　8月12日、コンピューターメーカーの巨人である米国IBM社が初めてパーソナルコンピュータを発表する。IBM Personal Computer 5150であり、「IBM PC」と呼ばれるようになる。このPCには、ディスク・オペレーティング・システムであるIBM PC DOS（The IBM Personal Computer Disk Operating System）が搭載された。IBM PC DOSは、マイクロソフト社のOSであるMS-DOSのOEM版である。

　我が国では、福井謙一博士が化学反応過程の理論的研究の業績によってノーベル化学賞を受賞する。また、この年の3月2日には中国残留日本人孤児47人が肉親探しのため、厚生省の招きで初来日した。肉親が判明したのは、47人中26人であった。

　直木賞作家の向田邦子さんら日本人18人を含む110人が乗った台湾のボーイング737型旅客機が墜落したのは、この年の8月22日の出来事であった。

7.12.2 ● ニューヨーク市大停電事故

　1981年9月9日の午後3時25分、ニューヨーク市で大停電事故が発生した（図7-56）。事故原因は、ニューヨーク市に電力を供給しているコンソリテッド・エジソン社のイーストリバー発電所において、69kVのケーブル補修作業中に69kV接地式油入変圧器が短絡・爆発したことによる。この爆発によって火災が発生し、ほかの69kV機器にも被害が拡大し、イーストリバー発電所にある3台の発電機がすべて停止して大停電に至っ

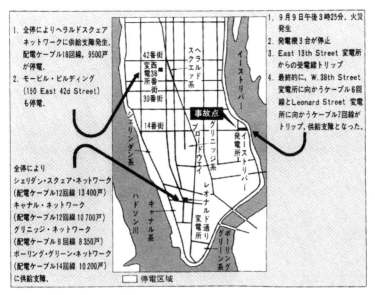

図7-56　停電範囲詳細図（OHM 昭和56年11月号 p.3）

た。発電所には自動消火装置が設置されていたものの作動しなかった。

　イーストリバー発電所の供給区域における5万2000戸が停電し、供給支障電力は390MWであった。これはコンソリテッド・エジソン社の負荷の6％にあたる。この停電事故はビジネス街で発生し、また、サラリーマンの帰宅時刻と重なったため、地下鉄などの交通機関の一部に混雑が生じた。300万人の足に影響があったほか、二つの証券取引所も通常より30分早い午後3時30分に閉鎖された。また、ビルのエレベータの停止、交通信号機のストップなどが発生した。しかしながらニューヨーク市民は過去2回の停電に慣れたのか、さほど大きな影響はなかった。

7.12.3 ● 260km/hで営業運転を開始したフランスTGV

　フランスでは、コム・ラ・ビル－サトネイ間の389kmでTGV（図7-57）の営業運転が開始された。そのうち新線は、サン・フロランタン－サトネイ間である。軌間は日本の新幹線と同じ1435mmの標準軌が採用され、軌道中心間隔は4.2m、最小曲線半径は4000mである。1編成の長さは

367

図7-57 営業運転を開始したTGV
（OHM昭和56年12月号 p.54）

200mであり、座席は二等が275席、一等が111席の計386席であった。

車両は10両編成の交直両用電車であり、両端の各1両は動力車、中間の8両が付随車である。つまりTGVは乗客が乗る付随車（客車）の前後に機関車を備える構成をとっており、動力車を複数の車両に分散させている日本の新幹線とはタイプが異なっている。機関車の出力は駆動車輪の連続定格牽引出力が6350kWであり、平坦地における260km/hでの所要出力は4200kWであるので出力には余裕がある。

電気方式は新線の交流50Hz、25kV区間と、その両端の在来線の直流1500V区間とを走行するため交直方式が採用され、交流区間では混合ブリッジによる制御、直流区間ではサイリスタチョッパによる制御が行われた。

パンタグラフは10両1編成に対して2個であるが、交流区間では1個を用いて走行する。またブレーキは260km/hでは発電ブレーキを用いるが、200km/h程度およびそれ以下では踏面ブレーキ、ディスクブレーキを作動させる。260km/hからのブレーキ距離は3500mであった。

電力供給システムにおいて、在来線の部分は直流1500Vで従来の設備のままであるが、新線部分にはATき電方式が採用された。

変電所は400kmの区間に8か所あり、225kVを受電し、変電所容量は4か所が40MVA 2バンク、ほかの4か所が60MVA 2バンクである。225kV送電線から受電する関係上、変電所は等間隔ではなく、短い区間では40km、長い区間では90kmとなっている。なお、AT（単巻変圧器）の容量は10MVAである。

架線方式は変形Y形シンプルカテナリーで、トロリー線の高さは4.9m、電化柱は63mスパンでH形鋼が採用された。また、支持がいしの

一部にガラス製や合成樹脂製が使用されている。

電車線路には、着氷に対する融氷設備を有している。中央制御所で氷結の警報を受けると、電車線路に循環電流を通電・加熱して氷を溶かすようになっている。

TGVの営業運転に際し、フランス国鉄総裁は、『9月27日は、鉄道に新しい歴史を刻む日である』と述べたように、世界中が非常に関心を向けたのは事実である。

7.12.4 ● レーガン政権の対外原子力政策

アメリカの新大統領にレーガンが選ばれて以来、我が国の原子力関係者の間で新政権は原子力の平和利用を積極的に展開する方向で施策を打ち出し、対外的にも再処理などについて制約を緩めるものではないかと期待されていた。しかし、レーガン政権の原子力政策については予想より遅れ、しかも対外的な政策に限り、「核不拡散及び原子力平和利用協力に関する大統領声明」という形で発表された。

我が国は原子力の平和利用を推進するにあたって、昭和43年2月26日にアメリカと「原子力の非軍事利用に関する協力のための日本国政府とアメリカ合衆国との間の協定」を結んでおり、アメリカから濃縮ウランの供給などの協力を得る反面、供給を受けた資材などの取り扱いなどについて制約を受けていた。

当時、東海村の再処理工場（**図7-58**）の運転をめぐって行われた日米再処理交渉も、この協定に由来するものであった。東海村に再処理工場を建設したころ、アメリカは何ら異議を唱えなかったが、カーター政権が成立すると核不拡散政策を強く打ち出し、その関連で原爆の材料となり得るプルトニウムを取り出す再処理についてもこれを抑制する立場をとった。カーター政権の核不拡散政策による原子力平和利用への制約は、単に我が国との関係ばかりでなく、欧州を始めとする各国に大きな反響を呼んだのである。

カーター大統領は核不拡散政策の円滑な遂行のため、核不拡散と原子

図7-58
茨城県東海村の使用済み燃料再処理施設（動力炉・核燃料開発事業団）（提供：日本原子力研究開発機構）（OHM 昭和56年9月号 p.46）

力平和利用を両立させる方策を求める国際的な検討の場を持つことを提唱し、国際核燃料サイクル評価（INFCE；The International Nuclear Fuel Cycle Evaluation）が開催された。その結果、国際的な制度の整備や核不拡散に有効な技術的代替手段の確立を図ることによって、核不拡散と原子力平和利用は両立し得るということになった。

　我が国は、原子力の平和利用推進を唱えるレーガン新大統領になって、新しい原子力政策の枠組みに期待を持っていたのであるが、核不拡散に対する厳しいアメリカの姿勢は変わることはなかった。その背景には、1981年6月7日にイスラエルがイラクの原子炉を爆撃をしたことに象徴されるように、核拡散への懸念が一層強まったことがある。

　しかし、カーター政権が核不拡散政策の強化に執着するあまり、具体的な方策の運用において頑な態度をとり、友好国や同盟国を当惑させたということをレーガン新政権は率直に認め、核不拡散の基調の上に立ち、具体的方策の運用について弾力的に対処することによって、各国の支持を失うことなく、実効的な核不拡散政策を推進することにしたのである。これによって実質的に我が国に対する制約が緩められることになり歓迎された。例えば、使用済み燃料を再処理するため、イギリスやフランスへ積み出すことについてアメリカの承認を得る煩雑な手続きがあったが、このような手続きが速やかに処理されることになった。

第7章　世界2位の国民総生産〜大阪万博／国内インフラ拡充／石油ショック〜

7.13.1 ● 1982（昭和57）年、音楽 CD プレーヤーが発売

　3月1日、長野県の野辺山にある東京天文台（現国立天文台）付属野辺山宇宙電波観測所の開所式が行われ、前日からの大雪にもかかわらず318名が参加した。早速、45mの電波望遠鏡（**図7-59**）による本格的な利用が始まった。その9日後の3月10日には、太陽から見て9つの惑星が直列に並ぶ、いわゆる惑星直列が起こった。惑星の総合された重力が太陽に異変を起こし、何らかの異常現象が起こるのではないかと話題になったが、結局何も起こらなかった。

　野辺山宇宙電波観測所の開所式が行われた3月1日には、ソ連の「金星13号」が金星に軟着陸し、初のカラー写真電送に成功した。

　6月23日に東北新幹線の大宮−盛岡間が開業し、さらに11月15日には上越新幹線の大宮−新潟間が開通した。両新幹線とも大宮−上野間は、沿線の反対運動や土地確保が遅れているため開業ができなかった。

　また、10月1日には「レコードよりも音質がよく、ノイズがないニューメディア」として、ソニー、日立など音響機器メーカー9社がCDプレーヤーを同時発売した。CDの販売価格はレコードよりも高かったが、数年でレコードの売り上げを追い抜くことになる。

7.13.2 ● 100万 V 級課電試験に着手

　電力中央研究所は、赤城試験センターにおける UHV 実規模試験線用の課電設備（**図7-60**）を完成させ、我が国初となる100万V級の課電試験に着手した。

　この試験は、①導体数の選択、②コロナ放電発生の問題、③送電線の絶縁、雷、植物の被害防止などについての研究を行うことを目的とした。

　赤城試験センターでは、昭和56年に100万Vの送電線を試験的に建設し、振動試験などの地震や強風に対する強度試験を行ってきたが、これらの試験が一段落したことから課電試験に着手したものである。

　図7-61は2号鉄塔である。試験線は300mの2径間、鉄塔3基からな

図7-59 野辺山観測所の45m パラボラアンテナ(著者撮影)

図7-60 赤城試験センターのUHV実規模試験線の課電設備(提供：電力中央研究所)(OHM昭和57年2月号p.13)

図7-62 1相分の課電設備(提供：電力中央研究所)(OHM昭和57年3月号口絵)

図7-61 UHV実規模試験線の2号鉄塔(提供：電力中央研究所)(OHM昭和57年3月号口絵)

り、2号鉄塔は直線耐張型(V吊り懸垂に改造可能)である。がいし連からのコロナを防止する試験用シールドリング(直径約5m)が取り付けられている。

図7-62は1相分の課電設備である。右側が対地900kV、一次側20kV、二次側900kV、容量6000kVA(富士電機製)の単相試験用変圧器(ブッシングPD、ブッシングCT内蔵)である。変圧器には内部絶縁の部分放電を検出する装置が取り付けられており、所定レベル以上の放電が検

出されると課電が停止されるようになっている。

中央部にあるのは補償用リアクトル25kV、6000kVA、6タップ（高岳製作所製）である。左側は電圧測定用の結合コンデンサであり、定格電圧800kV、定格静電容量700pF（日新電機製）である。

課電試験ではコロナ騒音およびラジオ・テレビ障害、樹木への静電誘導電流の程度を計測するため、UHV試験送電線の下には全天候型マイクロホンやアンテナなどの計測設備が設置され、そのデータは2号鉄塔の付近に接地された測定室内のデータ・プロセッサに記録された。

赤城試験センターでは電気絶縁の安定性の実証を通じて、当時における導体数が経済的に最適かどうかについての検討を進めた結果、100万V級の送電線路は8導体構成でよいことが導かれた。

7.13.3 ● リニアモーターカー有人浮上走行実験に成功

夢の超特急　国鉄のリニアモーターカーが9月2日、宮崎県日向市の宮崎浮上鉄道実験センターで、超電導方式では世界初の有人走行に成功した。開発史上、昭和54年12月の時速500km/h突破に続く快挙であり、その後の開発推進のうえで大きな弾みになった。

（1）浮上鉄道開発の経緯

国鉄は昭和37年以来、ポスト新幹線として、磁石の力を利用して浮上する「超電導磁気浮上リニアモーター推進方式」に着目し、浮上式鉄道の研究開発を進めていた。

鉄道技術研究所におけるさまざまな技術検討、基礎研究の成果を踏まえ、昭和47年に延長7kmの実験線の建設計画が決定され、昭和50年11月から宮崎実験線の建設が開始された。

昭和52年9月から逆T形ガイドウェイを走行する実験車「ML500」による実験が開始され、昭和54年12月には、目標速度500km/hを超える517km/hの高速走行に成功した。

さらに昭和54年11月には、浮動式鉄道を実用化に一歩近づけるため、ガイドウェイをU形化し、U形対応車「MLU001」による走行実験を行う

図7-63 2両連結されたU形対応車「MLU001」(提供：鉄道総合技術研究所)(OHM 昭和57年10月号 p.15)

ことが決定され、昭和55年11月からU形実験がスタートした。

昭和57年5月には、7km全線にわたってU形化が完成し、MLU001の2両連結(図7-63)で最高速度305km/hを達成した。

(2) 有人走行実験

9月2日、実験推進本部の国鉄本社副技師長の京谷氏らの実験関係スタッフ3人が乗車し、初の有人走行実験が行われた。

午後2時57分、2両連結のMLU001が音もなくスタートした。みるみる速度を上げて900m付近で予定どおり10cm浮上し、一直線に視界の彼方へ消えて行き、最高速度は262km/hを記録した。

昭和37年から国鉄が浮上式鉄道の研究開発を続けてから20年、ついに人を乗せて走るまでに成長したのであった。

7.13.4 ● 北海道初の森地熱発電所が完成

北海道南部の内浦湾沿岸に面した森町濁川地区の盆地において建設を進めていた、北海道初の地熱発電所である森発電所(図7-64)が試運転を終えて運開した。

森発電所は昭和47年からの各種調査結果によって地熱発電の開発見通しが得られ、「サンシャイン計画」の一環として昭和56年4月に着工したものである。石油に代わるクリーンな純国産エネルギーとして、北海道電力および道南地熱エネルギーが共同開発した。

この設備は、蒸気生産設備によって一次蒸気$7.0\mathrm{kg/cm^2 G}$、二次蒸気

図7-64　北海道初の地熱発電所・森発電所（提供：北海道電力（株））（OHM 昭和57年12月号口絵）

図7-65　奥利根総合制御所（提供：東京電力HD（株））（OHM 昭和57年12月号口絵）

$1.7\,\mathrm{kg/cm^2 G}$ で約 500 t/h の蒸気を得て、発電設備で定格出力5万kWを発生する。

森発電所の運開によって我が国の地熱発電容量は、21.5万kWとなった。

7.13.5 ● 奥利根総合制御所が稼働

東京電力では、水力発電所の遠方監視制御による無人化、集中化を積極的に推進し、同社としては7番目の奥利根総合制御所（**図7-65**）が完成し、稼働を開始した。

この制御所は、利根川水系の最上流にある矢木沢、須田貝、水上、藤原の4発電所（合計出力32万6000kW）と、建設中の玉原発電所（1～4号機合計120万kW）を無人化し、同制御所から5発電所（合計出力152万6000kW、発電機台数11台）を遠方監視制御するとともに、運転と保守の一体化と省力化を図るもので、同社でも最大級の水力総合制御所である。

この制御所の完成によって、利根川水系の各発電所の設備をいっそう総合的、効率的に管理運用することが可能となり、約25名相当の要員の省力化が図られることになった。また、これによって同社の水力発電所無人化率は90％に達した。

7.14.1 ● 1983（昭和 58）年、ファミリーコンピューターの大ヒット

1 月 18 日に行われた日米首脳会談において中曽根首相は、「日米は太平洋を挟んだ運命共同体」と発言する。翌日、ワシントン・ポスト紙が「日本列島を不沈空母とする」という中曽根発言を掲載し、物議を醸した。

そのアメリカでは、レーガン大統領が宇宙兵器を含む核ミサイル攻撃防御システムの研究・開発の戦略防衛構想（SDI）を指示し、3 月 23 日に「スターウォーズ演説」を行う。アメリカ戦略防衛構想の端緒となったのである。

7 月 15 日、任天堂が家庭用ゲーム機のファミリーコンピューター、通称「ファミコン」を発売する。8 ビット CPU を搭載し、ゲーム機本体のスロットにゲームソフトが記憶されたロムカセットを挿入することによって遊ぶことができる。「ファミコン」はロムカセット式を採用したことにより、ロムカセットを交換するだけで様々なゲームを楽しめることから、年間 300 万台を超える販売数を数える大ヒットゲーム機になった。

10 月 3 日には三宅島の雄山の中腹が噴火し、溶岩が島の南西部を襲った。4 000 人が島を脱出し、349 戸が溶岩で焼失したのもこの年の出来事であった。

7.14.2 ● 南極地域観測砕氷艦「しらせ」

昭和 57 年 11 月に完成した砕氷艦「しらせ」（図 7-66）は、その後約半年間にわたる訓練運転を終了し、昭和 58 年 11 月に第 25 次南極観測のため出航した。

「しらせ」は海上自衛隊の初代砕氷艦「ふじ」と同様に、ディーゼル電気推進方式を採用しており、規模、能力ともに世界でも第一級の砕氷船である。「しらせ」は「ふじ」に比較して排水量約 2 倍、軸馬力約 2.5 倍、プロペラ 3 基、連続砕氷能力約 2 倍と能力がアップしている。

「しらせ」の電気推進装置には、各国の砕氷船の動向を反映して発電機の交流化、電子制御の採用のほか、監視システムに計算機を導入して、世

第 7 章　世界 2 位の国民総生産～大阪万博／国内インフラ拡充／石油ショック～

図 7-66　砕氷船「しらせ」（提供：国立極地研究所）（OHM 昭和 58 年 5 月号口絵）

図 7-67　操作ハンドルと CRT ディスプレイ装置（提供：国立極地研究所）（OHM 昭和 58 年 5 月号口絵）

界の砕氷船としては初めてカラー CRT ディスプレイ装置を使用した（図 7-67）。

　監視システムに計算機を採用した結果、安全性と信頼性を高めることができ、また、乗員の取り扱い操作が容易になった。計算機盤は予備を含む 2 台の計算機によって構成され、集めたデータを処理して操作盤のカラー CRT ディスプレイ装置に表示したり、プリンタに出力することができるようになっている。

7.14.3 ● 三宅島噴火

　10 月 3 日午後 3 時 30 分頃、伊豆諸島の三宅島が噴火した。昭和 37 年 8 月 24 日の噴火以来、21 年目の噴火である。

　前回の噴火は島の東北部で起きたが、今回の噴火は島の中央部にある三宅島雄山の南西に位置する二男山（標高 400 m）から南西に走る割れ目にそって最大 15 か所で発生し、噴煙の高さは 10 000 m、噴石は西に約 5 km 離れた三宅島空港にまで達した。また、噴出した溶岩は毎分 30 ～ 40 m の速度で、幅約 300 m にわたり阿古、鯖ケ浜、新澪池方向へ流出した。この溶岩流によって、同島の中心地である阿古地区（約 520 戸）の約 400 戸が焼損・埋没などの被害を受けた（図 7-68）。

377

東京都三宅村には同日、災害救助法が適用され、政府は翌10月4日に非常災害対策本部を設置した。

　電力設備の被害状況を見ると、島の北部大久保浜にある東京電力(株)三宅島発電所（ディーゼル発電所、出力4 280 kW）は幸いにして被害を受けず、燃料も発電所に約1か月間の貯油(300 kL)が確保されていた。しかし、配電設備には噴石などの影響によってかなりの被害が発生した。

　同島の高圧配電線(6.6 kV)は、発電所から島の西側を回る阿古線と東側を回る坪田線のループ運用となっており、総電灯需要家数は1 740戸であった。

　噴火後、GSR（地絡・短絡継電器）の動作などによって、最大で約1 150戸が停電したが、4日の午後1時前には、溶岩による被害を受けた阿古地区の約450戸を除き復活した。

　しかし、島の東部に位置する坪田地区では偏西風によって運ばれた多量の火山灰が降り、真っ黒な火山灰が、多いところで30 cmも積もった。この結果、坪田地区では火山灰が配電線の腕金や、碍子に2 cmほど付着し、10月4日深夜に降った雨によってモルタル状に固着して5日早朝から坪田地区で再び約250戸が停電した。

　早速、東京電力の作業員の手により、配線線路に付着した降灰の除去作業が行われた結果、同日夕刻にはこの停電も解消された(図7-69)。

　溶岩の噴出活動も4日にはほぼおさまり、噴火から5日後の8日から停電が残っていた阿古地区の復旧作業が本格的に開始された。いくぶん熱の弱まった溶岩流の上をつたって現地入りし、仮設道路が開通した9日から作業員を多数投入して掘削、建柱作業を進めた。台風接近のため作業を一時中断した日もあったが、早いときでは朝4時ごろから、夜間は照明を使って午後8時まで正に突貫工事を敢行した。資材調達がスムーズだったことも手伝って、当初の予定よりも2日早い13日午後9時過ぎには建柱作業を完了（阿古地区へは電柱新設9本、溶岩の上は約150 mの長径用でH柱を使用）し、阿古地区で入居が許可されていない一部地域(約60戸)を除き送電を行った。

図7-68 三宅島噴火で一般道路に流れた溶岩流(提供：東京電力HD(株))(OHM 昭和58年12月号 p.76)

図7-69 降灰の除去作業(提供：東京電力HD（株)) (OHM 昭和58年12月号 p.78)

　点灯を見守っていた住民も通電の瞬間には大喜びで、阿古地区で被害を受けずに残った家に戻った一部の住民のなかには、自宅でテレビを視聴したり、洗濯機を使って雨水で衣類を洗濯する姿も見られた。

　特に、周辺離島への電話中継設備（3か所：低圧47kW、26kW、26kW）を持つ電電公社では、メンテナンスの都合でバッテリ電源が限界に達しつつあったが、発電所からの供給開始にほっと一息。また、同地区に冷凍庫（1か所：高圧160kW）を持つ漁業協同組合も心待ちにしていた電気の供給により、魚介類の保存に不可欠な冷凍用電源も確保され、一様に安堵の表情であった。

　10月19日の午後10時過ぎには、阿古地区で溶岩と海に挟まれていた約60戸についても送電が完了し、これをもって三宅島の停電は受電可能設備は全面復旧した。

　なお、今回の噴火による配電設備の被害は、電柱179本、変圧器42個、高低圧線約45kmなどであった。

　三宅島では常時は所長以下9名が駐在していたが、災害発生後は本土から復旧作業員を増員し、10月3日～19日までの間で、その作業員数は延べ466人・日にも上った。

　また、東京電力では、阿古地区の住民のために北部にある神着地区に建設されたプレハブ住宅に18日に送電を完了しており、水道設備について

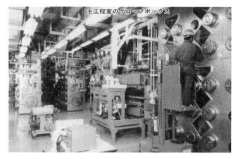

図7-70 主工程室のグローブボックス(提供：日本原子力研究開発機構)(OHM 昭和58年4月号口絵)

図7-71 脱硝工程のグローブボックス(提供：日本原子力研究開発機構)(OHM昭和58年4月号口絵)

も神着地区およびミドリ端地区の各1か所の新設(3.7kW、7.5kW)に対し、18日に送電を完了した。

7.14.4 ● プルトニウムの再燃料化

使用済み核燃料から回収した硝酸プルトニウムを再び燃料化する「プルトニウム転換技術開発施設」が、茨城県東海村の動力炉・核燃料開発事業団の東海村事業所に完成した(図7-70、7-71)。

このプルトニウム転換技術開発施設は、硝酸プルトニウムと硝酸ウランの混合溶液にマイクロ波を照射して加熱、蒸発、濃縮、脱硝を起こさせ、硝酸溶液から直接酸化物を得るという直接硝酸法による再燃料化施設である。マイクロ波を利用する直接硝酸法によって生産された混合酸化物は、プルトニウムとウランの混合均一性が良好であり、燃料ペレットを製造するうえでの焼結性も問題がなく、工程が簡単であり、廃液量も少ないという多くの利点を備えている。また、この施設は10kgMOX/日の転換能力を有している。

7.15.1 ● 1984（昭和59）年、「マッキントッシュ」を発表

日本初の実用放送衛星「ゆり2号a」（BS-2a）が、N-Ⅱロケットによって種子島宇宙センターから1月23日に打ち上げられ、5月12日からNHKテレビ衛星放送がスタートした。BS-2aによって、我が国のほとんどの地域で小型のパラボラアンテナを用意すれば各家庭のTV受信機で放送が直接受信できるようになった。

ゆり2号aが打ち上げられた翌日の1月24日、舞台上に登場したアップルコンピュータ社のスティーブ・ジョブズ氏が「マッキントッシュ」を発表する。当時のパソコンといえばIBM-PCであり、OS（オペレーティング・システム）は、文字ベースで操作するMS-DOSが、ようやくその座を得てきた頃である。マッキントッシュは、9インチのビットマップディスプレイの画面上に自在に映像を描き出すことができるだけでなく、音声合成機能を使って自己紹介まで行い、当時の人々を驚かせた。

7.15.2 ● 我が国初の人工島に築かれた関西電力・御坊発電所

関西電力は電力需要の増加に伴い、同社の発電所が関西地方の北西部に偏在している状況をバランスよく配置し、かつ電力の安定供給を図るため、和歌山県御坊市に御坊発電所（重原油専焼火力、60万kW 3基）の建設を急ピッチに進めた結果、昭和59年9月に1号機が同年11月に2号機が運開した（3号機は昭和60年3月）。

御坊発電所（**図7-72**）は、和歌山県南紀の外海（太平洋）に我が国初の35万m²の人工島を築き、そこに完成させるという地域の特殊性が大きな特徴である。このときの土木技術は、後の関西国際空港の埋め立てに生かされることになる。

タービン発電機は、横置串形の蒸気タービン2基に接続された水素冷却三相同期発電機2基構成となっている。また、蒸気タービンは、すべての負荷域で高効率を得るため、複合変圧運転方式が採用された。

発電所に併設された御坊変電所は、沖合の人工島に建設される変電所と

図7-72 御坊発電所(提供:関西電力(株))
(OHM 昭和59年3月号口絵)

図7-73 女川原子力発電所1号機(提供:東北電力(株))(OHM 昭和59年8月号口絵)

して、開閉設備はすべてGIS(ガス絶縁開閉装置)とし、設置スペースの節減と塩害対策が図られた。500 kV GIS部は、送電線ユニット2基、変圧器ユニット1基、発電ユニット3基、単母線方式のシンプルな構成をとっている。

御坊変電所で唯一の気中部分は、御坊幹線引出し用500 kV気中ブッシングである。汚損観察装置と連動した自動がいし洗浄装置によって、過酷な汚損条件にも耐えられるように配慮されている。

7.15.3 ● 女川原子力発電所1号機が運開

昭和54年12月から宮城県牡鹿郡に建設工事を進めていた女川原子力1号機(52万4000 kW)は、昭和58年10月に試運転に入った後、昭和59年6月に待望の営業運転を開始した。昭和43年1月の計画公表から16年余り、着工から4年半を要した東北電力悲願の営業運転開始であり、我が国では13地点目、26基目の原子力発電所となった。

女川原子力発電所1号機(図7-73)の工事実施にあたっては、『安全最優先を基本に地元と共存共栄する福祉型発電所を目指す』との考えに基づいて、徹底した地域社会との協調体制が貫かれ、また、技術的にも国内外の先行プラントの経験を教訓に最新技術の導入や独自の設備改善を図るなど、計画から設計、建設、試運転に至るまで、すべての段階で万全の安全確保対策が講じられた。

第7章　世界2位の国民総生産～大阪万博／国内インフラ拡充／石油ショック～

図7-74　川内原子力発電所(提供：九州電力(株))
（OHM 昭和59年9月号口絵）

図7-75　川内原子力発電所の蒸気発生器（提供：九州電力(株)）（OHM 昭和59年9月号口絵）

　発電所の安全確保や周囲の環境保全を図るため、大地震にも耐えられる耐震構造設計になっており、原子炉内も放射性物質を外部に漏らさないように、何重もの壁が設けられた。
　女川原子力1号機は運転開始後も極めて順調な運転を継続し、試運転期間を含む昭和59年度の設備利用率(96.07%)は世界1位にランクされた。

7.15.4 ● 川内原子力発電所1号機が運開

　九州電力が昭和54年に鹿児島県川内市に着工し、建設を進めていた川内原子力発電所(図7-74) 1号機が国の最終検査である連続負荷試験に合格し、7月4日から営業運転を開始した。
　この1号機は、我が国12基目の加圧水型(PWR)プラントであるが、安全性・運転保守性の向上を図るために、80万kW級PWR改良標準化モデル・プラントとして最新設計を採用しているほか、高信頼性の設備機器が使用されている。
　九州電力ではこの発電所の運転によって、原子力発電設備は200万8 000 kW(総発電設備容量の16%)となった。
　図7-75は格納容器内の蒸気発生器である。3基設けられており、その中には数千本の細いU字形の伝熱管(チューブ)があり、この管の中を一次冷却材(原子炉で熱せられた水)が通るときに、チューブの外側の二次冷却材(水)に熱が伝わり、高温・高圧の蒸気が発生する。この蒸気はタービン

383

図7-76 高浜原子力発電所（左：3号機、右：4号機）（提供：関西電力（株））（OHM 昭和59年12月号口絵）

図7-77 高浜原子力発電所4号機に装荷された燃料集合体（提供：関西電力（株））（OHM 昭和59年12月号表紙）

の羽根に吹き付けられて、毎分1 800回の高速で回転させる。

7.15.5 ● 高浜発電所4号機が試験運転を開始

関西電力が福井県大飯郡高浜町に建設した高浜原子力発電所4号機（加圧水型軽水炉、出力87万 kW；**図7-76**）は、10月11日に初臨界に達し、11月1日から試験運転を開始した。出力を上昇させながら関西電力としては9番目の原子力発電ユニットとして運転開始を目指していた（運開は昭和60年6月5日）。

原子力発電が電力のベース供給力として重要度を増していた当時、信頼性・稼働率の向上も厳しく求められていた。設備の信頼性・稼働率の向上は、電力の安定供給という使命を全うすると同時に、発電コストの安定にも寄与するだけに、電力業界のベーシックな課題とされた。

こうした情勢のもとで建設される高浜原子力発電所4号機は、通商産業省が中心となって進めた第二次軽水炉改良標準化計画の改善提案を全面的に取り入れ、機器の信頼性向上、定期検査日数を短縮するための設備の改善、作業被爆を低減させるための改良、運転操作性の向上などの面に十分

図 7-78 台車に取り付けられたリニア
モータ（提供：(株)日立製作所）
（OHM 昭和 59 年 5 月号口絵）

な配慮が施され、過去の経験と技術を集大成した信頼性の高い原子力発電ユニットであった。

図 7-77 は装荷された燃料集合体（157 体）である。また、中央操作室は操作員の目線に合わせたブラウン管式入出力装置（CRT）が特に多く取り入れられており、操作ボタンなども操作しやすく配置されている。

7.15.6 ● 新都市交通システム用リニアモータ・カー

日本鉄道技術協会と日立製作所を中心とする 9 社の企業グループは、昭和 56 年から新都市交通システム用リニアモータ・カーの開発に取り組み、試作車 1 両を完成させ、日立製作所・水戸工場内の実験線において試運転に成功した。このリニアモータ・カーは、鉄車輪で車体を支持する車両として我が国で初めて実用化されたものである。特に、リニアモータやステアリング台車および独立車輪などを採用しているため、モータの回転による騒音や振動、車輪のキシミ音などを発生させずに走行できる点が特徴的である。

車両下の台車に取り付けられたリニアモータ（図 7-78）は、定格出力 70 kW/h、最大推力 1 280 kg/台、最高速度 70 km/h を出すことができる。また、リニアモータは、650 kV・A の GTO インバータによって駆動される。このインバータは入力電圧 750 V DC、出力電圧 550 V AC（20 Hz、三相）で、制御周波数は 3 〜 45 Hz である。

7.16.1 ● 1985（昭和60）年、世界最長の青函トンネル本坑が貫通

　この年の3月10日、世界最長の青函トンネル本坑（約54km）が貫通した。昭和36年3月23日に北海道側吉岡で斜坑掘削を開始してから、実に24年の歳月が流れていた。その4日後の3月14日には東北・上越新幹線の上野－大宮間が開業し、上野始発となった。

　また、3月17日に科学万博「つくば'85」が開幕される。そして4月1日には、日本電信電話公社と日本専売公社が、それぞれ日本電信電話(株)と日本たばこ産業(株)の民営企業として発足した。

　6月8日、淡路島と鳴門を結ぶ1690mの大鳴門橋が開通する。この橋には四国電力・鳴門変電所－関西電力・洲本変電所を18万7000Vで結ぶ鳴門淡路線が設置された。これにより、海峡横断鉄塔によって空中架設されていた送電線は廃止された。

　8月12日、日航ジャンボ機が群馬県多野郡上野村の御巣鷹山の山中に墜落した。翌日の早朝、航空自衛隊や長野・群馬両県警などの捜査によって4人の生存が確認され、ヘリコプターで救出されるが、死者数は520名にも及ぶ大惨事となった。事故原因は、機体後方の圧力隔壁の破損による圧縮空気の流れで、尾翼の制御装置が破壊されたためであることが判明した。

7.16.2 ● 東北電力初の複合発電が運開

　東北電力が、昭和57年から新潟県北蒲原郡聖籠町に建設を進めていた「東新潟火力発電所3号系列」の半量（545MW）が、蒸気タービン発電機の初並列などを経て営業運転を開始した。

　3号系列には発電効率をさらに向上させる目的から、クリーンエネルギーであるLNG（液化天然ガス）を使用したコンバインドサイクルプラントが導入されている。このプラントは、ガスタービンと蒸気タービンを組み合わせた同社初の複合発電方式で、この発電方式としては出力1090MWと世界でも最大規模のものである。全量が運開すると、既設の1・2号機

第 7 章　世界 2 位の国民総生産〜大阪万博／国内インフラ拡充／石油ショック〜

図 7-79　東新潟火力 3 号系列のガスタービン（提供：東北電力(株)）（OHM 昭和 60 年 2 月号口絵）

図 7-80
発電所へ搬入中の排ガスボイラモジュール（提供：東北電力(株)）（OHM 昭和 60 年 2 月号口絵）

と合わせて総出力 2 290 MW の東北電力最大の発電所になる。

　ガスタービン（図 7-79）は、入口ガス温度が 1 154℃ と当時実用化されている中では最高クラスであった。タービン翼の長サイズ化や予混合低 NO_x 燃焼器の採用などで、熱効率の向上と環境保全を図った。

　図 7-80 は、発電所へ搬入中の排ガスボイラのモジュールである。重量は約 840 トンであり、モジュール専用運搬船「すにもすえーす」で東新潟港まで運ばれた。1 台のボイラを、あらかじめ工場で 3 つのモジュールに組み立てて運搬するモジュール工法が採用されて、工事の合理化が図られた。

7.16.3 ●「科学万博 − つくば'85」が開催

　「人間・居住・環境と科学技術」をテーマとし、21 世紀に向かう人類のあるべき姿を求めながら、科学技術についての新しいイメージを探求する「科学万博 − つくば'85」が茨城県筑波研究学園都市において、3 月 17 日〜9 月 16 日まで開催された。この博覧会には 48 か国、37 国際機関が参加し、我が国は 28 の民間パビリオンが出展した。

図7-81
福島第二原子力発電所3号機全景（提供：東京電力HD（株））（OHM昭和60年8月号口絵）

図7-82
富津火力発電所1号系列本館内機器（提供：東京電力HD（株））（OHM昭和60年9月号口絵）

7.16.4 ● 福島第二原子力発電所3号機が運開

東京電力が昭和55年12月から福島県双葉郡富岡町(楢葉町)に建設を進めていた福島第二原子力発電所3号機（電気出力110万kW・沸騰水形軽水炉：図7-81）が最終検査を終えて営業運転を開始した。

3号機には、原子力発電所の稼働率や電力供給の信頼性を一段と向上させるため100％タービンバイパスシステムや、新形の8×8燃料および新設計の中央制御盤が採用された。

新たに採用された100％タービンバイパスシステムは、電力系統の事故によって原子力発電ユニットが系統から切り離された場合、原子炉で発生する蒸気の全量をタービンをバイパスして復水器に直接導く装置である。このため、原子炉を停止させることなく、単独に運転を継続しながら電力

系統側の復旧を待つことができる。

　また、新形8×8燃料は燃料棒の外径を少し短くし、燃料集合体の外寸を小さくすることで集合体相互の間隔を大きくし、かつ、集合体の中に設けられているウォータロッドの外径も大きくした2本構成となっている。このため、運転時の異常な過渡変化（発電機負荷遮断、タービン・トリップなど)による燃料への熱的影響をより小さくすることが可能になった。

7.16.5● 東京電力・富津火力発電所が運開

　東京電力は、千葉県富津市にLNGを燃料とするコンバンドサイクル発電設備1、2号系列合計200万kWの富津火力発電所の建設を昭和57年4月から進め、昭和59年9月にLNGを受け入れて試運転を行い、昭和60年12月に1号系列1軸(図7-82)の営業運転を開始した。

　富津火力発電所のコンバインドサイクル発電は、7軸で1系列100万kWとしているため、頻繁な起動停止や大幅な負荷調整にも適しており、低負荷でも高効率運転が維持できるためエネルギーの有効が図れる。

7.16.6● 北海道電力初の海外炭火力が運開

　北海道電力・苫東厚真火力発電所2号機が昭和60年10月4日に営業運転を開始した(同発電所1号機は昭和55年に運開)。

　2号機は同社初の海外炭使用発電所で、臨界形大容量石炭火力であり、北海道の基幹電源として期待された。また、将来の中間負荷運用に対処して変圧運転方式を採用したこと、火炉水冷壁にヘリカルチューブ構造を採用したこと、さらに新形低NO_xバーナの採用で窒素酸化物低減対策を強化したことなど、最新技術が導入されたのも大きな特徴である。

　図7-83は苫東厚真発電所の全景である。写真手前は1号機(出力35万kW)、同中央が2号機(出力60万kW)、同上は苫東コールセンターであり、オーストラリア、カナダからの海外炭を受け入れる基地である。石炭はベルトコンベアで発電所構内へ搬入される。

図7-83 苫東厚真発電所全景（提供：北海道電力（株））（OHM 昭和60年11月号口絵）

図7-84 50万V T字形基幹系統（提供：九州電力（株））（OHM 昭和60年8月号口絵）

7.16.7 ● 九州電力　T字形基幹系統が完成

　九州電力は、電力需要の増加と大形電源の開発に伴い、電力輸送設備の強化を昭和46年から建設を進めていたが、昭和60年に14年の歳月を経て、九州の東西南北をT字形に結ぶ50万V基幹系統を完成させた（**図7-84**）。

　この系統は、こう長411km、変電所出力900kVAである。完成によって大容量化・遠隔化する電源開発への対応が可能となり、また、設備および系統信頼度も高くなり、より一層安定した電力供給が行えるようになった。加えて、50万V送電線で九州全域と本州とが直接連系されるため、全国規模での電力運用がより効率的に行えるようになった。

第8章

バブル景気

8.1.1 ● 1986(昭和61)年、「チャレンジャー
　　　　号」の事故
8.1.2 ● チェルノブイリ原子力発電所の事故
8.1.3 ● 緊急炉心冷却装置の作動試験を
　　　　初公開
8.1.4 ● 新小野田発電所1号機が運開
8.1.5 ● 敦賀2号機が燃料装荷を完了
8.2.1 ● 1987(昭和62)年、「バブル景気」
　　　　謳歌
8.2.2 ● 可変速揚水発電システムの長期運転
　　　　試験を開始
8.2.3 ● 首都圏大停電
8.2.4 ● OFケーブルの布設工事開始
8.3.1 ● 1988(昭和63)年、青函トンネルが
　　　　開業
8.3.2 ● 電気学会 創立100周年記念展示会
8.3.3 ● 鋳鉄キャスクの極低温落下試験
8.3.4 ● 九州地区で大規模停電事故発生
8.3.5 ● 津軽海峡線・青函トンネル開業

8.4.1 ● 1989(昭和64、平成元)年、「昭和」
　　　　から「平成」へ
8.4.2 ● OHMが創刊75周年
8.4.3 ● 送電線事故箇所探査システムの開発
8.4.4 ● バイナリーサイクル発電の技術開発
8.4.5 ● 原子力発電所の事故・故障等の評価
　　　　基準
8.5.1 ● 1990(平成2)年、「花の万博」が開催
8.5.2 ● MCFC発電プラントを試作
8.5.3 ● 自動検針システムの実証試験開始
8.5.4 ● 時間帯別電灯料金制度の実施

8.1.1 ● 1986（昭和61）年、「チャレンジャー号」の事故

　この年は記憶に残る大事故が多い年であった。1月28日、アメリカの
スペースシャトル「チャレンジャー号」が打ち上げ73秒後に爆発し、搭乗
員7人全員が死亡した。事故は、右側固体燃料補助ロケットの密閉用O リ
ングが発進時に破損したことに起因する。この破損によって、高温・高圧
の燃焼ガスが噴き出して外部燃料タンクや軌道船を破壊したのである。

　4月26日、ソ連ではウクライナ共和国チェルノブイリの原子力発電所
の4号原子炉が大爆発を起こして大量の放射性物質を撒き散らし、史上最
悪の原発事故となった。

8.1.2 ● チェルノブイリ原子力発電所の事故

　4月26日、現地時間午前1時23分（日本時間午前6時23分）に発生し
たソ連のチェルノブイリ原子力発電所の事故は、かつてない大量の放射能
の放出をもたらした大事故として、連日のようにテレビ、ラジオを通じて
大きく報道された。

　事故を起こした発電所4号機は、ソ連ウクライナ共和国キエフ市北方約
130km の地点にあり、原子炉の型式は黒鉛減速軽水炉冷却沸騰水型、電
気出力は100万kW、1984年3月に運転を開始したばかりの新鋭機であ
った。

　この原子炉は、西側諸国における軽水炉とは異なり、減速材に黒鉛を、
冷却水に軽水を用いた原子炉で、炉心内で水が沸騰するタイプである。

　当時のソ連における原子力発電設備の内容は、1985年末で43基、出力
の合計は2 700万kW であり、アメリカ、フランスに次いで世界第3位で
あった。

　事故を起こした原子炉と同タイプの炉は事故機を含めて14基1 450万
kW が運転中であり、このほか建設中のものが8基950万kW に及んでお
り、さらに7基が計画中であった。

　この独特の原子炉は、**図8-1**に示すようにブロック状の黒鉛の中に燃

392　電気雑誌「OHM」100年史

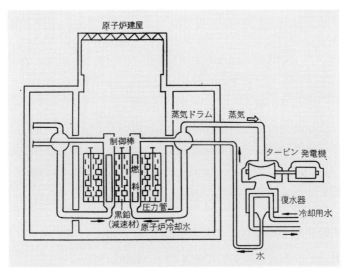

図8-1 チェルノブイリ原子力発電所の構造(OHM 昭和61年8月号 p.39)

料が納められた圧力管が約1700体埋め込まれており、これら複数の圧力管のそれぞれに水が送られ、燃料の発熱によって管内で蒸気が作られる。そして蒸気は気水分離器に集められ、乾燥した蒸気になってタービンに導かれ、発電機を回して発電する仕組みとなっている。

　我が国を含めた西側諸国の沸騰水型軽水炉は、1つの圧力容器の中にすべての燃料集合体が収容されているのに対し、黒鉛ブロックに開けられた円筒状の穴の中に納められている圧力管内部に燃料集合体が1体ずつ収納されている点が大きく異なる。

　このほか、減速剤の黒鉛は酸化防止のために不活性ガスによって満たされているところも異なっている。炉心の有効長は7m、有効直径は12mで、同出力の軽水炉より大形である。また、燃料は原子炉の運転中に炉心から取り出して交換できる点などが特徴としてあげられよう。

　ところで、この事故であるが、計画停止をするため原子炉の出力を約7%（熱出力で約20万kWに相当する）に低下させていた時点で、何らかの原因によって局所的に出力が急上昇した。これによって急激な水蒸気が、

393

また金属−水反応などによって水素が発生した。次いで、炉心冷却系および黒鉛を包む不活性ガス封入系が破損して水素が系外へ放出され、水素爆発が発生、原子炉建屋の屋根を破壊して炉心が損傷し、大量の放射性物質が原子炉施設の外部に放出されたとされた。

しかし、その後の調査によって外部電源喪失時、4号炉のタービン発電機によって原子炉安全システムに十分な給電ができるかどうかの試験が行われ、このときの運転員の不適切な操作によって原子炉が制御不能の状態に陥り、事故が発生したことが判明した。加えて当局の対応のまずさから、周辺住民にも多数の放射線障害を与えることになったのである。

8.1.3 ● 緊急炉心冷却装置の作動試験を初公開

中部電力は、浜岡原子力発電所3号機の緊急炉心冷却装置（ECCS）の作動試験を地元住民や漁協、行政、報道関係者など約430人に公開した。

これはチェルノブイリ原子力発電所の事故以来、原子力発電所の安全性について関心が高まるなか、たまたま3号機の建設工程において、同装置の試験が行われるのに際して、原子力発電所の何重にも備えられた安全確保対策の一端を、この機会に地元関係者にも見てもらい、より一層の理解を深めてもらおうと公開されたものである。

試験では、中央制御室のスイッチ操作でポンプが作動し、原子炉圧力容器内の炉心上部に取り付けられた130個のノズルから、毎分26.3トンの水をすさまじい勢いで炉心内に約1分間注入させ、正常に作動することを確認した。この注入量は、普通の消防ポンプ車13台分に相当するものであった。

8.1.4 ● 新小野田発電所1号機が運開

中国電力が山口県小野田市に脱石油計画の一環として、昭和57年12月に着工した新小野田発電所1・2号機（各50万kW、合計100万kW）のうち、1号機が官庁検査を終了して昭和61年4月から営業運転を開始した。

同発電所は主に海外炭を使用する同社において、初めての大形石炭火力

図 8-2　新小野田発電所の貯炭場（提供：中国電力（株））（OHM 昭和 61 年 6 月号口絵）

である。コンピュータによる再熱式蒸気タービン方式の採用で、再熱蒸気温度を石炭火力としては我が国最大の 566℃ に高めているほか、変圧貫流ボイラによって熱効率の低下を防止しているのが最大の特徴となっている。また、環境対策設備についても屋内外に最新鋭装置を導入し、SO_x・NO_x・粉じん・騒音・温排水対策などに万全を期した。

図 8-2 は貯炭場であり、オーストラリア、南アフリカ、カナダ、中国などから、宇部などのコールセンターを経由して運ばれた石炭が山積みされる。貯炭量は約 12 万トンで、これは同発電所の約 14 日分の燃料にあたる量である。

タービンは再熱式であり、タービンに流入した主蒸気の温度（538℃）が低くなった場合、再度、ボイラで 566℃ に高めて熱効率を上げて使用する。また、発電機は 50 万 kW で、これ 1 台で山口県の電力需要の約 30％分を賄うことができる。

8.1.5 ● 敦賀 2 号機が燃料装荷を完了

昭和 57 年 4 月に着工した日本原子力発電・敦賀発電所 2 号機（加圧水型軽水炉、電気出力 116 万 kW）は、昭和 62 年 3 月の営業運転開始に向けて、建設工事が順調に進み、総合試運転を実施した。

図8-3 敦賀発電所2号機の原子炉への燃料装荷作業(提供：日本原子力発電(株))(OHM 昭和61年6月号表紙)

図8-4 敦賀発電所2号機のPCCV内部(提供：日本原子力発電(株))(OHM 昭和61年6月号口絵)

　2号機は、従来の鋼製に代わって我が国初のプレストレスト・コンクリート製格納容器（PCCV）を採用して、耐震性の一層の向上を図っている。そのほか、国内外の新技術を積極的に導入し、各種設備に種々の改良・改善を加え、安全性・信頼性・環境保全の各面に優れた発電所である。昭和61年2月にはPCCVの耐圧漏洩試験が行われ、その健全性が確認された後、4月には193体の燃料が原子炉に装荷された(図8-3)。

　PCCVは、直径約7mmの鋼線163本を束ねた緊張ケーブルを、鉄筋コンクリートの壁中にあるシース(管)に挿入して、網目状に締め付けることで、鉄筋コンクリートをより強固にしたものである。

　PCCVの内部には、原子炉を始め加圧器・蒸気発生器などの主要機器が納められている（図8-4)。タービン発電機は、高圧タービン1台、低圧タービン3台からなり、発電機を含めた全長は63mにも及び、電気出力116万kWである。

第8章 バブル景気

8.2.1 ● 1987(昭和62)年、「バブル景気」謳歌

　2月9日、日本電信電話（株）の株が東京証券取引所、大阪証券取引所、名古屋証券取引所の第一部に上場された。当日は買い気配が先行し、値がつかない状態であった。翌日も同様な展開が続いたが、取引終了間際になってようやく1株160万円の初値がついた。株価はその後も上昇し、3月4日には300万円台となり、そして上場から2か月後の4月22日には初値の約2倍となる318万円の高値がついた。

　4月1日には国鉄の分割・民営化で11法人と国鉄清算事業団が発足、そして11月18日には日本航空が純民間会社として再出発する。国営企業が民間企業へと転身を遂げていった年であった。

　なお、安田火災海上保険が、ゴッホの「ひまわり」を手数料込み58億円で落札したのもこの年の出来事である。まさにバブル景気を謳歌していた頃であった。

8.2.2 ● 可変速揚水発電システムの長期運転試験を開始

　関西電力は、日立製作所と共同で世界に先駆けて開発した可変速揚水発電システムの据付工事を富山県東砺波郡上平村の成出水力発電所（2万2000kVA)で進め、長期運転試験を開始した。

　電気の品質の一つである周波数は、電力系統の負荷が増えると下がり、減ると上がる性質があるため、発電量の増減によっても周波数を常に一定に維持する必要がある。当時は、火力、水力ユニット間で自動周波数調整（AFC）を行っていたが、年間を通じて一定の出力で運転する原子力の比率が高まり、深夜における火力ユニットの停止が増えてくると、夜間にAFC容量の不足が予測された。

　そこで両社は、AFC容量不足の解消を図ることを主な目的として、夜間に原子力発電所の余剰電力を使って揚水運転する揚水発電所において、同システムの実用化を目指したのである。

　当時の励磁方式はサイリスタ励磁が主であったが、このシステムはサイ

397

図 8-5　可変速発電機の外観（提供：関西電力（株））（OHM 昭和 62 年 8 月号口絵）

図 8-6　可変速発電機の回転子（提供：関西電力（株））（OHM 昭和 62 年 8 月号口絵）

クロコンバータで励磁するもので、回転速度に応じた周波数で、かつ交流励磁することによって、系統と同期する運転を可能とした。可変速制御は、マイクロコンピュータによってサイクロコンバータおよびガイドベーンを制御して行われる。

図 8-5 は可変速発電機である。外観は従来機とほとんど変わらないが、回転子回路が高電圧、大電流となるため、発電機上部のコレクタリングが大形になっていることが特徴的である。

発電機の回転子は従来、突極形であるのに対し、交流励磁可変速機の回転子は三相交流励磁となることから、図 8-6 に示すように円筒形になっている。

8.2.3 ● 首都圏大停電

7 月 23 日午後 1 時 19 分に東京電力管内の北東京変電所、新秦野変電所、新富士変電所の 3 変電所が同時に送電を停止し、1 都 4 県において約 280 万軒、電力需要で約 800 万 kW に及ぶ停電が発生した。

800 万 kW は、当時の東京電力における総需要電力 4 000 万 kW の約

1/5に当たり、この停電は昭和61年3月の豪雪と強風のため、鉄塔が倒壊するなどの事故によって関東、関西、東北地方において当時史上最大といわれた158万軒、386万kWの停電をも凌ぐ大停電となった。

この停電によって、東北、上越、東海道の各新幹線および在来線12沿線3万3600人の足に影響が及んだとともに、東海道本線、地下鉄、小田急線に1時間から2時間の遅れが生じた。また、交通信号機の停止や、静岡、神奈川、山梨、都内の一部で一時水道が断水するなどの影響が出た。さらにコンピュータが停止し、銀行のオンライン業務などが不能となるとともに、あちこちでエレベータ内に閉じ込められるなどの多くの被害が出た。

この停電は20分後には東京都、埼玉県など停電規模の50%が復旧したが、静岡県など最終的に復旧したのは3時間20分後の午後4時40分であった。

当日は東京都心で35.1℃、八王子で39℃という異常な気温上昇によって、エアコンなどの冷房需要が急増した。この急増によって局所的に無効電力の供給が対応できず、基幹系統の電圧が低下して一部の変電所の保護リレーが作動し、変電所の供給が停止したのである。

この事故は、有効電力の供給について見れば、供給力4241万kWと総需要電力約4000万kWに対して十分余裕があり、また有効電力の供給は、速応性のある発電機から供給されるため、負荷急増に対しても十分対応ができていた。しかし、無効電力の供給は変電所の電力用コンデンサの入り切りで行っていたため、急激な負荷の増加に対して対応が遅れ、それゆえ電圧が下がってしまった。また、電力用コンデンサは電圧が下がると無効電力供給力が小さくなるので負荷の急増には対応できない。加えてインバータを用いたエアコンの普及は、定電力消費型の負荷の増加をもたらした。つまり、電圧が下がると電流が増加し、電流が増大すると系統の特性から電圧が下がるという悪循環を招いたのである。

東京電力は今回の事故発生後、ただちに基幹系統電圧低下調査委員会を設置し、事故原因の究明と今後の対策検討を開始した。

また、当面の対策として、①変電所などをきめ細やかに運用することに

よって基幹系統の電圧維持に努める、②広域融通の機動的活用および東扇島火力1号機(100万 kW) の運転などによって電力潮流の改善を図る、③必要に応じて需給調整契約を機動的に実施する、などを講じることとしたのである。

8.2.4 ● OF ケーブルの布設工事開始

電力の安定供給と広域運営を目的として、電源開発では、建設中の本州・四国連絡橋(児島－坂井ルート、通称：瀬戸大橋)に電力ケーブルを添架し、本州－四国間を系統連系する計画を進めるため、橋梁区間のケーブル布設工事を開始した。

本四連系線は、我が国最初の500 kV長距離ケーブル線路になるばかりでなく、内外に例を見ない大規模橋梁添架ケーブルとなることから、多くの新技術が採用された。

電力ケーブルには、新しく開発した半合成紙絶縁OFケーブル（油浸紙絶縁ケーブル）が採用され、外径および重量の減少を図ってコストダウン

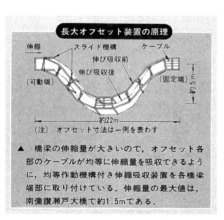

図8-7 長大オフセット装置の原理(提供：電源開発(株)) (OHM 昭和62年10月号口絵)

図8-8 FRPトラフ内に収容されたOFケーブル(提供：電源開発(株)) (OHM 昭和62年10月号口絵)

を実現した。また、ケーブルの橋梁添架技術として、気温変化や列車・自動車の走行によって橋梁端部で発生する収縮や角折れを吸収するための角折れ吸収装置や均等作動機構付き長大オフセット装置が設置された。

長大オフセット装置は、橋梁の伸縮率が大きいため、オフセット各部のケーブルが均等に伸縮量を吸収できるように、均等作動機構付き伸縮装置を各橋梁端部に取り付けたものである（**図8-7**）。

橋梁部では、限られた添架スペース内にケーブルを布設しなければならず、このため三相水平配列方式を採用し、一括してFRPトラフ内に収容した（**図8-8**）。また、ケーブルはケーブル自身の熱収縮を吸収させるためスネーク布設が採用された。

橋梁の規模・種類、ケーブルこう長、電圧のいずれも世界最大級であった。

8.3.1 ● 1988（昭和63）年、青函トンネルが開業

　2月10日、ファミコンソフト「ドラゴンクエストⅢ」が発売された。水曜日という平日に発売されたにもかかわらず、前日から徹夜の行列ができ、なかには1万人を超える行列ができた店もあった。学校を無断欠席して行列に並んだ児童・生徒も現れて、補導少年が出るなどの社会問題にもなった。

　3月13日には、トンネル内の43％が海底という世界最長の青函トンネルが開業し、この日を最後に青函連絡船は80年の歴史を閉じた。

　振り返れば昭和29年9月26日、台風15号（後に洞爺丸台風とされた）によって洞爺丸が沈没し、乗客・乗員1 314名中1 155名が死亡した大惨事を機に、一気に具体化した青函トンネルが長い歳月を経てようやく開業する運びになったのである。

　一方、西日本では、4月10日に道路・鉄道併用橋としては世界最長の本州と四国を結ぶ瀬戸大橋が開通する。

8.3.2 ● 電気学会 創立100周年記念展示会

　電気学会は1888（明治21）年5月、志田林三郎博士らの提唱によって設立され、初代会長には榎本武揚初代逓信大臣（子爵）が就任し、同年6月に東京市京橋区西紺屋町の地学協会会館で、参加者120名のもと第1回通常総会を開いた。

　同学会は昭和63年5月に創立100周年を迎え、同年3月31日～4月3日までの4日間、東京の科学技術館において、"未来を拓く電気100年"をテーマに「創立100周年記念展示会」を開催し、電気を偲ぶ資料・電気製品などを一堂に展示した。

　図8-9は、榎本会長から前島密氏に宛てた書翰である。榎本会長は、生来豊かな才能に恵まれ、文章起草力は抜群で、漢詩の作成や書道にも優れていた。

　また、前島氏は近代日本郵便制度の創設者の一人であり、電気学会が創

第 8 章　バブル景気

図 8-9　榎本武揚初代会長（円内）が前島密氏に宛てた書翰（OHM 昭和 63 年 5 月号口絵）

図 8-11　我が国初の国産電気冷蔵庫（OHM 昭和 63 年 5 月号口絵）

図 8-12　国産電気洗濯機第 1 号の「ソーラー A 型」（OHM 昭和 63 年 5 月号口絵）

図 8-10　ブレゲ指字電信機（OHM 昭和 63 年 5 月号口絵）

立された年の 11 月には逓信次官に就任している。

図 8-10 は展示されたブレゲ指字電信機であり、明治 2 年に東京－横浜間で初めて電信事業が開始されたときに使用された。この電信機はフランスで精密機械の製造を行っていたブレゲ社が開発した。写真の左が送信機、右側が受信機である。

送信者は、まず送信機に設けられた把手を回して受信側のベルを鳴らす。受信者は、このベルを合図に受信機の針を、あらかじめ定められた位置にセットする。次いで送信者は、把手を動かして送りたい文字が描かれた文字盤の位置に合わせる。すると送信機から文字に合わせた断続電流が受信機に送られる。この電流によって受信機の針が駆動され、送信した文字と同じ位置まで回動する。このようにして文字を送ることができるが、受信

403

機の一つの針の位置に複数の文字が割り当てられており、受信者はどの文字が送信されたのかを判定する必要ある。このため１分間に送れる文字は、高々５〜６文字程度であったといわれている。

図8-11 は、東芝の前身である芝浦製作所で昭和５年に製造された、我が国初の国産電気冷蔵庫である。当時の価格で720円であった。昭和５年の頃は720円もあれば家が建てられるほどの値段である。

図8-12 は、芝浦製作所で作成された国産電気洗濯機第１号の「ソーラーＡ型」である。当時は洗濯板で洗濯をしていた時代でもあり、家事に追われていた主婦にとって、その重労働から解放されることから話題になったが、370円と高価であり電気冷蔵庫同様、庶民にはなかなか手が届かない超高級品であった。

8.3.3 ● 鋳鉄キャスクの極低温落下試験

キャスクは使用済みの核燃料を納めて再処理するための間、貯蔵する容器である。電力中央研究所の横須賀研究所の構内において、100トン級のキャスクに対する極低温落下試験が実施された（図8-13）。

この試験は、低温になると強度が低下する鋳鉄の特性を考慮して、－30〜－50℃に冷却した100トン級の実規模のキャスクを９ｍの高さから落下させるものである。このような試験は世界でも初めてのことであり、厳しい条件下でも、鋳鉄キャスクはその衝撃に十分耐えることが確認された。

8.3.4 ● 九州地区で大規模停電事故発生

４月５日の18時18分に長崎県全域(離島など単独系統を除く)および佐賀県南西部において、最長１時間25分に及ぶ停電が発生、同地域社会に広範な影響があった（図8-14）。

（１）事故の状況

武雄変電所の操作スイッチの接点保護回路の絶縁不良により、22kV 系のほか多数の遮断器が「切」となり、同所が全面停止した。また、これによって当時運転中であった同系統内に立地している大村発電所第２号機（出

図8-13 鋳鉄キャスクの極低温落下試験（提供：(一財)電力中央研究所）（OHM昭和63年8月号口絵）

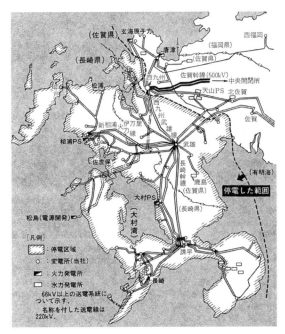

図8-14 停電区域（提供：九州電力(株)）（OHM昭和63年6月号p.86）

力15.6万kWで運転中)、相浦発電所第2号機（出力35万kWで運転中）が相次いで運転停止した。

（2）再発防止対策

この事故に対する再発防止策としては、

① 北長崎分岐線と北長崎変電所の運開を繰り上げ、22万kV系の2方向電源2ルート化の早期実施のほか、同地域の系統を強化する
② 武雄変電所において今回事故の直接原因となった制御装置の改修、同所全体として制御回路表示回路の改善、建屋増築などによる機器配置適正スペースを確保する
③ ほかの主要な変電所、制御所における制御回路を総点検する
④ 品質管理および事故処置訓練の充実強化を図る

ことを講じる。

（3）事故の原因

武雄変電所で制御回路などの増設工事が行われていたが、この工程において既設直接盤の表示状態を確認するため、遠方・直接切換スイッチ(43R)を「遠方」から「直接」に切り換えたときに22万V西九州武雄線ほかの遮断器が開放し、同所が全面停止した。

このため、運転員は遮断器ごとに据え付け場所において「入」、「切」の状態確認を行い、手動操作で復旧を行った。

監視制御装置についてはヒューズ溶断による不具合であることが後でわかり、同所内の復旧後、同所から遠方制御している変電所を遠方制御によって復旧させた。

8.3.5●津軽海峡線・青函トンネル開業

昭和62年10月に完成した青函トンネル（全長53.85km、うち海底部23.3km：図8-15)が昭和63年3月13日に開業の運びとなった。

青函トンネルの設備は、その特異性に応じて種々の配慮がなされている。防災面では、函館の指令センターで防災設備を一括して監視・制御し、列車火災などの発生に際しては、いち早くそれを検知してトンネル内に設けられた「定点」に列車を停止させ、乗客を避難誘導する。

また、電気設備についても、最新技術の導入および青函トンネルに起因する技術的問題の解決を通して、列車の安定輸送とトンネルの安全確保を図った設備となっている。

図8-16の下半分に写っているのは青函トンネルに電力を供給する吉岡変電所(北海道側)である。塩害・強風などの環境条件を考慮して、この変電所にはガス絶縁開閉装置（GIS）が採用されている。系統は187kVの2回線受電、2計量受電方式で、受電変圧器から二次母線、き電回路に至るまで、二重化構成で電力供給の信頼度が高められている。

第8章 バブル景気

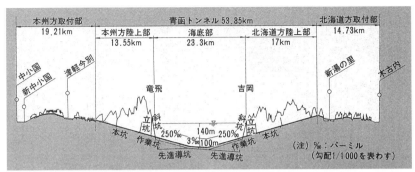

図8-15 津軽海峡線の縦断面略図(提供：北海道旅客鉄道(株))（OHM 昭和63年3月号口絵）

図8-16 青函隧道を出たATC走行試験車と吉岡変電所(提供：北海道旅客鉄道(株))（OHM 昭和63年3月号表紙）

407

8.4.1 ● 1989（昭和64、平成元）年、「昭和」から「平成」へ

　1月7日、昭和天皇裕仁が崩御された。87歳であった。直ちに皇太子の明仁親王が新天皇に践祚し、激動の昭和の時代が終わった。

　翌日の8日、「平成」と改元された。平成は、『史記』の「内平らかに外成る」と、『書経』の「地平らかに天成る」を出典とした。

　4月1日から我が国では、税率を3％とする消費税がスタートした。その反動で、前月までの駆け込み需要で賑わった大型小売店は閑散となった。

　欧州では11月9日、東ドイツ政府のスポークスマンであるギュンター・シャボウスキーの誤認によって「東ドイツ国民はベルリンの壁を含めて、すべての国境通過点から出国が直ちに認められる」という発表がなされ、この発表を受けた東西ベルリンの市民ら多数がベルリンの壁に殺到した。翌10日には東西冷戦の象徴ともいえる「ベルリンの壁」が市民らによって破壊される。昭和36年8月13日に開始された壁建設から28年が経過していた。そして12月3日には、ブッシュ米大統領とゴルバチョフ議長が冷戦の終結を宣言したことで東西両ドイツ統一の機運が一気に盛り上がり、翌年の10月3日に早くもドイツが統一された。

　また、この年12月29日の大納会における日経平均株価は、3万8915円87銭と史上最高額をつけた。これを最後に株価は下降の道を歩んでいく。バブル景気の終焉である。

8.4.2 ● OHM が創刊75周年

　11月号でOHMは創刊75周年を迎えた。その記念特大号として、フォトグラフ（口絵）に「未来技術への挑戦」と題したテーマでいくつかの先端技術が紹介された。当時の状況を偲ぶ一コマとして紹介しておこう。

（1）高速増殖原型炉「もんじゅ」

　動力炉・核燃料開発事業団が福井県敦賀市に建設中（当時）の高速増殖原型炉「もんじゅ」は実用化に至る中間規模の原子炉で、我が国で初めて発電設備を備えた高速増殖炉である。原子炉の仕組みは、炉心燃料集合体やブ

図8-17　高速増殖原型炉「もんじゅ」(提供：日本原子力研究開発機構)(OHM 平成元年11月号口絵)

図8-18　有人潜水調査船「しんかい6500」(画像提供：(国研)海洋研究開発機構)(OHM 平成元年11月号口絵)

ランケット燃料集合体をはじめ、核分裂を起こして熱を発生させる炉心、熱を伝えるナトリウム冷却系設備、熱を水に伝えて蒸気を起こすタービン発電機などによって構成される(図8-17)。

「もんじゅ」は電気出力28万kW、平成4年10月の完成(臨界)を目指して、建設工事が急ピッチで進められていた。

(2) 有人潜水調査船「しんかい6500」

深海調査は、鉱物資源の探索、地震予知にとって重要である。当時、すでにアメリカ、フランス、ソビエトでは、6000m級潜水調査船を完成させて深海調査をしていた。海洋科学技術センター(現：(国研)海洋研究開発機構)の「しんかい6500」は、最新技術を駆使し、世界の海洋の98%、我が国の200海里経済水域(約451万km^2)の約96%を調査することができる世界最大級の有人潜水調査船である(図8-18)。

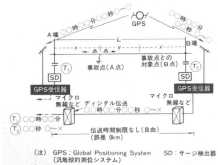

図8-20 送電線事故箇所探査システム(提供：東北電力（株））（OHM 平成元年1月号口絵）

図8-19 1 000kW級リン酸形燃料電池発電システム(写真提供：NEDO)（OHM 平成元年11月号口絵）

（3）1 000kW級リン酸形燃料電池発電システム

燃料電池は、水素と酸素を電気化学的に反応させることによって、直接電気を発生させる発電装置である。発電効率が40〜60％と高く、かつオンサイト(需要地立地)型としても適していることから、省エネルギー効果が期待されている。

我が国では、各種燃料電池およびその周辺機器の開発を総合的に行うムーンライト計画が進行していた。新エネルギー・産業技術総合開発機構（NEDO）は、実用化に最も近い段階にあるリン酸形燃料電池について、1 000万kW級発電プラント（図8-19）の試作運転研究を完了させ、引き続き、同燃料電池におけるオンサイト型の実証試験、さらに高効率が期待される溶融炭酸塩形燃料電池と固体電解質形燃料電池についての要素研究を推進した。

8.4.3 ● 送電線事故箇所探査システムの開発

東北電力は、アメリカ国防総省が開発した人工衛星「ナブスタ」を利用した「送電線事故箇所探査システム」を極東貿易と共同開発し、青森県内の154kV送電線・下北線（下北変電所〜上北変電所）において、実証試験を

行った。

同システムは、地球上の物体の位置などを測定する「汎地球測位システム（GPS）」を利用したもので、送電線の事故箇所探査への応用として世界でも初めての試みである。

このシステムは、**図 8-20** に示すように構成されている。

① A端、B端で事故サージ（電撃波）の受信を検出

② 人工衛星「ナブスタ」から送信されている 1 億分の 1 秒単位の時間をもとに、サージの受信時刻を特定

③ 事故サージ受信時刻をディジタルのまま、B端からA端に転送

④ A端において、A、B端の時刻差からパソコンで事故点までの距離を演算

⑤ 演算結果をプリンタ、またはディスプレイ装置（CRT）から出力

8.4.4● バイナリーサイクル発電の技術開発

NEDO は熱水利用発電として、バイナリーサイクル発電の技術開発を進めていた。開発のポイントは熱水を直接地下から汲み上げるダウンホールポンプにある。

昭和 62 年 3 月に、1 号テスト機において 170℃ の熱水汲み上げ試験に成功した。しかし、実用的な 200℃ の熱水となると、ダウンホールポンプ内の各機器の周辺温度は 230 〜 240℃ となる。このため放熱機構、潤滑油の機能・信頼性および電気絶縁性能の低下などが問題となり、同ポンプでこれらを克服することがバイナリーサイクル発電における技術研究課題であった。2 号テスト機（モータ 2 基、直径 21 cm × 長さ 10 m；**図 8-21**）は、これらの課題を解決するためになされ、200℃ の工場試験（300 時間）に成功し、実用機へ向けて大きく前進した。

8.4.5● 原子力発電所の事故・故障等の評価基準

6 月 26 日、通商産業省から「原子力発電所事故・故障等評価尺度基準の導入」についての発表がされた。

図8-21　ダウンホールポンプによって汲み上げられた熱水（写真提供：NEDO）（OHM 平成元年8月号口絵）

　我が国の原子力発電所の事故、トラブルなどについては、国は電気事業者から法令などに基づき報告を受け、その都度発生した事象および原因対策などを公表していたが、その内容は技術的、専門的なものである場合が多く、原子力発電所の安全性への適切な理解が得られていない傾向にあった。また、原子力発電所の安全性についての関心が高まり、従来の説明に加え、個別の故障・トラブルなどが安全上どのような意味、重要性を有しているのかをわかりやすく説明する必要が高まっていた。

　そのような中、評価尺度基準を導入することで故障・トラブルなどの持つ安全上の意味が客観的に理解され、いわゆる漠然とした不安感が解消されることが期待された。

　評価尺度には、（1）一般国民の関心が反映されること、（2）客観性を有し、事象の正しい評価ができること、（3）現実に生じる多種多様な事象に、速やかに対応できること、などが求められることから、①放射性物質の原子炉施設外への影響（基準1）、②放射線業務従事者の計画外被爆（基準2）、③原子炉施設の状況（基準3）の三つの基準が採用された。

　なお、チェルノブイリ事故における基準1の評価は、最も高いレベル8となった。

8.5.1 ● 1990（平成2）年、「花の万博」が開催

4月1日〜9月30日の183日間にわたり、大阪鶴見緑地で「花の万博EXPO'90」が開催された。自然と人間の共生をテーマとし、花と緑と人間生活との関わりを捉え、21世紀へ向けて潤いのある豊かな社会の創造を目指すことを狙いとした。

アメリカでは4月24日、ハッブル宇宙望遠鏡がスペースシャトル「ディスカバリ」によって地上約600kmの宇宙空間に放出された。大気や天候の影響を受けないため、高精度の観測ができるとされた。しかしながら、実際に稼働させてみると鏡面にわずかな歪みがあることがわかり、期待された精度には至らなかった。

フランスでは5月18日にTGV・アトランティックが、鉄車輪式の列車としては世界最速となる時速515.3kmを記録する。

6月には、日立製作所が世界初の64メガビットのダイナミックRAMの試作に成功したことを発表した。

8.5.2 ● MCFC発電プラントを試作

石川島播磨重工業(株)では、第二世代の燃料電池として注目を集めている溶融炭酸塩形燃料電池(MCFC)としては、世界で初となる燃料改質装置を含むトータルシステム(出力2kW)発電プラント(**図8-22**)の試作に成功し、2300時間の連続運転を達成した。

このプラントは、改質装置(リフォーマ)により、メタンガスから水素などの燃料ガスを生成し、電池本体に供給する仕組みである。従来の溶融炭酸塩形燃料電池では、電池本体としての運転試験(従来の運転試験では水素ガスおよび酸化剤ガスなどの燃料ガスを専用ボンベから電池本体に供給)が行われてきた。しかし、このプラントのようにリフォーマ、周辺装置を含んだトータルシステムとしての連続運転は、世界で初めての試みである。

同社では、通商産業省・工業技術院が進めているムーンライト計画の一環として、新エネルギー・産業技術総合開発機構(NEDO)の委託を受け、

図8-22 2kW 溶融炭酸塩形燃料電池発電プラント(提供:(株)IHI)(OHM 平成2年3月号 p.59)

図8-23 電子メータと端末器(平塚地区用)(提供:東京電力HD(株))(OHM 平成2年6月号 p.9)

溶融炭酸塩形燃料電池本体の開発を進め、MCFC 研究組合にも参加し、溶融炭酸塩型燃料電池プラントのシステム全体、および制御系の開発が進行中であった。

今回の2kW MCFC プラントは、これら研究開発で蓄積した技術をもとにして製作したもので、電池本体は電極面積1 000 cm^2 の単電池、20段で構成されている。改質装置には独自のプレート式リフォーマを使用した。従来のリフォーマに比べて容積当たりの伝熱面積が大きくとれるので、外形寸法のコンパクト化も実現した。このプラントで得られた知見は、ムーンライト計画のスケジュールに沿って進められた100 kW MCFC 運転制御試験用のプラントの開発に対して貴重な役割を果たしたのである。

8.5.3 ● 自動検針システムの実証試験開始

東京電力(株)では、情報化社会に対応したお客さまとのネットワーク作りの一環として、複数の伝送方式による自動検針システムの実用化検討を進め、メーカー7社との機器・システムを共同開発した。そして、平成2年3月末から神奈川県の平塚地区および東京都の奥多摩地区の2地点において実証試験を開始した。

自動検針については、昭和40年代に業務効率化や労働力不足への対応などの観点から、公共事業各社で研究が開始されたが、住宅のインテリジェ

ント化への対応、お客さまへの情報提供手段としての可能性検証など、新たな視点を付加した実証段階に入っていた。

東京電力としても、①希望するお客さまに、その時点の使用量など、きめ細かな情報提供ができること、②入居時や移転時の指針がすぐ把握でき、的確な処理ができること、③同社の検針困難地区解消や業務効率化のための一つの手段となり得ることなど、お客さまサービスの向上や同社業務の的確化・効率化双方に資するとの判断から、他方式（光・同軸方式など）による実証試験（千葉県浦安地点など）と合わせ、方式ごとに総合的な判断を行った後に、自動検針実用化システムの本格的拡大を目指したものである。

図8-23 は、平塚地区用の電子メータ（右）と端末器（左）である。

平塚および多摩の2地区での実証試験は、同社初の数千件規模の本格的実証試験であった。すなわち、従来の自動検針システムの実験は、小規模かつ期間を限定したものがほとんどであった。しかし、今回の実証試験は実用化を前提としたものであって、規模は将来の自動検針の本格的運用時に必要なノウハウを吸収するのに必要・十分な3000軒とした。また、電子式電力量計は取引用の認定を受けており、実証試験期間終了後、実用化に入る際にそのまま取引用計器として使用可能である。ちなみに、実証試験期間中は従来どおり、同社検針員が訪問し自動検針値との照合が行われた。

加えてこの試験は、地域に即した伝送方式が採用された。これは同社の受け持ち区域の中に、公衆電話回線や都市型CATVなど、さまざまなネットワークが構築され、かつ同社内部でも配電自動化など、ネットワークに関連した機械化・自動化が進められることを前提としたうえで、方式ごとに本格的な実証試験をするためである。

8.5.4● 時間帯別電灯料金制度の実施

平成2年11月1日から家庭用電力料金の時間帯別料金制度が実施された。これは同年9月18日に電気事業者から通商産業大臣に対し、本制度を導入するための認可申請が行われ、9月28日付けで通商産業省が認可

したものである。

　この制度は、1日を夜間（23〜7時：中国電力は23〜8時）と昼間とに分け、時間帯別に電力料金を設定し、価格誘導効果によって、昼間の電力需要を夜間へと負荷移行し、電力需要の平準化を図ることを目的として設けられた。

　この制度のような季節別時間帯別料金制度については、昭和62年3月の電気事業審議会料金部会において、負荷平準化に有効な制度として、大口産業用需要から順次試験的に導入する旨報告されていた。この報告を受けて、昭和63年1月、大口産業用需要への試験的導入が実施され、家庭用への導入についても具体的な検討が進められた。

　そして、①電力需要の状況から負荷平準化、特に民生用分野における負荷平準化の重要性が高まっている点、②多様な家庭用機器の開発・普及に伴って家庭用でも蓄熱型機器を始めとした機器を活用した負荷移行への可能性が出てきたこと、また、本制度の導入によって機器開発（タイマーや自動運転機能付き深夜利用型機器など）のインセンティブが生ずることが期待される点、③諸外国においても、家庭用に同様の制度が導入されている点などの理由により、試験的導入の実施が決定された。

　一般家庭を対象とした制度であることから、できるだけわかりやすくするため、季節区分は設けず、時間帯区分だけの制度とされた。具体的には、夜間の料金は、夜間の平均コストを反映して現行の約3〜4割（現行の約6〜7割減）としている一方、昼間については、現行の3段階料金制度に加えて約2〜3割増とされた。また、基本料金一定規模（10kVA）まで一律の料金が適用され、これを超過する分については超過する容量（kVA）に応じた料金を適用することとした。

　対象需要は、現行の従量電灯需要であるが、この制度が家庭用に初めて導入される点を鑑み、負荷移行効果、制度の普及・定着状況などを見極める必要があるため、当面はまとまった量の夜間使用量が維持される夜間蓄熱型機器を保有する需要家と新たに夜間蓄熱型機器を保有する需要家が対象とされた。

第9章

20 世紀最後の 10 年
〜冷戦終結／阪神・淡路大震災／パソコン普及〜

9.1.1 ● 1991(平成 3)年、湾岸戦争が勃発

9.1.2 ● 自動化・ロボット化が進む鉄道の
保守機器

9.1.3 ● 竜飛ウィンドパークの完成

9.1.4 ● 送電技能訓練センターのオープン

9.1.5 ● 自動検針の共同実施

9.2.1 ● 1992(平成 4)年、アメリカで
特許侵害訴訟

9.2.2 ● 東海道新幹線で営業運転を開始した
新型車両「のぞみ」

9.2.3 ● 六甲新エネルギー実験センター完成

9.2.4 ● OHM 創刊 1000 号

9.2.5 ● 落雷位置標定システムの実用化

9.3.1 ● 1993(平成 5)年、「Windows 3.1」
日本語版が発売

9.3.2 ● 北海道と本州を結ぶ北本連系設備

9.3.3 ● JR 川崎発電所のリパワリング

9.3.4 ● PHS の実験開始

9.4.1 ● 1994(平成 6)年、英仏海峡トンネル
が開通

9.4.2 ● H-2 ロケットの打ち上げ成功

9.4.3 ● 「もんじゅ」初臨界を達成

9.4.4 ● 東北・上越新幹線に新登場「Max」

9.4.5 ● 日本初の女性宇宙飛行士

9.5.1 ● 1995(平成 7)年、IBM-PC/AT
互換機の市場拡大

9.5.2 ● 阪神・淡路大震災

9.5.3 ● マイクロ波による電力送電実験

9.5.4 ● 我が国最大の地熱発電所の運開

9.6.1 ● 1996(平成 8)年、日本人初の
ミッションスペシャリスト

9.6.2 ● 100 万 V 送電の実証試験を開始

9.6.3 ● スーパーカミオカンデの建設

9.6.4 ● 高性能電気自動車の開発

9.7.1 ● 1997(平成 9)年、世界最高 531 km/h
を記録

9.7.2 ● 電気設備技術基準の改正

9.7.3 ● E3 系新幹線デビュー

9.7.4 ● レドックスフロー電池を開発

9.8.1 ● 1998(平成 10)年、「おりひめ・
ひこぼし」のドッキング成功

9.8.2 ● 変圧器を使用しない発電機

9.8.3 ● ロープ駆動式懸垂型交通システム

9.8.4 ● FC 潮流制御による電力広域融通の
強化

9.9.1 ● 1999(平成 11)年、新幹線車両の
世代交代

9.9.2 ● 700 系新幹線の登場

9.9.3 ● 軌間可変電車の試験開始

9.9.4 ● 超高圧送電線へ CV ケーブルを
本格適用

9.10.1 ● 2000(平成 12)年、2000 年問題と
閏年問題

9.10.2 ● 葛野川発電所 1 号機が運開

9.10.3 ● 本四連系線が全面運転開始

9.10.4 ● 紀伊水道直流連系設備の運開

9.10.5 ● 千葉火力発電所 1・2 号系列完成

9.10.6 ● 電線絶縁材のリサイクル技術開発

9.1.1 ● 1991（平成3）年、湾岸戦争が勃発

　元旦に東京の電話局番の先頭に「3」が加えられて4桁になったこの年、国際連合安全保障理事会は、クウェートに軍事侵攻したイラクに対して即時撤退を求め、その期限である1月16日が経過した。翌17日にはアメリカ、イギリス、フランスなどの、いわゆる多国籍軍が国連憲章第42条に基づいてイラクへの空爆を開始する。イラクへの攻撃作戦は、「砂漠の嵐」作戦と呼ばれた。当初は長期戦になることが懸念されたが、圧倒的な軍事力を誇る多国籍軍にイラクはなすすべもなく、開戦からわずか43日目で湾岸戦争が終結した。

　湾岸戦争による空爆が激しさを増していた2月9日、福井県の関西電力美浜原発2号機では放射能汚染された1次冷却水が発電タービンを回す2次冷却系に流出し、原子炉が自動停止する。原因は加圧型原子炉の蒸気発生器の細管が破裂したためであった。この冷却水漏れ事故の調査特別委員会報告が6月6日になされ、細管を振動から守る金具の取り付け不良であるという結論が出された。

　5月18日には高速増殖炉の原子炉「もんじゅ」（**図9-1**）が福井県敦賀市に完成し、試運転を開始する。

9.1.2 ● 自動化・ロボット化が進む鉄道の保守機器

　東日本旅客鉄道（JR東日本）は、9月12～14日の3日間、東京ステーションギャラリーと浜松町カートレイン発着場の2会場で「FUTURE21テクノプラザ」を開催した。鉄道会社が開く総合技術展としては我が国初であり、展示品はJR東日本が取り組んでいる技術の集大成でもあった。

　東京ステーションギャラリーの会場では、吸着型渦電流ブレーキ装置、アクティブ制御による消音など約100点が模型やパネルなどによって展示された。浜松町カートレイン発着場では、約30点の展示機器が出品され、最新の保守機種のほか、車両のデモンストレーション展示が行われた。

　図9-2は、遠隔操作軌陸車である。道路および線路上を自由に走行で

第9章　20世紀最後の10年～冷戦終結／阪神・淡路大震災／パソコン普及～

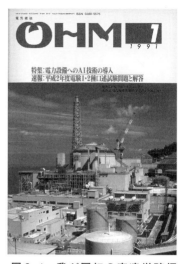

図9-1　我が国初の高速増殖炉（FBR）「もんじゅ」（提供：日本原子力研究開発機構）（OHM 平成3年1月号表紙）

図9-2　遠隔操作軌陸車（提供：東日本旅客鉄道（株））（OHM 平成3年10月号口絵）

図9-3　架線作業車（提供：東日本旅客鉄道（株））（OHM 平成3年10月号口絵）

きる四輪トラックに絶縁作業台を搭載し、電車線路設備の検査および工事を可能とする。

図9-3は、電車線路検査の自動化、ロボット化を図る架線作業車である。この作業車は、架線を打検しながら架線金具の緩みを自動的に検査する装置であり、均質で定量的かつ省力化された検査を可能とし、これによって作業者が線路を歩かなくても済むようになった。

9.1.3 ● 竜飛ウインドパークの完成

東北電力は、本州北端の青森県津軽半島地区に、総出力1 375 kWの当時としては我が国最大の集合型風力発電基地「竜飛ウインドパーク」（図9-4）を完成させた。同地区は、年平均の風速が10.1 m/sという我が国でも有数の好風況地区でもある。

5台の風力発電装置が設置され、その特徴として、①風速変化に対応し

419

て最適な出力制御を行うピッチコントロールシステム、②常に風上を向くように方向制御するヨーコントロールシステム、③無人運転のためのマイコン制御全自動運転システムの採用がある。

この装置は、風速が5.5m/s以上になると発電を開始し、定格風速の13m/s以上では一定出力となるように制御し、24m/s以上になると風車を停止するようになっている。

竜飛ウインドパークでは、東北電力がこれまで風力発電について取り組んできた成果を生かし、平成3～5年度にかけて、より大規模で本格的な風力発電実用化に向けた各種の実証試験、すなわち集合型風力電源の供給力としての有効性の検証、複数機設置時の諸特性の把握などが行われた。

風車の翼は直径28m、タワーの高さが30mであり、発電機には誘導発電機が採用され、その出力は275kWである。各風車で発電した電力は、6.6kVの送電線で変電所に送られ、変電所で66kVに昇圧されて送電線に接続される。

9.1.4 ● 送電技能訓練センターのオープン

東京電力では、100万V設計UHV送電線の保守から非常災害復旧訓練までを行う「送電技能訓練センター」を同社の神奈川支店相模原変電所構内に開設した。同センターは、100万Vの大型鉄塔から6.6万Vまで各種の鉄塔を揃え、電力業界でも初めてという本格的な訓練設備を持つ、送電に関わる総合的な訓練、研修の場である。

訓練設備として100万V・50万Vの鉄塔各1基、6.6万Vの鉄塔6基（地中分岐型1基を含む）のほか、雨天時や初心者のための屋内訓練施設も備える。また、CAI（コンピュータ教育支援システム）も設置されており、訓練生が自分の能力に応じて学習でき、現場の映像を活用し、学習効果を上げるなど、技能訓練の標準化にも大きく貢献するというものである。

東京電力では、群馬－山梨間のUHV送電線の運開を控え、送電設備の大型化やOPGW（架空地線）を利用した光ファイバ通信網などの新技術に対応した保守が必要となっていることが背景にあり、新設された送電技能

図9-5 4連耐張装置のがいし取り替え訓練（提供：東京電力HD（株））（OHM 平成3年12月号口絵）

図9-4 竜飛ウインドパーク（提供：東北電力（株））（OHM 平成3年12月号表紙）

図9-6 機材を背負い鉄塔を降りる訓練生（提供：東京電力HD（株））（OHM 平成3年12月号口絵）

訓練センターは、その保守訓練ができる設備を有している。

図9-5は、100万V鉄塔における4連耐張装置のがいし取り替え訓練の様子である。また、**図9-6**は、検電器・接地用具を背負って鉄塔を降りる訓練生である。

送電線や配電線で作業している様子をたまに見かけることがあるが、このような高所作業や、その訓練に勤しむ人たちには本当に頭が下がる思いがする。

9.1.5 ● 自動検針の共同実施

東京電力と東京ガスは共同で、東京都文京区の集合住宅において自動検針を開始した。

自動検針システムは、検針員が出向いてメータの値を読む代わりに自動検針が可能な計量器で需要家の使用量を読み取り、通信回線によりデータ

図9-7 自動検針装置（上右：中継器（東京ガス）、下左：自動検針用電力量計、下右：配電線搬送用伝送端末器（提供：東京電力HD（株））（OHM 平成3年11月号ニュース）

をセンター側コンピュータに伝送するものである。このシステムを導入して自動検針を行うことによって、両社の検針員が住宅内に立ち入る必要がなくなる。このため、プライバシー保護が高まりつつある社会ニーズに応えることが可能となる。

　システムの通信方式上の特徴は、データ伝送手段として集合住宅とセンターコンピュータの間は、両者ともNTT回線によるノーリンギングサービスを利用していることと、東京ガスですでに実用化されている端末網制御装置(T-NCU)を集合住宅側の端末器に使用していることである。

　一方、集合住宅内は電力、ガスそれぞれの特徴を生かした通信方式が採用された。

　東京電力は通信設備の効果的な利用を図るため、電気室に集合住宅内各戸の検針を集中して行う中継装置(集中検針装置)を設置し、住宅内配電設備の有効利用とメンテナンス不要の有利性から、中継装置と伝送端末器(電力量計)との間の通信は低圧配電線搬送(線間注入)方式を採用した(図9-7)。

　東京ガスは通信線を新たに敷設し、中継器と組み合わせたバスライン方式を用いて、集中伝送盤によりガス、給湯、カロリーなど各種計量器の集中検針を行うこととした。

　また、自動検針のセンター設備として、東京電力は豊島支社に自動検針コンピュータを新たに設置し、東京ガスは新宿にある24時間監視センター(ステーション24)から検針を行うこととした。

第9章　20世紀最後の10年～冷戦終結／阪神・淡路大震災／パソコン普及～

9.2.1●1992（平成4）年、アメリカで特許侵害訴訟

　2月7日、アメリカ・ニュージャージー州の連邦地方裁判所は、ミノルタの自動焦点カメラがアメリカ・ハネウェル社の特許を侵害しているとして9635万ドルの賠償支払いを命令した。その後、ハネウェル社は、我が国のカメラメーカー各社に同様の請求を行った。訴訟社会アメリカにおける訴訟戦術・知的財産権のあり方など、改めて見直すきっかけともなった。

　3月14日、東海道新幹線「のぞみ」が営業を開始した。しかし、開業間もない5月6日に名古屋－三河安城間でのぞみ型の新車両（300系）が故障し、4時間近く立ち往生した。故障のための不通は新幹線開業以来の新記録である。原因は主電動機固定用ボルトの折損であった。7月1日には山形新幹線が開業し、東京－山形間の特急「つばさ」が直通運転を開始した。

　5月7日に打ち上げられたスペースシャトル「エンデバー」の搭乗員3名による史上初の同時宇宙遊泳によって通信衛星インテルサットの回収作業が成功する。静止軌道の投入に失敗したための回収作業であった。インテルサットに固体ロケットモータを取り付けた後、再びシャトルから放出し、大西洋上の高度3万6000kmの静止軌道に乗せることに成功した。

9.2.2●東海道新幹線で営業運転を開始した新型車両「のぞみ」

　次世代新幹線として開発が進められていた新型車両の「300系車両」が東海道新幹線でデビューした。

　愛称は「のぞみ」である。3月14日から東京－新大阪の早朝・夜間の2往復の営業運転を開始した。のぞみの最高速度は270km/h（ひかりの最高速度は220km/h）で、東京－新大阪の所要時間は2時間30分となり、ひかりより30分ほど短縮された。

9.2.3●六甲新エネルギー実験センター完成

　関西電力・六甲新エネルギー実験センターでは、各種の新発電システムを設置し、実用化に向けた実証試験を進めている中、当初計画分の施設配

423

図9-8 太陽光住宅（提供：関西電力（株））（OHM 平成4年6月号口絵）

置が完了した。

このセンターは、甲子園球場とほぼ同じ4万1000m²の面積があり、ポートランドに次ぐ神戸の第2の人工島、六甲アイランドにある。

この場所に新発電システムとして、太陽光発電、燃料電池発電（リン酸形、固体電解質形）、風力発電の3つが集中的に配置された。それぞれの新エネルギー電源は、6000Vの模擬配電線やエアコンなどの模擬負荷と連系して短絡事故や逆潮流などを発生させたときにおける機器の信頼・安全性や電圧・電流の安定性などの系統連系試験を行う。

当時、エネルギー需要の増大や地球環境保護の観点から、新エネルギー技術開発が求められており、また、分散電源から電気を買い取りする際の価格について9電力会社の新しい制度がスタートしたところでもある。このような状況下にあって、同センターは実用に向けての太陽光・燃料電池・風力発電の大規模な実証試験の成果が期待されたのである。

同センターにおける研究は、新エネルギー・産業技術総合開発機構（NEDO）から委託を受けて関西電力と電力中央研究所が共同で進めたものである。

図9-8は、シャープと関西電力が太陽電池利用のエアコンシステムを共同開発し、同センター内に新築された「太陽光住宅」に取り付けたものである。このシステムは、市販されているインバータエアコンと太陽電池との間にインタフェース回路（日照変動やエアコンの消費電力の変動に対し

て太陽電池の出力が常に最大になるよう制御）が接続されている。センター内には一般家庭 180 軒分に相当する太陽電池パネルが設置され、そのうち 15 軒は、1 軒 1 軒の屋根の上にパネルが置かれた。また、家の中にはテレビや冷蔵庫などの電気機器が設置され、残りの 165 軒には実際の器具は置かれなかったが、それに見合う分の電気を消費する模擬負荷装置が接続された。

センター内には、50 kW のオンサイト（需要地設置）型のリン酸形燃料電池のほか、50 kW 級 8 台、200 kW 級 1 台が設置され、合計 900 kW 規模で系統連系試験が行われた。また、東京ガス、大阪ガス、関西電力の 3 社とアメリカのウエスチングハウス・エレクトリック社と共同開発した定格出力 36 kW（交流送電端出力 25 kW に相当）固体電解質形燃料電池（SOFC）の実証試験も行われた。

また、センター内には 2 台の風力発電機が設置された。風車の種類はプロペラ型で、2 枚のブレード（羽根）を支柱の風下側で回転させるダウンウインド方式となっている。このシステムは、どの方向から風が吹いても風車が首を振り、風をキャッチする。また、風の強さが変わってもブレードの回転速度を一定に保つ調速機も付いている。3.5 m/s 以上の風が吹くと発電を開始し、8 m/s の風で定格出力の 16.5 kW の電力を取り出すことができる。発電機から出力された電気は、コンバータでいったん直流にしてから、再びインバータで電圧および周波数の安定した交流になる。

9.2.4 ● OHM 創刊 1000 号

この年の 10 月号で OHM は創刊 1000 号となった。表紙（**図 9-9**）には、JR 西日本が開発中の次世代新幹線 500 系「WIN 350」が掲載されたほか、ハイテク車両が紹介された。「WIN 350」の最高時速は 350 km/h で、空気抵抗と騒音低減のため先頭部が超先鋭化されたほか、新型パンタグラフやアクティブサスペンションが採用された。モータは 300 kW の出力を有する VVVF（可変電圧可変周波数）制御の三相誘導電動機である。

図 9-10 は、低騒音高速試験電車の「STAR 21」（JR 東日本）である。騒

図9-9 創刊1000号を迎えた「OHM」
（提供：西日本旅客鉄道（株））
（OHM平成4年10月号表紙）

図9-10 低騒音高速試験電車の「STAR21」（提供：東日本旅客鉄道（株））（OHM平成4年10月号口絵）

図9-11 次世代EF200形電気機関車（提供：日本貨物鉄道(株)）(OHM平成4年10月号口絵)

音を下げるため、車両の軽量化、なめらかな先頭形状などの対策が施されている。高速における安定した走行を可能とするため、制御装置とモータにはVVVF制御と小形高出力の交流モータが採用された。

図9-11は、JR貨物の高出力・高速・省メンテナンスの次世代EF200形(直流用)である。主電動機に大出力化が図られ、保守の容易な三相誘導電動機(1 000kW)が適用された。また、インバータ装置によって、直流から三相交流に変換し、同時に主電動機の電圧と周波数が最適に制御される。

9.2.5 ● 落雷位置標定システムの実用化

東北電力は、落雷の状況を東北全域にわたってリアルタイムで観測できる「落雷位置標定システム」(図9-12)を構築し、本格的な観測を開始した。

雷は、電力設備を直撃した場合はもちろん、近辺に落雷した場合も数万

図 9-12 落雷点解析装置とデータ処理装置(左)、落雷方位検出器(右)（提供：東北電力（株））（OHM 平成 4 年 3 月号ニュース）

V〜数十万 V と非常に高い電圧を発生させるため、停電事故や周波数変動など電力設備に大きな影響を与える。このため、架空地線による雷の遮蔽やアレスタ(避雷器)の設置など設備面の対策を講じているが、高度情報化社会にあっては電力系統のよりいっそうの安全運用が必要である。

このような観点から東北電力は、電力設備の雷対策に必要な雷の性状の解明を目的として、昭和 57 年から東京大学生産技術研究所の河村達雄教授、石井勝助教授と共同で、アメリカ LLP 社（Lightning Location and Protection, Inc.）が開発した落雷位置標定システム（LLP システム）を日本で初めて導入し、新潟と秋田で実用化に向けた研究を行ってきたのである。

9.3.1 ● 1993（平成 5 ）年、「Windows 3.1」日本語版が発売

5 月 18 日、アメリカのマイクロソフト社がパソコン用基本ソフト「Windows3.1」日本語版を発売した。当時、我が国では日本電気の PC-9800 シリーズの寡占状態であったが、Windows の登場により、IBM-PC/AT の互換機へのシフトが徐々に行われていくことになる。

6 月 18 日、衆議院本会議において社会・公明・民社が提出した宮沢内閣不信任案は、野党各党と自民党羽田派などが同調して 255 対 220 の賛成多数で可決された。政府は、ただちに衆議院を解散する。同時に、武村正義党政治改革推進本部長と若手議員らが離党することを表明し、自民党が分裂した。自民党を離党した武村氏らは「新党さきがけ」を、同じく離党した羽田孜前蔵相ら前代議士 36 人と参議院議員 8 人の計 44 人は新党「新生党」を結成する。新生党の党首は羽田氏、代表幹事は小沢一郎氏であった。

そして 7 月 18 日、第 40 回衆議院総選挙が行われた。自民党は伸びず、社会党は新党ブームに埋没し、歴史的惨敗を喫する。このとき新潟 3 区から立候補した田中角栄元首相の娘の田中真紀子氏がトップ当選した。そして 8 月 6 日、衆議院本会議が行われた。首班指名選挙では細川護熙氏が内閣総理大臣に指名され、同月 9 日に細川連立内閣が発足する。自民党 55 年体制の終焉であった。

なお、田中角栄氏が入院先の慶應義塾大学病院で他界したのも、この年の出来事である。

9.3.2 ● 北海道と本州を結ぶ北本連系設備

電源開発（J-POWER）は、北海道と本州とを結ぶ電力連系設備（北本連系設備）の増設工事を行い、 3 月 27 日から運転を開始した。送電容量は、それまでの 30 万 kW（ 1 回線）から 60 万 kW に倍増され、北海道－本州間の電力融通が一層拡大された。北本連系設備は、北海道の函館と青森県の北上とを結ぶ我が国唯一の超高圧直流送電設備で、交流送電線、直流送電線、交直変換設備、直流海底ケーブルから構成されている。

第9章 20世紀最後の10年～冷戦終結／阪神・淡路大震災／パソコン普及～

図9-13
水冷式光直接点弧方式のサイリスタバルブ（函館交直変換所）
（提供：電源開発（株））（OHM平成5年6月号口絵）

図9-14　JR川崎発電所（提供：東日本旅客鉄道（株））
（OHM平成5年9月号ニュース）

　今回の増設工事では、交直変換所・ケーブルヘッドなど建屋の建築や海底ケーブルの敷設などが行われた。変換設備には水冷式直接点弧サイリスタバルブ、大地据付型直流フィルタなど、最新の技術が取り入れられており、運用の信頼性や保守性の向上がさらに高まるものと期待された。
　図9-13は、函館交直変換所で増設された変換設備の水冷式光直接点弧方式サイリスタバルブである。

9.3.3 ● JR川崎発電所のリパワリング

　東日本旅客鉄道（JR東日本）は、神奈川県の川崎発電所で1軸のコンバインドサイクルとしては出力・効率の両面において、また国内で当時稼働していた同タイプの設備としては最大規模の発電プラント（図9-14）を6月26日に完成させ、営業運転を開始した。
　これにより、川崎・信濃川両自営発電所の供給力は約98万kWとなり、社内消費電力量の自給比率が約60％となり、自営電力として国内最高はもちろんのこと、沖縄電力と同程度の発電規模になった。
　JR東日本は全国の鉄道会社で唯一、自営発電所を持っており、首都圏

429

を中心に関東一円の運転用電力をまかなっていた。川崎発電所には4基の発電設備があり、このうち旧2号機は、昭和35年に運転を開始した設備であって、すでに30数年を経て、老朽化が目立っていた。

　一方、首都圏を中心とする各線区の輸送改善などのプロジェクトにより、電力需要は今後さらに増加することが見込まれていた。このような状況下、JR東日本では安定した低廉な電力を確保し、今後の電力需要に対処するため、リパワリングを図ることになった。

　新2号機の発電方式は、ガスタービンで一度発電した排気ガスから熱を回収して蒸気を作り、再度発電させるガスタービンコンバインドサイクル方式(蒸気タービンと併用)が採用された。この方式は、起動に要する時間が短く、起動・停止や出力調整が容易で、負荷調整能力が高く、電力会社でも導入が進められている高出力・高効率・省スペース型の発電設備である。コンバインドサイクルの性能は、ガスタービンの入口ガス温度によって決まる。ガスタービン動翼には、Ni基合金を使用して、1・2段動翼内部にて空気冷却を行う。ガスタービン入口ガス温度は、使用実績のある1124℃が採用された。

　また、蒸気タービンは、高圧蒸気と低圧蒸気を使用する混圧タービンの採用によって熱効率の向上が図られた。その結果、総合出力は18万7400kW(外気温度4℃時)となり、旧2号機の2.5倍、熱効率も32.8%から44.4%へと大幅にアップし、エネルギーの有効利用が一歩進んだ省エネシステムとなった。

　当時は国際的に環境問題が問われている中でもあり、燃料にはクリーンな都市ガスが採用された。これにより煤塵やSO_xの発生はほとんどなく、NO_xについても、低NO_x予混合燃焼器を採用した排煙脱硝装置の設置によって重油を使用していた旧2号機に比べて大幅に低減できた。また、地球温暖化の原因とされているCO_2も従来機の半分と極端に少なく、環境対策の面でも一歩進んだクリーンシステムになった。

　新2号機は、起動時間の短縮、負荷追従性の向上、高効率運転の維持などの機能を最大限に発揮するため、計算機制御方式が採用された。CPU

第9章　20世紀最後の10年〜冷戦終結／阪神・淡路大震災／パソコン普及〜

は二重化構成とし、運転方式はロードシェア方式であり、片系停止時には、片系だけでも運転が継続できるものとした。

9.3.4 ● PHS の実験開始

コードレス電話、自動車・携帯電話などの普及といった通信のパーソナル化の流れの中で、簡易型携帯電話システム（PHS）が検討された。当時、高価な料金のため一部の人々の利用に限られていた移動体通信サービスであったが、PHS は幅広い層の利用を可能とし、結果として電気通信市場・端末機器市場の拡大を図るものとして期待されたのである。

そこで国内において統一した規格を作成するため、平成2年6月から郵政省の電気通信審議会で PHS の審議が開始され、無線部分の技術的条件については平成5年4月26日に電気通信技術審査会から答申が得られた。

また、PHS サービスは新しい電気通信事業であるため、事業採算性や技術的な課題などを検討する必要もあった。このため PHS サービスの実用化に当たっての課題を検討する場として、平成4年10月から簡易型携帯電話システム研究会が開催され、平成5年6月に中間報告が得られた。この報告の中で、PHS の市場規模、事業採算性などを明らかにし、併せて技術確認を行うための実用化実験の実施が望ましいとされた。

PHS の特徴としては、まず、コードレス電話の通話品質や秘匿性といった問題を補うために開発されたデジタルコードレス電話の子機でも、屋外に設置された基地局との通信にそのまま使用でき、屋内と屋外で端末を共用することができる点があげられる。また、空中線電力が小さい基地局の採用と歩行速度程度の使用を想定していることなどによって、低コストのシステムの実現が可能な点もある。ただし、逆にいえば、自動車などで高速に移動するときに PHS を使用することができない。しかし PHS は、空中線電力が 10 mW と低出力であるため、自動車電話・携帯電話に比べて端末を小型・軽量化することができ、併せて消費電力が小さいことから通話・待ち受けの長時間化を図ることができるなどの特徴をあげることができる。

9.4.1 ● 1994（平成6）年、英仏海峡トンネルが開通

　前年の米の不作から3月には米屋の店頭から国産米が消え、消費者が長蛇の列を作った。人々が米の買いだめに走る米パニックが起きたのである。食糧庁は、このパニックを緩和するため、国産の政府米をブレンドすることを条件に2日分弱に当たる3万トンを無条件に放出する方針を発表した。

　欧州では、5月6日にイギリスとフランスを結ぶ全長50kmの英仏海峡トンネル（ユーロトンネル）が開通する。1番列車にエリザベス女王が乗り込みドーバー海峡の下をフランスまで通り抜けた。

　6月27日、午前11半過ぎ、東京市場の円相場が99円99銭を記録し、日本でもニューヨーク、ロンドンに続いて初めて対ドルレートが2桁台の時代に入った。

　そのようななか、同日の深夜、松本市北深志の住宅街に謎の刺激性のガスがまかれて7人が死亡、52人が病院に運ばれた。被災者には松本市においてオウム真理教と地元住民とのトラブルの裁判を担当している裁判官が含まれていた。そして7月3日、このガスが化学兵器に使われる神経ガス「サリン」であることが判明する。

9.4.2 ● H-2ロケットの打ち上げ成功

　2月4日午前7時20分、鹿児島県種子島宇宙センターから、我が国の次期主力ロケットになる「H-2」試験機1号機が打ち上げられた。このロケットは直径4m、全長50mで、発射時の重量は260トン、2段式のロケットであり、第一段、第二段とも液体酸素と液体水素を燃料とする。

　「H-2」は順調に飛行し、搭載した軌道再突入実験機（OREX：図9-15）と性能確認用試験衛星（VEP）を相次いで予定の軌道に投入し、打ち上げに成功した。「H-2」は、100％の自主技術で開発した我が国初の純国産大型ロケットである。しかもこれまでの「H-1」に比べて約4倍の重さの衛星を静止軌道に打ち上げる能力があり、アメリカや欧州のロケットに匹敵す

図 9-15　軌道再突入実験機 OREX（提供：JAXA）
（OHM 平成 6 年 3 月号口絵）

図 9-16　LE-7 主エンジン
（提供：JAXA）（OHM
平成 6 年 3 月号口絵）

る性能を持っている。

　打ち上げ成功によってロケット先進国の仲間入り果たすとともに、大型衛星による本格的な宇宙開発を進める新時代を迎えたのである。

　OREX は、直径 3.4m のお椀のような形で、大気圏突入時の高温に耐えるため、表面がカーボン製の耐熱材で覆われている。また、図 9-16 は、「H-2」ロケット開発で最大の難関であった LE-7 主エンジンである。高効率を誇るエンジンであり、燃料を二段階で燃焼させることから、二段燃焼方式と名づけられた。

9.4.3 ●「もんじゅ」初臨界を達成

　動力炉・核燃料開発事業団が昭和 60 年から福井県敦賀市で建設を進めてきた高速増殖炉「もんじゅ」（FRB：定格電気出力 28 万 kW）は、平成 6 年 4 月 5 日午後 10 時、着工から 8 年半の歳月を経て臨界に達した。

　我が国の高速増殖炉の開発路線は、昭和 31 年の原子力開発利用長期基本計画に基づいて開始された。開発の初期段階には、日本原子力研究所を中心に基礎的な研究が行われた。昭和 41 年になると原子力委員会によって定められた「動力炉開発の基本方針」に則り、高速増殖炉開発がナショナ

433

ルプロジェクトとして位置づけられた。そして翌年、その推進機関として動力炉・核燃料開発事業団が設立された後は、同事業団を中心として所要の技術開発が行われた。具体的には最初に高速実験炉「常陽」、続いて高速増殖炉原型炉「もんじゅ」の開発を通じて、高速増殖炉開発に必要な技術開発が進められてきたわけである。

原型炉に続くプロジェクトとしては実証炉があげられる。実証炉は、電気事業者が主体となって進めることが長期計画上決められ、その事業の主体は日本原子力発電(株)とし、同社を中心として関係各機関の協力の下で研究開発が進められた。

高速実験炉「常陽」は、昭和52年の初臨界以降、安全な運転経験を蓄積するとともに、燃料、材料の照射を始め各種の試験を実施し、その成果は原型炉の開発に必要な技術データや運転経験として着実に蓄積された。

今回、臨界を迎えた「もんじゅ」は、その設計、建設の経験および運転を通じて、発電プラントとしての高速増殖炉の性能や信頼性を技術的に確認するとともに、経済性についても検討、評価するためのデータを得ることを目的とした。

高速増殖炉は、発電しながら消費した以上の核燃料を生成するという画期的な原子炉である。すなわち高速増殖炉によるプルトニウム利用が本格化すれば、将来的には天然ウランの対外依存度を大きく低減させ、原子力利用における核燃料の資源的節約に関する課題を基本的に解決することが可能である。それゆえ、その開発戦略が立てられたのである。

原子力先進諸国においては、高速増殖炉によるウラン資源の有効活用という意義を認識し、早い時期から高速増殖炉開発が進められていた。そして、各国ともおおむね、その開発路線は実験炉から原型炉に、原型炉から実証炉へと3段階のステップを経て商用大型炉へ向かうという方針がとられている。我が国の場合も大筋、このような路線に沿った開発路線を踏襲しよう計画されているなか、「もんじゅ」の臨界は、その路線の一里塚を記したのである。

第9章　20世紀最後の10年〜冷戦終結／阪神・淡路大震災／パソコン普及〜

図9-17　新型オール二階建て車両
（提供：東日本旅客鉄道（株））
（OHM 平成6年7月号口絵）

9.4.4 ● 東北・上越新幹線に新登場「Max」

　東日本旅客鉄道は、7月15日から東北・上越新幹線に新型オール二階建て車両「Max」（図9-17）を導入した。二階建て車両は東北新幹線のグリーン車として運用されていたが、今回の新型車両では普通車を含めてオール二階建てになった。12両編成で定員は1 235人（普通車の3＋3人掛けと2＋3人掛けシートで計1 133人）、グリーン車（2＋2人掛けシートで計102人）と、従来の12両編成の車両に比べて定員が4割ほど増えた。

　車内の出入口は、乗降をスムーズにするため扉の開口幅を広くして、らせん階段が設置された。また、車いす昇降装置や車いす対応腰掛けなど、乗る人すべての立場で考えた工夫もなされた。このほか、自動販売機の装備や文字ニュースを表示する案内情報装置など、さまざまなユーティリティを充実させた。

9.4.5 ● 日本初の女性宇宙飛行士

　向井千秋さんを乗せたスペースシャトル「コロンビア」が、米東部時間7月8日午後0時43分（日本時間9日午前1時43分）ケネディ宇宙センターから打ち上げられた。

　この飛行では、地上の1万分の1という微小重力環境で、世界13か国が提案した生命維持や新素材開発のための基礎的な82テーマの宇宙実験

が取り組まれた。日本の提案実験は 12 テーマで、メダカの受精やイモリの産卵過程、次世代半導体の材料開発に向けた基礎実験などが行われた。

　また、7 月 10 日には、向井氏と田中真紀子科学技術庁長官、河野洋平副総理（当時）との宇宙交信が行われた。

　「コロンビア」は、着陸予定地点の悪天候で期間が 1 日延びたため、7 月 23 日午前 6 時 38 分（日本時間午後 7 時 38 分）、飛行時間 14 日 17 時間 55 分、地球 236 周のシャトル最長飛行を記録して、ケネディ宇宙センターに帰還した。

第9章 20世紀最後の10年〜冷戦終結／阪神・淡路大震災／パソコン普及〜

9.5.1 ● 1995（平成7）年、IBM-PC/AT 互換機の市場拡大

1月17日午前5時46分、淡路島を震源とするマグニチュード7.2の直下型地震が起こり、淡路島と神戸で震度7を記録する。家屋倒壊と広範囲の火災で多数の死傷者を出し、西宮市内では阪神高速道路が橋げたごと横倒しになって伊丹駅が全壊した（図9-18）。伊丹駅は3階部分が崩壊し、1階2階部分の駅舎がつぶれた状態になった。また、水道、ガス、電気などライフラインにも大きな被害が出て、31万人が避難所生活を強いられることになった。

3月24日には世界で最も深いといわれているマリアナ海溝のチャレンジャー海淵で、海洋科学技術センターの無人深海探査機「かいこう」が水深1万911mの海底に達する。

5月8日には、敦賀の高速増殖炉「もんじゅ」の原子炉が再起動され、8月29日に初めて発電を行ったのも束の間、12月8日午後7時47分、2次冷却系のナトリウムが漏れ出し、運転を停止した。

11月23日にはパソコンソフトWindows95の日本語版が全国一斉に売り出された。秋葉原などに多数の客が詰めかけ、これを機に、我が国でもIBM-PC/AT 互換機の市場が拡大していく。

9.5.2 ● 阪神・淡路大震災

1月7日午前5時46分、淡路島の北東約3kmの明石海峡付近を震源として、近畿地方を直撃した「兵庫県南部地震」（阪神・淡路大震災）は、神戸市とその周辺都市、さらに淡路島を中心に戦後最大の被害をもたらした。震源の深さは約20km、マグニチュード7.2、神戸市の中心部は日本で初めて震度7を記録した直下型地震にさらされた。

我が国でも有数の人口密集地帯である阪神地区では、地震に強いといわれた高速道路や近代ビル群が倒壊、多くの人々が瓦礫と化した建物に飲み込まれ、死者、行方不明者合わせて6400名あまりにもなった。そして交通、通信、電気、水道といったライフラインが完全に破壊された。

437

図 9-18　全壊した阪急電鉄・伊丹駅の被害状況（OHM 平成 7 年 2 月号口絵）

図 9-19　断路器がいし損壊状況とその仮復旧作業の状況（提供：関西電力（株））（OHM 平成 7 年 5 月号 p.67）

　電気設備も大きな被害を受け、淡路島北部、兵庫県西部から大阪府の一部および京都府南西部にかけての広い範囲で、地震発生直後約 260 万戸に及ぶ停電が発生した。この停電は、その後の復旧作業などによって順次回復し、地震発生当日の午前 7 時 30 分頃までには約 100 万戸（神戸市、西宮市など）までに至った。

　関西電力では、他電力会社からの応援、関連会社などからの協力も得て懸命な復旧作業を進めた結果、1 月 23 日午後 3 時頃には倒壊家屋、不在の家屋などの一部を除いて、送電可能な需要家へは、ほぼ電気の供給ができる状態となった。

　この地震によって、関西電力以外でも停電が発生しており、中国電力管内において約 4 200 戸、四国電力管内において約 800 戸、合わせて約 5 000 戸の停電が発生したが、17 日午後 7 時 40 分頃までにいずれも復旧した。

　また、地震発生時に運転中または起動中であった火力発電設備のうち

第9章　20世紀最後の10年〜冷戦終結／阪神・淡路大震災／パソコン普及〜

12基（約310万kW）が停止した。このうち4基は地震を感知し、プラント保護のため停止したものであって、点検によって安全を確認した後、17日中には運転を再開した。また、残り8基についても地震の感知によって停止したものが大部分であった。点検の結果、ボイラチューブの一部の破損など、軽微な被害があったため復旧作業を行い、27日までに復旧した。

このほか、地震が発生した後も運転を継続した設備（4基）および地震発生時停止中の設備（8基）の合計12基も被害を受けた。このうち東灘ガスタービン発電所1号2号（各6万kW）については、地盤の液状化などによって機器基礎の不等沈下、燃料タンク基礎部地盤の沈下など大きな被害を受けたため、復旧に長期間を要した。

火力発電設備は、軒並み被害を受けたものの、水力および原子力発電設備にはまったく影響がなかった。しかしながら、変電所の被害は、500kV系1か所、275kV系8か所など合計47か所に及んだ。このうち、伊丹変電所、新神戸変電所、西神戸変電所など17変電所では主変圧器、遮断器などの主要電気工作物に大きな被害を受けた。設備別には、主変圧器の損傷52台、主要遮断器損傷10台、断路器損傷41台などの被害があり、被害内容としては、変圧器のアンカーボルトの破断、放圧板破損、がいし損傷などであった。

図9-19は、275kV六甲線側の断路器CB側がいし損壊状況とその仮復旧作業の状況である。

9.5.3 ● マイクロ波による電力送電実験

関西電力は、京都大学と神戸大学との共同研究によって、送電線を用いずにマイクロ波によって電力を輸送する電力輸送の基礎研究を平成4年度から実施していたが、送受電システムを試作して約50mの送電実験に成功した。

電力送電方式のアイデアは、昭和43年にアメリカのピーター・グレイザー博士が発表した宇宙太陽光発電所の構想に基づくものである。この構想は、50km^{2}に及ぶ面積に太陽電池アレイ搭載の発電衛星を静止軌道に

打ち上げて直流電力を発生させ、マイクロ波に変換して直径約 10 km の送電用アンテナによって、地球上の直径約 10 km の受電アンテナにマイクロ波を伝送し、直流に変換して 500 万 kW の電力を得ようとする壮大な計画である。

　試作システムの送信周波数は、産業・科学・医療用周波数(ISM バンド)として割り当てられている 2.45 GHz が用いられた。この周波数は、電子レンジで用いられているものと同じである。

　送電システムは、主として発振部、導波管、一次放射器および送電アンテナから構成される。効率、施工性および経済性を考慮して、発振器にはマグネトロンを、一次放射器としてホーンアンテナを、送電用アンテナとしてパラボラアンテナを用いた。送電アンテナの直径は 3 m で、送信電力は 5 kW である。

　受電システムは、レクテナ(整流回路付きアンテナ)と呼ばれる単素子受電アンテナを平面基板上に配置したレクテナサブアレイから構成されている。個々のレクテナは受電アンテナ、入力フィルタおよび整流回路から構成される。そして基板裏側(受電システムとしては正面側)に配置した円形の受電アンテナでマイクロ波を受信し、入力フィルタを介して高調波をカットし、ダイオードで整流して直流電力を得る。このレクテナを縦 3 素子、横 3 素子配列してサブアレイを構成し、このサブアレイを縦 16 列、横 16 列配置して受電システム(約 3 m×3 m)を構成する。

　このように構成された試作システムを用いて、平成 6 年 10 月から関西電力・山崎実験センター(兵庫県宍粟郡山崎町)において実送電フィールド試験を実施し、マイクロ波で電力が送れることが確認された。

　未来の送電技術の実用化に向けて第一歩を踏み出したのである。

9.5.4 ● 我が国最大の地熱発電所の運開

　地熱発電は純国産のクリーンなエネルギーとして有効活用が期待されているなか、福島県河沼郡柳津町に我が国最大出力の地熱発電所(出力 6 万 5 000 kW)が誕生した。これは東北電力にとって 4 番目となる柳津西山地

第9章　20世紀最後の10年〜冷戦終結／阪神・淡路大震災／パソコン普及〜

図9-20　蒸気生産基地（提供：東北電力（株））（OHM 平成7年5月号口絵）

図9-22　冷却塔（提供：東北電力（株））（OHM 平成7年5月号口絵）

図9-21　蒸気が送られるパイプライン（提供：東北電力（株））（OHM 平成7年5月号口絵）

熱発電所である。この発電所の誕生によって同社の地熱発電設備は4基19万2500kWに達し、9電力会社の中で最も多い設備容量を持つことになった。

図9-20は蒸気生産基地であり、左からフラッシュタンク、セパレータ（2基）、サイレンサ（2基）が並んでいる。セパレータの頂上部から手前に向かって延びているのが蒸気ラインである。そして、いくつかの蒸気生産基地から得られた蒸気は、パイプラインを通って発電所に送られる（図9-21）。この写真の右奥に見える建物が発電所である。タービン発電機で仕事を終えた蒸気は復水器で凝縮されて温水になる。この温水は冷却塔（図9-22）で冷却されて復水器に戻された後、再び冷却水として循環使用される。

441

9.6.1 ● 1996（平成 8）年、日本人初のミッションスペシャリスト

　平成 7 年末にナトリウム漏洩火災事故を起こした高速増殖炉「もんじゅ」の事故調査が行われ、1 月 8 日、温度検出器のさやの先端部分が折れ、そこからナトリウムが漏れたことが判明する。動力炉・核燃料事業団は、低出力域における解析が十分でなかったことを明らかにした。そして 1 月 26 日からナトリウム漏れの原因となった温度計の先端のさやを探す作業が始まる。作業は困難を極め、さやの先端部分が見つかったのは 2 か月後の 3 月 28 日のことであった。配管の中を実に約 160 m も流されていたのである。調査の結果、事故原因となった折れた温度計は、平成 4 年の試験運転の段階ですでに亀裂が入っていたことも判明する。

　そのようななか、2 月 22 日の午後 9 時 35 分頃、試運転中であった東京電力・柏崎刈羽原子力発電所 6 号機の冷却水再循環ポンプの 1 台が電源の制御回路の故障で出力が低下し、原子炉が手動で停止された。原因は、制御用コンピュータのデータが壊れ、バックアップに切り換えるプログラムに不具合（バグ）があったためであることが判明した。

　航空・宇宙分野に目を向ければ 1 月 11 日の午前 4 時 41 分（日本時間同日午後 6 時 41 分）、若田光一氏が日本人初のミッションスペシャリストとして乗り込んだスペースシャトル「エンデバー」が予定より少し遅れてケネディ宇宙センターから打ち上げられた。若田氏は、1 月 13 日には、ロボットアームを操作して日本の再利用型宇宙実験衛星「フリーフライヤ」の回収に成功する。成功後、若田飛行士は橋本首相と 10 分間交信し、橋本首相が祝福した。また、15 日には、仲間の飛行士の宇宙遊泳をロボットアームで支援する作業も行った。そして数々の新しい試みに挑戦した若田氏ら 6 人の宇宙飛行士を乗せた「エンデバー」は、アメリカ東部時間午前 2 時 40 分（日本時間午後 4 時 40 分）、9 日間の飛行を終えてケネディ宇宙センターに無事帰還する。また、11 月 7 日には、アメリカ・ケープカナベラル空軍基地から NASA の探査機「マーズ・グローバル・サーベイヤー」が打ち上げられた。火星における生命探しの幕開けである。

図 9-23　実証試験を開始した新榛名変電所構内のUHV機器試験所（提供：東京電力HD（株））（OHM平成8年6月号表紙）

9.6.2 ● 100万V送電の実証試験を開始

　東京電力は、この年の4月から100万V送電に向けた変電機器の実証試験を新榛名変電所（群馬県吾妻郡）構内のUHV機器試験場（図 9-23）で開始した。東京電力では、21世紀の骨格系統となる100万V送電計画を着実に進めていたところである。

　当時、100万V設計の送電線は、新潟から山梨に至る南北ルートが完成し、50万Vで運転を開始して群馬から福島方面へ延びる東西ルートの建設が行われていた。これら送電線の100万Vへの昇圧は、21世紀初頭に予定されていたが、100万V変電所に使用する変電機器は、その昇圧のため高電圧・大容量の大型機器になる。そこで立地面や輸送面などの制約からできるだけコンパクト化を図らなければならない。また、電力系統の要として、地震や塩害など、我が国固有の自然条件にも配慮した極めて高い信頼性も要求される。世界的に見ても100万V機器はほとんど実績がなく、100万Vという高電圧絶縁への対応や100万V固有の系統条件に対応して、新技術の適用が必要である。実証試験は、このような背景から100万V変

電所の建設に先立ち、機器の諸性能、信頼性などについて十分な検証を行い、その実用化に万全を期するものであった。

実証試験においては、試験設備の建設を通じ、大型重量機器の輸送・据付けに必要な技術知見が得られたほか、系統を用いた長期の課通電試験のほか、各種サージ・誘導電流試験、機器の諸特性測定、監視制御保護・情報伝送システムの性能検証などが行われた。

9.6.3 ● スーパーカミオカンデの建設

東京大学宇宙線研究所は、岐阜県神岡鉱山の地下1 000 mで、直径39 m、高さ42 mの巨大な水槽に5万トンの純水をたたえる大型水チェレンコフ宇宙素粒子観測装置(スーパーカミオカンデ)を建設した。同じ神岡鉱山には3 000トン規模の「カミオカンデ」があり、超新星ニュートリノ、太陽ニュートリノのなどの観測研究で世界に注目される成果を上げていた。

「スーパーカミオカンデ」は、さらに飛躍的な性能アップを図り、謎の素粒子ニュートリノの観測・実験を行って素粒子物理の中でも最も謎の多い

図9-25 装置上面における光電子増倍管の取付け作業（提供：東京大学宇宙線研究所 神岡宇宙素粒子研究施設）（OHM 平成8年2月号口絵）

図9-24 光電子増倍管の取付け風景（提供：東京大学宇宙線研究所 神岡宇宙素粒子研究施設）（OHM 平成8年2月号口絵）

第9章　20世紀最後の10年～冷戦終結／阪神・淡路大震災／パソコン普及～

統一性理論を実践的に検証することを目的とした。

図9-24は、スーパーカミオカンデ装置内部での光電子増倍管の取付け風景である。50cm径の光電子増倍管が70cm間隔で総計11 200本取り付けられる。取付け作業を行っている図9-25を見ると分かるように1つひとつが大きな光電子増倍管であることが分かる。スーパーカミオカンデの内部上面側に位置する光電子増倍管は、ジャッキで一気に40m持ち上げて固定された。

9.6.4 ● 高性能電気自動車の開発

関西電力は、社内で取り組んでいる環境改善を目的とした「地球環境アクションプラン」の一環として、また、電力負荷平準化などをねらいとした電気自動車の普及・研究開発を行って、ダイハツ工業、東芝および日本電池の3社と協同でニッケル・水素電池を搭載した電気自動車「シャレード・ソシアルEV」を開発した。

当時の電気自動車は、一充電走行距離が短い、加速性が悪いなど、ガソリン自動車と比較すると性能が低いことがコスト高とともに普及の妨げとなっていた。関西電力・総合技術研究所では、これらの問題点を改善し、一般のユーザーに電気自動車の良さを理解してもらうため、平成5年度から小型セカンドカー（4人乗り小型乗用車タイプ）をイメージした電気自動車の技術開発に取り組んでいた。

車体はシャレード・ソシアル（ガソリン車）をベースにダイハツ工業が電気自動車に改造し、モータ・制御装置は東芝が、電池は日本電池がそれぞれ中心となって開発を進めた。具体的には、世界で初めて開発された電気自動車専用の円筒形ニッケル・水素電池（図9-26）と、直流ブラシレス電動機をガソリン車である「ダイハツ・シャレード」を改造した車体に搭載した。

ニッケル・水素電池は、正極にはニッケル、負極にはミッシュメタル（希土類金属の混合）系水素吸蔵合金が用いられた。鉛蓄電池と比較すると、同じ重量で約1.7倍の電気を蓄えることができ、円筒形で内部圧力に強く、

図 9-26　円筒形ニッケル・水素電池
　　　（提供：関西電力（株））（OHM
　　　平成 8 年 11 月号ニュース）

縦横自由な姿勢で搭載が可能である。また、密閉型のため、補水や補液の必要がなく、金属製容器を採用したことによって放熱性がよいなどの優れた特徴を備える。駆動系としては、電圧調整回路との組み合わせによって低出力域における効率を改善した小型・軽量、高電圧仕様の直流ブラシレス電動機が開発された。

　一方、関西電力は総合技術研究所内に設置された電気自動車動力試験装置（シャシダイナモ）を用いて、開発車の走行試験性能および評価を行った。

　このようにして開発されたシャレード・ソシアル EV は、家庭用、業務用として利用できる 4 人乗り電気自動車であって、電池は床下に配置されて車内スペースが広く実用性を高めたものとなった。また、従来の電気自動車のイメージを一新する加速性能（0 → 40km/h、4.3 秒）、最高速度（120km/h）を実現したほか、一充電走行距離も 120km と大幅に伸びた。

第9章 20世紀最後の10年～冷戦終結／阪神・淡路大震災／パソコン普及～

9.7.1 ● 1997(平成9)年、世界最高 531 km/h を記録

12月12日には、JR東海と鉄道総合技術研究所が山梨リニア実験線で行ったリニアモーターカー(図9-27)の走行試験で、無人、有人でともに世界最高記録となる531 km/hを記録した。

アメリカでは独立記念日の7月4日、NASAによって1996年12月に打ち上げられた火星探査機「マーズ・パスファインダー」が火星に着陸した。無人探査機の火星着陸は「バイキング2号」以来21年ぶりである。翌日の5日には、「マーズ・パスファインダー」に搭載された小型ロボット探査車「ソジャーナ」が着陸機から発進し、火星表面を約80 cm走行した。また、9月11日には、NASAの「マーズ・グローバル・サーベイヤー」が、午後10時前に火星を南北方向に回る極軌道に入ることに成功する。

9.7.2 ● 電気設備技術基準の改正

電気設備技術基準(以下：電技)が大改正され、3月27日に通商産業省令として公布され、同年6月1日から施行された。この新しい電技の内容は旧電技と比べて大幅に簡素化され、電線の離隔距離や接地工事の接地抵抗の抵抗値等各種の数値が定められていないほか、電線の規格等についても規定がなされていないものであった。

このため、新電技の技術的要件を満たすべき内容をより具体的に記した「電気設備の技術基準の解釈について」が別途示された。内容的には、技術的な判断基準といえるものであって、その条文構成や条文内容は旧電技に近いものである。しかし、旧電技が電気事業法に基づく省令として位置づけられ、法令として守らなければならないものであったのに比べ、新電技の解釈はこの条文に適合していれば新電技に適合しているとされるもので、この解釈によらなくても技術的根拠があれば新電技に適合する場合もあると前文で説明された。

当時の電気事業法では、自家用電気工作物の設置者は、電気工作物の工事、維持および運用に関する保安の監督をさせるため、電気主任技術者を

447

図9-27 山梨リニア実験線のリニアモータ・カー（提供：東海旅客鉄道（株））(OHM 平成9年4月号口絵)

選任する義務が課されている。しかし、規模のそれほど大きくない需要設備を主とした自家用電気工作物に対しては、電気保安協会や電気管理技術者と契約を結び、この契約によって電気の保安が確保できると認められた場合、電気主任技術者の選任義務が免除されることになっている。

これが「電気主任技術者の不選任承認制度」（以下：不選任制度）である。この不選任制度の対象となる自家用電気工作物の範囲は、昭和40年7月にこの制度が発足した当初、高圧需要設備であり最大出力が300kW未満のものであったが、その後、自家用電気工作物設置者の要望もあって順次、その範囲の拡大が行われてきた。

そのようななか、電気事業法施行規則が規制緩和措置の一環として改正され、不選任制度の対象となる自家用電気工作物の範囲が大幅に拡大されるとともに、電気主任技術者の兼任制度についても変更が行われた。

9.7.3 ● E3系新幹線デビュー

JR東日本は、新幹線区間（東京〜盛岡）と在来線区間（盛岡〜秋田）とを直接結ぶ新幹線・在来線直通運転用車両「E3系新幹線電車」を完成させ、秋田新幹線「こまち」としてデビューさせた。秋田新幹線は、田沢湖線の盛岡〜大曲間を狭軌（1 067 mm）から標準軌（1 435 mm）に改軌するとともに、奥羽本線の大曲〜秋田間は、標準軌と狭軌の単線並列として、新幹線の直通運転とするものである。新幹線区間の東京〜盛岡間でE3系新幹線

第9章 20世紀最後の10年～冷戦終結／阪神・淡路大震災／パソコン普及～

図9-28　E3系の分割併合装置（提供：東日本旅客鉄道(株)）（OHM 平成9年1月号口絵）

図9-30　長野行き新幹線車両「あさま」（提供：東日本旅客鉄道(株)）（OHM 平成9年10月号口絵）

図9-29　E3系新幹線電車の運転台（提供：東日本旅客鉄道(株)）（OHM 平成9年1月号口絵）

電車は、E2系新幹線電車または200系新幹線電車と併結して運転される。E3系新幹線電車は、騒音低減や微気圧波対策を考慮した車体形状のほか、山形新幹線で活躍中の400系新幹線電車で培われた分割併合システム（図9-28）などの技術とともに、可変電圧可変周波数（VVVF）インバータシステムの採用や環境への配慮によって、より高速での走行を可能とした。運転室窓は、センターピラーレスとして広い視界が確保され、高輝度LCDを用いた速度計や2台のモニター装置などが採用された（図9-29）。

10月1日に開業した北陸新幹線は、上越新幹線高崎駅から信越本線長野駅に至る区間（線路延長117.4km）で、30‰の勾配が30kmも連続する区間がある。また、軽井沢～長野間で電源周波数が50Hz、60Hzの2周波数となっているなど、従来の新幹線区間と比べ特殊な区間となっている。このため、長野行き新幹線「あさま」（図9-30）は、モータの出力アップを図り、連続急勾配に対応するとともに、電源周波数に対しては機器を2

449

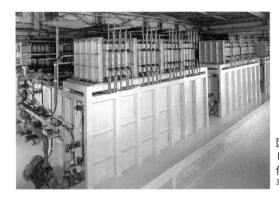

図9-31
レドックスフロー電池(提供:関西電力(株))(OHM平成9年2月号口絵)

周波数対応とした。この開業によって東京〜長野間は最短79分となり、長野行新幹線「あさま」は、平成10年の長野冬季オリンピックの重要な足として活躍が期待された。

9.7.4 ● レドックスフロー電池を開発

関西電力は、住友電気工業と共同で電力貯蔵を目的とした450kWレドックスフロー電池を開発した(図9-31)。この電池は、レドックスフロー電池としては世界最大規模(当時)であり、関西電力の巽電力貯蔵試験所に設置され、近接する変電所の配電線を通して実系統との連系運転を行うものであった。

そもそも電力系統における1日の需給カーブを見ると、昼間の高負荷に対して深夜の負荷はかなり低下する。特に、夏のピーク時にはその傾向が著しく、深夜の負荷は昼間のピーク負荷の50〜40%にまでに低下する。

このような電力負荷に対して電力需要の少ない時間帯に電力を蓄えておき、需要の多いピーク時にこれを放出するといった電力負荷を平準化するものとして、揚水発電所が実用化されていた。しかし、揚水発電所は計画から運転開始までに非常に長い年月が必要であり、また建設地点も需要地点からかなり離れた場所に限られるなどの課題があった。

電力貯蔵用電池は、揚水発電所と同じ機能を持ちながら建設期間が極めて短く、電力の需要増加に柔軟に対応できる揚水発電所の代替電源として

第9章　20世紀最後の10年〜冷戦終結／阪神・淡路大震災／パソコン普及〜

の役割が期待された。さらに揚水発電所と比べると非常にコンパクトであり、また環境にも優しく、都市部やその近郊に分散配置が可能である。このように立地地点の確保が容易であるだけでなく、適切な地点に分散設置することによって、負荷の平準化に加えて系統の潮流制御や電圧調整などの役割も期待できる。

　レドックスフロー電池の構造は、電解液を蓄えておく正・負極タンクの部分と、その電解液に充電、または放電するセルの部分とからなっている。

　一般の二次電池（充電できる電池）が、電極の化学反応によって電力を蓄えるのに対し、レドックスフロー電池は、電解液である硫酸に溶けたバナジウム金属イオンの原子価数の変化（酸化・還元反応）によって電力を蓄える。このため、一般の二次電池が充放電に伴う電極劣化を起こしやすいのに比べ、レドックスフロー電池は、電極や電解液の充放電による劣化が少なく、サイクル寿命が非常に長いという特徴を備える。

　また、充電した電解液を正・負極別々に蓄えるため自己放電がなく、電池を長時間停止させても電力損失がほとんどないという長所がある。さらに、電池の出力はセルの大きさで決まる一方、蓄えられる電力量は電解液の量で決まる。このため電解液の量の増加だけで長時間の放電に耐えうる容量の電池を製作することができる。

　したがって、負荷が少なくなる土曜日や日曜日の夜に充電し、平日の昼間に放電するという週間運用を行う電池システムには大変有利となる。

　また、レドックスフロー電池は、安全性が高く、危険物に関する法的制約もないため、電気事業用だけでなく工場やビル、公共施設の非常用電源としても有望視されたのである。

451

9.8.1 ● 1998（平成 10）年、「おりひめ・ひこぼし」のドッキング成功

　首都圏が大雪になり、都心でも 16 cm の積雪に見舞われたこの年の 4 月、明石海峡大橋が開通した。明石海峡大橋は全長 3 911 m で世界最長の吊り橋となったが、1995（平成 7）年 1 月 17 日に発生した阪神・淡路大震災による地盤移動の影響で、当初の計画（3 910 m）から全長が 1 m ほど伸びてしまっていた。

　7 月 4 日には、火星の上層大気を太陽風との相互作用に重点をおいて研究することを目的とした我が国初の火星探査機プラネット B が、M-V ロケット 3 号機によって内之浦の鹿児島宇宙空間観測所から打ち上げられ、「のぞみ」と命名された。

　また、将来の宇宙活動において必要なランデブー・ドッキング技術や宇宙用ロボット技術を習得することを目的として宇宙開発事業団が打ち上げた技術試験衛星 VII 型「きく 7 号」（ETS-VII）には、「おりひめ・ひこぼし」という愛称がつけられていた。この「おりひめ・ひこぼし」は、同月 7 日の七夕の日、宇宙空間でいったん切り離された後、改めてドッキングする実験に成功した。

　一方、米国では、8 月にアップルからディスプレイ一体型デスクトップ機の iMac（アイマック）が発売される。ディスプレイ内蔵のオールインワンタイプであり、キーボード、マウス、電源ケーブルなどがすべて半透明であるというこれまでのパソコンの常識を覆す大胆なデザインに加え、低価格であったことから大ヒット商品になった。

　なお、10 月 12 日に NTT ドコモ株の上場価格が 1 株あたり 390 万円に決まったことが発表されたが、10 月 22 日に東証第 1 部に上場されるやいなや、売り出し価格の 390 万円を上回る 460 万円の初値がついたのもこの年の出来事であった。

9.8.2 ● 変圧器を使用しない発電機

　国際的エンジニアリング企業グループのアセア・ブラウン・ボベリ社

第9章 20世紀最後の10年～冷戦終結／阪神・淡路大震災／パソコン普及～

図9-32 パワーフォーマー（提供：ABB（株））（OHM 平成10年4月号口絵）

図9-33 スウェーデン北部の水力発電所に設置された世界初の実用発電機（提供：ABB（株））（OHM 平成10年4月号口絵）

（ABB）は、変圧器を使わず直接高圧の送電網に電気を送ることができる発電機「パワーフォーマー」（図9-32、9-33）を世界で初めて開発した。2万Vから40万Vの発電ができる発電機である。初の実用機は4万5000V機で、スウェーデン北部のボリュース水力発電センタ所有の水力発電所に据え付けられた。

　ABB 社長兼最高経営責任者(CEO)のヨーラン・リンダール氏(当時)は、『新しい発電機は大きな技術革新であり、100年の歴史を根底から変えた回転機である。独自の設計により、システム性能の向上、高効率、保守コストの抑制、環境への影響低減に貢献する』と強調した。

　この新発電機は、従来の発電機の固定子巻線を形成している方形絶縁導線の複雑な構造に代えて、実証済みの技術に基づいた丸形の高圧ケーブルを使用したことが特徴である。また、従来の発電機に比べて新発電機は、多くの無効電力の発生を可変・調整可能であり、ネットワークの安定度を向上させることを可能にした。

　ちなみに新発電機は、スウェーデンのABBコーポレート・リサーチとABBジェネレーションがスウェーデンのバッテンフォール社と共同で開

453

図 9-35　スカイレールの車両（提供：三菱重工業（株））（OHM 平成 10 年 10 月号口絵）

図 9-34　ロープ駆動式懸垂型交通システム「スカイレール」（提供：三菱重工業（株））（OHM 平成 10 年 10 月号表紙）

発したものである。なお、この発明者は、1990 年代初頭にケーブル巻線形発電機固定子の概念を最初に研究した ABB のマッツ・レイヨン博士である。

9.8.3 ● ロープ駆動式懸垂型交通システム

広島市郊外の大型ニュータウンで、新しい短距離交通システムとして、ロープ駆動式懸垂型交通システム「スカイレール」（図 9-34）が導入され、営業運転を開始した。導入されたのは JR 山陽本線瀬野駅の北側に隣接して建設されたニュータウン「スカイレールタウンみどり坂」で、スカイレールはニュータウン中心部と最寄りの JR 瀬野駅の 1.3 km を結んで運行する。同ニュータウンは山間部の丘陵地に位置し、最寄りの瀬野駅からの高低差が最大 190 m ほどあり、徒歩または自転車などでの移動は負担が大きいことなどから、急勾配に強いスカイレールシステムが導入されたのである。

図 9-35 に示すように走行するスカイレールの車両は、勾配のいかんに関わらず車体は水平になる。

第9章 20世紀最後の10年～冷戦終結／阪神・淡路大震災／パソコン普及～

図9-36　周波数変換所（FC）の外観（提供：東京電力HD（株））（OHM平成10年8月号ニュース）

　この新交通システムは、三菱重工業と神戸製鋼所が開発したもので、ロープウェーと懸垂型モノレールの技術を取り入れ、懸垂された車両は駅間ではロープで、駅部ではリニアモータで動く仕組みとなっている。

9.8.4 ● FC潮流制御による電力広域融通の強化

　電力会社はそれぞれ自主経営責任体制のもと、各社協調して設備開発や運用、技術開発などを行い、広域的な経済効果を発揮することによって、安定供給と電気料金の高騰抑制に努めており、電力融通についても、安定供給と設備投資、燃料費の節約などによって、広域運営の成果を上げていた。

　我が国の連系された電力設備は、東日本（北海道、東北、東京の電力3社）の50Hz系統と西日本（中部、北陸、関西、中国、四国、九州の電力6社）の60Hz系統に分かれており、これを連系するのが静岡県の佐久FCと長野県の新信濃FCである（図9-36）。

　東西間での電力融通は、このFCを通して行われ、設備トラブルなどで突発的な供給力不足が生じ、系統周波数の低下があった場合は、50Hz系統と60Hz系統の周波数変動があらかじめ決めてある条件に至れば、自動的に応援融通を行う機能を備え、電力の品質維持に貢献する役割を担う。

　電力各社は、電力設備の有効活用を積極的に進めるとともに、広域的な経済運用に主眼をおいて活発な電力融通を行っていたが、当時は特に電力需給の地域間アンバランスによって東京・中部・関西の3社への融通電力

455

が増加しはじめていた。このため、東日本系統では西向きの、西日本系統では東向きの潮流が増大し、広域連系の強化も計画的に推進された。

この年の6月から運用が開始されたFC潮流制御は、従来のFCの融通応援機能に新たに追加された機能で、西日本の連系系統の送電線にルート断事故が発生した場合に、東向きFC融通潮流のブロックと東日本から西日本への応援融通とをあわせ、最大50万kWの潮流制御が瞬時に行えるようになった。

システムの特徴としては、送電線ルート断検出によって潮流制御信号を佐久間FCと新信濃FCに伝送し、2か所のFCを直接制御する点で、従来の周波数低下を検出してからの制御に対して瞬時の潮流制御が可能となった。これによって西日本の連系送電線の東向き融通電力を、供給信頼度を低下させることなく増大させることが可能となり、広域電源などを含めた既設設備の有効活用が図られ、安定供給と効率運用への貢献がなされたのである。

9.9.1 ● 1999(平成 11)年、新幹線車両の世代交代

　3 月 13 日には、東海道・山陽新幹線で新型車両の「700 系」（**図 9-37**）が営業運転を開始した。その一方で、9 月 18 日に新幹線初期型の 0 系電車の運用が東海道新幹線で終了する。昭和 39 年の東海道新幹線の開業で登場した 0 系電車は、その後、新幹線の輸送を一手に担ってきたが、社会水準の向上によって次第にアコモデーションが陳腐化し、それまで培った各種技術の成果を反映し、総合的にシステムチェンジする時期に来ていたのである。まさにこの日は、世代交代を印象づける日であった。

　9 月 30 日、茨城県那珂郡東海村の（株）ジェー・シー・オー（JCO）の核燃料加工施設内で作業者が核燃料の加工をしていたとき、ウラン溶液が臨界状態に達し、核分裂連鎖反応が発生した。作業員 3 名が至近距離で中性子線を浴び、2 名が死亡、1 名が重症になるという我が国初の死亡者を出す臨界事故が起こった。この事故により、住民を含む数百名が被曝した。原因は、正規の作業手順をとらず、ずさんな作業工程が常態化していたことにあった。この事故によって、JCO は加工事業許可取り消し処分を受け、ウラン再転換事業を廃止した。

9.9.2 ● 700 系新幹線の登場

　JR 東海と JR 西日本は、3 月 13 日から東海道・山陽新幹線の東京〜博多間で、次世代新幹線車両「700 系」の運転を開始した。「700 系」は両社が共同開発したもので、「300 系」の後続車両にあたる。先頭部の形状は空気抵抗を減らすためにアヒルのくちばしのようになっているのが特徴であり、車内の静かさや広さといった快適性とともに、低振動・省エネ・省力化も追求された。

　700 系は、目標速度 285 km/h で必要十分なバランスのとれたシステム構成を追求した結果、動力車 12 両、付随車 4 両の 12M4T 方式を採用した。

　車内騒音の低減対策としては、第一に発生源を抑制することが肝である。車両に搭載した床下機器などからの音の対策はこれを基本とし、その

図9-37 次世代新幹線「700系」(提供:東海旅客鉄道(株)、西日本旅客鉄道(株))(OHM平成11年3月号表紙)

上で車体の防音対策が施された。車両の床下に配置された変圧器や電動機などの電気機器の騒音は、交流電動機駆動に伴う駆動電流の波形歪みが原因であって、半導体のスイッチング周波数を向上することによって大幅に改善が可能である。700系は、スイッチングデバイスを従来のGTOからIGBTに変更するとともに、コンバータのスイッチング周波数を300系の420Hzに比較して1.5kHz、インバータを1.0kHzにそれぞれ向上させた。

また、GTOからIGBTに変更したことによって、周辺回路の簡素化のほか、内部の一部モジュール化、ユニット構成を300系の5ユニットから4ユニットに減らしたことによる装置の減少を含め、30%以上のコスト削減が実現できた。

700系新幹線は、東海道区間は270km/h、山陽区間は285km/hで運行され、300系のぞみに対して山陽区間で7分の時間短縮を実現し、東京〜博多間が4時間57分で結ばれた(新横浜通過の場合)。

9.9.3 ● 軌間可変電車の試験開始

軌間可変電車(フリーゲージトレイン)については、平成9年度から新しい試験車両の製作に着手するなどの技術開発が進められ、平成10年末に

第 9 章　20 世紀最後の 10 年〜冷戦終結／阪神・淡路大震災／パソコン普及〜

図 9-38　軌間可変電車の外観（提供：鉄道総合技術研究所）（OHM 平成 11 年 3 月号ニュース）

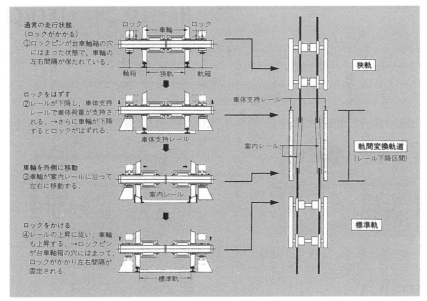

図 9-39　軌間可変の仕組み（提供：鉄道総合技術研究所）（OHM 平成 11 年 3 月号ニュース）

　試験車両（図 9-38）が完成し、山陰本線（米子〜安来間）で試験（3 両編成による走行安定性や加減速性能などの確認）が行われた。また、4 月上旬からアメリカ・コロラド州のアメリカ運輸省鉄道局の施設であるプエブロ試験線において約 1 年半にわたって耐久試験が行われた。

　この車両は、平成 6 年の運輸技術審議会の答申「21 世紀に向けての鉄道技術開発のあり方について」の重点技術開発課題であった「SUCCESS 21 計画」で、『標準軌の路線と狭軌の路線の乗り換えをなくし、鉄道ネットワー

459

クの利便性の向上と所要時間の短縮を図るためには、相互に乗り入れ可能な軌間可変台車の開発が重要である』と提言されたことに端を発する。そしてこの提言を受け、軌間可変電車の開発を運輸省指導のもとで日本鉄道建設公団が整備新幹線高度化事業を推進し、その技術開発を鉄道総合技術研究所が担当した。そうして平成6年から3年間の基礎技術開発で、重要な開発要素の試作が行われ、平成9年から高速走行試験や耐久試験が行われた。

当時、我が国で開発中の電車は、地上の軌間変換設備を自力で通過することによって、車輪の左右間隔をゲージに合わせて自動的に変換するものであったが、動力装置（モータ）の付いた台車で軌間変換ができるようになったこの車両は世界初である。

メカニズムは、**図9-39**に示すようにレールが外側に膨らんでいる箇所で車輪の幅が変わる。その間、車輪や車両の重量はレールの両外側にある車体支持レールで支えられる。狭軌を走るときは車輪の左右間隔が狭くなり、標準軌を走るときは広くなる。

ところで軌間とは、レールの頭部上面から14mm下の位置（内側）における、レール間隔の最短距離のことである。世界を見るとさまざまな幅のゲージがあり、日本だけでも大きく分けて3種類（JR在来線は1067mm、JR新幹線と京浜急行・阪神電鉄などは1435mm、京王電鉄・都営地下鉄新宿線は1372mm）ある。また歴史的には、ヨーロッパではスペインが国防上隣国のフランスと異なる広いゲージを採用した例もある（スペインは1668mm、フランスとドイツなどは1435mm）。このようなゲージが存在する背景には、歴史的あるいは地理的な要因があったのである。

9.9.4●超高圧送電線へCVケーブルを本格適用

我が国では電力搬送用ケーブルとして、従来の油含浸絶縁のOFケーブルに代わり、オイルレスによる油槽の省略、火災対策および環境対策で有利となるCV（架橋ポリエチレン絶縁ビニルシース）ケーブルの適用拡大が進んでいた。そのなかで画期的なケーブル製造方法（乾式架橋法）の確立、

第9章　20世紀最後の10年～冷戦終結／阪神・淡路大震災／パソコン普及～

図9-40　絶縁体内部検査装置（提供：古河電気工業(株)）(OHM 平成11年4月号口絵)

図9-41　中間接続部（提供：古河電気工業(株)）(OHM 平成11年4月号口絵)

　絶縁材料と製造過程における徹底した異物フリー化の実現、製造過程や製品出荷試験時の欠陥検出技術の確立によって500kV CVケーブルへの本格適用が実現した。さらに現地建設における中間接続の組立技術、スクリーニング技術・技能の確立のほか、長尺ケーブル輸送技術の開発などが長距離ルートへの適用も可能にした。

　特に現地建設では、わずか100μm程度の異物、欠陥の存在も許されず、精密機器工場と同様な徹底したクリーン管理、施工時の検査技術が必要である。具体的には、樹脂押し出し時の全量樹脂検査装置、微小焦点X線を用いたイメージングプレート（IP）方式を適用し、絶縁体内部検査装置（図9-40）と有害欠陥検出の自動判定技術などの導入によって中間接続部の信頼性の維持向上が実現できるようになったことが多大に寄与している。

　古河電気工業は、平成10年11月に東京電力・葛野川発電所の構内連絡ケーブルとして500kV CVケーブルおよび中間接続部を納入した。このケーブルは、発電所構内連絡ケーブルとしては過去に例を見ない2.3kmもの長尺で、輸送上の制約から2分割とし中間接続部（押し出し型モールドジョイント：EMJ）を設けたものである（図9-41）。なお、葛野川発電所は平成11年12月に1号機(40万kV)の運転を開始した。

461

9.10.1 ● 2000（平成 12）年、2000 年問題と閏年（うるう）問題

　2000 年代最初の日、いわゆるコンピュータの 2000 年問題の発生が注目されたが、特に大きな問題は発生しなかった。

　2 月 17 日には新しいパソコンの基本ソフトである Microsoft Windows 2000 が日米欧で同時に発売されたが、その月末の 2 月 29 日、隠れたコンピュータ問題であった閏年問題が起こり、複数のコンピュータがトラブルに見舞われた。

　9 月 30 日、DDI セルラーグループと日本移動通信（IDO）が、TACS（Total Access Communications System）方式の携帯電話サービスを終了し、第一世代（アナログ）携帯電話は我が国からすべて消え去った。そして、その翌日の 10 月 1 日、第二電電・KDD・日本移動通信が合併し KDDI が発足する。

9.10.2 ● 葛野川発電所 1 号機が運開

　東京電力が建設を進めていた葛野川（かず）発電所 1 号機（図 9-42）が運転を開始した。同発電所は、地形を効果的に利用し、高落差に伴う高水圧や衝撃に耐えうる超高落差ポンプ水車を開発・採用した結果、714 m という世界最大の有効落差が実現できたのである。これにより、上部ダムと下部ダムの間に必要であった中間ダムの建設が省略でき、建設費を 15 ～ 20％も削減した。

　上部ダムは上日川ダムと呼ばれ、富士川系日川に位置し、高さ 87 m、総貯水量 1 147 万 m^3、満水位標高が 1 481 m の中央土質遮水壁型ロックフィルダムである。一方、葛野川ダムと呼ばれる下部ダムは、相模川水系土室川に位置し、高さ 105 m、総貯水量 1 150 万 m^3、満水位標高が 744 m の重力式コンクリートダムである。

　施工の際には、両ダムを結ぶ水圧管路建設に急勾配型トンネル掘削機を使った機械化工法を採用することで工期の短縮を図った。

　葛野川発電所では、1 号機の運開に続いて 2 号機（40 万 kW）、3、4 号機

図9-42　葛野川発電所1号機
（提供：東京電力HD
（株））（OHM平成12年
2月号口絵）

(80万kW)が順次、営業運転を開始することになる。

9.10.3 ● 本四連系線が全面運転開始

　電源開発は、これまで本州と四国間を50万Vで系統連系していた本四連系線(四国電力・讃岐変電所～中国電力・東岡山変電所)の増架工事を完成させ運転を開始した。この完成によって、回線数が1回線から2回線へ、また、送電容量が120万kWから240万kWと倍増した。

　本四連系線は、平成6年に1回線が完成し、本州と四国を結ぶ連系線として電力の安定供給と広域運営に寄与してきたが、電源開発と四国電力が進めていた橘湾火力発電所の建設に伴い増強を行う必要があり、増架工事が行われたのである。

　こう長127kmに及ぶこの工事は、架空線区間(105km)とケーブル区間(地中電線路14kmおよび橋梁添架電線路8km)に分けて進められた。架空線区間は工事の効率性を考慮し、1回線工事に合わせて施工された一方、OFケーブルを用いたケーブル区間は、平成8年10月から着工された。

　この完成によって、昭和55年の計画決定から約20年に及ぶ本四連系線工事はすべて終了し、中国地方を東西に走る西地域連系線と四国中央幹線が50万Vの2回線で結ばれ、西地域の電力供給の安定化と広域運営のより一層の充実が図られることになった。

図9-43　阿南変換所全景
（提供：四国電力
（株））（OHM 平成
12年8月号口絵）

9.10.4 ● 紀伊水道直流連系設備の運開

　関西電力、四国電力および電源開発の3社が共同で開発を進めてきた紀伊水道直流連系設備が運用を開始した。

　紀伊水道直流連系設備は、徳島県阿南市にある橘湾石炭火力発電所で発電した電力の一部を関西地域へ送電することを目的に建設が進められていた。この連系設備は、四国系統と関西系統を結ぶ世界最大の設備で、阿南変換所～紀北変換所の間を海底ケーブルと架空線で結ぶ阿南紀北直流幹線で構成される。この運用開始によって、より安定した電力供給が図られることになった。

　連系設備の送電方式には、経済性と系統運用面から直流送電が採用された。また、コストダウンのため、機器の大容量化が図られたほか、系統信頼度向上の観点から、新しい変換所制御保護技術の開発が行われるなど、さまざまな新技術を導入した直流連系設備になった。

　図9-43は、阿南変換所の全景である。この変換所は四国側の交直変換所として、橘湾石炭火力発電所の電気を直流に変換して、海底ケーブルを通じて関西地域へ送電するとともに、関西地域からの電気を交流に変換して四国地域内へ送電することも可能である。

　連系設備には新たに開発した世界でも最大級の高電圧・大容量光直接点弧サイリスタ素子（6インチ、8kV-3500A）が採用された。また、直

図 9-44　千葉火力発電所全景
　　　　（提供：東京電力 HD（株））
　　　　（OHM 平成 12 年 8 月号口絵）

流課電時の絶縁スペーサの帯電、直流電界下の導電性異物挙動を考慮した世界初 500 kV 直流ガス絶縁開閉装置も開発された。一方、交流側は、500 kV 絶縁設計の最適化技術によって、500 kV 大地据置式交流フィルタを開発し、充電部の隠蔽化とコンパクト化が図られた。

なお、運転継続制御に必要な情報を収集し、両変換所間で協調をとりながら 1/1 000 秒オーダで変換器を制御し、交流系統事故時でも直流側の運転が継続できる制御装置も新たに開発された。

9.10.5 ● 千葉火力発電所 1・2 号系列完成

東京電力・千葉火力発電所（図 9-44）の 2 号系列 4 軸の営業運転が開始された。この発電所は、すでに完成した 1 号系列と合計で 288 万 kW の供給能力を備えることになった。これは一般家庭約 100 万軒分に相当する電力であった。1・2 号系列のいずれも改良型コンバインドサイクル発電（ACC：Advanced Combined Cycle）方式が採用され、各系列は 4 つの軸（36 万 kW × 4 軸）で構成されている。

ガスタービンの耐熱材料と冷却構造の開発・改良によって、ガス温度を従来の 1 100℃ から 1 300℃ にまで高めることができ、世界最高水準の熱効率 49% が実現できたのである。また、燃料には大気汚染防止対策として、LNG を使用することで SO_x、煤塵の排出をなくすとともに、最新型の低 NO_x 燃焼器および高性能脱硝装置が採用された。燃料は富津火力発電所か

図9-45 富津火力発電所から千葉火力発電所に至るガス導管(提供：東京電力HD（株）)
(OHM 平成12年8月号口絵)

図9-46 架橋ポリエチレン結晶組織の電子顕微鏡写真
(提供：中部電力(株))(OHM 平成12年7月号口絵)

ら約50kmにわたるガス導管(図9-45)によって供給される。

さらには発注方法の工夫や、海外からの資材・機材の調達を推進し、発電所全体で計画時の約30％の大幅なコストダウンが達成できた。ちなみに総工費は、約3400億円であった。

9.10.6 ● 電線絶縁材のリサイクル技術開発

中部電力は、再利用が不可能であった電力ケーブルの被覆に用いられる電線絶縁材(架橋ポリエチレン)をリサイクルする技術を開発した。この技術は、高温高圧の超臨界水によって、リサイクルを阻害していた架橋ポリエチレンの架橋部分を分解し、通常のリサイクル可能なポリエチレンに戻すものである。

この技術によれば、ポリエチレンを分子レベルで構造を変化させ、ほぼ架橋処理前の状態に戻すことができる。このため、燃料として使用し、炭酸ガスと水に分解するサーマルリサイクルとは異なり、資源として再利用する完全リサイクルを可能とした。

図9-46は、上から架橋前の非架橋ポリエチレン(通常のポリエチレン)、架橋ポリエチレン、超臨界水処理を行った架橋ポリエチレンであり、開発された技術によって通常のポリエチレンに戻ったことがわかる。

第10章

21 世紀を迎えて

10.1.1 ● 2001(平成 13)年、アメリカ同時多発
テロ事件

10.1.2 ● ハロン分解処理システム

10.1.3 ● PCB 一貫処理実証プラント

10.1.4 ● 新型ドクターイエロー登場

10.1.5 ● 世界最大級の PFBC が運開

10.1.6 ● 新世代電気自動車の試作

10.2.1 ● 2002(平成 14)年、ノーベル物理学賞
と化学賞をダブル受賞

10.2.2 ● 21 世紀最初の国内原子力発電所が
運開

10.2.3 ● エネルギー政策基本法公布

10.2.4 ● 国内最大の配電用海底電力ケーブル

10.2.5 ● 日本人技術者がノーベル化学賞受賞

10.2.6 ● 世界初 ガラス基板上に 8 ビット
CPU を形成

10.3.1 ● 2003(平成 15)年、中国初の
有人宇宙飛行

10.3.2 ● MCFC 商用 1 号機が発電開始

10.3.3 ● 北米で大規模停電発生

10.4.1 ● 2004(平成 16)年、ファイル共有
ソフト「Winny」の諸問題が顕在化

10.4.2 ● 世界初の 1 波長 160 Gbit/s データ
光送受信装置

10.4.3 ● 商用回線による内視鏡外科手術用
カメラの遠隔制御

10.5.1 ● 2005(平成 17)年、京都議定書が発効

10.5.2 ● 日本国際博覧会の開催

10.5.3 ● 世界初の液体窒素冷却超電導モータ

10.5.4 ● 燃料電池二輪車の開発

10.6.1 ● 2006(平成 18)年、世界の人口が
65 億人を突破

10.6.2 ● 燃料電池ハイブリッド鉄道車両の
開発

10.6.3 ● バイオマス発電システムの試験成功

10.6.4 ● 首都圏で広域停電発生

10.7.1 ● 2007(平成 19)年、各種電子カード
が普及拡大

10.7.2 ● 気候変動に関する報告書発表

10.7.3 ● PHV 車の公道初走行

10.7.4 ● 新幹線高速化へ 量産先行車の
製作着手

10.7.5 ● アポロ以来の本格的月探査

10.8.1 ● 2008(平成 20)年、「リーマン・
ショック」による世界経済の混乱

10.8.2 ● 新系統の高温超伝導物質の発見

10.8.3 ● MRJ 事業化の決定

10.8.4 ● 国際航空宇宙展開催

10.9.1 ● 2009(平成 21)年、太陽光発電の
余剰電力買取りが開始

10.9.2 ● 太陽電池セルで世界最高変換効率
を達成

10.9.3 ● SiC ダイオードを適用した分散電
源連系インバータ

10.9.4 ● 国内初のプルサーマルを起動

10.10.1 ● 2010(平成 22)年、小惑星探査機
「はやぶさ」が地球に帰還

10.10.2 ● 東京電力初のプルサーマル発電

10.10.3 ● IEEE マイルストーン認定

10.10.4 ● 多機能電力貯蔵装置を開発

10.1.1●2001（平成13）年、アメリカ同時多発テロ事件

　21世紀を迎えた最初の日、昭和60年につくば研究学園都市で開催された国際科学技術博覧会で投函された300万通以上のポストカプセルが全国に配達された。

　アメリカでは世界中を震撼させる出来事が起こった。9月11日のアメリカ同時多発テロ事件である。我が国では報道番組の時間帯でもあり、アメリカン航空11便が21時46分（日本時間）に世界貿易センタービル北棟へ衝突したことが報じられていた。当初、事故か事件かはわからなかったが、報道の最中の22時3分に、今度は同ビル南棟にユナイテッド航空175便が激突する様子が配信され、人々を恐怖に落とし入れたのである。

　11月18日には、東日本旅客鉄道（JR東日本）の東京近郊区間（首都圏）424駅でIC乗車カード「Suica」のサービスが開始され、Suicaデビュー記念のSuicaイオカードが限定で10万枚発売された。

10.1.2●ハロン分解処理システム

　中部電力は岐阜県保健環境研究所、上田石灰製造と共同で、我が国初となるハロン分解処理システム（**図10-1**）の開発に成功した。

　ハロンはフロンの一種で、フッ素と臭素を含む有機化合物であり、消火能力が高いことから消火設備などに利用されてきた。その一方でハロンは、オゾン層破壊や地球温暖化を引き起こす物質でもあって、世界的に平成6年から製造が禁止されていた。

　中部電力は、発電所の消火設備などでハロンを100トン規模で保有しており、不要になったハロンの処理方法を確立することが課題となっていた。

　開発に成功した同システムは、電気ヒータを用いて吸収材とハロンを高温に加熱してハロンをフッ素や臭素などのガスに分解させ、それらの分解ガスを発生と同時に吸収材に捕集させる。具体的には、吸収材を装置上部から連続的に電気炉に投入し、ヒータで約900℃に加熱する一方、装置下部からハロン1301（$CBrF_3$）を導入する。すると炉内でハロンと吸収材が

反応して捕集されるとともに、このとき発生した二酸化炭素もほとんどが吸収材に捕集される。

同装置は電気ヒータを用いる乾式方法であって、ハロンを分解処理することで廃液処理設備が不要となり、取り扱いが容易でコンパクトなシステムである。また、ハロンの高温処理の際に高温溶融しにくく、ハロンと反応効率がよい吸収材も開発された。

10.1.3 ● PCB 一貫処理実証プラント

三菱重工業は、長崎造船所内に水熱分解法による PCB（ポリ塩化ビフェニル）一貫処理実証プラント（図 10-2）を完成させた。このプラントは、PCB 液・洗浄液を分類する PCB 処理設備と、汚染容器を無害化する容器洗浄設備、また、洗浄した容器から有価物を回収して再利用に役立てる有価物回収設備の3つの設備で構成され、我が国初の完全無害化処理の実現を目指すものとした。設備能力は濃度 100％の PCB 処理ベースで 0.5kg/h である。

この施設の PCB 処理装置に採用された水熱分解法は、熱水（380℃）の持つ分解性の高さを利用し PCB を完全分離するため、副生成物が自然界に

図 10-1　ハロン分解処理システム（提供：中部電力(株)）（OHM 平成 13 年 2 月号口絵）

図 10-2　PCB 一貫処理実証プラント（提供：三菱重工業(株)）（OHM 平成 13 年 2 月号口絵）

普通に存在する水・二酸化炭素・食塩となり、従来の化学処理方法に比べて環境に優しい技術であることが大きな特徴である。すなわち、水分解法によるPCB処理システムは、低濃度PCBから高濃度PCBまで処理が可能な点、特別高価な材料や添加剤が不要であり、低コストで運転が可能な点、連続運転によって処理時間を短縮した点、PCB液だけでなくPCBに汚染された有機化合物(紙・木など)をスラリ化することで無害化が可能な点、汚染容器の処理も含めた完全処理が実現可能な点、などの特徴を備えていた。

なお、PCBは変圧器やコンデンサなど主に電気機器関係の絶縁油として使われていたが昭和47年までに生産が中止され、昭和49年度までに開放系用途の使用と新規使用が禁止となった。当時、PCBは電気機器に継続的に使用されているものと、工場などに保管されているものがあり、両者を合わせた量は判明しただけでも全国で15万トンにも達していたのである。

10.1.4 ● 新型ドクターイエロー登場

著しい進歩を遂げる検測技術と、270km/hの営業列車ダイヤに対応する必要から、新型ドクターイエロー(923形新幹線電気軌道総合試験車、T4編成、**図10-3**)が、東海道・山陽新幹線に登場した。

この車両は、地上設備の検測用車両としては世界最高の270km/hで走行し、従来のドクターイエローから60km/hものスピードアップが図られた。最新のレーザ装置や測定機器を備え、高速でも高精度の軌道状態や架線状態の診断ができる。営業列車に合わせた速度での検測は、より実態に即した地上設備の管理ができる利点がある。

さらに、碍子カバーや観測ドームは、流線形にするなど騒音低減のための工夫がなされたのである。

10.1.5 ● 世界最大級のPFBCが運開

九州電力の苅田発電所新1号機(出力36万kW、**図10-4**)が、7月から

470 電気雑誌「OHM」100年史

第 10 章　21 世紀を迎えて

図 10-3
新型ドクターイエロー
（提供：東海旅客鉄道
（株））（OHM 平成 13
年 7 月号口絵）

図 10-4　苅田発電所 1 号機（提供：九州電力(株)）（OHM 平成 13 年 9 月号口絵）

営業運転を開始した。加圧流動床複合発電（PFBC：Pressurized Fluidized Bed Combustion）方式を採用した発電所としては世界最大級である。

　苅田発電所新 1 号機は九州電力初の PFBC プラントで、平成 8 年 5 月から工事を開始し、平成 11 年から 2 年の総合運転試験を実施した。PFBC は圧力容器内の流動床ボイラを用い、石炭を十数気圧の加圧下で燃焼させ、蒸気で蒸気タービンを回転させて発電する仕組みである。また、同時にボイラからの排ガスを利用してガスタービンでも発電する。

　従来の微粉炭だき火力に比べ、送電端の熱効率が 2 ％向上して 42 ％に

図10-5　新世代電気自動車(提供：(株)e-Gle)　(OHM 平成13年4月号口絵)

達した。環境面では、ボイラ内で硫黄酸化物 (SO_x) と燃料の一部の石灰石が反応して石膏となり、炉内脱硫される。硫黄酸化物 (SO_x) については、流動床ボイラ内での燃焼温度が約870℃と低く、空気中の窒素が酸化されて発生を抑えることができるなど、環境に配慮した発電所である。

10.1.6 ● 新世代電気自動車の試作

科学技術振興事業団(当時)の戦略的基礎研究推進事業の研究領域「環境低負荷型の社会システム」の研究テーマ「都市システムの環境負荷制御システムの開発」の一環として、慶應義塾大学の清水浩教授らのグループは、最高速度300km/h、一充電走行距離が約300kmの電気自動車KAZ (図10-5)の試作に成功した。

この自動車は、車輪構成を通常の自動車よりも多い8輪車とし、タイヤの数を増やすことで路面との接地性を改善し、安定走行を実現した点、各タイヤホイールにモータ(インホイールモータ)を組み込んで車軸を不要とし、軽量化、効率向上を図った点、バッテリを床下に設置することで車の重心を低くし、走行安定性を増すとともに、車内空間を拡大した点など数々の特徴を有していた。

10.2.1 ● 2002(平成14)年、ノーベル物理学賞と化学賞をダブル受賞

1970年代後半から将来性を期待され、鳴り物入りで登場したキャプテンシステムが、インターネットの普及に伴い縮小を余儀なくされ、この年の3月いっぱいで幕を閉じた。通信分野における急速な技術革新に飲み込まれた感があった。

4月1日、学習指導要領の見直しが図られ、ゆとり教育の一環である完全学校週5日制がスタートする。

科学技術の分野では、10月8日に小柴昌俊東京大学名誉教授にノーベル物理

図10-6 ノーベル化学賞を受賞し記者会見に臨む島津製作所の田中耕一氏(協力:(株)島津製作所)(OHM平成14年11月号口絵)

学賞、翌9日には田中耕一氏(図10-6)にノーベル化学賞の受賞がそれぞれ決定する。日本人の同年ダブル受賞は初めての快挙であった。

10.2.2 ● 21世紀最初の国内原子力発電所が運開

東北電力・女川(おながわ)原子力発電所3号機(沸騰水型軽水炉、出力82万5000kW)は、平成13年4月の燃料装荷開始以降、試運転を行ってきたが、この年の1月30日、経済産業省の使用前検査に合格し、営業運転を開始した(図10-7)。

これにより、1号機から3号機までの全号機が完成し、女川原子力発電所の開発はすべて完了した。また、3号機の営業運転開始によって同発電所の出力は1〜3号機合計で217万4000kWとなり、同社の総発電設備に占める原子力発電設備の割合は13.5%となった。

女川原子力発電所3号機は、平成8年9月に着工した同社3基目の原子力発電設備であり、国内の商業用原子力発電設備としては53基目、沸騰水型軽水炉では29基目となった。設計にあたっては、先行プラントの経

図10-7
女川原子力発電所(提供：東北電力(株))(OHM平成14年3月号ニュース)

験や「軽水炉改良標準化計画」の成果を積極的に取り入れ、定期点検時における格納容器内の作業効率の向上、放射性廃棄物の発生量の低減を図る新しい技術や設備を採用した。女川原子力発電所3号機については、これまでに十分に実績のある沸騰水型軽水炉のBWR-5型であり、基本的には同発電所2号機と同様な設計となっている。

10.2.3 ● エネルギー政策基本法公布

議員立法による「エネルギー政策基本法」が、この年の6月7日に参議院本会議で可決・成立し、6月14日に公布・施行された。

この法律は、今後のエネルギー政策の理念、哲学を示した「エネルギーの憲法」ともいうべきもので、エネルギー政策の基本方針を「安定供給の確保」「環境への適合」「市場原理の活用」とし、その基本方針の下で、国や地方公共団体、事業者の責務と、国民の努力について規定がなされている。また、政府は、エネルギーの需給に関する施策の長期的、総合的かつ計画的な推進を図るため、エネルギーの需給に関する基本計画である「エネルギー基本計画」を定めることにもなっている。

同法については、自由民主党石油等資源・エネルギー対策調査会エネルギー総合政策小委員会（甘利明委員長）が、CO_2などの環境問題の高まり

やエネルギー安定供給の必要性などを踏まえ、国家の根幹となるエネルギー政策の基本方向性を示した素案をまとめ、自民、公明、保守の与党三党の国会議員主導で作られたものである。

10.2.4 ● 国内最大の配電用海底電力ケーブル

古河電気工業は、沖電工、光南建設と共同で、沖縄電力から受注した今帰仁－伊是名間（沖縄県国頭郡今帰仁村から伊是名島間）に光ファイバ複合型の22kV配電用海底電力ケーブル（図10-8）の敷設を完成させた。ケーブルは、沖縄電力と古河電気工業が共同開発した22kV架橋ポリエチレン絶縁鉛被遮水層付二重がい装（一重目：高密度ポリエチレン被覆F.R.P、二重目：亜鉛メッキ鉄線）海底ケーブルで、30年経過してもがい装の機能を損うことがないという。また、長さは約24km、最大水深は約300mと、配電用海底電力ケーブルとしては国内最大の規模である。

敷設ルートの浅海部には広くサンゴ礁が生息しており、自然環境に十分に配慮するため、両渚の区間は、サンゴ礁の下に海底ケーブルを引き入れる管路（水平ボーリング工法により長さそれぞれ約250mの管路を掘削）を作り、この中にケーブルを引き込む工法を電力海底ケーブルとしては国内

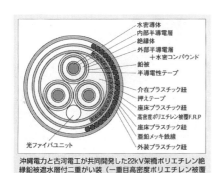

図10-8 光ファイバ複合型の22kV配電用海底電力ケーブル（提供：古河電気工業（株））（OHM平成14年9月号口絵）

図10-9 古河電気工業所有の最新大型敷設専用台船（提供：古河電気工業（株））（OHM平成14年9月号口絵）

で初採用した。

ケーブルの敷設には2500トン搭載ターンテーブル、32トン張力ブレーキキャタピラを備える古河電気工業所有の最新大型敷設専用台船（**図10-9**）が用いられ、4台のプロペラをコンピュータで自動制御しながら作業が進められた。

10.2.5●日本人技術者がノーベル化学賞受賞

10月9日、スウェーデン王立科学アカデミーは、日本人技術者として我が国初となるノーベル化学賞を島津製作所の田中耕一氏（分析計測事業本部ライフサイエンスビジネスユニットライフサイエンス研究所主任（当時））に贈ると発表した。また、この年は、小柴昌俊東大名誉教授がノーベル物理学賞を受賞しており、これに続く受賞となった。

田中氏の受賞理由は、「生体高分子の同定および構造解析のための手法の開発」であって、田中氏はアメリカ・バージニア・コモンウエルズ大学のジョン・B・フェン教授とともに、生体高分子の質量分析法のための「脱離イオン化法」の開発が評価されたものである。田中氏は、東北大学工学部電気工学科を卒業後、島津製作所に入社し、中央研究所に配属され、「レーザイオン化法」の研究に従事していた。

従来のレーザイオン化法では、イオン化しにくいアミノ酸など低分子の生体成分は分析可能であったが、タンパク質などに対しては、イオン化エネルギーが大きすぎるため、測定できなかった。

受賞対象となった「マトリクス支援レーザイオン化法」は、グリセリンと超微粒子金属コバルトとを混合したものを、タンパク質などの生体由来となる分子量の大きい化合物と一緒にレーザ照射を行うことにより、タンパク質などの分析を可能とした。

ヒトゲノムの解析が終了した当時、ポストゲノム計画にはタンパク質を解析するプロテオーム研究が注目されていた。タンパク質の構造を探ることによって、生物の生命現象や病気の原因・治療法の解明につなげていくことが期待されていたのである。

10.2.6 ● 世界初 ガラス基板上に8ビットCPUを形成

　シャープと半導体エネルギー研究所は、共同開発したCG（Continuous Grain：連続粒界）シリコン技術により、世界で初めて液晶用ガラス基板上に、8ビットCPU（Z80）を形成することに成功した（図10-10）。

　この成功により、液晶ディスプレイ部と液晶ドライバICをはじめとする周辺の機能部品だけでなく、CPU、メモリ、画像の圧縮・伸張処理回路などの情報処理回路を、同一ガラス基板上に一体形成することが見込めたことから、夢の超薄型"シートコンピュータ"や"シートテレビ"の実現への道を一歩踏み出したのである。

　CGシリコン技術は、平成10年に両社で共同開発した次世代の機能デバイス"システム液晶"の中核技術である液晶粒界で原子レベルの連続性を持たせることによって、電子の移動スピード（電子移動度）を従来のアモルファスシリコンの約600倍、多結晶シリコンに比べて約3倍ときわめて高速化することが可能となった。また、液晶制御回路や電源回路、入出力インタフェース回路、信号処理回路などのLSIを液晶ディスプレイと同一のガラス基板に形成することができることから、実装面積や外付け部品を大幅に削減できる。それゆえ、セット商品の小型化・軽量化、さらには信頼性の向上にも寄与するものと期待された。

　ちなみにCGシリコン技術に関する特許出願は、国内224件、外国330件にも及んだ。

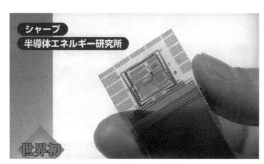

図10-10　ガラス基板上に形成したCPU（Z80）（提供：シャープ（株））（OHM 平成14年12月号口絵）

10.3.1 ● 2003(平成15)年、中国初の有人宇宙飛行

この年の1月16日、アメリカ・NASAのスペースシャトル・コロンビア号がリック・ハズバンド船長を含む7名の宇宙飛行士を乗せてサイエンスミッションを行うべく宇宙空間へと旅立った。そして2月1日、ミッションを終えたコロンビア号は、帰還のために大気圏へ突入する。その約16分後にテキサス州上空で空中分解し7名全員が死亡した。事故の原因は打ち上げ時に外部燃料タンクの表面を覆う断熱材が剥離し、これが左翼前縁に当たり、耐熱パネルに穴が開いたことによるものであった。アメリカ国内だけでなく世界中に悲しみが走った出来事であった。

一方、我が国では5月9日、小惑星イトカワへ着陸してサンプルを採集し、再び地球へ戻るという壮大な計画(サンプルリターン)を実行するため、内之浦宇宙空間観測所から宇宙科学研究所の小惑星探査機「はやぶさ」が打ち上げられた。

また、10月15日に中国としては初の有人宇宙飛行となる神舟5号が中国空軍の楊利偉中佐1人を乗せて打ち上げられた。約21時間の飛行を行い、地球を14周した後、同国内の草原に無事着地した。

なお、地上デジタルテレビ放送が、東京、大阪、名古屋で開始されたのもこの年12月1日の出来事であった。

10.3.2 ● MCFC商用1号機が発電開始

中部電力は、廃棄物ガスを利用する燃料電池の実証試験として、溶融炭酸塩形燃料電池(MCFC)商用1号機(**図10-11**)の発電を開始した。電池出力は336kW、蒸気タービン出力は22kW、発電端出力は358kWであって、低位発熱量を基準として発電端効率は54%に達した。

同社は、平成14年度から16年度までの3か年で、廃材木、廃プラスチックなどをガス化し、溶融炭酸塩形燃料電池で発電を行うシステムの実証研究を進めていた。そして、新名古屋火力発電所構内に商用第1号機を導入した。

第10章　21世紀を迎えて

図10-11　溶融炭酸塩形燃料電池（MCFC）商用1号機（提供：中部電力（株））（OHM 平成15年3月号ニュース p.57）

　高温で作動する MCFC は、リン酸形燃料電池（PAFC）や固体高分子形燃料電池（PEFC）とは違い、一酸化炭素（CO）による性能劣化がないため、CO を多量に含む廃棄物ガスなどを効率良く燃料として利用することができる。

　この商用1号機は、運転圧力を大気圧よりも高くすることで発電効率の向上を図っており、天然ガス使用時において小規模自家用発電並みの出力（300 kW 以上）でありながら、当時最も発電効率の高いコンバインドサイクル発電設備に匹敵する性能を有していた。

　この研究によって廃棄物ガス化発電が実用化すれば、比較的小規模の施設においても高い発電効率（40%以上）が可能になるため、廃棄物発電の普及促進への期待が持たれたのである。

10.3.3 ● 北米で大規模停電発生

　アメリカでは1992年にエネルギー政策基本法が成立し、発電部門への競争政策が導入され、平成8年には送電網の全面開放のための規則をFERC（連邦エネルギー規制委員会）が発令した。その結果、ISO（独立系統運用事業者）が各地で設立され、また、発送電部門の機能分離・分割、送配電線のコモンキャリア化などの変革が生じた。

　北米には図10-12に示すような四大電力系統があり、西部系統（1億3 000万 kW）、テキサス系統（5 800万 kW）、ケベック系統（3 500万 kW）、東部系統（5億9 000万 kW）に分かれ、東部系統が最大であった。

479

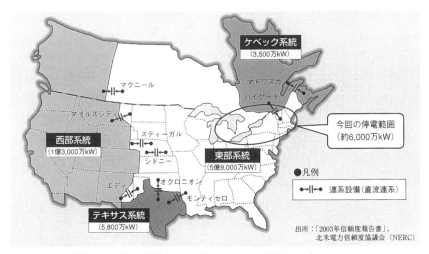

図10-12　北米の四大電力系統（OHM 平成15年10月号 p.17）

　今回の大規模停電は東部系統に位置し、アメリカ北東部（ニューヨーク、PJM、ニューイングランド）、中西部（ミッドウエスト ISO）とカナダ・オンタリオ州が北米の東部系統の一部として多数の会社に跨がり相互にループ状に複雑に連系している地域で発生した。また、この地域では、エリー湖とオンタリオ湖の周囲に230kV、345kV、500kV、765kV の送電線による大きなループ系が構成されていた。

　当時、ニューヨーク ISO（約50の発電事業者、8つの送電事業者の電力流通を管理・調整）、ミッドウエスト ISO、PJM（ペンシルバニア、ニュージャージー、メリーランドなど複数の州にわたって系統を広域運営）、オンタリオ IMO（独立系統運用機関）、ファーストエナジー社などの間で過負荷抑制対策を協議中であった。特に同ループの中のアメリカ・ミシガン州とカナダ・オンタリオ州の境界点は以前からループ潮流の増加が懸念されており、同地点のラムトン発電所とセントクレア発電所間の345kV 送電線への位相調整器の設置による潮流調整対策が進められていたが、同プロジェクトの進行が遅れていた。

　また、オンタリオ湖ループは、昭和40年に発生したニューヨーク大停

第10章 21世紀を迎えて

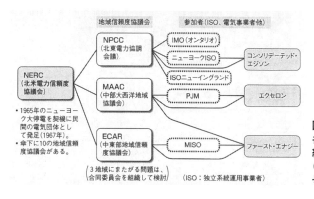

図10-13 各地域における信頼度維持に関わる協調体制（OHM 平成15年10月号 p.18）

電の原因となったナイアガラ水力発電所を起点とする事故の波及に関係していたが、この事故を契機にアメリカとカナダでは、NERC（北米電力信頼度協議会）による事業者間の協調体制が構築された（図10-13）。

ところでアメリカの電力系統は、異電圧系統の多重ループ構成となっており、自端遮断によって過負荷による損壊等を回避するように構成されていた。そのため、自端遮断が起こると負荷に流れていた潮流が他の設備に流れるようになって、最悪の場合には、過負荷・遮断の連鎖が起こり、大規模停電に至る懸念があった。

また、ニューヨーク州の電力系統は、カナダのオンタリオ系統、ケベック系統や、PJM、ニューイングランドと相互にループ状に連系されて同州西部のナイアガラや北部のカナダなどの水力発電所からニューヨークに向けて345kVで長距離送電され、同州の中央部には電源が少なかった。ちなみに同州の最大需要電力は約3 100万 kW であって、そのうちニューヨーク市が約1 000万 kW であった。

このような特異な系統構成をとるアメリカ北東部とカナダで広域大停電が発生した。諸説はあるもののこの大停電の推移は、おおむね次のとおりである。

8月14日、オハイオ州クリーブランド南部で起きた345kV送電線の回線断が発端となり、エリー湖周辺地域における発電機が脱落した。オハイオ州の同送電線は、ファーストエナジー社とAEP社の送電線である。フ

481

ァーストエナジー社は、同社のイーストレイク火力発電所の5号機が、送電線事故の発生する前の8月14日14時頃にトリップした。その後、同日15時32分頃に、近傍の送電線が過負荷により次々とトリップした。

オハイオ州クリーブランド南側の系統が壊滅的打撃を受けたことにより、潮流はさらに大きな765kV送電線（外回りループ）で流れ、ミシガン州西部からデトロイト方面へ潮流が流れた。その後、345kV基幹系送電線の連続的トリップにより系統動揺が発生し、電圧低下によって、8月14日16時10分頃からエリー湖周辺のクリーブランド～デトロイト地域の発電機が複数脱落した。この電源の脱落によって、通常時はクリーブランドからカナダへの300MWの潮流が瞬時にして逆向きの500MWの潮流になって、系統動揺がさらに悪化し、東方のニューヨーク、北方のカナダにまで波及して大規模停電につながったのである。

停電規模の合計は、6180万kWであり、約5100万人に影響を及ぼした。停電によってほとんどの交通機関が麻痺したため、大都市では、自動車道路が歩道となる有様であった。また、真夏に発生した大停電であり、エアコンなどの空調機も使うことができなかった。

多数の人々を大混乱に陥れたこの停電は、8月16日10時にほぼ全面復旧するに至った。

なお、ニューヨークでは1965年と1977年にも大停電が発生している。特異な系統構成が招いた事故ともいえよう。

10.4.1 ● 2004（平成16）年、ファイル共有ソフト「Winny」の諸問題が顕在化

　この年の4月1日には、日本航空と日本エアシステムが完全に経営統合し、また、特殊法人帝都高速度交通営団（営団地下鉄）が民営化されて東京地下鉄株式会社（東京メトロ）になったほか、新東京国際空港公団も民営化されて成田国際空港株式会社になった。また、同日には消費税の内税（総額）表示が義務化された。

　5月10日にファイル共有ソフト「Winny」の開発者が京都府警に逮捕された。これは遡ること平成15年11月27日に著作権法違反の容疑で京都府警ハイテク犯罪対策室によって2人の男性が逮捕され、京都地方裁判所で裁判がなされたことに端を発する。2人の男性は映画やゲームソフトなどを不特定多数の利用者がダウンロードできる状態にしたとして有罪判決を受けたものである。

　逮捕された開発者は、平成14年5月にWinnyをリリースした後、前述した2人の男性に対して映画やゲームソフトを不特定のインターネットユーザーに対して送信できる状態にしていたのを手助けしたとして、著作権法違反幇助の罪に問われたのである。他人の著作権、著作隣接権等を侵害する違法行為を否定すべきであることについては法治国家において当然のことであるが、この事件によってWinnyそのものの違法性について種々の議論がなされるきっかけにもなった。当時、インターネットが社会基盤になりつつあるなか、アナログ時代には存在し得なかった問題や落とし穴として各界の話題となり、コンテンツの保護や流通のあり方についてのセミナーやパネルディスカッションが開催され、インターネット上や種々の刊行物において、多くの議論がなされたのである。

　また、我が国ではこの年に新紙幣が発行された。肖像画は、一万円札が旧紙幣と同じく福澤諭吉、五千円札が樋口一葉、千円札が野口英世となった。

10.4.2 ● 世界初の 1 波長 160 Gbit/s データ光送受信装置

　沖電気工業は世界で初めて、1 波長当たり 160 Gbit/s の情報をやりとりできる光送受信装置の開発に成功し、安定した 640 km の長距離伝送を実現した。160 Gbit/s の光通信装置では、映画 4 本分（8 時間）のデータを 1 秒で伝送できる。この装置は東京〜大阪間（約 500 km）などの基幹通信網への適用が可能である。

　当時、電気信号による高速光通信の送受信処理は、40 Gbit/s が限界とされた。開発された光時分割多重モジュールは、従来の光導波路の遅延回路に代えて、空間的に光を分岐、結合する構造の遅延回路である。

　空間を使い 4 個のデータ変換器の配置が可能で、四つの 40 Gbit/s 光信号を結合させた真の 160 Gbit/s 光信号を生成する。温度変化や振動による特性変動には、光位相制御器を開発し、位相差変化 6°未満での長時間安定動作を実現した。また、空間を使った光時分割多重モジュールにより、世界で初めて 4 多重の搬送波抑圧の信号生成に成功し、640 km の長距離伝送が実現できた。この開発の一部は、通信・放送機構（平成 16 年から独立行政法人情報通信研究機構）の委託研究「トータル光通信技術の研究開発」として行われたものである。

10.4.3 ● 商用回線による内視鏡外科手術用カメラの遠隔制御

　慶應義塾大学医学部と独立行政法人国立病院機構東京医療センターは、オリンパス、シスコシステムズ、日本テレコム、フォーカスシステムズと共同で、商用回線を利用して、遠隔地から内視鏡外科手術用カメラの視野を制御する遠隔共同手術を実施した。高速商用回線を利用して病院間を結び、遠隔地の医師と共同で手術を行う遠隔共同手術は、世界でもまれな試みであった。

　遠隔共同手術は、現場の医師と遠隔地の熟練した指導医とが共同することにより、患者が世界のどこにいても高度な手術を受けられるようにすることを狙いとしている。医療界において広く利用される見込みがあって、

国民医療の向上に大きく寄与できる可能性が期待された。これまでは、高価な専用通信回線によるネットワークが利用されており、インフラ整備費用が普及の障壁の一つとなっていた。

当時でも外科領域の遠隔医療では、通信回線を介した画像と音声の共有による遠隔手術指導が多く行われていた。2001 年には大西洋を挟んで、ニューヨーク（アメリカ）と、ストラスブール（フランス）間でロボットの遠隔制御によるリンドバーグ手術が行われた。しかし、手術室の医師と遠隔地の医師がネットワークを介して作業を分担しながら共同で手術を行う、より実践的なシステムが望まれていた。

そのような中、慶應義塾大学医学部外科教室では、平成 11 年から ISDN 3 回線を用いた、公衆回線による遠隔手術指導システムを臨床応用してきた。そして平成 15 年 1 月には、東京医療センターとの間で、世界で初めてインターネットを介した遠隔手術指導システムの臨床応用に成功した。今回は、同施設との間を高速イーサネット回線で結び、高品質な動画像のリアルタイム双方向通信を行うとともに、慶應義塾大学側から内視鏡カメラの視野制御を行い、手術助手として適切な手術視野を確保する遠隔共同手術を実施したものである。

この遠隔共同手術では、比較的低廉な価格で高いセキュリティと大容量データ伝送が可能な、日本テレコムの広域イーサネットサービス「Wide-Ether（ワイドイーサ）」を用いてオリンパスの内視鏡外科手術用視野制御カメラを遠隔から操作することにより、普及可能な形態のシステムを構築したのである。

10.5.1 ● 2005（平成17）年、京都議定書が発効

　この年の2月16日に京都議定書が発効された。京都議定書は、遡ること1997（平成9）年12月に京都市の国立京都国際会館で開かれた第3回気候変動枠組条約締約国会議、いわゆる地球温暖化防止京都会議・COP3で採択された気候変動枠組条約に関する議定書である。地球温暖化の原因となる温室効果ガスについて、先進国における削減率が1990年を基準として各国別に定め、共同で約束期間内に目標値を達成することが定められたものである。

　3月25日には、日本国際博覧会（愛知万博）「愛・地球博」が開幕し、9月25日の閉幕までの累計来場者数は約2205万人であった。

　4月25日、西日本旅客鉄道（JR西日本）の福知山線（宝塚線）塚口駅〜尼崎駅間で列車脱線事故が発生、脱線した先頭の2両が線路脇のマンションに激突して大破した。曲率半径300mの右カーブ区間において制限速度を超えて進入したことが原因であり、乗客と運転士合わせて107名が死亡する大事故になった。

10.5.2 ● 日本国際博覧会の開催

　21世紀における未来社会の姿を示す「愛・地球博」（2005年日本国際博覧会）が3月25日〜9月25日までの185日間にわたって開催された。121か国、4つの国際機関が参加し、長久手会場（愛知県長久手町）と瀬戸会場（同 瀬戸市）の2会場で行われた。

　ちなみに長久手は、1584（天保12）年に羽柴秀吉陣営と織田信長・徳川家康陣営との間で行われた長久手の戦いの地でもある。一方、瀬戸市は、陶磁器の瀬戸焼の生産地として知られている。いわゆる「瀬戸物」は、この地名に由来している。

　「愛・地球博」は、大阪万博で提起された「人類の進歩と調和」に対し、35年の歳月を経た我が国がどのような答えを提示し、世界に発信できるのかが問われる場であった。

第 10 章　21 世紀を迎えて

「愛・地球博」では、「自然の叡智」をメインテーマに、サブテーマとして「宇宙、生命と情報」「人生の"わざ"と知恵」「循環型社会」の３つを掲げた。この３つのサブテーマの下に、人類と自然・地球が存続可能な発展の方向を模索し、自然の素晴らしい仕組みを学ぶことで、新しい文化・文明のあり方と 21 世紀社会のモデルを発見することを目指した。

　この博覧会の特長としては、環境配慮型万博であることがあげられ、万博初の環境アセスメントを実施した。長久手会場のグローバル・ループは、自然の形状を生かした全長約 2.6 km、幅約 21 m の空中回廊型のメインストリートで、段差のないバリアフリー設計で設置された。また、会場建設に当たっては、Reduce（減らす）、Reuse（繰り返し使う）、Recycle（再資源化）の 3R の徹底が図られた。

　長久手日本館や NEDO パビリオンには、新エネルギープラントで発電した電力が供給された。新エネルギーは分散型エネルギーシステムとして期待されている一方、太陽光や風力は自然条件に左右されることから発電量が不安定であり、また既存の電力ネットワークに影響を与える可能性があるという課題を抱えていた。こうした課題を解決し、分散型エネルギーシステムの本格的な導入への足がかりとするため、NEDO では「新エネルギー等地域集中実証研究」を実施し、この研究の一環として前記会場への電力供給が行われた。これは博覧会のメインテーマである「自然の叡智」を具体化した地域循環型エネルギーシステムである。

　図 10-14 は、多結晶シリコン型太陽光発電システム（200 kW）の外観である。これ以外にも単結晶シリコン型両面受光（30 kW）およびアモルファスシリコン型（100 kW）太陽光発電システムが設置された。

　燃料電池は、リン酸形（PAFC）、溶融炭酸塩形（MCFC）および固体酸化物形（SOFC）の３種類が設置された。PAFC は出力 200 kW のものが４基設置され、作動温度が 160 ～ 200℃、発電効率が 35 ～ 42％であった。MCFC（**図 10-15**）は出力 250 kW × 2 基が設置され、作動温度が 650℃で発電効率は 50 ～ 65％に達した。また、SOFC は出力 40 kW のものが１基設置され、作動温度が約 1 000℃、発電効率は 40 ～ 70％であった。

図10-14 多結晶シリコン型太陽光発電システム（OHM 平成17年4月号、写真で見る「愛・地球博」）

図10-15 溶融炭酸塩形燃料電池（MCFC）（OHM 平成17年4月号、写真で見る「愛・地球博」）

図10-16 輸送システムIMTS（OHM 平成17年4月号ニュース、写真で見る「愛・地球博」）

　この博覧会における会場内の輸送システムとしてIMTS（図10-16）が適用された。燃料にはCNG（圧縮天然ガス）を使用し、専用道上で連結器を使用せず、電子的に2～3台の隊列を組んだ自動走行ができるようになっていた。

10.5.3 ● 世界初の液体窒素冷却超電導モータ

　石川島播磨重工業（IHI）では、世界で初めてビスマス系高温超電導材（電線）を液体窒素で冷却する実用化レベルの超電導同期モータを開発し、同モータを内蔵したポッド型推進装置（図10-17）を公開した。ポッドの大きさは0.8 m（幅）×2 m（長さ）であり、直径1 mの推進プロペラを0～100 min^{-1}の範囲で、正回転・逆回転を自由に制御することが可能であった。この推進装置によって、実機化への見通しがついた。

　産学グループでは出力500 kW、220 min^{-1}の同期電動機実機化の見通しがつき、受注体制を整えつつあった。開発した超電導モータは従来は困難

図10-17 ポッド型推進装置（提供：(株)IHI）（OHM 平成17年3月号口絵）

図10-18 燃料電池二輪車「FC-me」（提供：ヤマハ発動機（株））（OHM 平成17年10月号ニュース）

であった液体窒素を冷媒に用いて、高温超電導線材のすべてを産学グループの特許で量産可能とした。

　高温超電導線材に流すことのできる電流は、それに鎖交する磁束と温度によって大きく影響される。従来の技術では、液体窒素を冷媒とした場合、大容量モータに必要な界磁磁束密度を得ることが困難であった。そこで産学グループでは、高温超電導線材に鎖交する磁束を小さくし、界磁磁束密度を大きくする方策として、「フラックスコレクタ」を採用し、この課題を解決した。フラックスコレクタとは、界磁コイルの中心に高透磁材料を配置し磁束を集中通過させるもので、これによって液体窒素温度でも大電流を流すことができ、その結果大きな界磁磁束密度を得ることができる。このため、従来の電動機の1/10の大きさで、かつ大出力の超電導モータの製造が可能となった。

　船舶用ポッド推進装置は、このモータの特長を最もよく生かす製品として試作されたものである。この推進装置は本体が船体外部に装備されるため、船内のスペースを有効利用でき、船内騒音も少なく、船の操縦性能も高いなどの利点から、欧米を中心に客船などで採用されている。しかし、

489

大型（大出力）ポッド推進装置に従来のモータや永久磁石モータを内蔵するのではポッド推進装置外径が大きく非現実的なため、小型・大容量の超電導モータの開発が望まれていた。

産学グループが開発した超電導モータは、画期的な小型化を実現したため、ポッド推進装置そのものの推進効率が3〜5％向上した。このため、モータ自身の効率向上に加え、省エネルギーで自然に優しいモータとなった。

10.5.4●燃料電池二輪車の開発

ヤマハ発動機は、燃料電池二輪車「FC-me（エフシー・ミー）」を開発した（図10-18）。

燃料電池の燃料には水素ガスを使用するシステムが一般的であるが、コンパクトに仕上げるのが困難であった。同社が開発した「ヤマハDMFCシステム」では、液体であるメタノール水溶液を燃料とし、改質器や圧力容器を使用せず、出力1kW以下の小型機器に応用した場合、出力性能を落とさずに軽量化できるというメリットがあった。

性能を熟成させたFC-me車輌の特徴は、燃料電池システムの制御パラメータの最適化を行ったことによって、エネルギー変換効率が1.5倍（50ccガソリン二輪車と比較して1.8倍）を実現した。また、車輌全体の構成部品の見直しなどにより、車輌重量が69kgと軽量化を図り、同社が市販中のエレクトリックコミュータと同レベルまで始動性・操作性の向上が実現できた。

10.6.1 ● 2006（平成18）年、世界の人口が65億人を突破

2月25日、アメリカ合衆国・商務省国勢調査局の「世界人口時計」によれば世界の推計人口が65億人を突破した。

7月4日には、アメリカ航空宇宙局（NASA）スペースシャトル「ディスカバリー号」が1年ぶりに打ち上げられた。その約2週間後の7月17日、ニューヨークのクイーンズなどで数日間にわたり原因不明の停電が発生した。

一方、我が国では9月20日、小泉純一郎首相の自民党総裁任期満了により、第21代自民党総裁に安倍晋三官房長官が就任する。そして同月26日には第90代内閣総理大臣に指名され、安倍内閣が正式に発足した。

欧州ドイツに目を向けると、9月22日に磁気浮上式高速鉄道のエムスランド実験線で試運転中のリニアモーターカー・トランスラピッドが、200km/h前後と推定される速度で工事用車両と衝突する事故が発生した。作業員2名とリニアに乗車していた見学者ら計33名が巻き込まれ、23名が死亡する惨事が発生した。リニアモーターカーで、初めて死者が出た大事故であった。

10.6.2 ● 燃料電池ハイブリッド鉄道車両の開発

東日本旅客鉄道（JR東日本）は、この年の7月から燃料電池鉄道車両の試験を開始した。同社はこれまで地球環境に優しく、化石燃料の枯渇にも対応可能な自立分散型の動力システムとして、鉄道車両用の燃料電池システムの開発を行っていた。この成果を踏まえて、世界初となる燃料電池ハイブリッド鉄道車両の開発を進めていた。

試験車両は、ディーゼルエンジンによるハイブリッドシステムの開発に用いた「NE（New Energy）トレイン」（**図10-19**）を改造したものである。NEトレインは、開発当初から燃料電池鉄道車両への改造を考慮した構造となっていた。そこで、ディーゼルハイブリッド方式の実用化に目途が立ったため、次のステップとして燃料電池鉄道車両の開発を行うことになった

図 10-19　NE トレインの外観（提供：東日本旅客鉄道（株））（OHM 平成 18 年 5 月号ニュース）

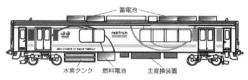

図 10-20　燃料電池ハイブリッド鉄道車両のイメージ（提供：東日本旅客鉄道（株））（OHM 平成 18 年 5 月号ニュース）

のである。

　燃料電池鉄道車両の制御システムは、ディーゼルハイブリッド方式を基本として、ディーゼル発電機を燃料電池に置き換えたものである（図 10-20）。加速時に必要な電力は燃料電池と蓄電池の両方から供給し、ブレーキ時は回生ブレーキ電力を蓄電池に回収する効率的なシステムである。

　試験では、燃料電池の性能、環境負荷低減効果、水素供給方式など各種試験が実施された。開発の狙いとしては、水素を燃料とした燃料電池によって、さらなる環境負荷の低減、化石燃料枯渇に対応できる新しい電力システムの実現を可能にすることである。また、各車両に搭載した燃料電池で発電することによって、架線設備をなくせるなど地上設備のスリム化や景観向上といった効果も期待された。

　このような効果が期待される燃料電池鉄道車両を実現するため、この実験は将来の燃料電池技術のブレークスルーに対応可能な、燃料電池を用いた車両システムの開発、燃料電池システムを鉄道で使用する場合の課題の把握を目的としたものである。

　この目的を達成するべく試験車は、現状の NE トレインのエンジン・発電機が燃料電池に交換されたのである。制御システムは燃料電池と蓄電池のエネルギーを組み合わせてモータを駆動するハイブリッドシステムが採用された。また、燃料電池は、鉄道車両システムに対応可能な高出力で信頼性の高い出力 65 kW の水素を燃料とする固体高分子形が 2 台搭載された。

10.6.3 ● バイオマス発電システムの試験成功

　中部電力は、独立行政法人新エネルギー・産業技術総合開発機構およびシーテックと共同で「バイオマス直噴燃焼式小型発電システムの研究開発」に取り組んできた。従来、スターリングエンジンの評価試験などを行ってきたが、同社技術開発本部内にある試験設備（図 10-21）によって、バイオマス直噴燃料による 55 kW の発電に成功したのである。

　バイオマス直噴燃焼式小型発電システムの研究開発では、バイオマス直噴燃焼バーナとスターリングエンジンとを組み合わせることによって、①バイオマス燃焼効率：99％以上、② NO_x エミッション：350 ppm（6％ O_2 以下）、③発電端効率：20％以上（商用システムベース）、④設備・運転コスト：既存のバイオマスガス化発電システム以下、の開発を目的とした。

　このシステム（図 10-22）は、細かく粉砕したバイオマスをバーナで直

図 10-21
バイオマス発電システム試験設備の外観（提供：中部電力（株））
（OHM 平成 18 年 8 月号ニュース）

図 10-22
バイオマス発電システム試験設備の概要（提供：中部電力（株））（OHM 平成 18 年 8 月号ニュース）

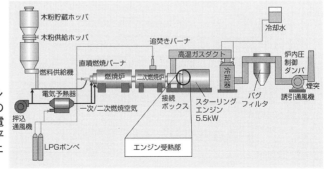

接燃焼させ、その燃料をスターリングエンジンに供給する。このため、バイオマスをガス化させて燃焼させる必要がなく、設備の簡素化が可能であり、設備コストと運転コストの低減が実現可能である。

また、このシステムの実用化によって、バイオマスを利用した小規模分散電源として、地球温暖化の原因であるCO_2発生の抑制にも貢献できることが期待された。

10.6.4 ● 首都圏で広域停電発生

8月14日7時38分頃、東京都心部、神奈川県横浜市北部、川崎市西部、千葉県市川市、浦安市の一部などで大規模な停電が発生した。

被害状況は約139万1000軒、エレベータへの閉じ込めが71か所であった。JRや私鉄、地下鉄各線のほか、新交通システムゆりかもめも3時間にわたって止まった。信号も440か所停止して道路交通にも影響が出たが、同日の12時20分に停電が解消した。

事故の直接的な原因は、江東区新木場の貯木場から浚渫現場に向かうクレーン船のクレーン操作ミスである。

クレーン船は、新京葉変電所から浦安市を経由して旧江戸川を渡り、江東変電所との間をつなぐ275kV送電線（江東線）の手前にある高さ7.6mの舞浜大橋を長さ33mのクレーンを下げて航行した後、すぐにクレーンを垂直近くまで上げた。このため、水面から最上部約16mに架かる江東線の「鋼心アルミより線の電線」に接触して損傷したのである（図10-23）。

江東線は、江東変電所からは城南変電所、新宿変電所、北多摩変電所へと地中送電線でつながっている。一方、市川市の葛南変電所からは、地中送電線で世田谷変電所、そして横浜市の住田変電所に伸びている。クレーンの接触によって送電線につながるすべての安全装置が動作し、送電がストップしたため、この間の東京都心部を中心とした地域で、広範囲に停電の影響が出た。

東京電力は、50万V主要幹線網を首都圏の周囲にループ状に構築している。今回の事故ではこの系統構成を生かして八王子市の50万V新多摩

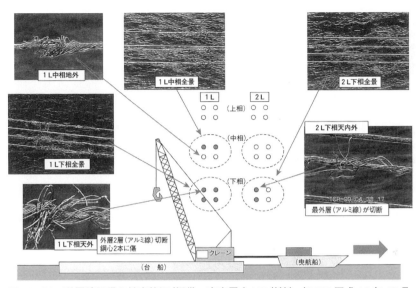

図10-23　送電線設備の被害状況(提供：東京電力HD(株))　(OHM 平成18年10月号 p.30)

変電所からのルートに順次切り替えた。この系統切り替えによって、停止した27.5万V変電所に次々と電力が供給され、約1時間後の8時37分には、ほとんどの地区で復旧した。

この時点で停電軒数は、合計約139万1000軒のうち約137万6000軒が解消し、停電軒数は残り約1万5000軒まで減少した。停電が解消しなかった約1万5000軒については、クレーン船の送電線への接触をきっかけとして、東京電力の配電用電力設備の不具合などによる停電が発生したものである。これらの不具合を解消した結果、停電軒数は10時44分までに約200軒となり、事故発生から4時間42分後の午後12時20分に停電が解消した。

なお、8月16日午後11時32分には、損傷箇所の復旧作業すべてが終了し、17日午後0時54分に正規ルートでの送電が再開された。

10.7.1 ● 2007（平成19）年、各種電子カードが普及拡大

　2月2日、フランスのパリで国際連合気候変動に関する政府間パネル（IPCC：Intergovernmental Panel on Climate Change）が開かれた。地球温暖化の影響で、100年後の地球の平均気温が、20世紀末に比べ1.1〜6.4℃上昇、悪天候等の影響で約2億人が難民となるというショッキングな予測が発表された。

　この年、我が国では交通系電子カード（ICカード）の相互利用や地域拡大が始まった。3月18日にはパスネット・バス共通のICカードPASMO（パスモ）がJR東日本旅客鉄道のSuica（スイカ）と相互利用可能になり、首都圏の私鉄・地下鉄・バスおよびJRが1枚のICカードで利用可能になった。また、4月1日には、関西の私鉄のPiTaPa（ピタパ）が、近畿日本鉄道、京都市営地下鉄、京阪電気鉄道大津線、神戸電鉄、奈良交通、エヌシーバスの各社で新規導入され、新たに滋賀県、奈良県と、三重県および名古屋市の東海エリアに利用地域が拡大した。さらに4月23日にはセブン＆アイ・ホールディングスが東京都内のセブン・イレブン1500店舗に、新電子マネーnanaco（ナナコ）を導入する。

10.7.2 ● 気候変動に関する報告書発表

　4月2日〜6日に欧州連合（EU）本部があるベルギー・ブリュッセルで、気候変動に関する政府間パネル（IPCC）第2作業部会第8回会合が開催された。110か国の代表、世界気象機関（WMO：World Meteorological Organization）、国連環境計画（UNEP：United Nations Environment Programme）等の国際機関等から合計310名、報告書執筆者の代表約50名が出席した。我が国からは、経済産業省、気象庁、環境省等から計6名および第2作業部会の統括執筆責任者2名が出席した。

　会合ではIPCC第4次評価報告書第2作業部会報告書が承認されるとともに、第2作業部会報告書本体が受諾された。

　第2作業部会は、①影響、②適用、③脆弱性の各分野を扱った。具体的

に①は、気候変動が自然と社会に与える影響のこと、②は、自然と社会が気候変化に対し、どの程度適応能力を持っているか（適応）を明らかにすること、③は、気候変化に対して、自然と社会はどのような脆さを持っているか（脆弱性）を明らかにすることであった。

平成13年にとりまとめられた第3次評価報告書においては、地域ごとに影響が部分的に出はじめている旨を報告するにとどまっていた。第4次評価報告書では、気候変化が世界中の地域の自然と社会に影響を与えていることが明白であることが報告された。同時に適応策と緩和策を組み合わせることによって、気候変化に伴うリスクを低減することができ、適応能力を高める方法の1つとして気候変化の影響を開発計画に導入することが示された。

特に、気温上昇が及ぼすコストと便益については、「全球平均気温の上昇が1990年レベルから約1〜3℃未満である場合には、すべての地域において正味の便益の減少か、正味のコストの増加のいずれかが生ずる可能性が非常に高い」とされた。

10.7.3●PHV車の公道初走行

国土交通省は、トヨタ自動車から申請のあったプラグイン・ハイブリッド（PHV：Plug-in Hybrid）車について、この年の7月25日、道路運送車両の保安基準第56条第4項に基づく試験自動車として初めて国土交通大臣認定を行った。この認定によって、PHV車が国内で初めて公道を走行することができるようになった。

PHV車は、大気汚染、地球温暖化を防止するための有効な手段の1つである。大臣認定を受けたPHV車の公道走行によって得られたデータは、その普及に向けた環境整備のため排出ガス・燃費測定方法などの技術基準を整備するための検討会に活用された。

なお、PHV車とは、ハイブリッド車に対して外部電源からの電気を車両側のバッテリに蓄えることで、電気自動車としての走行割合が増加、これによりガソリンの消費量が減少し、大気汚染、地球温暖化の防止に効果

がある。

　安全上および公害防止上の基準が定められておらず試験的に製作された自動車は、公道を走行することはできなかった。このような試験自動車については、基準策定・改善を目的として公道走行による試験ができるよう、必要な条件を付し試験自動車の大臣認定を行っていた。当時、燃料電池自動車、DME（Dimethyl Ether：ジメチルエーテル）自動車など大臣認定を受けた事例があった。

　なお、大臣認定を受けた自動車には、一般の自動車と同様にナンバープレートがつけられた。

10.7.4●新幹線高速化へ量産先行車の製作着手

　東日本旅客鉄道では、平成17年から新幹線高速試験電車「FASTECH 360」により、高速性、信頼性、環境適合性、快適性などについて走行試験を実施していた。この試験によって一定の技術成果が得られたことから、新幹線高速化に向けて量産先行車の製作に着手することが発表された。これは、2010年度末に東北新幹線が新青森に延伸する際に投入する次世代車両（試作車）を製造するものあって、平成21年春から走行試験を開始するものである（図10-24）。

　量産先行車としては、国内最高速となる320km/hでの営業運転性能を有する仕様の新幹線車両（10両編成）1編成が製作された。また、客室設備は、利用客がより満足できる空間を実現するため、実物大のモックアップを製作して事前の十分な検討がなされた。

　新幹線高速化は平成22年度末の新幹線新青森開業時を目処に、新青森開業時には、今回の先行車をもとに製作する量産車を投入する計画がなされた。これによって、東京－新青森間が3時間程度で結ばれることになる。

　具体的な速度、列車本数等は今後決定するものとされ、また、段階的な速度向上についても検討がなされる予定であった。また、高速化実験に伴い騒音対策等の必要な地上設備の整備も実施された。

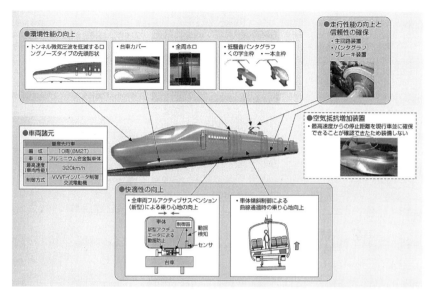

図 10-24 量産先行車の概要（提供：東日本旅客鉄道（株））（OHM 平成 19 年 9 月号ニュース）

10.7.5 ● アポロ以来の本格的月探査

　三菱重工業と宇宙航空研究開発機構（JAXA：Japan Aerospace Exploration Agency）は、9 月 14 日 10 時 31 分 01 秒（日本標準時）、種子島宇宙センターから月周回衛星「かぐや」（図 10-25）を搭載した H-ⅡA ロケット 13 号機を打ち上げた。同機は正常に飛行し、打ち上げ後、約 45 分後に「かぐや」が分離されたことが確認された。

　この打ち上げは、ロケットの製造だけでなく、打ち上げ後も三菱重工業が担当する初めてのミッションであり、同社が衛星ビジネスに参入する第一歩となった。

　一方、JAXA が開発した「かぐや」は、月がどのように形成され、どのような変遷をして現在に至っているかを知るために必要なデータの取得を行う衛星である。

　「かぐや」は、高度約 100 km の極・円軌道を周回する主衛星と、より高

499

図10-25 月周回衛星「かぐや」(提供：JAXA)(OHM 平成19年11月号ニュース)

い楕円軌道を周回する2機の子衛星（RSAT：Relay SATellite；リレー衛星およびVRAD：VLBI RADio source；VLBI電波源衛星）から構成されている。これらの衛星には月の表面、月の地形や地下のつくり、月の環境、月からの重力分布および月から地球を調査するなど15のミッションを行う観測機器が搭載され、アポロ計画以来最大規模となる本格的な月の探査が行われた。

第 10 章　21 世紀を迎えて

10.8.1 ● 2008（平成 20）年、「リーマン・ショック」による 世界経済の混乱

　この年は、京都議定書の第一約束期間の開始にあたり、また 7 月 7 日〜9 日にかけて北海道で開催された洞爺湖サミットにおいても環境・気候変動に関する議論がなされた。そのような中、1 月 18 日に我が国の海洋研究開発機構とロシア科学アカデミーの研究によって、シベリア東部の永久凍土地帯の地温が上昇し、2004 年以来夏季に永久凍土表層の融解が急速に進行していることが判明したと発表された。

　地球環境問題への取り組み、地球温暖化対策の一環として、NHK（日本放送協会）は、7 月 6 日から 23 時で放送終了し、翌日 5 時までの 6 時間、放送を休止することにした。放送休止は、オイルショックの影響によって電力節減を訴えた 1974 年頃以来の出来事であった。

　9 月 15 日、世界経済を大混乱に陥れる引き金となった事件が起きた。アメリカの大手投資銀行リーマン・ブラザーズは、負債総額約 6 000 億ドル（約 64 兆円）という史上最大の倒産に陥った。いわゆる「リーマン・ショック」である。これは、前年からアメリカにおけるサブプライムローン問題をきっかけとしたバブル崩壊によって、多方面で資産価格が暴落したことに端を発する。我が国においても株価の大暴落を招くことになり、その後、長きにわたり景気の低迷が続くことになる。

　そんな中、10 月 8 日には海洋生物学者で理学博士の下村脩ボストン大学名誉教授が、緑色蛍光たんぱく質（GFP：Green Fluorescent Protein）の発見と開発の功績により、ノーベル化学賞の受賞が決定した。GFP はその後、生命科学や医学などの研究で幅広く使われることになる。例えば、観察を目的とするたんぱく質に GFP を付加することで、細胞の活動を維持させつつ、光学顕微鏡で容易、かつ、感度良く観察することができるようになったからである。より具体的には癌細胞増殖や転移の様子の観察のほか、転移した部位を見分けて切除することが可能になり、アルツハイマー病で神経細胞がどのように死滅するのかなどの観察もできるようになっ

501

た。このGFPは、万能細胞(iPS細胞)の開発を加速することになる。

　11月30日、初代の営業用新幹線車両である0系新幹線が山陽新幹線から引退した。開業の1964年から44年にわたって運用されたが、老朽化や新型車両の登場によってこの日に定期営業運転を終了した。そして、12月14日のさよなら運転をもって営業運転を終えたのである。

10.8.2 ● 新系統の高温超伝導物質の発見

　東京工業大学フロンティア研究センターの細野秀雄教授らは、新系統の高温超伝導物質(鉄を主成分とするオキシニクタイド化合物)を発見した。

　超伝導現象は、水銀を極低温まで冷やしていったとき、電気抵抗がゼロになる現象が発見された1911(明治44)年に遡る。それ以来、さまざまな金属材料でこの現象が調べられ、より高い転移温度の材料が発見されていく。金属系材料としては、2001年にMgB$_2$(2ホウ化マグネシウム)が39Kとそれまでの最高の転移温度を示した。これに対して、1986年にベドノルツとミューラーが発見した銅酸化物の系統は、発見当初から約30Kという高い転移温度を示したこと、セラミックスという絶縁体が超伝導を示すという驚きにより、超伝導研究フィーバーとも呼べる現象を引

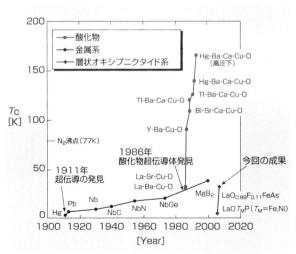

図10-26
超伝導転移温度の年度推移(OHM平成20年4月号ニュース)

き起こした。その結果、短期間に物質探索が進み、液体窒素温度（77 K）を超える物質も発見され、室温超伝導も夢ではないかと思われた時期もあった。しかし、1993年の銅水銀系酸化物での転移温度（130 K常圧、160 K高圧）を最後に、記録の更新が止まった（**図 10-26**）。

　超伝導状態では、電気抵抗がなくなるため、強力な電磁石や低損失送電、低損失電子デバイスなどが実現できる。その応用は計り知れないと期待されていたが、動作温度の低さがその実用化を制限しており、より高い転移温度の材料開発が期待されていたのである。

10.8.3 ● MRJ 事業化の決定

　三菱重工業から次世代のリージョナルジェット機 MRJ（Mitsubishi Regional Jet）の事業化に乗り出すことが発表された。そして4月1日に MRJ 事業を担う新会社である三菱航空機が設立され、MRJ の開発を加速するとともに、世界各国のエアラインへの販売活動を一層強力に展開していった。

　我が国の企業がジェット旅客機の全機組立・販売事業へ初進出する出来事である。三菱重工業は、これまでに航空宇宙事業で培った技術を駆使して、我が国航空機産業の悲願である国産旅客機事業に挑戦するものであった。

　MRJ は、新エネルギー・産業技術総合開発機構（NEDO）の助成事業として開発する、世界最高レベルの運航経済性と客室快適性を兼ね備えた70〜90席クラスの最新鋭小型ジェット旅客機である（**図 10-27**）。

　この機は、リージョナル機として初めて複合材を本格的に採用し、新型エンジンの搭載や最先端の空力設計などとあいまって、燃費の大幅な低減を実現、エアラインの競争力と収益力の向上に大きく寄与することが期待された。さらに、宇宙航空研究開発機構（JAXA）との共同開発の成果を活用して得られた最新の設計手法、要素技術、材料・加工法などを導入し、客室の快適性や環境負荷の低減などを目指したのである。

10.8.4 ● 国際航空宇宙展開催

　10月1～5日の5日間、パシフィコ横浜で12回目の「2008年国際航空宇宙展」が開催された。同展は、日本航空宇宙工業会が主催し、国内外の航空宇宙関連企業・団体等を一堂に集めて、トレード・情報交換等の促進を図るとともに、航空宇宙関連産業の振興と航空宇宙産業に対する国民への啓蒙ならびに国民生活の向上を図ることを目的に4年に1回開催されている。

　528団体が出展し、入場登録者数は4万2160名であった。展示やセミナー・シンポジウムなどのほか、航空自衛隊、川崎市消防局、陸上自衛隊

図10-27　三菱航空機「MRJ」展示模型（OHM平成20年12月号口絵）

図10-28　新明和工業水陸両用飛行艇「US-2」（OHM平成20年12月号口絵）

図10-29　JAXA　小型超音速実験機(SST)（OHM平成20年12月号口絵）

図10-30　温室効果ガス観測技術衛星「GOSAT」（OHM平成20年12月号口絵）

などによるデモフライトも行われた。

　三菱航空機は、MRJ の 1/20 の模型のほか、客室モックアップを出展した。特に客室モックアップは来場者に好評で、順番待ちの長い行列ができたほどであった。

　新明和工業は、水陸両用飛行の救難飛行艇（US-1A 改）、US-2 消防飛行艇などの模型（図 10-28）を出展した。救難飛行艇は、1976 ～ 2007 年の出動実績が 785 件で 767 名を救難した実績がある。また、消防飛行艇は 1 機当たり 15t の消防用水が搭載でき、飛行しながらの放水ができる優れものである。

　IHI は、第二次世界大戦中に開発されたジェット戦闘機「橘花」に採用された我が国最初のジェットエンジン「ネ 20」を出展した。同エンジンは、旧日本海軍航空技術廠が開発し、当時の石川島重工業（現 IHI）が試作量産エンジンを製造したものである。出展されたのは、米軍に接収された後、日本に永久貸与された実機である。

　JAXA は、小型超音速実験機（SST）の実機（図 10-29）を出展した。JAXA は、コンコルドに変わる次世代超音速輸送機の国際共同開発への主体的な参加を目指して、研究開発を進めたのである。同機は、2005 年10 月にオーストラリアの実験場で飛行試験を行い、計画通りの技術データを取得している。

　また、JAXA は、温室効果ガス観測技術衛星 GOSAT（Greenhouse gases Observing SATellite）の実物大モックアップ（図 10-30）を出展した。GOSAT は、宇宙からの温室効果ガスの濃度分布を観測するための人工衛星で、温室効果ガス吸収排出状況の把握など、温暖化防止への国際的な取り組みに貢献することを目的とした。

10.9.1 ● 2009(平成21)年、太陽光発電の余剰電力買取りが開始

　OHM 1月号(図10-31)で燃料電池車の開発最前線を特集したこの年の1月15日、アメリカではUSエアウェイズ1549便がエンジントラブルのため、ニューヨーク州のハドソン川に不時着する事故が発生した。機長の冷静沈着な判断により乗組員・乗員計155名は全員無事救助された。

　アメリカとメキシコでは、豚を起源とする新型インフルエンザの感染症が確認され、人間同士によるインフルエンザ感染事例が世界保健機関(WHO)から発表された。我が国では、5月8日にカナダから帰国した大阪府立高校の教員と高校生3名が新型インフルエンザウイルスに感染していることが確認され、成田市内の病院に隔離するとともに、周囲2m以内にいた乗客を検査隔離した。さらに5月16日には兵庫県の高校で海外渡航歴のない生徒1名が新型インフルエンザに感染していることが確認された。政府は新型インフルエンザの国内警戒レベルをフェーズ2(国内発生早期段階)へ格上げした。その後、世界的な流行の兆しが見られ、6月11日にWHOは、新型インフルエンザの警戒水準を最高のフェーズ6へと引き上げ、パンデミック(世界的大流行)を宣言した。

　一方、我が国では、11月1日に太陽光で発電した余剰電力を10年間、48円/

図10-31　"特集　燃料電池車の開発最前線"
　　　　(OHM 平成21年1月号表紙)

kWh で電力会社が買い取る制度が開始された。従来価格の2倍である。

10.9.2 ● 太陽電池セルで世界最高変換効率を達成

シャープは、化合物3接合形太陽電池で、太陽電池セルの世界最高変換効率 35.8％ を達成したと発表した(**図 10-32**)。

化合物太陽電池は、シリコンを材料として用いた太陽電池と異なり、インジウムやガリウムなど、2種以上の元素からなる化合物を材料とした光吸収層を持つ変換効率の高い太陽電池で、主に人工衛星に使用されていた。同社は 2000 年から、光吸収層を3層に積み重ねて高効率化を実現する「化合物3接合形太陽電池」の研究開発を進めていた。

化合物3接合形太陽電池の高効率化には、各吸収層(トップ層・ミドル層・ボトム層)の結晶性(原子の規則正しい配列性)の向上と太陽光エネルギーを最大限利用できる材料構成が重要である。

従来、ボトム層には製法の容易さから Ge (ゲルマニウム) を用いていたが、その性質上、発生する電流量は多いものの、電流の大半が電気エネルギーとして利用できず無駄になっていた。これを解決するには、利用効率の高い材料である InGaAs (インジウム・ガリウム・ヒ素) をボトム層として形成することが鍵であったが、結晶性の高い高品質の InGaAs を作る工程に課題があった(**図 10-33**)。

同社は、独自の層形成技術によって、従来は難しいとされていた「結晶

図 10-32　世界最高変換効率を達成した化合物3接合型太陽電池セル(提供：シャープ(株))(OHM 平成21年12月号ニュース)

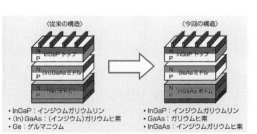

図 10-33　化合物3接合型太陽電池の構造(提供：シャープ(株))(OHM 平成21年12月号ニュース)

性を高めた InGaAs の層形成」を実現した。これにより、無駄となる電流を最小限に抑え、同社では 31.5% であった変換効率を 35.8% まで高めることに成功した。なお、この研究成果は新エネルギー・産業技術総合開発機構の「革新的太陽光発電技術研究開発」テーマの一環として、開発に取り組んだものである。

10.9.3 ● SiC ダイオードを適用した分散電源連系インバータ

　省エネルギーの観点からパワーエレクトロニクス機器の低損失、高効率化が望まれているところ、Si に代わる次世代のデバイスとして SiC が期待されていた。そのような中、電力中央研究所と東芝が共同で行った SiC ダイオードを適用した分散電源連系インバータの実証機の概要と成果が OHM に掲載された。

　製作した実証機の回路構成は図 10-34 に示すとおりである。実証機はトランスレス（非絶縁）方式で、容量 3.3 kW、単相 200 V 出力の太陽光発電用インバータ（以下、PV インバータと称する）を想定して試作された。

　実証機に適用したパワーデバイスは、サージ電流耐量と漏れ電流特性を改善した 600 V、50 A の IGBT、および低抵抗 MOSFET である 600 V、0.04 Ω スーパージャンクション（SJ）MOSFET の 3 種類である。

　実証機は、SJ-MOSFET（2 並列）と SiC-SBD（3 並列）による昇圧チョッパ用モジュール、IGBT（1 並列）と SiC-SBD（2 並列）による単相ブリッジインバータモジュールからなり、ベースとなる IGBT インバータの素子構

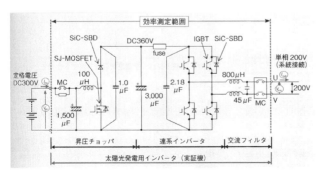

図 10-34
分散電源連系インバータ実証機の主回路構成（提供：電力中央研究所）（OHM 平成 21 年 4 月号 p.37）

成を改造して製作された。なお、昇圧チョッパ用リアクトル、および交流
フィルタ用リアクトル、高スイッチング周波数に合わせて高周波特性に優
れたフェライトコアのリアクトルが適用された。

昇圧チョッパ部（スイッチング周波数72kHz）、連系インバータ部（スイ
ッチング周波数18kHz）、交流フィルタを含めた総合効率は、出力2.0kW
以上で効率96.0%以上、出力3.0kW時に最高効率96.4%を達成した。
これはSiCダイオード適用前のIGBTインバータの最高効率94.4%に比
べて2%の効率改善を達成した。また、IGBTが搭載された市販品のPV
インバータの最高効率に対しても0.6%の効率改善ができた。

10.9.4 ● 国内初のプルサーマルを起動

九州電力は11月5日、玄海原子力発電所3号機（加圧水型軽水炉、定格
電気出力118万kW）を起動して臨界に到達させた後、同月19日から発電
を再開した。発電再開後は徐々に出力を上昇させながら各種装置の調整運
転を行い、通常運転に復帰した。

同機は、我が国初の正式なプルサーマル発電を行った。運転に先立って
実施された第12回定期検査の際、193体の燃料のうち、80体を新燃料に
交換したが、その80体のうちの16体をMOX（Mixed Oxide）燃料にした。

プルサーマルはプルトニウムとサーマルリアクターから合成された、い
わゆる和製英語で、プルトニウムとウランを混ぜたMOX燃料を通常の原
子力発電所（軽水炉、サーマルリアクター）で利用することを意味する。プ
ルサーマルでは、再処理で回収されたウランとプルトニウムをリサイクル
することから、エネルギーの有効活用が期待された。当時、海外ではフラン
ス、ドイツが中心となって6000体以上のMOX燃料の使用実績があった。

一方、我が国では関西電力と日本原子力発電が軽水炉でMOX燃料を使
用した実績があるほか、日本原子力研究開発機構が新型転換炉「ふげん」
（2003年運転終了）でMOX燃料を使用した実績があるものの、我が国で
商用発電を開始したのは玄海原子力発電所3号機が初である。

10.10.1 ● 2010(平成 22)年、小惑星探査機「はやぶさ」が地球に帰還

平城遷都 1300 年にあたるこの年、元旦に奈良県で行われた平城遷都 1300 年祭で幕を開けた。

1 月 14 日には、国内最高の高さ(世界で 3 番目)となる 116m の東京国際空港(羽田空港)の新管制塔が運用を開始し、10 月 21 日には同空港で 4 番目の滑走路となる D 滑走路と、新国際線ターミナルが供用を開始した。同時に東京モノレール羽田線に羽田空港国際線ビル駅が、京浜急行空港線に羽田空港国際線ターミナル駅がそれぞれ開業した。

6 月 13 日、小惑星探査機「はやぶさ」が約 60 億 km の旅を終え、地球に帰還した。本体は大気圏再突入時に燃え尽きたものの、サンプルを収容したカプセルは無事であり、翌日回収された。はやぶさは、平成 15 年 5 月 9 日に打ち上げられ、いくつかの困難なトラブルに見舞われたが、地球重力圏外にある小惑星イトカワに着陸してサンプルを採集し、地球に帰還することに世界で初めて成功したのである。大気圏再突入時に探査機本体が燃え尽きる様子が報道され多くの人を感動させた。

「はやぶさ HAYABUSA BACK TO THE EARTH」「はやぶさ/HAYABUSA」「はやぶさ 遥かなる帰還」「おかえり、はやぶさ」と 4 本の映画が立て続けに上映されて一大ブームにもなった。

10.10.2 ● 東京電力初のプルサーマル発電

9 月 18 日、東京電力では初となるプルサーマル発電が福島第一原子力発電所 3 号機で開始された。そして同月 23 日には発電を始めて 27 日に定格出力 78 万 4 000 kW に達し、30 日には定格熱出力一定運転を開始する(図 10-35)。11 月号表紙の中ほどに見えるのが MOX 燃料装荷の様子である。

定格熱出力一定運転とは、原子炉で発生する熱(原子炉熱出力)を原子炉設置許可で認められた最大値である定格熱出力を一定に保ったまま運転する方法で、冬季のように海水温度が低い時期には発電効率が良くなり、発生する電力が増加する。

図 10-35　MOX 燃料の使用を開始した福島第一原子力発電所（提供：東京電力 HD（株））（OHM 平成 22 年 11 月号表紙）

　この 3 号機は、6 月 19 日から開始された第 24 回定期検査において、MOX 燃料を使用することについて福島県から了解が得られ、取替燃料の一部（32 体）に採用された。使用された MOX 燃料は、平成 11 年 9 月に発電所に搬入されて以来、10 年以上にわたって使用済み燃料プール内に保管されていた。そのため燃料装荷に先立って燃料組成変化による影響を考慮した評価と解析、使用済み燃料プールの管理状況の確認を行い、問題のないことが確認された。また、起動して一定時間プラントを運転した後、燃料の健全性を確認することとした。

10.10.3 ● IEEE マイルストーン認定

　4 月 9 日、関西電力　黒部川第四発電所（黒四）が IEEE（The Institute of Electrical and Electronics Engineers, Inc.）より、権威ある IEEE マイルストーンに認定されたとの発表がなされた。

　IEEE マイルストーンは、IEEE が電気・電子・情報・通信の関連分野において達成された画期的なイノベーションの中で、社会や産業の発展に貢献したと認定される歴史的偉業を表彰する制度として、1983 年に設定されたものである。当時、ボルタ電池やフレミングの二極管など世界で約

100件がマイルストーンに認定されていた。

　我が国の電力会社が受賞したのは初であり、電気技術の工学分野と関連分野における黒四の歴史的偉業が認定されたものである。この認定は、過酷な自然環境の中で発電した黒四と、発電した電気を送電する関連設備、戦後の産業復興による急速な需要増加に対応して電力供給に重要な役割を果たしていることに対し、評価を受けたものである。

　建設当時、世界最大出力のペルトン水車（6ノズル）や、日本最大の高さを誇る黒部ダムに導入された水力技術の数々は、黒部川の最上流に位置する大規模貯水池式水力発電所として、その後の水力発電所の基盤技術となった。また、黒四は黒四を起点とした275kV長距離送電線をはじめとし、その後のさらなる高電圧大容量送電の基礎技術にもなっている。

　これらの技術は、電源地から消費地までの長距離電力輸送を可能とし、関西地域への電力安定に重要な役割を果たし、生活や産業の発展に貢献しているのである。

10.10.4 ● 多機能電力貯蔵装置を開発

　関西電力、日新電機、川崎重工業の3社は、10月26日、ニッケル水素電池を利用したものとしては初めて電力ピークシフト、瞬時電圧低下対策を同時に兼ね備えた多機能電力貯蔵装置（図10-36、37）を共同開発したと発表した。

　研究開発体制は、関西電力が研究の企画立案・管理・総合評価並びに多機能電池貯蔵装置の考案を、日新電機が制御ソフトウエアの開発・評価および電力変換器の製作・評価を、川崎重工業が電池監視装置の製作・評価とニッケル水素電池の製作・評価をそれぞれ担当した。

　当時の多機能電力貯蔵装置としては、大規模のビルや工場を対象とした大容量のナトリウム硫黄電池を利用した機器が主に販売されていたが、中小規模のビルや工場に適用できる中小容量のナトリウム硫黄電池はなかった。また、中小規模のビルや工場向けには、蓄電池を利用した機種が販売されていたが、高性能の蓄電池を搭載した多機能電力貯蔵装置はなかった。

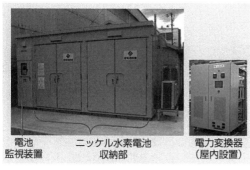

図 10-36　多機能電力貯蔵装置の外観（提供：関西電力(株)）（OHM 平成 22 年 12 月号ニュース）

図 10-37　ニッケル水素電池スタック（ギガセル）（提供：関西電力(株)）（OHM 平成 22 年 12 月号ニュース）

　このような背景下、川崎重工業製のニッケル水素電池を利用し、中小規模のビルや工場向けに高出力・高効率な多機能電力貯蔵装置を開発したのである。

　発表された多機能電力貯蔵装置は、高出力のため小容量の電池で対応可能で省スペースが実現できること、高効率のため、より少ない充電量で電力ピークシフトが行えること、装置の出力が最小 50 kW から、50 kW 単位で組み合わせ対応が可能であることなどの特徴を備えていた。

　多機能電力貯蔵装置は、定格電圧 AC 200 V、定格出力 50 kW、エネルギー容量 102 kWh で、瞬時電圧低下補償能力 80 kW で 1 時間、停電補償能力 50 kW で 10 分間、電力ピークシフト時間約 1.5 時間（定格出力時）の性能を有していた。

第11章

社会とともに歩んだ100年

11.1.1 ● 2011 (平成 23) 年、東日本大震災

11.1.2 ● 原子力発電所の緊急安全対策

11.1.3 ● 世界最高電圧の超電導ケーブルを
開発

11.2.1 ● 2012 (平成 24) 年、東京スカイツリー
(634m) が竣工

11.2.2 ● レアアース不使用の永久磁石同期
モータを開発

11.2.3 ● 再生可能エネルギーの固定価格
買取制度が開始

11.2.4 ● スーパーコンピュータ「京」が
完成

11.3.1 ● 2013 (平成 25) 年、特許制度の国際
調和が加速

11.3.2 ● 高い耐震性を備えた 154kV 変圧器
開発

11.3.3 ● 温室効果ガス濃度が過去最高に

11.3.4 ● 電気学会創立 125 周年記念式典が
開催

11.4.1 ● 2014 (平成 26) 年、創刊 100 年目を
迎えて

11.4.2 ● 第 7 回電気技術顕彰「でんきの礎」
の発表

11.4.3 ● スマートメーターの設置・検証を
開始

11.4.4 ● 国内最大のソーラー発電所が竣工

11.4.5 ● 改正電気事業法が成立

11.1.1 ● 2011（平成23）年、東日本大震災

　3月5日、東北新幹線の最速列車となる「はやぶさ」が運行を開始した翌週の3月11日、東北地方の太平洋岸沖を震源とするマグニチュード9.0の地震が発生する。我が国観測史上、最大の地震である。そして、この地震に続く大津波が東北地方から関東地方の太平洋側に襲来し、特に岩手県・宮城県・福島県の沿岸で甚大な被害をもたらして、死者・行方不明者数が2万人を超えるという未曾有の大惨害となった。

　巨大地震の揺れと大津波を受けた福島第一原子力発電所では、全電源喪失により核燃料の冷却ができなくなり、水素爆発が発生して放射性物質を撒き散らすという大事故に至った。この大事故は、旧ソ連のチェルノブイリ原発事故と同じ国際評価基準のレベル7と評価された。

　菅直人内閣総理大臣は、5月6日に首相官邸で緊急記者会見を行い、中長期的地震対策が完成するまでの間、中部電力・浜岡原子力発電所におけるすべての原子炉を含めた施設の運転中止を要請したことを発表する。中部電力は内閣総理大臣の要請を受け、5月14日に全原子炉の運転を停止した。これ以降、我が国の原子炉は順次停止し、すべての原子力発電所が稼働停止に追い込まれることになる。

　東京電力は、福島第一・第二原子力発電所の停止のほか、地震の影響を受けた火力発電所の事故が加わり、管内の供給予備力が低下した。このため広域停電を防止する観点から、輪番による停電（計画停電）が順次実施された。

　ちなみに、この年のOHM 1月号（**図11-1**）には、原子力発電の最新動向の特集が掲載されていた。

11.1.2 ● 原子力発電所の緊急安全対策

　経済産業省は3月30日、東日本大震災による福島第一原子力発電所の事故を受け、原子力安全・保安院が福島第一原子力発電所事故に引き続き全力で対応しつつ、今後、今般の津波発生メカニズムを含め、事故の全体

図 11-1 "特集　原子力発電最新動向"
（OHM 平成 23 年 1 月号表紙）

像を把握し、分析・評価を行い、これらに対応した抜本的な対策を講じることとした。その一方で、今回のような巨大地震に付随した極めて大きな津波は、その発生頻度は相当に小さいものの、それらによる原子力発電所への影響が甚大となる可能性があることから、福島第一・第二原子力発電所以外の原子力発電所について、現在判明している知見に基づき、放射性物質の放出をできる限り回避しつつ、冷却機能を回復することを可能とするための緊急安全対策を講じる。緊急安全対策に電気事業者等が適切に取り組み、原子力安全・保安院がこれを検査等により確認することにより、津波による全交流電源喪失等から発生する炉心損傷等を防止し、原子力災害の発生を防止する。

　緊急安全対策の内容は、福島第一原子力発電所事故が、巨大地震に付随した津波により、①所内電源の喪失とともに緊急時の電源が確保できなかったこと、②原子炉停止後の炉心からの熱を最終的に海中に放出する海水系施設、もしくはその機能が喪失したこと、③使用済み燃料貯蔵プールの冷却やプールへの通常の所内水供給が停止した際に、機動的に冷却水の供給ができなかったことが事故の拡大をもたらし、原子力災害に至らせ、もしくは災害規模を大きくした直接的要因と考えてなされたものである。

このため原子力安全・保安院は、直ちに省令改正（保安規程における要求事項）等を行い、すべての原子力発電所（福島第一、第二原子力発電所を除く）に対し、津波により３つの機能（全交流電源、海水冷却機能、使用済み燃料貯蔵プールの冷却機能）をすべて喪失したとしても、炉心損傷や使用済み燃料の損失を防止し、放射性物質の放出を抑制しつつ冷却機能の回復を図る安全対策の強化を求めた。

また、原子力安全・保安院においては、電気事業者等から提出された緊急安全対策の実施状況の妥当性を厳格に確認することにした。このため、緊急安全対策を盛り込んだ保安規程の認可申請を受け、その妥当性を厳格に審査し認可するとともに、発電所ごとの緊急安全対策の実施状況を検査等により厳格に確認することとした。

11.1.3 ● 世界最高電圧の超電導ケーブルを開発

超電導ケーブルはコンパクトな形状で大容量送電を可能にし、送電損失も小さいことから、省エネルギー、地球温暖化対策に貢献できる技術として期待されている。古河電工が開発した超電導ケーブルは、超電導線材の性能向上による電流容量の増加に加え、電圧についても275kVの高電圧化に成功した。その結果、超電導ケーブル１回線で火力発電所や原子力発電所１基分の電力が低損失で送電可能になるというものである。

開発された高温超電導ケーブルの構造は図11-2に示すとおりである。この写真の左側は66/77kV仕様で、右側は275kV仕様である。どちらのケーブルも断熱外管と断熱内管とから構成される真空断熱管を有している。断熱外管と断熱内管の間には、特殊な熱絶縁シートが巻かれており、真空状態を保つことで外部からの侵入熱を防ぐとともに、断熱内管の内側には液体窒素を循環して冷却し、超電導状態を作る。

超電導コアは、フォーマと呼ばれる銅の撚り線、超電導導体層、電気絶縁層、超電導シールド層、銅テープと絶縁テープからなる保護層で構成されている。66/77kVではこの超電導コアが３本あり、275kVでは１本ある。

高温超電導線はテープ状であり、超電導導体層を構成するためにフォー

図11-2 超電導ケーブル(写真左：66/77kV-1kA 超電導ケーブル、2008年開発品、写真右：開発した275kV-3kA超電導ケーブル)(提供：古河電気工業(株))(OHM 平成23年10月号、p.74)

図11-3 275kV 超電導ケーブル用気中終端接続部(提供：古河電気工業(株))(OHM 平成23年10月号、p.74)

マ上に多数本の超電導線が螺旋状に巻き付けられている。したがって、ケーブルとしての導体はフォーマと超電導導体層であり、この導体部分において高電圧になって電流が流れることになる。フォーマは銅撚り線であって、しかも液体窒素温度にまで冷却されているので、電気抵抗は常温の1/8と小さいが、電流は100%超電導導体層に流れる。

一方で、超電導状態を維持できなくなるほどの事故電流が流れた場合、電流はフォーマに分流されることから、超電導導体層の安定性にフォーマが寄与している。275kVになると事故時に、1秒以内の短時間ではあるが、通常電流の20倍以上の事故電流が流れる可能性がある。この耐事故電流対策が275kV超電導ケーブル開発における課題の一つであり、開発が進められたのである。

さらに、275kVケーブルで必要な終端部、中間接続部の開発もケーブル絶縁の設計とともに進められ、エポキシ系のFRP円筒に、シリコンゴムの外被・笠を被覆し、円筒の両端に金具を装着した複合碍管を採用することで、磁気碍管を用いた終端部に比べて、長さで80%、重量で20%の軽量・コンパクト化を実現した(図11-3)。

519

11.2.1 ● 2012（平成 24）年、東京スカイツリー（634 m）が竣工

　この年は宇宙での新たな出来事が多かった。6 月 16 日、中国初となる女性宇宙飛行士を乗せた有人宇宙船「神舟 9 号」が打ち上げられた。アメリカでは 8 月 6 日に NASA の火星探査機キュリオシティが火星に到着して探査を始めた一方、同月 25 日にボイジャー 1 号が太陽から約 190 億 km の地点で太陽系を離脱した。ボイジャー 1 号は、1977（昭和 52）年に打ち上げられた衛星であり、木星および土星を観測した後、太陽系を離脱した人類史上初めての人工物である。

　我が国では 2 月 29 日、自立式鉄塔としては世界一の高さ（634 m）となる東京スカイツリーが竣工する。開業 72 日目の 8 月 1 日で来場者が 100 万人を超えた。

　5 月 5 日には北海道電力・泊発電所が運転停止し、我が国すべての原子力発電所が稼働を停止した。実に昭和 45 年以来 42 年ぶりの出来事であった。

11.2.2 ● レアアース不使用の永久磁石同期モータを開発

　レアアース（希土類元素）は中国が主たる生産国であり、政治的なリスクが伴う資源でもあった。特に 2010 年 9 月に発生した尖閣諸島の中国漁船衝突事故以降、中国は事実上の対日輸出停止を実施した。

　そのようななか、日立産機システムは 4 月 11 日、日立製作所と共同で、モータの心臓部である鉄心に鉄基アモルファス金属を採用することでレアアース（ネオジウム、ディスプロシウム）を含んだ金属を含まない、11 kW 高効率永久磁石同期モータを開発した。

　両社は 2008 年にレアアースを用いない基礎技術を確立していたが、さらなる大容量化と高効率化を図るため、構造の最適化や鉄心の損失低減などの応用技術を開発し、中容量クラスである 11 kW モータへの適用を実現したのである。

　このモータは、従来のモータの定格以下で国際電気標準会議（IEC）の効

第 11 章 社会とともに歩んだ 100 年

図 11-4 アモルファス鉄心を用いたステータ（提供：（株）日立産機システム）（OHM 平成 24 年 6 月号ニュース）

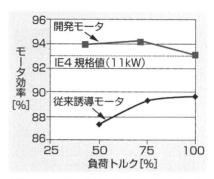

図 11-5 モータ効率の比較（OHM 平成 24 年 6 月号ニュース）

率ガイドラインの最高水準である IE4（IEC 60034-31 で示されているモータのエネルギー効率ガイドラインで最も高いもの）に適合するエネルギー効率約 93% を達成した。

　開発の背景としては、地球温暖化などの環境問題に対する社会的な関心の高まりから、エネルギー消費を抑制する技術が注目されていた。モータにおいても、レアアースを含んだ磁石などを用いて効率化が図られてきたところであるが、資源枯渇の観点から、レアアースのリサイクルや他の材料への置き換えニーズが高まっていたのである。

　このような背景から、両社はアモルファス金属を鉄心に採用し、レアアースを含んだ磁石を用いなくてもモータの効率を高めることができる、アキシャルギャップモータの基礎技術を開発し、2008 年に小型容量クラスの 150 W モータを試作した。しかし、さらなる大容量化と効率化を図るためには、高い強度のモータ構造やエネルギー損失を低減する材料を開発する必要があった。

　そこで、両社は磁力の低いフェライト磁石を有効活用できるアキシャルギャップモータ構造最適化技術と、アモルファス金属のエネルギー低損失特性を引き出す積層型鉄心構造技術を開発し、レアアースを含まない磁石を用いた産業用 11 kW 高効率永久磁石同期モータを開発したのである。

521

このモータには、新たにフェライト磁石の実装技術を高めて磁石の磁気エネルギーを大幅に高められるダブルロータ型アキシャルギャップモータとするため、大きなトルクと遠心力に耐えられる高強度なステータロータ構造が採用された（図11-4）。これにより、産業用で利用される電力消費の大きい中型容量クラスの11kWモータの効率向上とレアアースを含まない磁石を用いたモータの開発が実現できた。

また、鉄心の損失を低減するため積層型鉄心構造とモータの最適設計技術を適用し、IECガイドラインで示されているIE4に適合する高効率化が実現できたのである（図11-5）。

11.2.3 ● 再生可能エネルギーの固定価格買取制度が開始

6月18日、経済産業省は再生可能エネルギーの固定価格買取制度について、調達価格、調達期間、賦課金単価を含む制度の詳細を決定、関連する省令や告示を交付し、7月1日から開始した。

具体的には、平成24年度の価格・期間（平成24年7月～平成25年3月末まで）を調達価格等算定委員会の意見書どおり定めた。

これは太陽光（10kW以上）で42円（税抜40円、20年）、風力（20kW以上）で23.1円（税抜22円、20年）、地熱（15 000kW以上）で27.3円（税抜26円、15年）などと定めたものである。

平成24年度（平成24年7月～平成25年3月末まで）の再生可能エネルギー賦課金単価を、0.22円/kWhと定めた。このため平成24年度については、太陽光発電の余剰電力買取制度に基づく太陽光発電促進付加金をあわせて負担することになるため、標準家庭（電気使用量300kWh/月、電気料金7 000円/月）の負担水準は、全国平均で87円/月になった。

11.2.4 ● スーパーコンピュータ「京」が完成

スーパーコンピュータ「京（けい）」は、文部科学省が推進する革新的ハイパフォーマンス・インフラ（HPCI）の構築計画の下、2012年6月末の完成を目指して開発が進められてきた。

第 11 章　社会とともに歩んだ 100 年

　6 月 29 日、理化学研究所は富士通と共同で開発を進めてきたスーパーコンピュータ「京」が最終的な動作確認を終えて完成したことを発表した。

　「京」は、スーパーコンピュータランキング「TOP 500」2011 年 6 月、11 月と世界第 1 位を 2 期連続で獲得するなど多数の受賞を果たし、実アプリケーションでも高い性能を実現できることを示した。

　2013 年の秋以降は、大規模システム環境下におけるオペレーションシステム（OS）、ジョブマネージャ、並列化ライブラリなどシステムソフトウェアの整備・調整を行ってきた。並行して、我が国が戦略的に重要と定める分野で画期的な成果を早期に送出するため、グランドチャレンジアプリケーションの研究開発や戦略プログラムに参加している研究者に対し、「京」の一部を試験利用環境として提供してきた。そして、ユーザの利便性やハードウェア性能を最大限に引き出す性能を備えたシステムソフトウェアなどが整い、「京」全体の動作確認を終了し、完成した。

　「京」は、シミュレーション精度や計算速度の飛躍的な向上により、様々な計算科学の分野で広く利用され、世界最高水準の成果創出に貢献することが期待された。

523

11.3.1 ● 2013（平成 25）年、特許制度の国際調和が加速

富士山が世界文化遺産に登録されたこの年の 5 月 31 日、2011 年に自立
式鉄塔として世界一高いタワーとギネス認定された東京スカイツリーか
ら、テレビ放送（NHK と在京広域民放局）の本放送が開始された。

9 月 7 日、第 125 次 IOC 総会において、2020 年夏季オリンピックを東
京で開催することが決定された。1964 年の東京オリンピック後、東京は
56 年ぶりの開催地となった。

この年、アメリカでは、3 月 16 日以降の有効出願日を有する特許出願に
先願主義が適用された。それまでの先発明主義から先願主義に切り替わっ
たのである。先願主義は、我が国や欧米等の世界の多くの国で実施されて
いたが、アメリカは先発明主義をとっていた。先願主義は先に出願したも
のに特許を付与するという考え方であって、出願日についての争いは生じ
ない。しかしながら、先発明主義は、先に発明した者に特許を与えるとい
う考え方であり、発明した日の立証をめぐる争いが生じやすいという問題
があった。アメリカには、この争いを解決する独自の制度（インターフェ
アレンス）があるものの、手続きが煩雑で特殊であった。アメリカが先願
主義に移行したことから特許制度の国際調和が加速されることになった。

中国では、12 月 14 日に無人月探査機「嫦娥 3 号」が月面着陸に成功した。
アメリカ、ソビエト（当時）に次ぐ 3 か国目の成功国となったのもこの年の
出来事である。

11.3.2 ● 高い耐震性を備えた 154 kV 変圧器開発

我が国では、東日本大震災で社会インフラ設備に大きな被害が生じたこ
とを契機に、送変電分野においても、電力事業用や鉄道用などを中心とした、
特に 154 kV クラス以上の電力用変圧器の耐震性向上のニーズが高まって
いた。

日立製作所と昭和電線ケーブルシステムの両社は、従来高い耐震性を備
えた 66/77 kV クラスの変圧器を共同で開発していた。そして、さらなる

第11章　社会とともに歩んだ100年

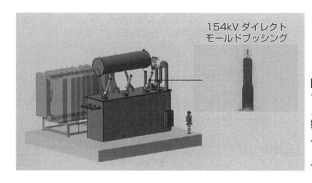

図 11-6
154kV クラス変圧器イメージ（提供：（株）日立製作所）／昭和電線ホールディングス（株））
(OHM 平成 25 年 5 月号ニュース)

　高電圧化のニーズを受け、日立製作所の持つ変圧器の耐震性への知見と、昭和電線ケーブルシステムの持つダイレクトモールドブッシング（変圧器の入出力端子）の技術を結集し、154kV クラスで高い耐震性を備えた変圧器（図 11-6）を開発した。

　この変圧器は、軽量・小型を特長とする新素材を適用した 154kV クラスダイレクトモールドブッシングを新たに開発して搭載したほか、変圧器全体の低重心化や、ブッシング取付け部の剛性を高めることで、耐震性を向上させている。また、地震によって変圧器内部の絶縁油が動揺し、発生する圧力で避圧弁が開放されても、瞬時に自動で復帰する機能を備える。

　154kV クラスダイレクトモールドブッシングは、絶縁媒体として油を用いず、エポキシ樹脂にシリコーンゴムの外被を直接かぶせた構造となっており、油が漏れるリスクを排除したほか、従来の磁気碍子ブッシングと比較して約 80％の軽量化と、約 50％の小型化を実現した。軽量化・小型化により、固有振動数を高め、地震の周波数と共振してブッシングに過大な応力が発生するリスクを低減した。

　なお、ブッシングに絶縁油を使用していないため、変圧器の保守点検箇所や油の管理を減らすことができることに加え、ブッシング単体の横置き保管が可能で、保守性が向上した。さらに、ブッシングの取り付け角度の制限をなくしたことにより、変圧器のレイアウト設計における自由度も向上し、より多様なニーズに対応可能となった。

525

11.3.3 ● 温室効果ガス濃度が過去最高に

　気象庁は、世界気象機関（WMO）の温室効果ガス世界資料センター（WDCGG）を運営しており、世界中の温室効果ガス観測データを収集・解析している。2012年12月までの世界の温室効果ガス観測データについて、同庁が世界の温室効果ガス専門家と協力して解析し、結果を取りまとめ、WMOから11月6日に温室効果ガス年報第9号として発表された。

　解析結果によると、大気中の主要な温室効果ガスである二酸化炭素（CO_2）、メタン（CH_4）、一酸化二窒素（N_2O）は増加を続けており、2012年における世界平均濃度は過去最高値を記録したことがわかった（図11-7、8）。公開されたIPCC第5次評価報告書（AR5）においても、これらの温室効果ガスが濃度増加を続けていると指摘している。

　なお、同年報にはトピックスとして、大気中のメタンの濃度変化が取り上げられている。大気中のメタン濃度は1999年から2006年まではほぼ一定だったが、2007年に再び増加しはじめた。この増加には、熱帯域および北半球中緯度からのメタンの排出が寄与している一方で、北極域からの排出量には変化が見られていないことが指摘されている。

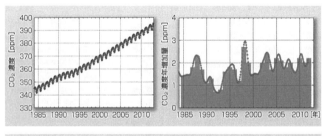

図11-7
二酸化炭素の世界平均濃度（左）とその年増加量の経年変化（出典：気象庁ホームページ）
（OHM 平成25年12月号ニュース）

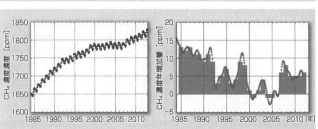

図11-8
メタンの世界平均濃度（左）とその年増加量の経年変化（右）（出典：気象庁ホームページ）
（OHM 平成25年12月号ニュース）

図 11-9　電気学会創立 125 周年記念式典(明治記念館)
（OHM 平成 25 年 11 月号 p.76）

図 11-10　電気工学ハンドブック第 7 版

11.3.4 ● 電気学会創立 125 周年記念式典が開催

　電気学会は 10 月 11 日、東京・港区の明治記念館で電気学会創立 125 周年記念式典を開催した（図 11-9）。会場には電気学会会員を始め、政府関係者、国内外の関係団体、会員企業の代表者約 400 名の参加者が集い、新たな節目を祝った。

　同学会は 1888（明治 21）年に創設され、記念式典開催は 1988 年の 100 周年以来となるが、この 25 年間はバブル崩壊や不安定な国際情勢、ICT 技術の急速な進展など電気学会を取り巻く情勢は大きく変動した。

　中でも 2011 年の東日本大震災以降は、電気を中心とするエネルギー問題が国民の最大関心事となっただけに、同学会の社会的な役割が改めて認識された数年となった。

　なお、創立 125 周年事業は、本記念式典を含めて複数企画で構成され、記念全国大会の開催、学会誌記念特集号の発行、電気工学ハンドブック第 7 版（図 11-10）の発行、電気学会 125 年史の出版、学会ホームページのリニューアルなど広範な事業となった。

11.4.1 ● 2014(平成 26)年、創刊 100 年目を迎えて

「OHM」誌(図 11-11)が創刊 100 年目を迎えたこの年の 1 月 29 日には、理化学研究所の発生・再生科学総合研究センターから世界中に衝撃を与える発表がなされた。マウスの体細胞を酸性の溶液に浸して刺激を与えることで、あらゆる細胞に変化できる「STAP(Stimulus-Triggered Acquisition of Pluripotency:刺激惹起性多能性獲得)細胞」と命名された万能細胞を世界で初めて作成することに成功したのである。STAP 細胞に関する論文は、Nature 誌に掲載されたものの、発表直後からその内容に多くの疑問が投げかけられた。そして、再生医療に大きな夢をもたらしたこの発表は、わずか 5 か月足らずで Nature 誌から撤回され、最初からなかったことになった。

3 月 14 日には、また昭和の歴史が一つ消え去った。昭和 45 年 10 月から開始した東日本旅客鉄道の寝台特急「あけぼの」が、この日をもって定期運行をやめることになったのである。これにより東北地方を起点に定期運行する寝台特急のすべてが姿を消すことになった。

図 11-11　創刊 100 年目の年を迎えた OHM
　　　　　(OHM 平成 26 年 1 月号表紙)

第11章 社会とともに歩んだ100年

11.4.2 ● 第7回電気技術顕彰「でんきの礎」を発表

　一般社団法人電気学会は2月3日、第7回電気技術顕彰「でんきの礎」の顕彰先を発表した。

　電気の礎（One Step on Electro-Technology）は、「社会生活に大きく貢献した電気技術」の功績を称え、その価値を多くの人に知ってもらい、電気技術への関心を持ってもらうことを目的に，技術的価値、社会的価値、あるいは学術的・教育的価値のいずれかを有する約25年以上経過した電気技術の業績を顕彰するもので、2008（平成20）年の創立120周年記念行事の一環として制度化され、7回目の顕彰になった。

　「モノ」「場所」「こと」「人」の4カテゴリーがあり、第1回では「秋葉原（秋葉原駅周辺の電気街）」などの10件、第2回では「電気釜」などの5件、第3回では「ウォークマン」などの4件、第4回では「高柳健次郎と全電子式テレビジョン」などの6件、第5回では「PC-9800シリーズ」などの5件、第6回では「NC装置（数値制御装置）」などの11件が表彰された。第7回の平成26年は、魚群探知機（古野電気）、全熱交換形換気機器　ロスナイ（三菱電機）、電子制御モータを生んだ高感度InSb薄膜ホール素子（旭化成）、pinダイオードと静電誘導トランジスタ・サイリスタ（東北大学）、郵便物自動処理システム（東芝、郵政博物館）、ラップトップPC T1100（東芝）の6件7顕彰先に決定した。

11.4.3 ● スマートメーターの設置・検証を開始

　東京電力は、1月15日に認定された新・総合特別事業計画に基づき、スマートメーターの早期導入を計画しているところ、スマートメーターの通信機能に関する技術検証を目的として、東京都小平市の一部地域において4月から1000台程度のスマートメーターの設置を開始した。6月までは、実フィールドにおける携帯電話方式の通信状況、計測器取替工事の作業性に関する検証が行われた。

　これに引き続き7月からは東京都全域、2014年度後半からは同社のサ

ービスエリア全域において、従来計器の検定有効期間満了時の定期的な取り替えのほか、新築などにおける新たな電気の使用申し込みに合わせてスマートメーターを本格的に設置し、2015年6月までの1年間にわたって、適材適所の通信方式（無線マルチホップ方式、PLC方式）、スマートメーターの通信機能などを活用した業務運行や新たなサービスなどの検証が行われる。

11.4.4 ● 国内最大のソーラー発電所が竣工

丸紅の子会社である大分ソーラーパワーは国内最大規模のメガソーラー発電所「大分ソーラーパワー」（図11-12）を大分県大分市に新設した。発電所の敷地面積は105 ha、発電出力は82 MW、年間予想発電電力量は一般家庭約3万世帯分に相当する8 700万 kWh である。同システムの設計・調達・製造・据付・調整は、日立製作所が一括して担当した。

保守サービスでは日立製作所のデータセンターを活用した24時間遠隔監視サービスによって、運転情報レポートなどを提供するほか、障害発生時には迅速に対応する。また、通常の監視技術では警報が発生しないレベルの劣化や故障についても、日立製作所中央研究所が開発した太陽光モジュール故障監視アルゴリズムによって故障検出感度・確度を高めることで検

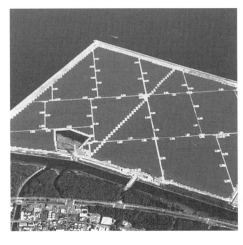

図11-12　大分ソーラーパワー外観
（OHM 平成26年6月号ニュース）

出することが可能となった。

同システムには、晴れの日から曇りの日まで幅広い日照状況で高い発電効率を実現する高効率パワーコンディショナ(容量 500 kW、直流入力最大電圧 660 V、最大効率 98.0％) を使用している。さらに、待機電力を抑えた効率のよいアモルファス変圧器を組み合わせることで、快晴の日が少ない我が国の天候にも対応し、さらなる発電量増加を図っている。

11.4.5 ● 改正電気事業法が成立

政府は 2013(平成 25) 年 4 月に「電力システムに関する改革方針」を閣議決定し、これを踏まえて同年 11 月に成立した電気事業法の一部を改正する法律(平成 25 年法律第 74 号)の附則で「改革プログラム」を定めた。この「改革プログラム」では、電力システム改革の目的として、「安定供給の確保」「電気料金の最大限の抑制」「需要家の選択肢や事業機会の拡大」の 3 つを掲げ、この目的の下で、①広域運用の拡大、②小売及び発電の全面自由化、③法的分離の方式による送配電部門の中立性の一層の確保の 3 本柱で改革を行うこととした。これらを踏まえ、①の広域系統運用の拡大については、2013 年 11 月に改正法が成立し、2015 年を目途に広域運用推進機関を設立することが決定した。

改正電気事業法は、2014 (平成 26) 年 2 月に閣議決定され、第 186 回通常国会に提出されていた「電気事業法等の一部を改正する法律案」が 6 月 11 日、参院本会議で可決・成立したものである。今回の改正は、電力システム改革の第 2 段階として②の小売及び発電の全面自由化を実現するものである。

この改正によって 2016 年の実施を目途に、電気の小売業への参入の全面自由化の実施に必要な措置を講じるとともに、電気の安定供給を確保するための措置や需要家保護を図るための措置が講じられることになった。

図 11-13　創刊 100 周年を迎えた「OHM」誌（OHM 創刊 100 周年記念号の平成 26 年 11 月号表紙）

編集後記

　現在も発行継続している商業雑誌の中で「OHM」は、経済誌や文芸誌、婦人誌を含めても7番目に歴史の長い定期刊行物です。同誌が創刊105年目を迎え、また平成から令和に元号が変わった節目の今年、その100年の記録を残すことは意義あることだと思い、それをまとめたのが本書です。

　OHMが創刊された20世紀初頭、印刷・組版技術と用紙の進化に伴って、個人が書籍や雑誌を求めやすい価格になり、結果として専門雑誌や専門書籍が、学術や技術の普及に貢献出来るようになりました。

　20世紀は専門の書籍や雑誌が、技術開発や技術の普及、そして教育に大きく貢献した100年だったと思います。

　21世紀に入り、急速にネット社会が進展し、専門雑誌を取り巻く環境も大きく変化しています。その中、私自身が編集長だった2014（平成26）年11月号で「OHM」は創刊100周年を迎えました。これもひとえに多くの雑誌読者の皆様や、ご執筆いただいた著者並びにご指導頂いた先生や関係者の方々のご支援ご愛顧の賜物です。あらためて御礼申し上げます。

　また、書籍化にあたり、電力会社や鉄道会社、電機メーカー、大学、研究所を中心に、多くの関係団体、個人の方々から資料のご提供をいただいたことに対して御礼申し上げます。

　最後に歴代のOHMの編集責任者（編集長）である、大先輩（敬称略）の廣田精一、浪岡具雄、古賀廣治、田中剛三郎、小林恒雄、髙木武二、護田一郎、芥川宇治彦、飛田晴久、鈴木健、畠文七、そして現編集長　原正美、各氏の名前を列記し、敬意を表したいと思います。

令和元年　夏

持　田　二　郎

〈著者紹介〉

山崎　靖夫(やまざき　やすお)

電機メーカー勤務. 平成5年第一種電気主任技術者試験合格.

- **本書の内容に関する質問は，**オーム社雑誌編集局「(書名を明記)」係宛，
  書状またはFAX (03-3293-6889)，E-mail (zasshi@ohmsha.co.jp) にてお願いします.
  お受けできる質問は本書で紹介した内容に限らせていただきます. なお, 電話での質
  問にはお答えできませんので, あらかじめご了承ください.
- 万一, 落丁・乱丁の場合は, 送料当社負担でお取替えいたします. 当社販売課宛にお
  送りください.
- **本書の一部の複写複製を希望される場合は，**本書扉裏を参照してください.
  JCOPY <出版者著作権管理機構 委託出版物>

電気雑誌「OHM」100年史
―夢を追いかけた電気技術者の歴史―

2019年8月8日　　第1版第1刷発行

著　　者　山崎靖夫
編　　者　OHM編集部
発 行 者　村上和夫
発 行 所　株式会社 オ ー ム 社
　　　　　郵便番号　101-8460
　　　　　東京都千代田区神田錦町3-1
　　　　　電話　03(3233)0641(代表)
　　　　　URL　https://www.ohmsha.co.jp/

© 山崎靖夫 2019

組版　アトリエ渋谷　　印刷・製本　三美印刷
ISBN 978-4-274-50742-7　Printed in Japan

- *1964《創刊50周年》* 東海道新幹線営業開始。最高時速200 km/h を超える最初の実用電車(日)
- *1965* ザデ(米)、ファジィ理論を提唱
- *1966* アメリカ最大のハンフォード原子力発電所完成
- *1967* IC 電卓の製造開始(日)
- *1968* MOS LSI を試作。同年中にLSI を生産開始(日)
- *1969* アポロ11号、月面着陸(米)
- *1970* 東大航空宇宙研究所(日)、人工衛星「おおすみ」打ち上げ、世界で4番目の人工衛星国となる
- *1971* インテル社(米)、初のマイクロプロセッサ4004を発表
- *1972* 地球探査衛
- *1973* 木星探査機パイ
- *1974《OHM6* ハートマン(米)、ジャ月の形成を提唱
- *1975* チャング、ウェーバ(米)、高露光機を開発
- *1976* 四色問題が証明される(米)
- *1977* 自然界の天然痘ウィルスを根絶
- *1978* ワインバーグ(米)、癌遺伝子を発見
- *1979* アルヴァレズ(米)、小惑星衝突による恐竜絶滅説を提唱
- *1980* ジェローム(仏)とベチガード(典)、それぞれ有機超伝導体を発表
- *1981* イルメンゼーとホッペ(瑞)、ねずみのクローニングに成功
- *1982* 遺伝子組み換え技術で合成したインシュリンの販売許可(米、英)
- *1983* CERN(欧)のスーパー陽子シンクロトロンによりウィークボソンを発見
- *1984《OHM70周年》* 西沢潤一(日)、静電誘導トランジスタの開発
- *1985* イギリスの南極観測隊、オゾンホールを発見
- *1986* 慶応大学、男女産み分けに成功
- *1987* インテル社(米)、8086プロセッサを発表
- *1988* INS ネットのサービス開始(日)
- *1989* ヒトゲノム解析計画、開始
- *1* 日本
- *2000* 白川英樹
- *2001* 国内初の狂牛
- *2002* 東北新幹線 盛岡
- *2003* 小惑星探査機「はやぶさ
- *2004《OHM90周年* 松下電器産業が、オキシライ
- *2005* 日本人宇宙飛行士野口聡一が搭乗シャトル「ディスカバリー」の打ち
- *2006* 地上デジタルテレビ放送の1セグメン